中国古生物志

总号第 202 册　新甲种第 17 号

中国科学院　南京地质古生物研究所　编辑
　　　　　　古脊椎动物与古人类研究所

塔里木盆地中生代大孢子及孢形体化石

黎文本　David J. Batten　李建国　彭俊刚　著

科学出版社

北京

内 容 简 介

本书研究塔里木盆地中生代地表和井下共34条剖面的大孢子和孢形体化石，详细记述了各个剖面上的化石鉴定结果、不同产层的化石组成和特征，确立了8个大孢子带/组合带，自老而新依次为：①早三叠世 Stellibacutriletes gracilis-Trileites 组合带；②中三叠世 Henrisporites capillatus-Narkisporites 组合带；③晚三叠世早期 Hughesisporites gibbosus-Tricristatispora tricristata-Flabellisporites crinitus 组合带；④晚三叠世晚期 Hughesisporites gibbosus-Tricristatispora tricristata 组合带；⑤早侏罗世早期 Nathorstisporites yanqiensis 带；⑥早侏罗世晚期 Bacutriletes digitiformis-Kuqaia 组合带；⑦中侏罗世 Minerisporites volucris-Erlansonisporites exquisitus 组合带；⑧早白垩世 Minerisporites tarimensis 带。书中描述了大孢子27属108种（其中包括3个新属，29个新种和4个新联合）及孢形体1属5种，着重讨论了 Stellibacutriletes、Tarimispora、Tricristatispora、Minerisporites tarimensis 和 Kuqaia 等属种的地层价值。

本书可供国内外地质、古生物、资源勘探等科研、生产和高等院校相关专业人员参考。

图书在版编目(CIP)数据

中国古生物志. 新甲种第 17 号(总号第 202 册)：塔里木盆地中生代大孢子及孢形体化石/黎文本等著. —北京：科学出版社，2021.9

ISBN 978-7-03-069652-6

I. ①中… II. ①黎… III. ①古生物–中国②塔里木盆地–中生代–孢子植物–植物化石 IV. ①Q911.72

中国版本图书馆 CIP 数据核字(2021)第 176061 号

责任编辑：孟美岑 / 责任校对：张小霞
责任印制：肖 兴 / 封面设计：黄华斌

科 学 出 版 社 出版
北京东黄城根北街 16 号
邮政编码：100717
http://www.sciencep.com

中国科学院印刷厂 印刷
科学出版社发行 各地新华书店经销

*

2021 年 9 月第 一 版　开本：880×1230　1/16
2021 年 9 月第一次印刷　印张：16 1/4　插页：30
字数：678 000

定价：198.00 元
(如有印装质量问题，我社负责调换)

《中国古生物志》编辑委员会

主编

周志炎　张弥曼

委员

吴新智　沙金庚　王元青　张元动

编辑

胡晓春　常美丽

EDITORIAL COMMITTEE OF PALAEONTOLOGIA SINICA

Editors in Chief

Zhou Zhiyan and Zhang Miman

Members of Editorial Committee

Wu Xinzhi, Sha Jingeng, Wang Yuanqing and Zhang Yuandong

Editors

Hu Xiaochun and Chang Meili

《中国古生物志》新甲种出版品目录

总号第112册，新甲种第1号，1940年出版（英文版）
总号第133册，新甲种第2号，1949年出版 鄂西香溪煤系植物化石……………………………………………………斯行健 著
总号第135册，新甲种第3号，1952年出版 四川侏罗纪植物化石………………………………………………斯行健、李星学 著
总号第136册，新甲种第4号，1952年出版 中国上泥盆纪植物化石……………………………………………………斯行健 著
总号第139册，新甲种第5号，1956年出版 陕北中生代延长层植物群…………………………………………………斯行健 著
总号第148册，新甲种第6号，1963年出版 华北月门沟群植物化石……………………………………………………李星学 著
总号第165册，新甲种第7号，1983年出版 湘西南早侏罗世早期植物化石……………………………………………周志炎 著
总号第167册，新甲种第8号，1984年出版 川中晚三叠世孢粉…………………………………………………………张璐瑾 著
总号第169册，新甲种第9号，1986年出版 云南富源晚二叠世—早三叠世孢子花粉组合……………………………欧阳舒 著
总号第171册，新甲种第10号，1986年出版 广东三水盆地白垩纪—早第三纪孢粉组合………………宋之琛、李曼英、钟 林 著
总号第176册，新甲种第11号，1989年出版 内蒙古清水河及山西河曲晚古生代植物群………………………………斯行健 著
总号第185册，新甲种第12号，1995年出版 吉林浑江、湖北宜昌早奥陶世疑源类……………………………………尹磊明 著
总号第187册，新甲种第13号，1999年出版 浙江早白垩世植物群………………………………………………………曹正尧 著
总号第190册，新甲种第14号，2003年出版 塔里木盆地库车凹陷三叠纪和侏罗纪孢粉组合…………………………刘兆生 著
总号第194册，新甲种第15号，2008年出版 新疆三塘湖盆地三叠纪孢粉组合…………………………………………黄 嫔 著
总号第196册，新甲种第16号，2011年出版 云贵晚三叠世孢粉植物群…………………………………………………尚玉珂 著

目 录

- 一、前言 ··· 1
- 二、地质背景和地层概况 ··· 5
- 三、材料和方法 ·· 8
- 四、研究剖面中的大孢子记录及其分布 ·· 9
- 五、大孢子生物地层序列 ··· 39
  - （一）*Stellibacutriletes gracilis-Trileites*（ST）组合带 ································ 39
  - （二）*Henrisporites capillatus-Narkisporites*（HN）组合带 ·························· 45
  - （三）*Hughesisporites gibbosus-Tricristatispora tricristata-Flabellisporites crinitus*（HTF）组合带 ···· 46
  - （四）*Hughesisporites gibbosus-Tricristatispora tricristata*（HT）组合带 ········ 48
  - （五）*Nathorstisporites yanqiensis*（Ny）带 ··· 50
  - （六）*Bacutriletes digitiformis-Kuqaia*（BK）组合带 ·································· 50
  - （七）*Minerisporites volucris-Erlansonisporites exquisitus*（ME）组合带 ······· 52
  - （八）*Minerisporites tarimensis*（Mt）带 ··· 53
- 六、重要大孢子属种的分布及地层意义 ·· 54
- 七、系统古生物学 ·· 56
  - 无缝大孢属 *Aneuletes* Harris, 1961 ··· 56
    - 圆形无缝大孢 *Aneuletes rotundus* Fuglewicz, 1973 ······································· 56
  - 轮台大孢属（新属）*Luntaispora* gen. nov. ··· 58
    - 光面轮台大孢（新属、新种）*Luntaispora laevigata* gen. et sp. nov. ·············· 58
  - 光面三缝大孢属 *Trileites* Erdtman, 1947 ex Potonié, 1956 ································· 59
    - 光滑光面三缝大孢 *Trileites levis* Fuglewicz, 1973 ·· 59
    - 褶皱光面三缝大孢（新种）*Trileites plicatilis* sp. nov. ·································· 60
    - 波兰光面三缝大孢 *Trileites polonicus* Fuglewicz, 1973 ································· 60
    - 常见光面三缝大孢（比较种）*Trileites* sp. cf. *T. solitus* Marcinkiewicz, 1960 ···· 60
    - 柔弱光面三缝大孢 *Trileites tenellus* Fuglewicz, 1973 ···································· 61
    - 普通光面三缝大孢 *Trileites vulgaris* Fuglewicz, 1973 ··································· 61
    - 光面三缝大孢（未定种 1）*Trileites* sp. 1 ·· 62
    - 光面三缝大孢（未定种 2）*Trileites* sp. 2 ·· 62
  - 玛格丽特大孢属 *Margaritatisporites* Marcinkiewicz, 1962 ································· 62
    - 玛格丽特大孢（未定种 1）*Margaritatisporites* sp. 1 ···································· 62
    - 玛格丽特大孢（未定种 2）*Margaritatisporites* sp. 2 ···································· 63
  - 班克斯大孢属 *Banksisporites* Dettmann, 1961 emend. Glasspool, 2003 ················· 63
    - 泽西班克斯大孢 *Banksisporites dejerseyi* Scott et Playford, 1985 ····················· 63
    - 肥厚班克斯大孢（比较种）*Banksisporites* sp. cf. *B. pinguis* (Harris, 1935) Dettmann, 1961 ········· 64
  - 三冠大孢属 *Tricristatispora* Liu in Liu et al., 1981 ··· 64
    - 三冠三冠大孢 *Tricristatispora tricristata* (Li, 1974) Li, 2000 ·························· 64

三瓣三冠大孢（新种）*Tricristatispora trilobata* sp. nov.	65
英买力三冠大孢（新种）*Tricristatispora yingmailensis* sp. nov.	65
水泡大孢属 *Pusulosporites* Fuglewicz, 1973	66
膨胀水泡大孢 *Pusulosporites inflatus* Fuglewicz, 1973	66
具缘水泡大孢 *Pusulosporites marginatus* Fuglewicz, 1973	66
细粒面大孢属 *Maexisporites* Potonié, 1956	67
麦纽秋细粒面大孢 *Maexisporites magnuszewensis* Fuglewicz, 1977	67
中厚脊细粒面大孢 *Maexisporites meditectatus* (Reinhardt, 1963) Kannegieser et Kozur, 1972	68
鲕状细粒面大孢 *Maexisporites ooliticus* Fuglewicz, 1977	68
角锥细粒面大孢 *Maexisporites pyramidalis* Fuglewicz, 1973	69
细粒面大孢（未定种 1）*Maexisporites* sp. 1	69
细粒面大孢（未定种 2）*Maexisporites* sp. 2	69
棒纹大孢属 *Bacutriletes* van der Hammen, 1954 ex Potonié, 1956	70
肋刺棒纹大孢 *Bacutriletes costatispinosus* Fuglewicz, 1977	70
指形棒纹大孢（新联合）*Bacutriletes digitiformis* (Faddeeva, 1960) comb. nov.	70
柯祖尔棒纹大孢 *Bacutriletes kozurii* Batten et Kovach, 1990	71
棒纹大孢（未定种 1）*Bacutriletes* sp. 1	71
棒纹大孢（未定种 2）*Bacutriletes* sp. 2	72
棒纹大孢（未定种 3）*Bacutriletes* sp. 3	72
星棒大孢属（新属）*Stellibacutriletes* gen. nov.	72
毛刺星棒大孢（新属、新种）*Stellibacutriletes capillaris* gen. et sp. nov.	72
修长星棒大孢（新属、新种）*Stellibacutriletes gracilis* gen. et sp. nov.	73
稀饰星棒大孢（新属、新种）*Stellibacutriletes rarus* gen. et sp. nov.	73
坚实星棒大孢（新属、新种）*Stellibacutriletes solidus* gen. et sp. nov.	74
星棒大孢（未定种 1）*Stellibacutriletes* sp. 1	74
星棒大孢（未定种 2）*Stellibacutriletes* sp. 2	74
瘤纹大孢属 *Verrutriletes* van der Hammen, 1954 ex Potonié, 1956 emend. Binda et Srivastava, 1968	75
脆弱瘤纹大孢 *Verrutriletes fragilis* Fuglewicz, 1973	75
吉木萨尔瘤纹大孢 *Verrutriletes jimsarensis* Yang et Sun, 1990	75
小瘤纹大孢 *Verrutriletes minor* Kozur, 1973 ex Marcinkiewicz, 1978	76
修饰瘤纹大孢（比较种）*Verrutriletes* sp. cf. *V. ornatus* Reinhardt et Fricke, 1969	76
瘤纹大孢（未定种 1）*Verrutriletes* sp. 1	77
奥汀大孢属 *Otynisporites* Fuglewicz, 1977 emend. Karasev et Turnau, 2015	77
早三叠奥汀大孢 *Otynisporites eotriassicus* Fuglewicz, 1977	77
塔里木奥汀大孢（新种）*Otynisporites tarimensis* sp. nov.	78
结节奥汀大孢 *Otynisporites tuberculatus* Fuglewicz, 1977	78
奥汀大孢（未定种 1）*Otynisporites* sp. 1	78
那克大孢属 *Narkisporites* Kannegieser et Kozur, 1972	79
短刺那克大孢 *Narkisporites brevispinosus* Fuglewicz, 1973	79
锥刺那克大孢（新种）*Narkisporites conicus* sp. nov.	79
密棒那克大孢（新种）*Narkisporites densibaculatus* sp. nov.	80
密锥那克大孢（新种）*Narkisporites densiconicus* sp. nov.	80
哈里士那克大孢 *Narkisporites harrisii* (Reinhardt et Fricke, 1969) Kannegieser et Kozur, 1972	81
小那克大孢（新联合）*Narkisporites micros* (Fuglewicz, 1977) comb. nov.	81

塔里木那克大孢（新种）*Narkisporites tarimensis* sp. nov.	82
那克大孢（未定种1）*Narkisporites* sp. 1	82
那克大孢（未定种2）*Narkisporites* sp. 2	83
那克大孢（未定种3）*Narkisporites* sp. 3	83
辐饰大孢属 *Radosporites* Kannegieser et Kozur, 1972	83
扁平辐饰大孢 *Radosporites planus* (Reinhardt et Fricke, 1969) Kannegieser et Kozur, 1972	83
刺面大孢属 *Echitriletes* van der Hammen, 1954 ex Potonié, 1956	84
刺面大孢（未定种1）*Echitriletes* sp. 1	85
刺面大孢（未定种2）*Echitriletes* sp. 2	85
刺面大孢（未定种3）*Echitriletes* sp. 3	85
刺面大孢（未定种4）*Echitriletes* sp. 4	85
刺面大孢（未定种5）*Echitriletes* sp. 5	85
刺面大孢（未定种6）*Echitriletes* sp. 6	86
毛发大孢属 *Capillisporites* Kozur, 1973	86
德国毛发大孢 *Capillisporites germanicus* Kozur, 1973	86
休斯大孢属 *Hughesisporites* Potonié, 1956	86
驼峰休斯大孢 *Hughesisporites gibbosus* (Reinhardt et Fricke, 1969) Kannegieser et Kozur, 1972	87
卡尼休斯大孢 *Hughesisporites karnicus* Kannegieser et Kozur, 1972	88
奥洛斯卡休斯大孢 *Hughesisporites orlowskae* Kozur, 1973	88
网面休斯大孢（新种）*Hughesisporites reticulatus* sp. nov.	89
三叠休斯大孢（新联合）*Hughesisporites triassicus* (Banerji, Kumaran et Maheshwari, 1978) comb. nov.	89
多丘休斯大孢 *Hughesisporites tumulosus* Marcinkiewicz, 1976	89
单一休斯大孢（新种）*Hughesisporites unicus* sp. nov.	90
休斯大孢（未定种1）*Hughesisporites* sp. 1	90
休斯大孢（未定种2）*Hughesisporites* sp. 2	90
艾氏大孢属 *Erlansonisporites* Potonié, 1956	90
杜瓦艾氏大孢（新种）*Erlansonisporites duwaensis* sp. nov.	91
内凹艾氏大孢 *Erlansonisporites excavatus* Marcinkiewicz, 1962	91
完美艾氏大孢（新种）*Erlansonisporites exquisitus* sp. nov.	92
地衣艾氏大孢 *Erlansonisporites licheniformis* Fuglewicz, 1977	92
极美艾氏大孢（新种）*Erlansonisporites perbellus* sp. nov.	92
破碎艾氏大孢 *Erlansonisporites sparassis* (Murray, 1939) Potonié, 1956	93
蛛网艾氏大孢（新种）*Erlansonisporites textilis* sp. nov.	93
艾氏大孢（未定种1）*Erlansonisporites* sp. 1	94
艾氏大孢（未定种2）*Erlansonisporites* sp. 2	94
艾氏大孢（未定种3）*Erlansonisporites* sp. 3	94
艾氏大孢（未定种4）*Erlansonisporites* sp. 4	94
辐纹大孢属 *Striatriletes* van der Hammen, 1954 ex Potonié, 1956	95
模糊辐纹大孢（新种）*Striatriletes inconspicuus* sp. nov.	95
穴网大孢属 *Horstisporites* Potonié, 1956	95
复式穴网大孢（新种）*Horstisporites compositus* sp. nov.	96
齿状穴网大孢（新种）*Horstisporites denticulatus* sp. nov.	96
尼孜克穴网大孢 *Horstisporites nidzicensis* Fuglewicz, 1977	96

细致穴网大孢（新种）*Horstisporites subtilis* sp. nov. ……97
  塔里木穴网大孢（新种）*Horstisporites tarimensis* sp. nov. ……97
  穴网大孢（未定种1）*Horstisporites* sp. 1 ……97
  穴网大孢（未定种2）*Horstisporites* sp. 2 ……98
 蒂氏大孢属 *Dijkstraisporites* Potonié, 1956 emend. Batten et Koppelhus, 1993 ……98
  波特勒蒂氏大孢 *Dijkstraisporites beutleri* Reinhardt, 1963 ……98
 尖桩大孢属 *Flabellisporites* Marcinkiewicz, 1978 ……99
  毛发尖桩大孢 *Flabellisporites crinitus* Marcinkiewicz, 1978 ……99
 亨氏大孢属 *Henrisporites* Potonié, 1956 emend. Binda et Srivastava, 1968 ……100
  毛刺亨氏大孢 *Henrisporites capillatus* (Fuglewicz, 1977) Marcinkiewicz, 1992 ……100
  扁刺亨氏大孢（新联合）*Henrisporites latispinosus* (Fuglewicz, 1977) comb. nov. ……101
  长棒亨氏大孢（新种）*Henrisporites longibaculiformis* sp. nov. ……101
 米氏大孢属 *Minerisporites* Potonié, 1956 emend. Batten et Koppelhus, 1993 ……102
  柔弱米氏大孢（比较种）*Minerisporites* sp. cf. *M. delicatus* Gunther et Hills, 1972 ……102
  塔里木米氏大孢（新种）*Minerisporites tarimensis* sp. nov. ……102
  三角米氏大孢（新种）*Minerisporites triangularis* sp. nov. ……103
  飞羽米氏大孢 *Minerisporites volucris* Marcinkiewicz, 1960 ……103
  米氏大孢（未定种1）*Minerisporites* sp. 1 ……104
 那氏大孢属 *Nathorstisporites* Jung, 1958 ……104
  焉耆那氏大孢 *Nathorstisporites yanqiensis* Cui et al., 2004 ……104
  那氏大孢?（未定种1）*Nathorstisporites*? sp. 1 ……104
 扇裂大孢属 *Paxillitriletes* Hall et Nicolson, 1973 emend. Batten et Koppelhus, 1993 ……105
  展翅扇裂大孢 *Paxillitriletes ales* (Harris, 1935) Batten et Koppelhus, 1993 ……105
  叶状扇裂大孢 *Paxillitriletes phyllicus* (Murray, 1939) Hall et Nicolson, 1973 ……106
 塔里木大孢属（新属）*Tarimispora* gen. nov. ……107
  耳角塔里木大孢（新属、新种）*Tarimispora auriculata* gen. et sp. nov. ……107
  全环塔里木大孢（新属、新种）*Tarimispora perfecta* gen. et sp. nov. ……108
 库车孢形体属 *Kuqaia* Li, 1993 ……108
  同心库车孢形体 *Kuqaia concentrica* Li, 1993 ……108
  方格库车孢形体 *Kuqaia quadrata* Li, 1993 ……109
  辐射库车孢形体 *Kuqaia radiata* Li, 1993 ……109
  杨氏库车孢形体 *Kuqaia yangii* Cui et al., 2004 ……109
  焉耆库车孢形体 *Kuqaia yanqiensis* Cui et al., 2004 ……110
参考文献 ……111
中-拉属种索引 ……124
拉-中属种索引 ……128
英文部分 ……133
图版说明 ……231

一、前　言

塔里木盆地位于中国西北部新疆维吾尔自治区南部，面积超过 56 万 km²，以含丰富的油气资源而闻名（图 1）。自 1986 年起至 2000 年连续三个国民经济和社会发展五年计划（"七五"计划到"九五"计划）期间，国家在塔里木盆地展开了大量以油气勘探与开发为目的的重点科技攻关项目，各相关学科领域的研究都取得了重大成果和进展，其中生物地层学方面的成果已集中体现在周志毅和陈丕基（1990）、Zhou 和 Chen（1992）、陈金华等（1996）、周志毅（2001）和张师本等（2004）等著作中。

塔里木盆地的中生代地层中含有多门类的生物化石，包括疑源类、轮藻、叶肢介、昆虫、介形类、植物大化石（以下简称植物）和孢子花粉（包括大孢子）等（卢辉楠、罗其鑫，1990；Zhou and Chen, 1992；陈金华等，1996；周志毅，2001；张师本等，2004；Peng et al., 2018）。化石的综合研究对全盆地中生代生物地层序列的建立，以及实现盆地内各地域，特别是地表与井下地层之间的对比起着重要的作用（表 1）。

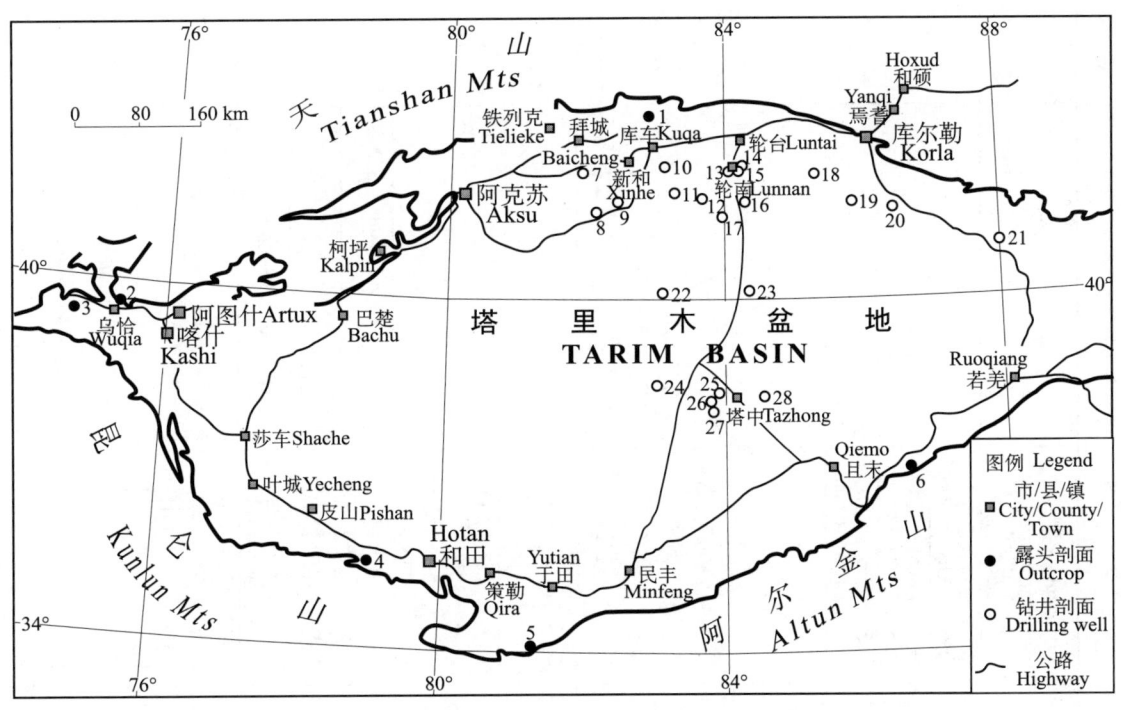

图 1　塔里木盆地，示中生代大孢子化石产地

Figure 1　Map of the Tarim Basin showing localities of the Mesozoic megaspores

1. 库车河（Kuqa River）；2. 黑孜苇（Heiziwei）；3. 喀拉吉里岗（Karajiligang）；4. 杜瓦和杜瓦煤矿（Duwa and Duwa Coalmine）；5. 普鲁（Pulu）；6. 江格沙依和齐格勒克（Jianggeshay and Qigelek）；7. 羊塔 6 井（Yangta-6）；8. 英买 2 井和英买 31 井（Yingmai-2 and Yingmai-31）；9. 英买 1 井（Yingmai-1）；10. 东河 1 井（Donghe-1）；11. 哈 1 井（HA-1）；12. 乡 1 井（Xiang-1）；13. 轮南 1 井（Lunnan-1）；14. 轮南 3 井（Lunnan-3）；15. 轮南 8 井、轮南 23 井、轮南 53 井和轮南 56 井（Lunnan-8，Lunnan-23，Lunnan-53 and Lunnan-56）；16. 塔河 1 井（Tahe-1）；17. 羊屋 1 井（Yangwu-1）；18. 草湖 1 井（Caohu-1）；19. 普惠 1 井（Puhui-1）；20. 群克 1 井（Qunke-1）；21. 维马 1 井（Weima-1）；22. 满西 1 井（Manxi-1）；23. 满参 1 井（Mancan-1）；24. 塔中 9 井（Tazhong-9）；25. 塔中 6 井（Tazhong-6）；26. 塔中 1 井（Tazhong-1）；27. 塔中 3 井（Tazhong-3）；28. 塔中 28 井（Tazhong-28）

表 1 塔里木盆地中生代岩石地层系统及生物地层序列

Table 1 Mesozoic lithostratigraphic framework and biostratigraphic sequences in the Tarim Basin

System 系	Series 统	Lithostratigraphy 岩石地层		Miospores 小孢子 (Liu, 2003; Zhang et al., 2004)	Charophytes 轮藻 (Lu and Luo, 1990)	Ostracods 介形类 (Zhang et al., 2004)	Megaspores 大孢子 [本书 (This study)]
		North-central 中北部	South-western 西南部				
Cretaceous 白垩系	K_2	Bashijiqik Fm. 巴什基奇克组 (K_1bs)	Yigeziya Fm. 依格孜牙组 (K_2y) / Yingisha Gr. 英吉沙群 (K_2yj)				
		Baxigai Fm. 巴西改组 (K_1b)	Wuyitak Fm. 乌依塔克组 (K_2w)	Dicheiropollis-Classopollis-Cicatricosisporites	Clypeator zongjiangensis-Mesochara kapushaliangensis	Cypridea-Damonella	
	K_1	Shushanhe Fm. 舒善河组 (K_1s)	Kukebai Fm. 库克拜组 (K_2k)	Classopollis-Cicatricosisporites-Schizeaoisporites		Minheella-Pinnocypridea-Damonella-Djungarica	
		Yageliemu Fm. 亚格列木组 (K_1y) / Kapushaliang Gr. 喀普沙良群 (K_1Kp)	Kezilesu Gr. 克孜勒苏群 (K_1kz)				Minerisporites tarimensis
Jurassic 侏罗系	J_3	Kalazha Fm. 喀拉扎组 (J_3k)			Aclistochara maxima-A. brevis-Porochara tarimensis		
		Qigu Fm. 齐古组 (J_3q)	Kuzigongsu Fm. 库孜贡苏组 (J_3k)	Cyathidites-Classopollis	Aclistochara abshirica-A. stellerides-A. sublaevis	Timiriasevia mackerrowi-Darwinula	
	J_2	Tikmak Fm. 恰克马克组 (J_2q) / Kelasu Gr. 克拉苏群 ($J_{1-2}K$)	Ta'erga Fm. 塔尔尕组 (J_2t)	Cyathidites-Neoraistrickia-Disacciatrileti			Paxillitriletes phyllicus-Erlansonisporites sparassis
		Kezilenur Fm. 克孜勒努尔组 (J_2k)	Yangye Fm. 杨叶组 (J_2y)	Cyathidites-Cibotiumspora-Disacciatrileti			Bacuriletes digitiformis-Kuqaia
	J_1	Yangxia Fm. 阳霞组 (J_1y)	Kangsu Fm. 康苏组 (J_1k)	Disacciatrileti-Cyathidites			Nathorstisporites yangiensis
		Ahe Fm. 阿合组 (J_1a)	Shalitashi Fm. 莎里塔什组 (J_1s)	Dictyophyllidites-Aratrisporites-Parataeniaesporites			Hughesisporites gibbosus-Tricristatispora tricristata
Triassic 三叠系	T_3	Tariqik Fm. 塔里奇克组 (T_3t)	Qiaoluokesay Fm. 乔洛克萨依组 (T_3q) / Yarkant Gr. 叶尔羌群 (J_{1-2}ya)	Aratrisporites-Parataeniaesporites			Hughesisporites gibbosus-Tricristatispora tricristata-Flabellisporites crinitus
		Huangshanjie Fm. 黄山街组 (T_3h)		Punctatisporites-Aratrisporites-Parataeniaesporites	Stenochara ovata-Stellatochara? wensuensis		Henrisporites capillatus-Narkisporites
	T_2	Karamay Fm. 克拉玛依组 (T_{2-3}k)		Monosulcites-Verrucosisporites-Lundbladispora-Aratrisporites			
	T_1	Ehuobulak Fm. 俄霍布拉克组 (T_1e)	Wuzunsay Fm. 乌尊萨依组 (T_1w)	Taeniaesporites-Limatulasporites-Lundbladispora-Aratrisporites	Auerbachichara xinjiangensis-Vladimiriella karpinskyi-Porochara brotzeni		Stellibacutriletes gracilis-Trileites

表 2　塔里木盆地中生代大孢子研究沿革

Table 2　An overview of studies on Mesozoic megaspores of the Tarim Basin

System	Series	Lithostratigraphy 岩石地层		Yang and Sun, 1989 (属种 Taxa)	Chen et al., 1996 (组合 Assemblages)	Zhang and Cao, 2001 (属种 Taxa)	Li et al., 2001; Cao et al., 2001 (组合 Assemblages)	Zhang et al., 2004 (组合 Assemblages)	本书 (This study) (组合 Assemblages)
		North-central 中北部	South-western 南部						
Cretaceous 白垩系	K₂	Bashijiqik Fm. 巴什基奇克组	Yigeziya Fm. 依格孜牙组 (Yingisha Gr. 英吉沙群)						
		Baxigai Fm. 巴西改组	Wuyitak Fm. 乌依塔克组 (Kapushaliang Gr. 卡普沙良群)						
	K₁	Shushanhe Fm. 舒善河组	Kukebai Fm. 库克拜组 (Kezilesu Gr. 克孜勒苏群)						Minerisporites tarimensis
		Yageliemu Fm. 亚格列木组						Minerisporites tarimensis	
Jurassic 侏罗系	J₃	Kalazha Fm. 喀拉扎组							
		Qigu Fm. 齐古组	Kuzigongsu Fm. 库孜贡苏组				Paxillitriletes phyllicus	Paxillitriletes phyllicus-Erlansonisporites sparassis	Paxillitriletes phyllicus-Erlansonisporites sparassis
	J₂	Tikmak Fm. 恰克马克组	Ta'erga Fm. 塔尔嘎组						Bacutriletes digitiformis-Kuqaia
		Kezilenur Fm. 克孜勒努尔组	Yangye Fm. 杨叶组 (Yarkant Gr. 叶尔羌群)				Kuqaia	Kuqaia	
	J₁	Yangxia Fm. 阳霞组	Kangsu Fm. 康苏组			Trileites vulgaris, T. sp., Calamospora rhaeticus, Pusulosporites inflatus, P. sp., Maexisporites spongersus, M. sp., Triangulatisporites sp., Echitriletes frickei, E. minutus, Erlansonisporites sp., Tuberculatisporites densus, T. sp., Horstisporites sp., Bacutriletes sp., Narkisporites harrisii			Nathorstisporites yanqiensis
		Ahe Fm. 阿合组	Shalitashi Fm. 莎里塔什组		Hughesisporites gibbosus		Hughesisporites gibbosus	Hughesisporites gibbosus-Tricristatispora tricristata	Hughesisporites gibbosus-Tricristatispora tricristata
Triassic 三叠系	T₃	Taligik Fm. 塔里奇克组	Qiaoluokesay Fm. 乔洛克萨依组	Trileites spp., Bacutriletes spp., Echitriletes spp., Narkisporites spp., Nathorstisporites spp., Verrutriletes spp., Maexisporites sp., Pusulosporites inflatus, Hughesisporites sp.	Tarimispora		Tarimispora	Tarimispora-Tricristatispora	Hughesisporites gibbosus-Tricristatispora tricristata-Flabellisporites crinitus
		Huangshanjie Fm. 黄山街组			Flabellisporites crinitus		Flabellisporites crinitus	Flabellisporites crinitus-Hakeospora conica	Henrisporites capillatus-Narkisporites
		Karamay Fm. 克拉玛依组			Harpisporites		Harpisporites		
	T₂				Trileites grandis-Pusulosporites marginatus		Trileites grandis-Pusulosporites marginatus	Trileites grandis-Pusulosporites marginatus-Harpisporites gracilis	Stellibacutriletes gracilis-Trileites
	T₁	Ehuobulak Fm. 俄霍布拉克组	Wuzunsay Fm. 乌尊萨依组						

在孢粉学方面，前人已有不少研究成果，但主要是关于小孢子化石的（江德昕等，1988；雍天寿等，1990；詹家祯，1991；刘兆生，1996，1999，2003；徐钰林等，1996；黎文本，2000b；李博秦等，2007；刘格升、魏玲，2007；Peng et al.，2018），少数涉及大孢子的成果一般都是简单的报道，如只综合叙述化石组合或只列出化石名单（表2），极少配以化石图影（杨基端、孙素英，1989；陈金华等，1996；曹正尧等，2001；黎文本等，2001；张智礼、曹立君，2001；张师本等，2004）。黎文本，本书作者之一，在1985年至2000年期间曾参与前述国家科技攻关研究项目的相关课题，先后十余次随课题组同仁赴塔里木盆地开展地质考察，在盆地周边的8个露头剖面和盆地中央塔克拉玛干沙漠覆盖区26个钻井剖面（图1）的中生代地层中采集了大量孢粉样品（包括岩块、岩心和岩屑共23件），开展大孢子化石的研究，初步成果已分散见于黎文本（1993，2000a）、陈金华等（1996）、黎文本等（2001）、曹正尧等（2001）及张师本等（2004）文献中，对盆地内中生代地层的划分与对比起着积极作用。本书是此前工作的继续和深入，重点放在大孢子化石的系统分类、属种的形态描述、各工作剖面中的化石记录及其分布、全盆地中生代大孢子地层序列的建立和完善。至于化石带/组合带的时代问题，因经多年来在地质学、古生物学等方面的综合研究，盆地内中生界各岩组的时代认定已有一个为各方接受的方案（张师本等，2004，287页，表6-4），本书一般不做过多讨论。

本研究材料的积累始于"七五"、"八五"和"九五"国家科技攻关计划项目[塔里木显生宙地层综合对比；塔里木盆地中、新生代地层划分和对比（85-101-01-02-06）；塔里木盆地覆盖区中、新生代地层基准剖面的建立及其对比（96-111-01-01-09）]，其间的课题初始设计、样品采集、地质和钻井资料收集等方面均得到了塔里木石油勘探开发指挥部的指导和大力支持。研究工作得以最终完成依赖于中国科学院战略性先导科技专项（B类）（中生代—新生代早期东新特提斯演化关键阶段的生物与环境演化，XDB26010206）、科技部基础性工作专项（2013FY113000）和国家自然科学基金（克拉通破坏与陆地生物演化，41688103）的经费支持。样品分析由黄凤宝、赵鼎、葛军、何翠玲、茅中飞完成；化石标本各种显微照片的摄制得到李懋、姜庆玲、茅永强、袁留平、樊晓奕、王春朝、方艳、汤晶晶和李鼎宇的悉心协助。笔者向上述人员的辛勤付出表示衷心感谢。还要感谢那些在二十多年前一起赴塔里木的山地、戈壁和大漠调查地质、采集化石、共享艰苦和欢乐的同仁们。周志炎院士和欧阳舒、王伟铭二位教授仔细审阅文稿并提出宝贵意见，谨致谢忱。

在书稿付印前，David J. Batten教授，本书作者之一，因病于2019年2月14日离开了我们。他对本专著的完成贡献良多，谨此表达我们深切的谢意与怀念。

二、地质背景和地层概况

塔里木盆地是一个形成于晚二叠世的陆相盆地，这一时期塔里木地块与北面的伊宁和准噶尔地块相碰撞导致区域抬升和特提斯海从盆地西部退出（陈金华，1990）。此后海水对盆地的影响非常有限，一般仅是延续时间较短暂的局部海侵。相对较显著的海侵发生于早三叠世和晚白垩世—古近纪，前者影响范围包括盆地中部一个狭长的地带（黎文本、何承全，1996），后者则局限于盆地西部（唐天福等，1989）。因此，塔里木盆地的中生界是一系列以陆相为主的沉积物。

中生界在塔里木盆地发育广泛，在盆地周缘地区多有很好的出露。总体上，中生界在塔里木盆地的中、北部发育更为完整和连续，在西、南部地层多有缺失，连续性较差。

在盆地北部，库车河剖面（位于库车县城以北约 50 km 处）的中生代地层沿库车河两岸自老而新由北向南展布，出露良好，除缺失上白垩统外，层系发育几乎完整，可作为盆地中、北部的代表剖面，兹描述于下[①]。

上覆地层　古近系（E）
　库姆格列木群（$E_{1-2}km$）　下部为灰色石灰岩、泥灰岩、砾状灰岩和棕色泥岩；中部为灰棕色砂砾岩、细砾岩夹棕色泥岩和石膏；上部为棕色泥岩夹砂岩和团块状石膏　　　466.19 m
　　　　　　　　～～～～～不整合～～～～～

白垩系（K）
　下白垩统（K_1）
　　巴什基奇克组（K_1bs）　棕色砾岩、红色砂岩，夹红褐色泥岩　　　214.87 m
　　　　　　　　～～～～～不整合～～～～～

　卡普沙良群（K_1kp）
　　巴西改组（K_1b）　棕色细粒砂岩夹棕色泥岩　　　180.63 m
　　舒善河组（K_1s）　灰色、灰紫色、紫红色泥岩和泥质粉砂岩互层，中上部为蓝灰色、杂色薄层状泥质粉砂岩。在拜城县铁列克镇剖面（又称：卡普沙良河剖面），本组产组成相当丰富的孢粉组合，主要的属有 *Cicatricosisporites*、*Schizaeoisporites*、*Lygodiumsporites*、*Converrucosisporites*、*Pilosisporites*、*Impardecispora*、*Classopollis* 和 *Dicheiropollis* 等（黎文本，2000b）　　　1056.47 m
　　亚格列木组（K_1y）　棕色块状砾岩夹棕色泥岩　　　73.17 m
　　　　　　　　～～～～～不整合～～～～～

侏罗系（J）
　上侏罗统（J_3）
　　喀拉扎组（J_3k）　深褐色和棕色砂砾岩　　　20.07 m
　　齐古组（J_3q）　深褐色和棕色泥岩夹砂岩。下部夹紫色泥灰岩薄层。化石有：双壳类 *Pseudocardinia ovalis*；轮藻 *Aclistochara abshirica*、*A. minima* 和 *A. sublaevis*；介形类 *Darwinula sarytirmenensis*、*D. magna*、*D. impudica*、*D. giganimpudica*、*D. subimpudica*、*D. lufengensis*、*D. paracontracta*、*Timiriasevia menglaensis*、*T. parva* 和 *T. mackerrowi*（曹正尧等，2001）　　　238.11 m

---

① 地层资料主要根据叶留生于 1986 年提供的《库车河剖面中生代地层柱状图》。

中侏罗统（J_2）

  恰克马克组（J_2q） 鲜绿色、黄绿色泥岩、粉砂岩和细粒砂岩，夹薄层泥灰岩。化石有：双壳类 *Pseudocardinia lanceolata*（曹正尧等，2001）；轮藻 *Aclistochara sublaevis* 和 *A. abshirica*（曹正尧等，2001）；叶肢介 *Euestheria singkiangensis*、*E. manzhuangensis* 和 *Triglypta* sp.（曹正尧等，2001）；介形类 *Darwinula impudica* 和 *Timiriasevia mackerrowi*（曹正尧等，2001）；植物 *Coniopteris* sp.（曹正尧等，2001）；孢粉 *Cyathidites-Classopollis* 组合（刘兆生，2003）
                                   191.00 m

  克孜勒努尔组（J_2k） 底部为黄灰色砂砾岩、砾岩；下部为灰色、深灰色泥岩、碳质泥岩、页岩与黄灰色粉砂岩互层，夹煤层；中、上部为黄灰色砂岩和灰绿色泥岩互层，夹有薄煤层。化石有：双壳类 *Pseudocardinia ovalis* 和 *Qiyangia* sp.（曹正尧等，2001）；介形类 *Darwinula* sp.（曹正尧等，2001）；植物 *Cladophlebis magnifica*、*C.* sp.、*Coniopteris hymenophylloides*、*C. burejensis*、*Czekanowskia* cf. *setacea*、*Desmiophyllum* sp.、*Equisetites* cf. *lateralis*、*Ginkgoites lepidus*、*Neocalamites* sp.、*Phoenicopsis angustifolia* 和 *Pityophyllum longifolium*（曹正尧等，2001）；孢粉 *Cyathidites-Neoraistrickia*-Disacciatrileti 组合（刘兆生，2003）；大孢子 *Minerisporites volucris-Erlansonisporites exquisitus* 组合带
                                 927.76 m

下侏罗统（J_1）

  阳霞组（J_1y） 绿灰色泥岩和黄灰色砂岩互层，夹砾岩及薄煤层。化石有：植物 *Cladophlebis suluktensis*、*Coniopteris*? sp.、*Equisetites* sp.、*Ginkgoites ferganensis*、*Neocalamites carrerei*、*N. nathorstii*、*Phoenicopsis angustifolia*、cf. *Storgaardis spectabilis* 和 *Todites princeps*（曹正尧等，2001）；孢粉 *Cyathidites-Cibotiumspora*-Disacciatrileti 组合（刘兆生，2003）；大孢子 *Bacutriletes digitiformis-Kuqaia* 组合带
                                 329.61 m

  阿合组（J_1a） 灰色和黄灰色砾岩、砂砾岩和砂岩，夹深灰色薄层泥岩。化石有：孢粉 Disacciatrileti-*Cyathidites* 组合（刘兆生，2003）；大孢子 *Nathorstisporites yanqiensis* 带 306.84 m

————不整合————

三叠系（T）

上三叠统（T_3）

  塔里奇克组（T_3t） 底部为灰色砂岩和砂砾岩；下部和中部为深灰色、灰绿色的泥岩和页岩互层，夹薄层泥灰岩和粉砂岩；上部为灰色和绿灰色砂岩和砂砾岩，夹灰色泥岩、页岩和煤层。化石有：叶肢介 *Palaeolimnadia* cf. *chuanbeiensis* 和 *P.* spp.（Wu and Chen, 1992）；植物 *Cladophlebis* sp.、*Clathropteris* sp.和 *Neocalamites* sp.（黎文本等，2001）；孢粉 *Dictyophyllidites-Aratrisporites-Parataeniaesporites* 组合（刘兆生，2003）；大孢子 *Hughesisporites gibbosus-Tricristatispora tricristata* 组合带
                                 836.96 m

————不整合————

  黄山街组（T_3h） 下部为灰绿色块状砂岩；上部为深褐色泥岩，夹薄层粉砂岩、细粒砂岩、碳质页岩和煤线。化石有：哈萨克虫 *Almatium gusevi*（Wu and Chen, 1992）；植物 *Neocalamites hoerensis*（Wu and Chen, 1992）；孢粉 *Dictyophyllidites-Aratrisporites-Parataeniaesporites* 组合（刘兆生，2003）；大孢子 *Hughesisporites gibbosus-Tricristatispora tricristata* 组合带 278.73 m

————不整合————

中–上三叠统（T_{2-3}）

  克拉玛依组（$T_{2-3}k$） 底部为褐灰色砾岩；向上为灰色、绿褐色砂岩、砂质砾岩和棕红色泥岩、砂质泥岩互层。化石有：植物主要见于本组的下部，计 20 余种，包括 *Annularia* sp.、*Todites shensiense*、*Drepanozamites schizophyllus*、*Kuqaopteris dictyodromus* 等（吴舜卿、陈丕基，1990；Wu and Chen, 1992）；孢粉在上部产 *Aratrisporites-Parataeniaesporites* 组合，下部产 *Punctatisporites-Aratrisporites-Parataeniaesporites* 组合（刘兆生，2003）；大孢子在上部为

Hughesisporites gibbosus-Tricristatispora tricristata-Flabellisporites crinitus 组合带；在下部 *Pusulosporites marginatus* 和 *Trileites vulgaris* 较多见，*Banksisporites* sp. cf. *B. pinguis* 个别出现   571.33 m

下三叠统（T_1）

    俄霍布拉克组（T_1e） 棕色砂岩、砂砾岩、泥岩和砂质泥岩互层，夹灰绿色砂岩和泥岩。顶部为钙质泥岩。化石有：疑源类 *Dorsennidium* cf. *cymosum*、*D. europaeum* subsp. *hexacanthum*、*D. irregulare*、*D. kuqaicum*、*D. riburgense*、*D. tetracanthum*、*D. xujiashanense*、*Tectitheca elongata*、*T. stallata*、*Unellium* sp.和 *Micrhystridium* spp.（黎文本、何承全，1996）；叶肢介 *Palaeolimnadia pusilla*、*Cyclotunguzites* sp.和 *Euestheria* sp.（黎文本等，2001）；植物 *Neocalamites* sp.（黎文本等，2001）；孢粉 *Taeniaesporites-Limatulasporites-Lundbladispora-Aratrisporites* 组合（刘兆生，2003）；大孢子仅见 *Pusulosporites marginatus* 和 *Hughesisporites* sp. 1，前者较多见   291.37 m

~~~~~~~~不整合~~~~~~~~

下伏地层 中-上二叠统（P_{2-3}）

    阿恰群（$P_{2-3}aq$） 深棕色砂岩和砾岩，棕色和灰绿色泥岩   88.85 m

与盆地中北部中生界缺失上白垩统不同，在盆地西南部的中生界缺失的是中-上三叠统，但有海相的上白垩统发育。因地层的发育程度以及岩性、岩相之间的差异，盆地西南部的中生界已另立系统（黄智斌等，2002；张师本等，2004），其与盆地中北部系统的对比关系参见表1。

三、材料和方法

本研究采用标准的盐酸-氢氟酸分析技术（Traverse, 2007）对孢粉样品进行处理。实验在中国科学院南京地质古生物研究所实验室开展。具体流程为：取适量岩石样品（每样约 50 g），将其捣碎成黄豆大小的颗粒，依次加入盐酸（约 10%）和氢氟酸（约 40%）以去除岩石中的碳酸盐和硅酸盐成分；加水数次清洗至中性后，加入 36% 浓盐酸加热反应至絮状物消失，经水洗至中性后，用 150 μm 的筛网过筛以清除直径小于 150 μm 的细微颗粒。此后，在体视显微镜下将大孢子从残留物中搜寻、捡出，并按样品分别集中在载玻片上以供研究。大孢子鉴定和拍照主要在体视显微镜（型号分别为 WILD HEERBRUGG M8 和 ZEISS STEREO DISCOVERY V20）和扫描电子显微镜（型号分别为 HITACHI SU3500 和 LEO 1530 VP）下进行，部分透明或半透明的标本还应用透射光显微镜（型号为 OLYMPUS CX41）进行研究。用作电镜扫描研究的标本先集中依序放置在金属载片表面的导电胶膜上（彼此间留适当距离）并喷金处理。

一个样品中所能收集到的大孢子一般不如小孢子丰富，分类群（属、种）大都不超过 10 个，标本数量通常在 100 粒以内。因此，一个分类群在组合中的丰度，本书一般采用少量（rare, <5 粒）、常见（common, 5–9 粒）和丰富（abundant, >9 粒）三个级别概念来表达。

本书研究的所有标本均保存于中国科学院南京地质古生物研究所。

四、研究剖面中的大孢子记录及其分布

采自 34 个地表和钻井剖面的大量样品经过实验室的浸解处理，在 231 块样品（包括 48 块地表岩块、74 块井下岩心和 109 块井下岩屑）中见有丰歉不一的大孢子化石。根据大孢子主要组分的变化和某些代表性属种的出现等情况，在各个剖面分别建立了或多或少、连续或不连续的大孢子组合（表 3—表 12），并以此作为后续建立全盆地大孢子化石带/组合带的基础。

下面记录各剖面（依剖面名称的拼音排序）大孢子化石的鉴定结果及各个层位上的大孢子属种组成（组合）。

1. 草湖 1 井（C-1）

组合 1/C-1

两块样品，分别采自俄霍布拉克组和克拉玛依组下部，产零星大孢子，仅一种：*Henrisporites capillatus*（表 3）。

Henrisporites capillatus 以往仅见于欧洲中三叠统拉丁阶，而在塔里木盆地此种见于多个剖面（C-1、HA-1、LN-8、TH-1 和 YW-1）的俄霍布拉克组至黄山街组，已是三叠系的常见化石。草湖 1 井俄霍布拉克组和克拉玛依组的样品产同一种大孢子 *H. capillatus*，遂归并为一个组合。

2. 东河 1 井（DH-1）

组合 1/DH-1

一块取自阳霞组的样品，产少量孢形体化石（表 3）：*Kuqaia quadrata*、*K. radiata* 和 *K. yangii*。

3. 杜瓦（DW）

组合 1/DW

杜瓦剖面的八块样品均取自乌尊萨依组，产丰富且组成相近的大孢子（表 3）。

属种组成：丰富的 *Luntaispora laevigata*、*Trileites levis*、*T. vulgaris*、*Pusulosporites marginatus*、*Stellibacutriletes capillaris* 和 *S. gracilis*，少量至常见的 *Trileites plicatilis*、*T. tenellus*、*T.* sp. 1、*Margaritatisporites* sp. 1、*Banksisporites dejerseyi*、*B.* sp. cf. *B. pinguis*、*Pusulosporites inflatus*、*Maexisporites ooliticus*、*M.* sp. 1、*Bacutriletes* sp. 1、*Stellibacutriletes rarus*、*S.* sp. 1、*Otynisporites tuberculatus*、*Narkisporites conicus*、*Erlansonisporites duwaensis*、*E. licheniformis*、*E. perbellus*、*E. textilis*、*E.* sp. 1、*E.* sp. 3 和 *E.* sp. 4。

组合特征：出现 *Stellibacutriletes capillaris*、*S. gracilis*、*S. rarus* 和 *S.* sp. 1。

4. 杜瓦煤矿（DWC）

组合 1/DWC

样品系杜瓦镇南面杜瓦煤矿坑口的两块矸石，产丰富且属种组成基本一致的大孢子（表 3）。

表 3 塔里木盆地部分剖面

Table 3 Statistics (in grain) of megaspores

剖面 Section	草湖1井(C-1)	东河1井(DH-1)	杜瓦 (DW)									杜瓦煤矿 (DWC)		黑孜苇煤矿 (HZ)			江格沙依 (JG)		
组合 Suite	1	1	1									1		2		1	1		
组合带 Assemblage Zone	HN	ST	BK	ST								ME		ME		BK	BK		
层位 Formation	T_2k_1	T_1e	J_1y	T_1w								J_2y		J_2y		J_1k	J_2y		J_1k
样品 Sample	4597.00	4725.00	*5554.48	DW8	DW8a	DW10	DW12	DW20	DW24	DW25	DW26	DW1a	DW1b	SJ22	SJ51	KZ1a	JG11a	JG13	JG1b
Luntaispora laevigata				4	1	1					16								
Trileites levis				1	3	2	1		14	30	127			3					
Trileites plicatilis							1		6										
Trileites tenellus								1											
Trileites vulgaris									53		1								
Trileites sp. 1								2											
Trileites sp. 2																1			
Margaritatisporites sp. 1				1															
Banksisporites dejerseyi									2	1									
Banksisporites sp. cf. *B. pinguis*											2								
Pusulosporites inflatus							1												
Pusulosporites marginatus				49	15	20	3	4		15	129			3					
Maexisporites ooliticus									1										
Maexisporites pyramidalis																			
Maexisporites sp. 1					2		1		1	4									
Maexisporites sp. 2																			
Bacutriletes digitiformis																			
Bacutriletes sp. 1											2								
Stellibacutriletes capillaris											51								
Stellibacutriletes gracilis										4	68								
Stellibacutriletes rarus										1	2								
Stellibacutriletes sp. 1											1								
Verrutriletes fragilis																			
Otynisporites tuberculatus									1										
Radosporites planus																			
Narkisporites conicus					1														
Narkisporites harrisii																			
Capillisporites germanicus																			
Hughesisporites gibbosus																			
Hughesisporites reticulatus																			
Erlansonisporites duwaensis									1	1									
Erlansonisporites exquisitus												23	5	8	45				
Erlansonisporites licheniformis										1									
Erlansonisporites perbellus										1		1							
Erlansonisporites sparassis												1							
Erlansonisporites textilis									1										
Erlansonisporites sp. 1									1										
Erlansonisporites sp. 3											3								
Erlansonisporites sp. 4											4								
Striatriletes inconspicuus																			
Henrisporites capillatus	1	1																	
Minerisporites triangularis																			
Minerisporites tarimensis																			
Paxillitriletes ales												5							
Paxillitriletes phyllicus												1	1						
Kuqaia concentrica																			1
Kuqaia quadrata		1																	2
Kuqaia radiata		1																4	1
Kuqaia sp.																			
Kuqaia yanqiensis																	21	35	
Kuqaia yangii		2																	

* 岩心样品。

大孢子数量（粒）统计（1）
from some sections in Tarim Basin (1)

	喀拉吉里岗 (KR)	满参1井 (MC-1)								普惠1井 (PH-1)	普鲁 (PL)	齐格勒克 (QG)		群克1井 (QK-1)							维马1井 (WM-1)	羊塔6井 (YT-6)			
	1	2							1	1	1	1		1							1	1			
	BK	HN							ST	BK	ME	BK		BK							BK	Mt			
	J_1k	T_2k_1							T_1e	J_1y	J_2y	J_1k		J_1y							J_1y	K_1kp			
	KR1	2786	2812.00	2874.00	2900.00	2906.00	2912.00	3525.00	3444.00	PL14	QF45	QF47	PJ2F9	*2463.86	*2468.29	*2537.55	*2539.05	*2540.56	*2541.91	*2544.16	*1970.31	*5581.15	*5582.1	*5582.30	*5582.4
								15																	
			4															1	1						
									1																
			10						1																
									6																
								1	22																
			1																						
		3	1	7	1	2																			
										1					1										
			1																						
				3																1					
		5	1	1		1													1						
																			1						
																			2						
																			1						
																		1	1	2	4	6				
																					1				
																					2				
																						92	111	15	8
																2	9	1	2	3					
											60	1				2		2			1				
	1											30				12		5	1	1					
	1											34	2	10		1	2	1		1					

层位：杨叶组。

属种组成：丰富的 *Erlansonisporites exquisitus*，少量 *E. perbellus*、*E. sparassis*、*Paxillitriletes ales* 和 *P. phyllicus*。

组合特征：含丰富的 *Erlansonisporites exquisitus* 并出现 *Paxillitriletes ales*、*P. phyllicus* 和 *Erlansonisporites sparassis*。

组合中虽未见 *Minerisporites volucris*，但有少量 *Paxillitriletes phyllicus* 和丰富的 *Erlansonisporites exquisitus* 而缺乏 *Bacutriletes digitiformis* 和 *Kuqaia*，表明其与库车河剖面克孜勒努尔组的大孢子组合有可比性。

5. 哈 1 井（HA-1）

哈 1 井样品采集比较系统，跨俄霍布拉克组至黄山街组，有 26 块样品产大孢子，分为如下四个组合（图 2；表 4）。

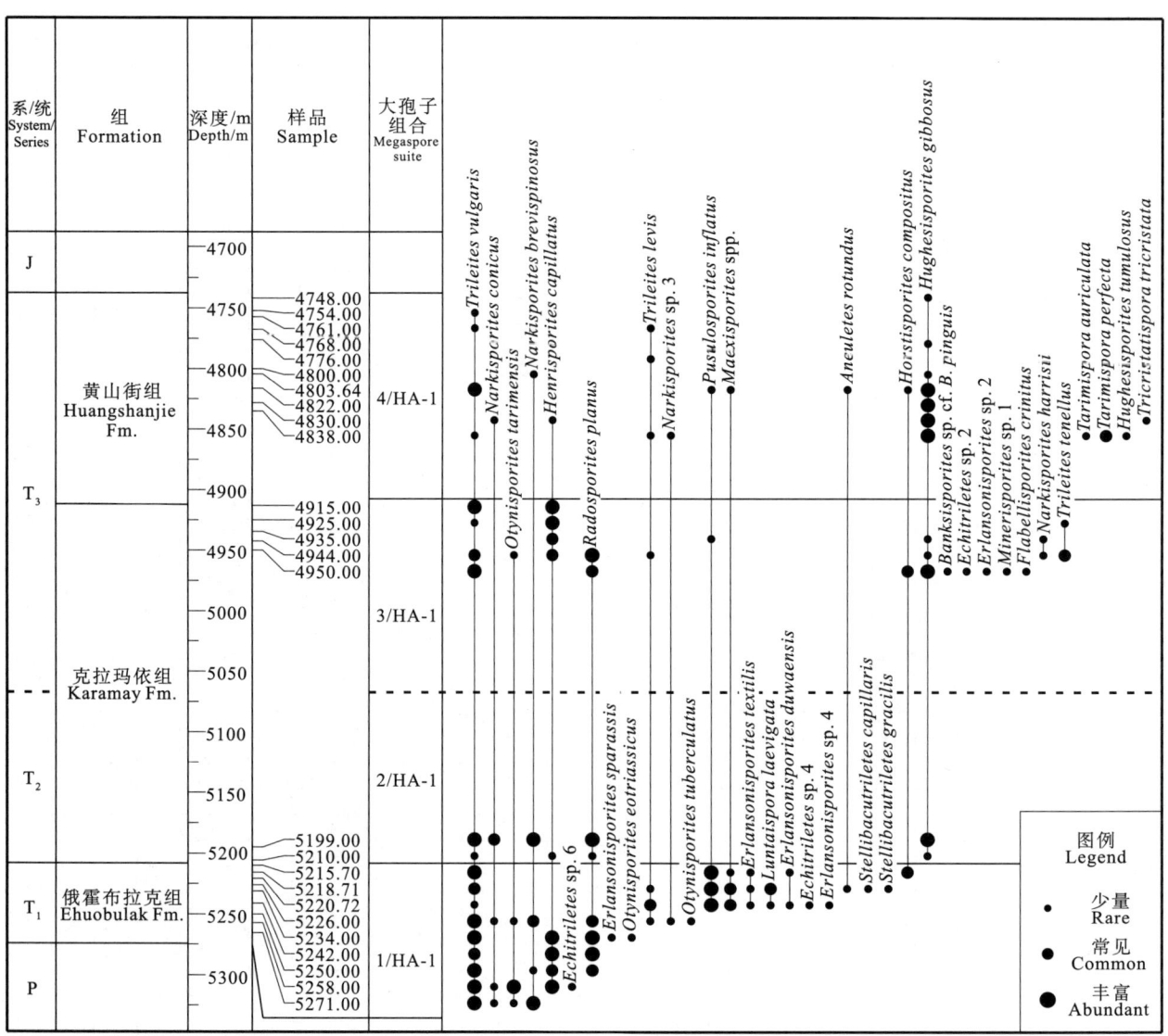

图 2 哈 1 井大孢子地层延限

Figure 2　Stratigraphical ranges of megaspores in Well HA-1

表4 哈1井大孢子数量（粒）统计

Table 4 Statistics (in grain) of megaspores from Well HA-1

组合 Suite	4										3					2		1								
组合带 Assemblage Zone	HT										HTF					HN		ST								
层位 Formation	T_3h										T_3k^2					T_2k^1		T_1e								
样品 Sample	4748.00	4754.00	4761.00	4768.00	4776.00	4800.00	*4803.64	4822.00	4830.00	4838.00	4915.00	4925.00	4935.00	4944.00	4950.00	5199.00	5210.00	*5215.70	*5218.71	*5220.72	5226.00	5234.00	5242.00	5250.00	5258.00	5271.00
Aneuletes rotundus								2										2								
Luntaispora laevigata																		5	2							
Trileites levis		1		1						1		1						2	7	1						
Trileites tenellus													1	5												
Trileites vulgaris			1	2			82			3	45	4		5	15	21	2	18	7	2	10	13	6	10	20	34
Banksisporites sp. cf. *B. pinguis*											1															
Tricristatispora tricristata										1																
Pusulosporites inflatus							4						1					25	10	24						
Maexisporites spp.							3											1	9	5						
Stellibacutriletes capillaris																		2								
Stellibacutriletes gracilis																		1								
Otynisporites eotriassicus																			1							
Otynisporites tarimensis													4					1							11	2
Otynisporites tuberculatus																		1								
Radosporites planus													14	9	17	2					6	11	10	5		
Narkisporites brevispinosus					1											21		6						2		11
Narkisporites conicus									1							6		2							1	1
Narkisporites harrisii														1	1											
Narkisporites sp. 3									2									1								
Echitriletes sp. 2															1											
Echitriletes sp. 4																		2								
Echitriletes sp. 6																									1	
Hughesisporites gibbosus	4		2	2	25	41	101	394						1	1	13	24	2								
Hughesisporites tumulosus										2																
Erlansonisporites duwaensis																		2	4							
Erlansonisporites sparassis																						1				
Erlansonisporites textilis																		1	1	1						
Erlansonisporites sp. 2															1											
Erlansonisporites sp. 4																						2				
Horstisporites compositus										2					5			5								
Flabellisporites crinitus																		1								
Henrisporites capillatus										1	10	147	5	5				2				12	23	5		21
Minerisporites sp. 1															1											
Tarimispora auriculata							3																			
Tarimispora perfecta							11																			

*岩心样品。

组合 1/HA-1

层位：俄霍布拉克组。

属种组成：丰富的 *Trileites vulgaris*、*Pusulosporites inflatus*、*Otynisporites tarimensis*、*Radosporites planus*、*Narkisporites brevispinosus* 和 *Henrisporites capillatus*，少量至常见的 *Aneuletes rotundus*、*Luntaispora laevigata*、*Trileites levis*、*Maexisporites* spp.、*Stellibacutriletes capillaris*、*S. gracilis*、*Otynisporites eotriassicus*、*O. tuberculatus*、*Narkisporites conicus*、*N.* sp. 3、*Echitriletes* sp. 4、*E.* sp. 6、*Erlansonisporites duwaensis*、*E. sparassis*、*E. textilis*、*E.* sp. 4 和 *Horstisporites compositus*。

组合特征：出现 *Stellibacutriletes capillaris* 和 *S. gracilis*。

组合 2/HA-1

层位：克拉玛依组下部。

属种组成：*Trileites vulgaris*、*Narkisporites brevispinosus*、*N. conicus*、*Henrisporites capillatus*、*Radosporites planus* 和 *Hughesisporites gibbosus*。

相较于其上、下的组合，本组合在属种组成方面要单调得多。它缺乏在组合 1 中作为特征分子的 *Stellibacutriletes capillaris*、*S. gracilis* 和大量出现的光面类孢子 *Pusulosporites inflatus*、*Luntaispora laevigata*，也缺乏组合 3 中的一些具环类孢子如 *Flabellisporites crinitus* 等。

Hughesisporites gibbosus 在欧洲见于卡尼阶至诺利阶（Kovach and Batten, 1989）。在塔里木盆地的众多剖面中，哈 1 井是唯一在中三叠统克拉玛依组底部大量见 *H. gibbosus* 的，其出现层位"明显偏低"。鉴于当前组合所据的两个样品皆为岩屑，其真正的产出层位有待更多材料来证实。

组合 3/HA-1

层位：克拉玛依组上部。

属种组成：*Trileites vulgaris*、*Radosporites planus*、*Hughesisporites gibbosus* 和 *Henrisporites capillatus* 丰富，*Trileites levis*、*T. tenellus*、*Banksisporites* sp. cf. *B. pinguis*、*Pusulosporites inflatus*、*Otynisporites tarimensis*、*Narkisporites harrisii*、*Echitriletes* sp. 2、*Erlansonisporites* sp. 2、*Horstisporites compositus*、*Flabellisporites crinitus* 和 *Minerisporites* sp. 1 少量或常见。

组合特征：丰富的 *Hughesisporites gibbosus*、*Henrisporites capillatus* 及少量 *Flabellisporites crinitus*。

组合 4/HA-1

层位：黄山街组。

属种组成：丰富的 *Trileites vulgaris*、*Hughesisporites gibbosus* 和 *Tarimispora perfecta*，少量或常见的 *Aneuletes rotundus*、*Trileites levis*、*Tricristatispora tricristata*、*Pusulosporites inflatus*、*Maexisporites* spp.、*Narkisporites brevispinosus*、*N. conicus*、*N.* sp. 3、*Hughesisporites tumulosus*、*Horstisporites compositus*、*Henrisporites capillatus* 和 *Tarimispora auriculata*。

组合特征：非常丰富的 *Hughesisporites gibbosus*，同时有 *Tricristatispora tricristata*、*Tarimispora auriculata* 和 *T. perfecta*。

6. 黑孜苇煤矿（HZ）

产大孢子的三块样品采自两个岩组（表3）。

组合 1/HZ

层位：康苏组。

化石稀少，仅两种——*Trileites* sp. 2 和 *Pusulosporites marginatus*，皆为中生代的常见分子。

组合 2/HZ

层位：杨叶组。

属种组成：丰富的 *Erlansonisporites exquisitus* 和少量 *Trileites levis*。

组合特征：丰富的 *Erlansonisporites exquisitus*。

7. 江格沙依（JG）

组合 1/JG

仅三块样品产孢形体化石，分属于相邻的两个岩组：康苏组产少量 *Kuqaia concentrica*、*K. quadrata* 和 *K. radiata*；杨叶组下部产丰富的 *Kuqaia yanqiensis* 和少量 *K. radiata*。

样品均不含大孢子，只有类似的孢形体化石（表 3），故归入同一组合。

8. 喀拉吉里岗（KR）

组合 1/KR

一块样品，采自康苏组，仅见少量孢形体化石 *Kuqaia quadrata* 和 *K. radiata*（表 3）。

9. 库车河（KQ）

库车河剖面是塔里木盆地中生代地层的代表剖面。剖面下部自下三叠统俄霍布拉克组至中侏罗统克孜勒努尔组共七个岩组皆产大孢子，但在剖面上部自中侏罗统恰克马克组至下白垩统巴什基奇克组的七个岩组里未能获得大孢子。

现将剖面下部所产大孢子分七个组合自下而上依序记述于下（图 3；表 5）。

组合 1/KQ

层位：俄霍布拉克组。

三块样品产大孢子，属种组成单调，仅两种：*Pusulosporites marginatus* 和 *Hughesisporites* sp. 1，以前者较多见。

组合特征：属种单调，全由光面三缝大孢子组成。

组合 2/KQ

层位：克拉玛依组下部。

两块样品产大孢子，属种组成依然单调，仅三种，其中 *Pusulosporites marginatus* 和 *Trileites vulgaris* 较多见，*Banksisporites* sp. cf. *B. pinguis* 个别出现。

组合 3/KQ

层位：克拉玛依组上部。

五块样品产丰富多样的大孢子。

属种组成：丰富的 *Trileites vulgaris*、*Pusulosporites marginatus*、*Narkisporites conicus* 和 *N. densibaculatus*，少量至常见的 *Bacutriletes kozurii*、*Otynisporites* sp. 1、*Narkisporites harrisii*、*N. micros*、*N. tarimensis*、*N.* sp. 1、*Hughesisporites gibbosus*、*H. karnicus*、*Striatriletes inconspicuus*、*Henrisporites latispinosus*、*Minerisporites triangularis*、*Tarimispora auriculata* 和 *T. perfecta*。

组合特征：含大量的 *Narkisporites conicus* 和 *N. densibaculatus* 并首现 *Hughesisporites gibbosus*、*Tarimispora auriculata* 和 *T. perfecta*。

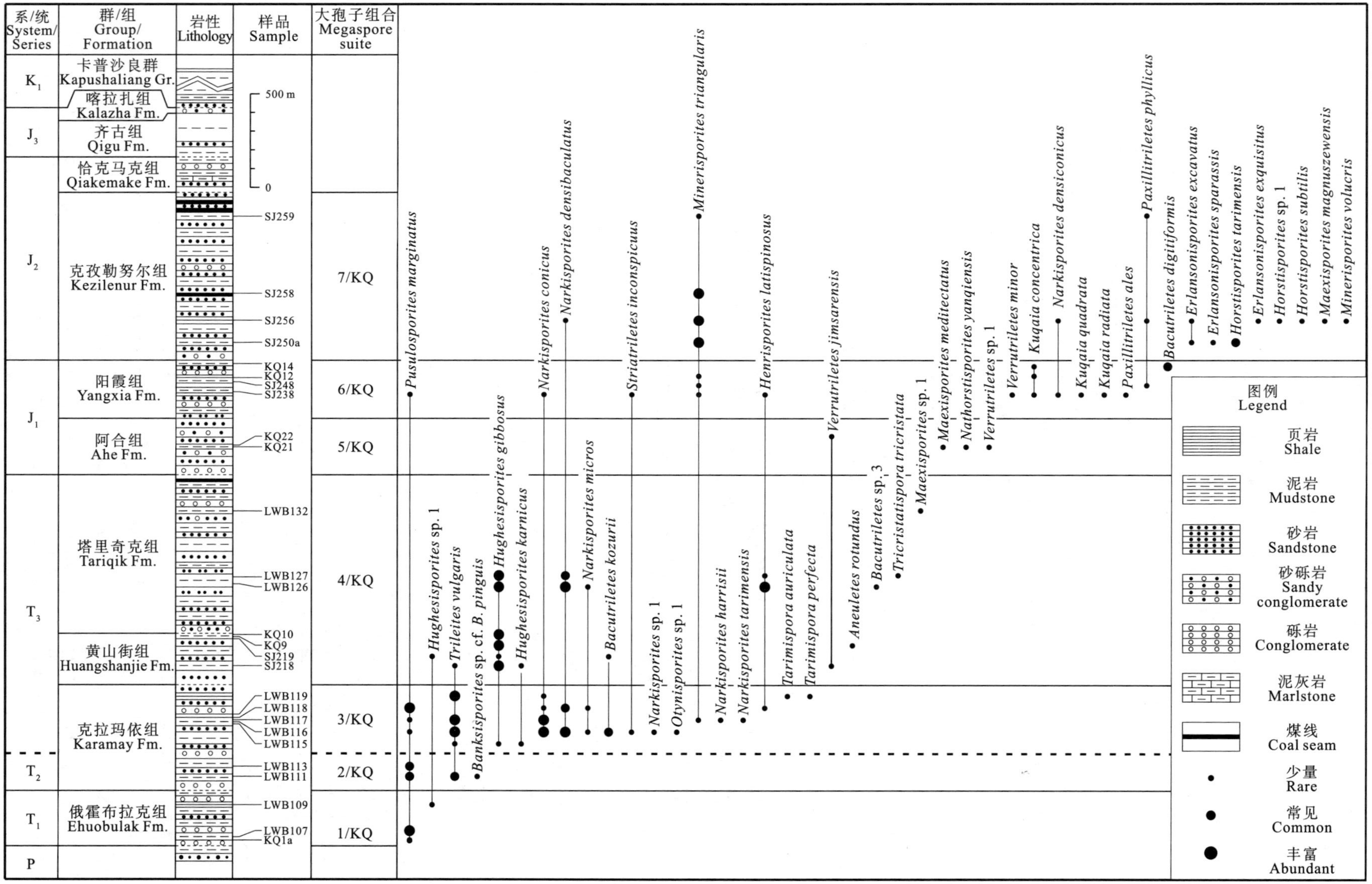

图 3 库车河剖面大孢子地层延限

Figure 3 Stratigraphical ranges of megaspores in Kuqa River Section

Hughesisporites gibbosus 首次出现在本组合且在组合中占据优势；*Tarimispora auriculata* 和 *T. perfecta* 也是首现，且局限于本组合。

组合 4/KQ

层位：黄山街组和塔里奇克组。

七块样品产大孢子。

属种组成：丰富的分子有 *Narkisporites densibaculatus*、*Hughesisporites gibbosus* 和 *Henrisporites latispinosus*，少量和常见的分子有 *Aneuletes rotundus*、*Trileites vulgaris*、*Tricristatispora tricristata*、*Maexisporites* sp. 1、*Bacutriletes kozurii*、*B.* sp. 3、*Verrutriletes jimsarensis*、*Narkisporites micros*、*Hughesisporites karnicus* 和 *H.* sp. 1。

组合特征：组合以 *Hughesisporites gibbosus* 大量出现并伴有 *Tricristatispora tricristata* 为主要特征，部分样品产丰富的 *Narkisporites densibaculatus* 和 *Henrisporites latispinosus*。

相较于组合 3/KQ，*Hughesisporites gibbosus* 在本组合中更显丰富。*Tricristatispora tricristata* 首次出现，且为本组合所特有。

组合 5/KQ

层位：阿合组。

两块样品产少量大孢子。

属种组成：少量 *Verrutriletes jimsarensis*、*Maexisporites meditectatus*、*Verrutriletes* sp. 1 和 *Nathorstisporites yanqiensis*。

组合特征：出现 *Nathorstisporites yanqiensis*。

Nathorstisporites yanqiensis 是根据相邻的焉耆盆地早侏罗世早期地层八道湾组产出的大孢子建立的种（崔炜霞等，2004）。该种在塔里木盆地同时代的阿合组再现，表明其时代分布的局限性及其在地层对比中的重要价值。

组合 6/KQ

层位：阳霞组。

四块样品产大孢子和孢形体化石。

属种组成：常见 *Bacutriletes digitiformis*，少量 *Verrutriletes minor*、*Pusulosporites marginatus*、*Narkisporites conicus*、*N. densiconicus*、*Striatriletes inconspicuus*、*Henrisporites latispinosus*、*Minerisporites triangularis*、*Paxillitriletes ales*、*P. phyllicus*、*Kuqaia concentrica*、*K. quadrata* 和 *K. radiata*。

组合特征：以含 *Bacutriletes digitiformis* 和孢形体类 *Kuqaia concentrica*、*K. quadrata* 和 *K. radiata* 为特征，伴生类群主要是一些膜环类孢子如 *Paxillitriletes ales* 和 *P. phyllicus* 等。

在库车河剖面上，*Bacutriletes digitiformis* 仅见于本组合。它与多样的 *Kuqaia* 一起出现可将本组合与组合 5/KQ 和 7/KQ 相区分。

组合 7/KQ

层位：克孜勒努尔组。

样品四块，产丰富多样的大孢子。

属种组成：丰富的 *Minerisporites triangularis*，常见的 *Horstisporites tarimensis*，少量的 *Maexisporites magnuszewensis*、*Narkisporites densibaculatus*、*N. densiconicus*、*Erlansonisporites excavatus*、*E. exquisitus*、*E. sparassis*、*Horstisporites subtilis*、*H.* sp. 1、*Minerisporites volucris* 和 *Paxillitriletes phyllicus*。

表5 库车河剖面大孢子数量（粒）统计

Table 5 Statistics (in grain) of megaspores from the Kuqa River Section

组合 Suite	7				6				5		4						3					2		1	
组合带 Assemblage Zone	ME				BK				Ny		HT						HTF					HN		ST	
层位 Formation	J_2k				J_1y				J_1a		T_3t			T_3h			T_3k^2					T_1e			
样品 Sample	SJ259	SJ258	SJ256	SJ250a	KQ14	KQ12	SJ248	SJ238	KQ22	KQ21	LWB132	LWB127	LWB126	KQ10	KQ9	SJ219	SJ218	LWB119	LWB118	LWB117	LWB116	LWB115	LWB113	LWB111	LWB109	LWB107	KQ1a
Aneuletes rotundus										4																	
Trileites vulgaris																	1	17		150	78	2		6			
Banksisporites sp. cf. *B. pinguis*																								1			
Tricristatispora tricristata											1																
Pusulosporites marginatus							2										80	2	1			8	9		18	1	
Maexisporites magnuszewensis		1																									
Maexisporites meditectatus								1																			
Maexisporites sp. 1									1																		
Bacutriletes digitiformis					8																						
Bacutriletes kozurii															1						9						
Bacutriletes sp. 3									4																		
Verrutriletes jimsarensis							1								1												
Verrutriletes minor							1																				
Verrutriletes sp. 1							1																				
Otynisporites sp. 1																				1							
Narkisporites conicus							1										1	2	34	71							
Narkisporites densibaculatus		1										7	44				7	39									
Narkisporites densiconicus		1					3																				
Narkisporites harrisii																				2							
Narkisporites micros												1					1		1								
Narkisporites tarimensis																		2									
Narkisporites sp. 1																		1									
Hughesisporites gibbosus											17	72	31	26	4	48					1						
Hughesisporites karnicus																2					1						
Hughesisporites sp. 1															1							1					
Erlansonisporites excavatus		1	1																								
Erlansonisporites exquisitus		1																									
Erlansonisporites sparassis			1																								
Striatriletes inconspicuus				3																	1						
Horstisporites subtilis		3																									
Horstisporites tarimensis			5																								
Horstisporites sp. 1		1																									
Henrisporites latispinosus				2							4	61						1									
Minerisporites triangularis	3	62	13	198	3	1	2											1									
Minerisporites volucris		1																									
Nathorstisporites yanqiensis							3																				

续表（Continued）

组合 Suite	7				6				5		4							3				2			1		
组合带 Assemblage Zone	ME				BK				Ny		HT							HTF				HN			ST		
层位 Formation	J_2k				J_1y				J_1a		T_3t			T_3h				T_3k^2							T_1e		
样品 Sample	SJ259	SJ258	SJ256	SJ250a	KQ14	KQ12	SJ248	SJ238	KQ22	KQ21	LWB132	LWB127	LWB126	KQ10	KQ9	SJ219	SJ218	LWB119	LWB118	LWB117	LWB116	LWB115	LWB113	LWB111	LWB109	LWB107	KQ1a
Paxillitriletes ales								1																			
Paxillitriletes phyllicus	3		1					1																			
Tarimispora auriculata																		1									
Tarimispora perfecta																		1									
Kuqaia concentrica					2	2		1																			
Kuqaia quadrata								1																			
Kuqaia radiata								1																			

组合特征：组合以含 *Minerisporites volucris* 并伴以多种 *Erlansonisporites* 属孢子如 *E. sparassis*、*E. excavatus* 和 *E. exquisitus* 以及或多或少的 *Minerisporites triangularis*、*Horstisporites tarimensis*、*Erlansonisporites sparassis* 和 *Paxillitriletes phyllicus* 为主要特征。本组合以其标志种 *Minerisporites volucris* 和大量的 *Minerisporites triangularis* 区别于组合 6/KQ。

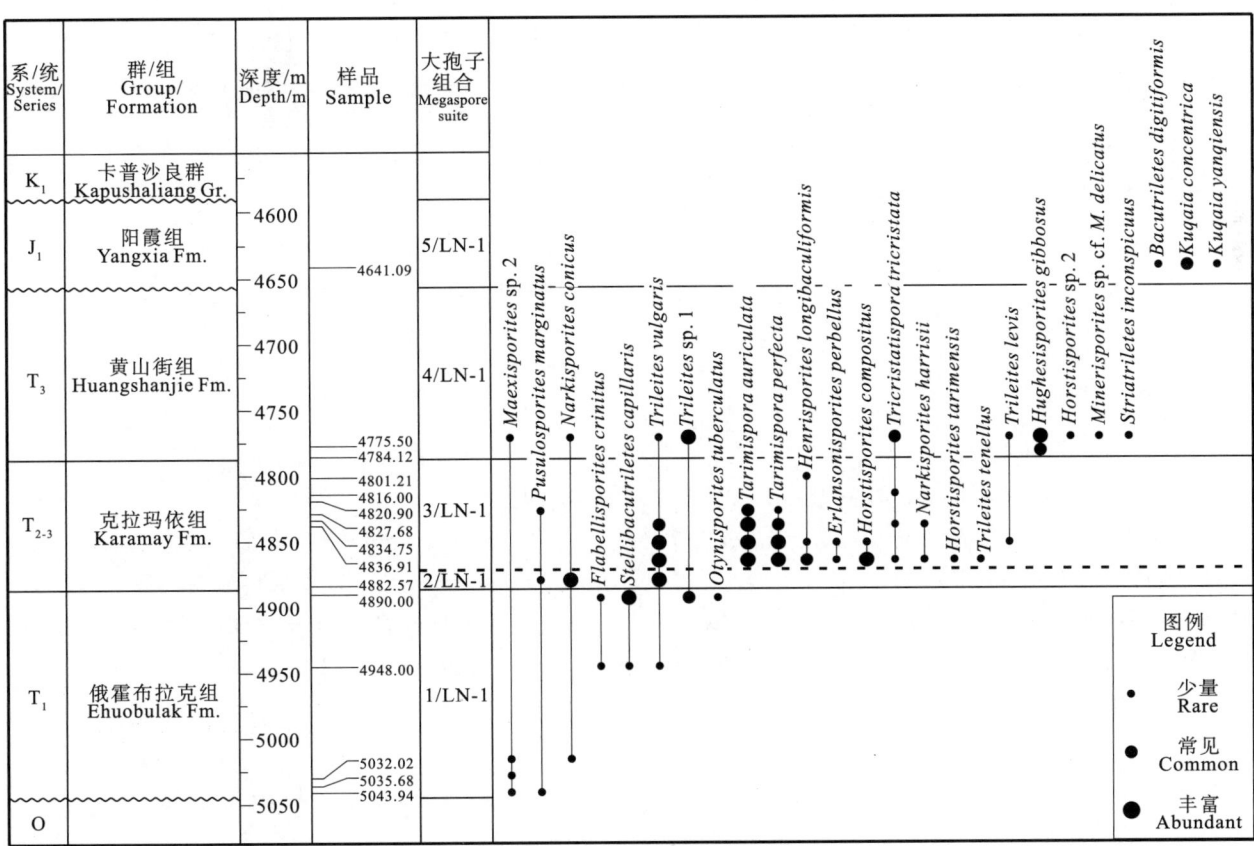

图 4 轮南 1 井大孢子地层延限

Figure 4 Stratigraphical ranges of megaspores in Well Lunnan-1

10. 轮南 1 井（LN-1）

据钻井和古生物研究，轮南 1 井的中生界发育不全，缺失上三叠统上部塔里奇克组、下侏罗统下部阿合组以及全部中-上侏罗统。大孢子获自下三叠统俄霍布拉克组至下侏罗统阳霞组四个岩组共 15 块样品，自下而上分为五个组合（图 4；表 6）。

组合 1/LN-1

层位：俄霍布拉克组。

五个样品，采自剖面下部 4890.00 m 至 5043.94 m 井段。

属种组成：上部含丰富的 *Stellibacutriletes capillaris*，常见 *Trileites* sp. 1，少量 *Trileites vulgaris*、*Otynisporites tuberculatus* 和 *Flabellisporites crinitus*；下部产 *Pusulosporites marginatus*、*Maexisporites* sp. 2 和 *Narkisporites conicus*。

组合特征：*Stellibacutriletes capillaris* 出现，并伴有 *Otynisporites tuberculatus*。

在轮南 1 井，俄霍布拉克组与克拉玛依组之间的界线以前都放在井深约 4990 m 处（黎文本等，2001）。依此划分，当前组合中的 *Stellibacutriletes capillaris* 是出现在克拉玛依组井段里。在盆地内，除轮南 1 井外，*Stellibacutriletes* 属大孢子，包括 *S. capillaris* 都出现在俄霍布拉克组（如在哈 1 井、轮南 8 井、塔中 1 井、塔中 3 井、塔中 6 井、塔中 9 井、塔中 28 井、英买 1 井和英买 2 井）或在乌尊萨依组（如在杜瓦地区），并未在克拉玛依组见到，即使在同一区块的轮南 8 井、轮南 23 井、轮南 53 井、轮南 56 井的克拉玛依组中亦未见其踪迹。有鉴于此，这里将含 *S. capillaris* 层位及其以下的中生代地层所产大孢子归为同一组合，并与其他剖面俄霍布拉克组和乌尊萨依组的大孢子组合比较。也许在轮南 1 井剖面上，俄霍布拉克组与克拉玛依组之间的界线应上移至井深 4882.57 m 和 4890.00 m 之间，虽然小孢子化石隐喻井深 4882.57–4948.00 m 的地层时代为中三叠世（詹家祯，1991；Peng et al., 2018）。

组合 2/LN-1

层位：克拉玛依组（下部？），一块样品（井深 4882.57 m）。

属种组成：丰富的 *Trileites vulgaris*、*Narkisporites conicus*，少量的 *Pusulosporites marginatus*。

组合特征：组合的属种分异度低。在本剖面的组合序列中，当前组合产最丰富的 *Narkisporites conicus*，但未见 *Stellibacutriletes* 属的种出现。

组合 3/LN-1

层位：克拉玛依组上部。

六块样品（井深 4801.21–4836.91 m）产丰富、多样的大孢子。

属种组成：丰富的 *Tarimispora auriculata*、*T. perfecta*、*Trileites vulgaris*、*Horstisporites compositus*，常见 *Henrisporites longibaculiformis*，含少量 *Tricristatispora tricristata*、*Trileites levis*、*T. tenellus*、*Pusulosporites marginatus*、*Narkisporites harrisii*、*Erlansonisporites perbellus* 和 *Horstisporites tarimensis*。

组合特征：组合中属种繁多，以 *Tarimispora auriculata* 和 *T. perfecta* 为标志，并以 *Tricristatispora tricristata* 首现为主要特征。

组合 4/LN-1

层位：黄山街组底部。

两块样品（井深 4775.5–4784.12 m）含多种大孢子。

属种组成：丰富的 *Hughesisporites gibbosus* 和 *Trileites* sp. 1，常见 *Tricristatispora tricristata*，含少量 *Trileites levis*、*T. vulgaris*、*Maexisporites* sp. 2、*Narkisporites conicus*、*Striatriletes inconspicuus*、*Horstisporites* sp. 2 和 *Minerisporites* sp. cf. *M. delicatus*。

表6 轮南1井大孢子数量（粒）统计
Table 6 Statistics (in grain) of megaspores from Well Lunnan-1

组合 Suite	5	4		3					2	1			
组合带 Assemblage Zone	BK	HT		HTF					HN	ST			
层位 Formation	J_1y	T_3h		T_3k^2					T_2k^1	T_1e			
样品 Sample	*4641.09	*4775.50	*4784.12	*4801.21	*4816.00	*4820.90	*4827.68	*4834.75	*4836.91	*4882.57	4890.00	4948.00	*5032.02	*5035.68	*5043.94
Trileites levis		1						1							
Trileites tenellus									1						
Trileites vulgaris		1				9	46	12		68		1			
Trileites sp. 1		20								6					
Tricristatispora tricristata		5		1			4	1							
Pusulosporites marginatus						1				1					2
Maexisporites sp. 2		2											1	1	1
Bacutriletes digitiformis	2														
Stellibacutriletes capillaris										11	3				
Otynisporites tuberculatus										2					
Narkisporites conicus		2								17		1			
Narkisporites harrisii						2		2							
Hughesisporites gibbosus		123	8												
Erlansonisporites perbellus							1	4							
Striatriletes inconspicuus		1													
Horstisporites compositus							4	27							
Horstisporites tarimensis								1							
Horstisporites sp. 2		1													
Flabellisporites crinitus										3	4				
Henrisporites longibaculiformis				1			3	6							
Minerisporites sp. cf. *M. delicatus*		1													
Tarimispora auriculata						6	26	88	53						
Tarimispora perfecta						1	6	38	33						
Kuqaia concentrica	5														
Kuqaia yanqiensis	4														

*岩心样品。

组合特征：以 *Hughesisporites gibbosus* 首现、*Tricristatispora tricristata* 续现、*Tarimispora* 属孢子消失为主要特征。

组合 5/LN-1

层位：阳霞组。

仅一块样品（井深 4641.09 m），产大孢子 *Bacutriletes digitiformis* 和孢形体 *Kuqaia concentrica*、*K. yanqiensis*。这些属种皆为本组合所特有。

表 7 塔里木盆地部分剖面
Table 7 Statistics (in grain) of megaspores

剖面 Section	轮南3井 (LN-3)			轮南23井 (LN-23)		轮南53井 (LN-53)		轮南56井 (LN-56)				塔中1井 (TZ-1)			塔中3井 (TZ-3)			
组合 Suite	1			2	1	1		3	2	1		1			1			
组合带 Assemblage Zone	HT			HT	HN	HN		HT	HTF	HN		ST			ST			
层位 Formation	T_3h			T_3h	T_2k^1	T_2k^1		T_3h	T_3k^2	T_2k^1		T_1e			T_1e			
样品 Sample	*4733.42	*4735.69	*4736.02	*4487.23	*4490.39	*4644.98	*4352.93	*4205.20	*4205.44	*4324.94	*4440.28	*2457.06	*2498.10	*2703.66	*2570.72	*2571.36	*2598.74	*2599.31
Aneuletes rotundus											10	40						
Luntaispora laevigata				1								3	2	1				2
Trileites levis				22								40	22	8		4	15	3
Trileites plicatilis																		
Trileites polonicus													2					1
Trileites tenellus				3	32	82												
Trileites vulgaris												6	2	6				
Trileites sp. cf. *T. solitus*												1						
Trileites sp. 1				1	3							2						1
Trileites sp. 2													1					1
Margaritatisporites sp. 2																		
Tricristatispora tricristata																		
Tricristatispora trilobata		1																
Tricristatispora yingmailensis																		
Pusulosporites marginatus		1		3		2					3	35	19		6	3	15	14
Maexisporites ooliticus												1						
Maexisporites pyramidalis																		
Maexisporites sp. 1											1	2	1		10			2
Bacutriletes costatispinosus				1														
Bacutriletes kozurii								1			1							
Bacutriletes sp. 2				1				2										
Bacutriletes sp. 3				1				2										
Stellibacutriletes capillaris												1	2		1	1	11	
Stellibacutriletes gracilis												6	2				1	4
Stellibacutriletes rarus												25						
Stellibacutriletes solidus												1	1					1
Stellibacutriletes sp. 1												20	5					
Stellibacutriletes sp. 2													1					
Verrutriletes sp. cf. *V. ornatus*											2							
Otynisporites eotriassicus							104											
Otynisporites tuberculatus													1					
Radosporites planus											165							
Narkisporites conicus					46						1							
Narkisporites brevispinosus							8				1							
Narkisporites micros										2								
Narkisporites tarimensis																		
Echitriletes sp. 3											1							
Echitriletes sp. 5																		1
Hughesisporites gibbosus	69	114	2	6	19			180	156	1								
Hughesisporites orlowskae									2									
Hughesisporites tumulosus																		1
Erlansonisporites duwaensis												2	2				1	5
Erlansonisporites sparassis						1												
Erlansonisporites licheniformis													1		1			
Erlansonisporites perbellus													4					1
Erlansonisporites sp. 3										1			1					
Erlansonisporites sp. 4													1					
Horstisporites compositus																		
Horstisporites sp. 1						1												
Nathorstisporites? sp.													1					

* 岩心样品。

大孢子数量（粒）统计（2）
from some sections in Tarim Basin (2)

塔中6井 (TZ-6)				塔中9井 (TZ-9)		塔中28井 (TZ-28)	英买1井 (YM-1)						英买2井 (YM-2)							英买31井 (YM-31)
1				1		1	3		2			1	1							1
ST				ST		ST	HT		HTF			ST	ST							ST
T_1e				T_1e		T_1e	T_3h		T_3k^2			T_1e	T_1e							T_1e
2516.00	2534.00	2546.00	2562.00	2470.00	2535.00	2526.00	*4716.80	*4718.00	*4836.00	*4837.40	*4838.00	*4959.64	4552.00	4655.00	4665.00	4685.00	4705.00	4725.00	4735.00	*4750
										1										
											1		1							
5	4		3		5			2		2	3	2		1	8		3	12	1	
									1											
								5		4			1	4	20	15	13	17		
												1								
							3	49	5	6	13			7	3	2	2			
								1												
											1									
								10												
								16	2											
2	1	3		1				1		3	3									
											1									
								1												1
2	1	1																		
					1		1					1	1							
1																				
1																				
										1		2								
											3									

11. 轮南 3 井（LN-3）

组合 1/LN-3

层位：黄山街组。三块样品产组成相近的大孢子（表7）。

属种组成：丰富的 *Hughesisporites gibbosus*，少量的 *Tricristatispora trilobata* 和 *Pusulosporites marginatus*。

组合特征：出现 *Tricristatispora trilobata* 并含丰富的 *Hughesisporites gibbosus*。

12. 轮南 8 井（LN-8）

轮南 8 井的 11 块样品取自俄霍布拉克组至克拉玛依组，产丰富的大孢子，分为如下三个组合（图5；表8）。

组合 1/LN-8

层位：俄霍布拉克组。八块样品产多样大孢子。

属种组成：丰富的 *Aneuletes rotundus*、*Luntaispora laevigata*、*Trileites levis*、*T. vulgaris*、*T.* sp. 1 和 *Pusulosporites marginatus*，少量至常见的 *Trileites plicatilis*、*Banksisporites* sp. cf. *B. pinguis*、*Pusulosporites inflatus*、*Stellibacutriletes capillaris*、*S. rarus*、*S. solidus*、*Narkisporites conicus*、*Echitriletes* sp. 1、*Erlansonisporites duwaensis*、*E. perbellus*、*E. textilis*、*E.* sp. 2、*Horstisporites denticulatus*、*H. nidzicensis* 和 *Henrisporites capillatus*。

组合特征：组合中光面三缝类大孢子占优势并出现多种 *Stellibacutriletes* 属孢子，如 *S. capillaris*、*S. rarus* 和 *S. solidus*。

组合 2/LN-8

层位：克拉玛依组下部。仅在一块样品中见少量大孢子。

属种组成：少量的 *Aneuletes rotundus*、*Trileites vulgaris*、*Pusulosporites marginatus* 和 *Flabellisporites crinitus*。

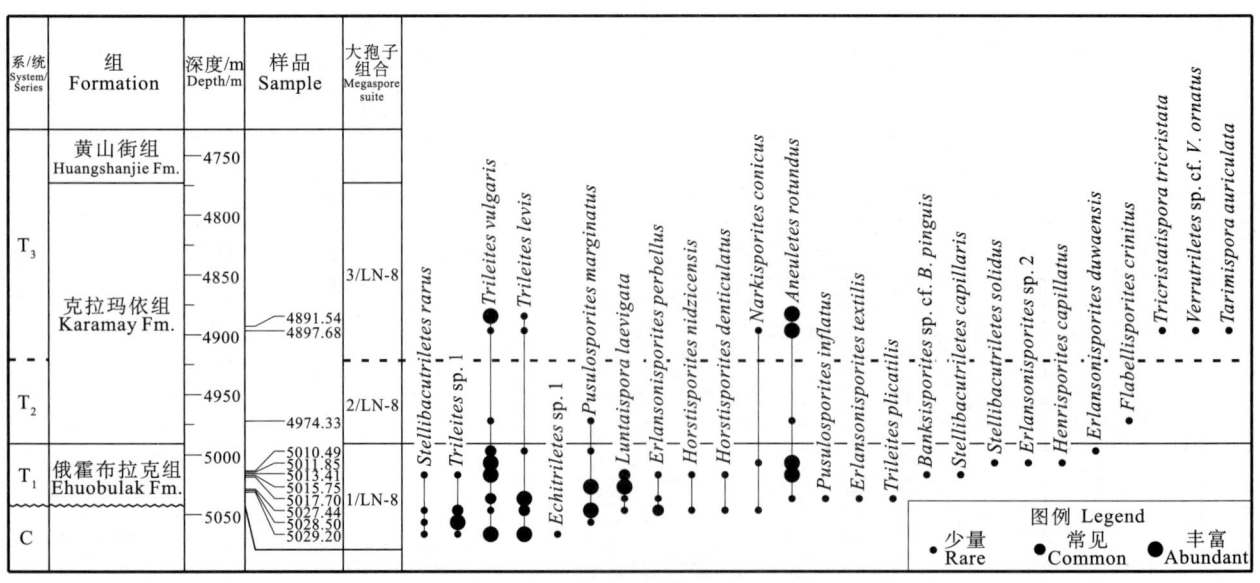

图 5　轮南 8 井大孢子地层延限

Figure 5　Stratigraphical ranges of megaspores in Well Lunnan-8

组合特征：组合中种类单调，所见都是三叠纪常见的分子。组合中不含 *Stellibacutriletes*，也没有 *Tricristatispora tricristata* 和 *Tarimispora auriculata*，可分别与组合 1/LN-8 和 3/LN-8 相区别。

组合 3/LN-8

层位：克拉玛依组上部。两块样品产大孢子。

属种组成：丰富的 *Aneuletes rotundus* 和 *Trileites vulgaris*，少量的 *T. levis*、*Tricristatispora tricristata*、*Verrutriletes* sp. cf. *V. ornatus*、*Narkisporites conicus* 和 *Tarimispora auriculata*。

组合特征：首现 *Tricristatispora tricristata* 和 *Tarimispora auriculata*。

表 8　轮南 8 井大孢子数量（粒）统计
Table 8　Statistics (in grain) of megaspores from Well Lunnan-8

组合 Suite	3	2	1							
组合带 Assemblage Zone	HTF	HN	ST							
层位 Formation	T_3k^2	T_2k^1	T_1e							
样品 Sample	*4891.54	*4897.68	*4974.33	*5010.49	*5011.85	*5013.41	*5015.75	*5017.70	*5027.44	*5028.50	*5029.20
Aneuletes rotundus	17	12	1		40	10		3			
Luntaispora laevigata						6	28	2	2		
Trileites levis	2	1		2				35	5		31
Trileites plicatilis								3			
Trileites vulgaris	15	1	2	5	20	25		5	1		10
Trileites sp. cf. *T. solitus*											
Trileites sp. 1						2			5	12	2
Banksisporites sp. cf. *B. pinguis*						1					
Tricristatispora tricristata	1										
Pusulosporites inflatus								1			
Pusulosporites marginatus			1	3				38	46	2	
Stellibacutriletes capillaris						1					
Stellibacutriletes rarus						1			1	3	1
Stellibacutriletes solidus					1						
Verrutriletes sp. cf. *V. ornatus*	2										
Narkisporites conicus	2				1			1			
Echitriletes sp. 1											1
Erlansonisporites duwaensis				2							
Erlansonisporites perbellus						1		4	8		
Erlansonisporites textilis								1			
Erlansonisporites sp. 2				1							
Horstisporites denticulatus						1			1		
Horstisporites nidzicensis						2			1		
Flabellisporites crinitus			1								
Henrisporites capillatus					1						
Tarimispora auriculata			1								

*岩心样品。

13. 轮南 23 井（LN-23）

克拉玛依组下部和黄山街组的三块样品产丰富的大孢子化石，分如下两个组合（表 7）。

组合 1/LN-23

层位：克拉玛依组下部。

属种组成：丰富的 *Trileites levis*、*T. tenellus* 和 *Narkisporites conicus*，少量的 *Trileites* sp. 1、*Bacutriletes costatispinosus*、*Erlansonisporites sparassis* 和 *Horstisporites* sp. 1。

组合特征：主要由光面类和刺粒面类三缝大孢子组成，以 *Narkisporites conicus* 大量出现为特征，未见 *Stellibacutriletes*、*Tricristatispora* 和 *Hughesisporites gibbosus*。

组合 2/LN-23

层位：黄山街组。

属种组成：丰富的 *Hughesisporites gibbosus*，少量的 *Luntaispora laevigata*、*Trileites tenellus*、*T.* sp. 1、*Pusulosporites marginatus*、*Bacutriletes* sp. 2 和 *B.* sp. 3。

组合特征：含丰富的 *Hughesisporites gibbosus*。

14. 轮南 53 井（LN-53）

组合 1/LN-53

仅一块克拉玛依组下部的样品产大孢子（表 7）。

属种组成：丰富的 *Trileites tenellus*、*Otynisporites eotriassicus*，常见 *Narkisporites brevispinosus*，含少量 *Pusulosporites marginatus*。

组合特征：含有丰富的 *Trileites tenellus* 和 *Otynisporites eotriassicus*。

15. 轮南 56 井（LN-56）

大孢子获自克拉玛依组与黄山街组的四块样品，可分为三个组合（表 7）。

组合 1/LN-56

层位：克拉玛依组下部。

属种组成：丰富的 *Aneuletes rotundus*，少量的 *Pusulosporites marginatus*、*Maexisporites* sp. 1、*Bacutriletes kozurii*、*Verrutriletes* sp. cf. *V. ornatus* 和 *Erlansonisporites duwaensis*。

组合特征：以光面三缝类大孢子为主，所有组分皆为三叠纪的常见分子，唯 *Aneuletes rotundus* 的时代分布较局限，曾在欧洲早三叠世晚期有确实的记录（Kovach and Batten, 1989）。与组合 2/LN-56 不同，本组合含有大量光面的三缝大孢子而缺乏 *Hughesisporites gibbosus*。

组合 2/LN-56

层位：克拉玛依组上部。

属种组成：丰富的 *Radosporites planus*，少量的 *Bacutriletes* sp. 2、*B.* sp. 3、*Narkisporites brevispinosus*、*N. conicus*、*Echitriletes* sp. 3、*Hughesisporites gibbosus* 和 *Erlansonisporites* sp. 3。

组合特征：组合主要由具饰三缝类孢子组成，并以 *Hughesisporites gibbosus* 出现及 *Radosporites planus* 占优势为特征。

组合 3/LN-56

层位：黄山街组。

属种组成：*Hughesisporites gibbosus* 非常丰富，*Bacutriletes kozurii*、*Narkisporites micros* 和 *Hughesisporites orlowskae* 少量出现。

组合特征：*Hughesisporites gibbosus* 在组合中占绝对优势。本组合以 *Hughesisporites gibbosus* 的丰度突然升高有别于组合 2/LN-56。

16. 满参 1 井（MC-1）

俄霍布拉克组和克拉玛依组共七块样品产大孢子，分为两个组合（表 3）。

组合 1/MC-1

层位：俄霍布拉克组。

属种组成：*Trileites levis* 和 *Pusulosporites marginatus* 丰富，*Trileites vulgaris*、*T.* sp. 1 和 *Banksisporites dejerseyi* 少量或常见。

组合特征：组合较单调，由光面三缝类孢子组成。*Trileites levis* 和 *Pusulosporites marginatus* 在组合中占有绝对优势。

组合 2/MC-1

层位：克拉玛依组下部。六块样品含丰富的大孢子。

属种组成：*Trileites* sp. 1 丰富，*T. tenellus*、*Pusulosporites marginatus*、*Maexisporites pyramidalis*、*M.* sp. 2、*Verrutriletes fragilis*、*Narkisporites conicus* 和 *N. harrisii* 常见或少量出现。

组合特征：光面三缝孢子 *Trileites* sp. 1 占优势。具纹饰的三缝大孢子相较于前述的组合 1/MC-1 含量有所增长。

17. 满西 1 井（MX-1）

俄霍布拉克组和克拉玛依组的 21 块样品产大孢子，分为两个组合（图 6；表 9）。

组合 1/MX-1

层位：俄霍布拉克组。10 块样品含有大孢子。

属种组成：丰富的 *Trileites levis* 和 *T. vulgaris*，少量至常见的 *Luntaispora laevigata*、*Trileites tenellus*、*Banksisporites* sp. cf. *B. pinguis*、*Pusulosporites marginatus*、*Radosporites planus*、*Narkisporites densiconicus*、*Erlansonisporites perbellus* 和 *Henrisporites capillatus*。

组合特征：以光面三缝类孢子为主，伴以少量刺粒面、网面和膜环三缝类孢子和光面单缝类孢子。

组合 2/MX-1

层位：克拉玛依组下部。11 块样品含丰富的大孢子。

属种组成：丰富的 *Trileites levis*、*T. vulgaris* 和 *Radosporites planus*，少量至常见的 *Pusulosporites marginatus*、*Otynisporites eotriassicus*、*O. tarimensis*、*O. tuberculatus*、*Narkisporites brevispinosus*、*N. conicus*、*N. harrisii*、*N. tarimensis*、*Hughesisporites* sp. 2、*Henrisporites capillatus* 和 *H. latispinosus*。

组合特征：*Trileites levis*、*T. vulgaris* 和 *Radosporites planus* 大量出现，具饰类孢子分异度增高。

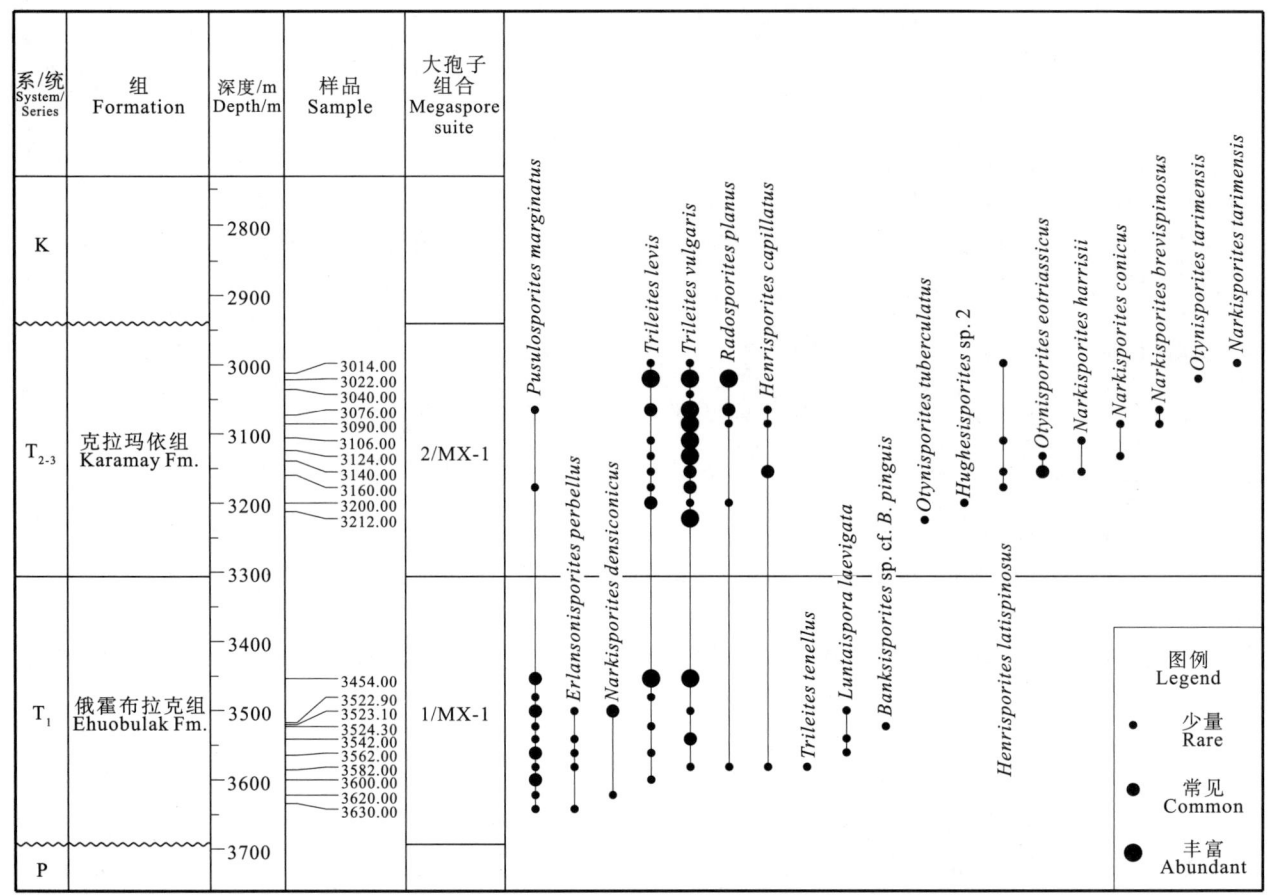

图 6 满西 1 井大孢子地层延限

Figure 6　Stratigraphical ranges of megaspores in Well Manxi-1

18. 普惠 1 井（PH-1）

组合 1/PH-1

层位：阳霞组。

一块样品（3444 m）产大孢子，仅一种：*Bacutriletes digitiformis*（表 3）。

19. 普鲁（PL）

组合 1/PL

层位：杨叶组（下部）。

一块样品（PL14）产大量孢形体化石：*Kuqaia concentrica* 和 *K. radiata*（表 3）。

20. 齐格勒克（QG）

组合 1/QG

康苏组的三块样品产组成相近的化石（表 3），包括大量的 *Kuqaia quadrata*、*K. radiata* 和少量的 *Bacutriletes digitiformis*、*Kuqaia concentrica*。

表 9 满西 1 井大孢子数量（粒）统计
Table 9 Statistics (in grain) of megaspores from Well Manxi-1

组合 Suite	2										1								
组合带 Assemblage Zone	HN										ST								
层位 Formation	T_2k^1										T_1e								
样品 Sample	3014.00	3022.00	3040.00	3076.00	3090.00	3106.00	3124.00	3140.00	3160.00	3200.00	3212.00	3454.00	*3522.90	*3523.10	*3524.30	3542.00	3562.00	3582.00	3600.00	3620.00	3630.00
Luntaispora laevigata													2		2	3					
Trileites levis	1	10		6		1	1	2	1		5	14	1			2		3		2	
Trileites tenellus																		1			
Trileites vulgaris	1	20	1	51	12	30	30	9	8	3	15	11		1		9	3	4			
Banksisporites sp. cf. B. pinguis														2							
Pusulosporites marginatus					1				1			9	1	5	3	1	5	2	6	1	2
Otynisporites eotriassicus						1	5														
Otynisporites tarimensis		2																			
Otynisporites tuberculatus										4											
Radosporites planus		35		6	3				2									1			
Narkisporites brevispinosus				2	1																
Narkisporites conicus				3		3															
Narkisporites densiconicus																	5			1	
Narkisporites harrisii						1	1														
Narkisporites tarimensis	1																				
Hughesisporites sp. 2										1											
Erlansonisporites perbellus																1	3	3	2		1
Henrisporites capillatus				2	1		7											2			
Henrisporites latispinosus	4					1	1	1													

*岩心样品。

21. 群克 1 井（QK-1）

组合 1/QK-1

层位：阳霞组。七块样品产组成相近的大孢子和孢形体化石组合（表 3）。

属种组成：丰富的 Kuqaia quadrata，少量至常见的 Trileites tenellus、Radosporites planus、Capillisporites germanicus、Hughesisporites reticulatus、Erlansonisporites exquisitus、E. sparassis、Striatriletes inconspicuus、Minerisporites triangularis、Paxillitriletes phyllicus、Kuqaia concentrica 和 K. radiate。Hughesisporites gibbosus 极为罕见（在七个样品中只见一粒标本）。

组合特征：含有丰富的 Kuqaia（包括 K. concentrica、K. quadrata 和 K. radiata），常见或少量 Paxillitriletes phyllicus 和 Erlansonisporites sparassis。

22. 塔河 1 井（TH-1）

塔河 1 井的大孢子化石产于俄霍布拉克组至黄山街组的 19 块样品，划分为四个大孢子组合（图 7；表 10）。

组合 1/TH-1

层位：俄霍布拉克组。三块样品产大孢子。

属种组成：丰富的 *Narkisporites brevispinosus*，少量至常见的 *Luntaispora laevigata*、*Trileites polonicus*、*T. tenellus*、*Banksisporites* sp. cf. *B. pinguis*、*Pusulosporites inflatus*、*P. marginatus*、*Maexisporites* sp. 1、*Radosporites planus*、*Narkisporites* sp. 2、*Henrisporites capillatus* 和 *H. longibaculiformis*。

组合特征：含丰富的 *Narkisporites brevispinosus*。

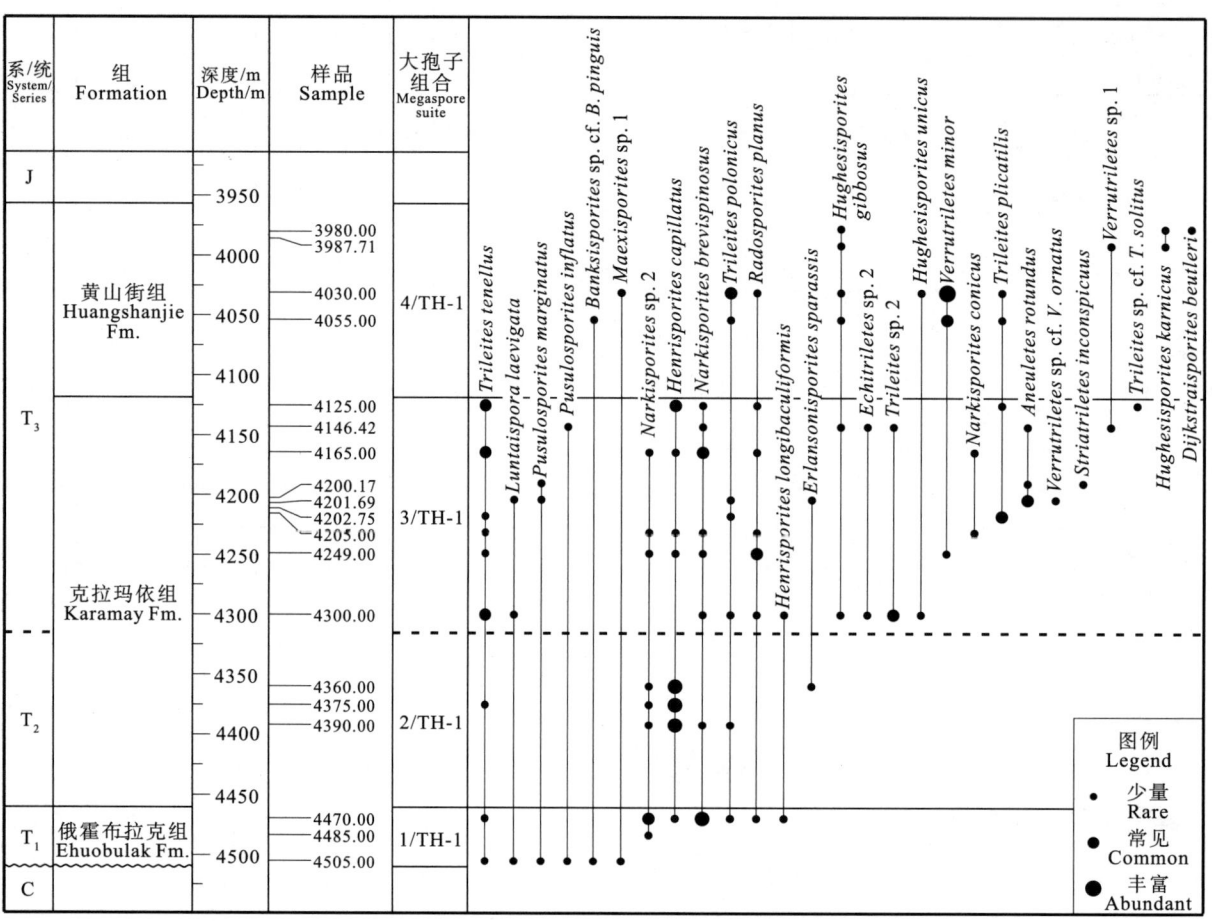

图 7　塔河 1 井大孢子地层延限

Figure 7　Stratigraphical ranges of megaspores in Well Tahe-1

组合 2/TH-1

层位：克拉玛依组下部。三块样品产大孢子。

属种组成：丰富的 *Henrisporites capillatus*，少量的 *Trileites polonicus*、*T. tenellus*、*Narkisporites brevispinosus*、*N.* sp. 2 和 *Erlansonisporites sparassis*。

组合特征：含有非常丰富的 *Henrisporites capillatus*。

与前述的组合 1 相比，组合 2 的分异度明显降低，且 *Narkisporites brevispinosus* 含量显著降低。

组合 3/TH-1

层位：克拉玛依组上部。九块样品产大孢子。

属种组成：少量至常见的 *Aneuletes rotundus*、*Luntaispora laevigata*、*Trileites plicatilis*、*T. polonicus*、*T. tenellus*、*T.* sp. cf. *T. solitus*、*T.* sp. 2、*Pusulosporites inflatus*、*P. marginatus*、*Verrutriletes minor*、*V.* sp. cf. *V. ornatus*、*V.* sp. 1、*Radosporites planus*、*Narkisporites brevispinosus*、*N. conicus*、*N.* sp. 2、*Echitriletes* sp. 2、*Hughesisporites gibbosus*、*H. unicus*、*Erlansonisporites sparassis*、*Striatriletes inconspicuus*、*Henrisporites capillatus* 和 *H. longibaculiformis*。

组合特征：一些新分子，尤其是 *Hughesisporites gibbosus* 出现；具饰类孢子的分异度和丰度明显增高。

表 10 塔河 1 井大孢子数量（粒）统计
Table 10 Statistics (in grain) of megaspores from Well Tahe-1

组合 Suite	4				3									2			1		
组合带 Assemblage Zone	HT				HTF									HN			ST		
层位 Formation	T_3h				T_3k^2									T_3k^1			T_1e		
样品 Sample	3980.00	*3987.71	4030.00	4055.00	4125.00	*4146.42	4165.00	*4200.17	*4201.69	*4202.75	4205.00	4249.00	4300.00	4360.00	4375.00	4390.00	4470.00	4485.00	4505.00
Aneuletes rotundus					3		2	5											
Luntaispora laevigata											1		1						1
Trileites plicatilis			1	1	1				6										
Trileites polonicus			6	2					4	1			2			2	1		
Trileites tenellus					6		7		4	4	5				1		4		2
Trileites sp. cf. *T. solitus*					3														
Trileites sp. 2						2					5								
Banksisporites sp. cf. *B. pinguis*			1																1
Pusulosporites inflatus						1													1
Pusulosporites marginatus							2	1											3
Maexisporites sp. 1			4																1
Verrutriletes minor			15	5							1								
Verrutriletes sp. cf. *V. ornatus*									1										
Verrutriletes sp. 1		1			1														
Radosporites planus			3		4		2				2	5	1				3		
Narkisporites brevispinosus					2	1	8				3	4	1			1			15
Narkisporites conicus									1			1							
Narkisporites sp. 1																			
Narkisporites sp. 2							2				1	2		1	2	2	9		2
Echitriletes sp. 2						1						2							
Hughesisporites gibbosus	4	3	1	2	3							1							
Hughesisporites karnicus	1	3																	
Hughesisporites unicus				3								1							
Erlansonisporites sparassis									1						1				
Striatriletes inconspicuus							2												
Dijkstraisporites beutleri	2																		
Henrisporites capillatus						5	1					2	1	186	44	13		2	
Henrisporites longibaculiformis													2						1

*岩心样品。

组合 4/TH-1

层位：黄山街组。四块样品产大孢子。

属种组成：丰富的 *Verrutriletes minor*，少量或常见的 *Trileites plicatilis*、*T. polonicus*、*Banksisporites* sp. cf. *B. pinguis*、*Maexisporites* sp. 1、*Verrutriletes* sp. 1、*Radosporites planus*、*Hughesisporites gibbosus*、*H. karnicus*、*H. unicus* 和 *Dijkstraisporites beutleri*。

组合特征：大量的 *Verrutriletes minor* 和少量的 *Dijkstraisporites beutleri*、*Hughesisporites karnicus*、*H. gibbosus*。

在塔里木盆地，*Dijkstraisporites beutleri* 是仅见于本组合的种。除 *Dijkstraisporites beutleri* 和 *Hughesisporites karnicus* 外，组合中所有属种也见于下部的组合 3/TH-1。

23. 塔中 1 井（TZ-1）

组合 1/TZ-1

层位：俄霍布拉克组。三块样品产大孢子（表 7）。

属种组成：丰富的 *Aneuletes rotundus*、*Trileites levis*、*Stellibacutriletes rarus*、*S.* sp. 1 和 *Pusulosporites marginatus*，少量至常见的 *Luntaispora laevigata*、*Trileites polonicus*、*T. vulgaris*、*T.* sp. cf. *T. solitus*、*T.* sp. 1、*T.* sp. 2、*Maexisporites ooliticus*、*M.* sp. 1、*Stellibacutriletes capillaris*、*S. gracilis*、*S. solidus*、*S.* sp. 2、*Otynisporites tuberculatus*、*Erlansonisporites duwaensis*、*E. licheniformis*、*E. perbellus*、*E.* sp. 3、*E.* sp. 4 和 *Nathorstisporites*? sp.。

组合特征：出现多种 *Stellibacutriletes* 属孢子，包括 *S. capillaris*、*S. gracilis*、*S. rarus*、*S. solidus*、*S.* sp. 1 和 *S.* sp. 2，伴以丰富的光面三缝类孢子，其中尤以 *Trileites levis* 和 *Pusulosporites marginatus* 二种为甚。

24. 塔中 3 井（TZ-3）

组合 1/TZ-3

层位：俄霍布拉克组。四块样品含组成相近的大孢子（表 7）。

属种组成：丰富的 *Trileites levis*、*Pusulosporites marginatus*、*Maexisporites* sp. 1 和 *Stellibacutriletes capillaris*，少量至常见的 *Luntaispora laevigata*、*Trileites polonicus*、*T.* sp. 1、*T.* sp. 2、*Stellibacutriletes gracilis*、*S. solidus*、*Echitriletes* sp. 5、*Hughesisporites tumulosus*、*Erlansonisporites duwaensis*、*E. licheniformis* 和 *E. perbellus*。

组合特征：出现多种 *Stellibacutriletes* 属孢子，包括 *S. capillaris*、*S. gracilis* 和 *S. solidus*，伴以丰富的光面三缝类孢子如 *Trileites levis* 和 *Pusulosporites marginatus*。

25. 塔中 6 井（TZ-6）

组合 1/TZ-6

层位：俄霍布拉克组。四块样品产组成相近的大孢子（表 7）。

属种组成：少量至常见的 *Trileites levis*、*Pusulosporites marginatus*、*Maexisporites* sp. 1、*Stellibacutriletes gracilis* 和 *S. rarus*。

组合特征：含 *Stellibacutriletes gracilis* 和 *S. rarus*。

26. 塔中 9 井（TZ-9）

组合 1/TZ-9

层位：俄霍布拉克组。两块样品产组成相似的大孢子（表 7）。

属种组成：常见 *Trileites levis*，含少量 *Pusulosporites marginatus* 和 *Stellibacutriletes capillaris*。

组合特征：含有 *Stellibacutriletes capillaris*。

27. 塔中 28 井（TZ-28）

组合 1/TZ-28

层位：俄霍布拉克组。

仅一块样品，见一粒大孢子 *Stellibacutriletes capillaris*（表 7）。

28. 维马 1 井（WM-1）

组合 1/WM-1

层位：阳霞组。

仅在一块样品中见个别孢形体 *Kuqaia concentrica*（表 3）。

29. 乡 1 井（X-1）

俄霍布拉克组至克拉玛依组的 12 块样品产大孢子，自下而上可划分为三个大孢子组合（图 8；表 11）。

组合 1/X-1

层位：俄霍布拉克组。四块样品产少量大孢子。

属种组成：少量 *Trileites plicatilis*、*T. tenellus*、*Radosporites planus*、*Narkisporites* sp. 2 和 *Henrisporites capillatus*。

组合特征：组合由一些常见的中生代分子组成且数量极少，特征不明显，或可以 *Henrisporites capillatus* 含量低与上覆组合 2/X-1 相区别。

组合 2/X-1

层位：克拉玛依组下部。四块样品产大孢子。

属种组成：丰富的 *Henrisporites capillatus*，常见的 *Trileites tenellus*，少量的 *Pusulosporites marginatus*、*Otynisporites eotriassicus*。

组合特征：丰富的 *Henrisporites capillatus*，出现 *Otynisporites eotriassicus*。

组合 3/X-1

层位：克拉玛依组上部。四块样品产大孢子。

属种组成：少量或常见的 *Trileites levis*、*T. plicatilis*、*T. tenellus*、*Maexisporites meditectatus*、*Narkisporites* sp. 2、*Hughesisporites gibbosus* 和 *Henrisporites capillatus*。

组合特征：出现 *Hughesisporites gibbosus*。

与组合 2/X-1 的区别是本组合首现 *Hughesisporites gibbosus*，虽然其丰度尚低。

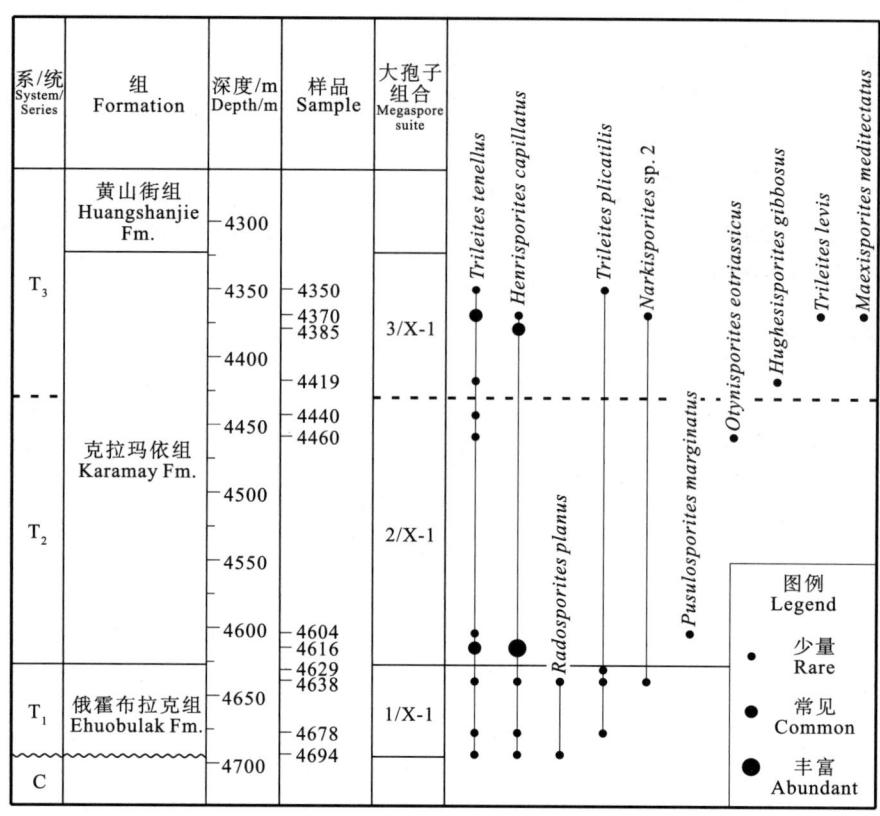

图 8 乡 1 井大孢子地层延限

Figure 8　Stratigraphical ranges of megaspores in Well Xiang-1

表 11　乡 1 井大孢子数量（粒）统计

Table 11　Statistics (in grain) of megaspores from Well Xiang-1

组合 Suite	3				2				1			
组合带 Assemblage Zone	HTF				HN				ST			
层位 Formation	T_3k^2				T_2k^1				T_1e			
样品 Sample	4350	4370	4385	4419	4440	4460	4604	4616	4629	4638	4678	4694
Trileites levis		2										
Trileites plicatilis	1								2	2	2	
Trileites tenellus	3	6		1	1	1	1	7		2	1	1
Pusulosporites marginatus							1					
Maexisporites meditectatus		1										
Otynisporites eotriassicus							1					
Radosporites planus										1		1
Narkisporites sp. 2		1								1		
Hughesisporites gibbosus				1								
Henrisporites capillatus		2	6					58		1	2	1

30. 英买 1 井（YM-1）

本井的大孢子见于六块样品，分如下三个组合（表 7）。

组合 1/YM-1

层位：俄霍布拉克组。一块样品，见少量大孢子。

属种组成：少量的 *Trileites levis*、*T*. sp. cf. *T. solitus*、*Pusulosporites marginatus*、*Maexisporites ooliticus* 和 *Stellibacutriletes capillaris*。

组合特征：出现 *Stellibacutriletes capillaris*。

组合 2/YM-1

层位：克拉玛依组上部。三块样品含大孢子。

属种组成：丰富的 *Trileites* sp. 1、*Tricristatispora trilobata* 和 *T. yingmailensis*，少量的 *Aneuletes rotundus*、*Luntaispora laevigata*、*Trileites levis*、*T. polonicus*、*T. vulgaris*、*Margaritatisporites* sp. 2、*Tricristatispora tricristata*、*Pusulosporites marginatus*、*Maexisporites pyramidalis*、*Narkisporites conicus* 和 *Horstisporites compositus*。

组合特征：出现 *Tricristatispora tricristata*，伴以丰富的 *T. trilobata* 和 *T. yingmailensis*。

组合 3/YM-1

层位：黄山街组。两块样品。

属种组成：丰富的 *Trileites* sp. 1，常见或少量的 *Trileites levis* 和 *T. vulgaris*。

组合特征：组合单调，只有几种 *Trileites* 属孢子。这些孢子的时代分布颇长，地层意义不大。

31. 英买 2 井（YM-2）

组合 1/YM-2

层位：俄霍布拉克组。七块样品产组成相近的大孢子（表 7）。

属种组成：丰富的 *Trileites levis* 和 *T. vulgaris*，少量至常见的 *Luntaispora laevigata*、*Trileites* sp. 1 和 *Stellibacutriletes capillaris*。

组合特征：出现 *Stellibacutriletes capillaris*，并伴有丰富的 *Trileites vulgaris* 和 *T. levis*。

32. 英买 31 井（YM-31）

组合 1/YM-31

层位：俄霍布拉克组。

仅一块样品，见一粒大孢子 *Maexisporites pyramidalis*（表 7）。

Maexisporites pyramidalis 在欧洲见于下三叠统奥伦尼克阶。在塔里木盆地，其历时较长，除见于英买 31 井的下三叠统俄霍布拉克组外，还见于英买 1 井和满参 1 井的中-上三叠统克拉玛依组，在建立本盆地大孢子组合带时意义不大。

33. 羊塔 6 井（YT-6）

组合 1/YT-6

层位：卡普沙良群舒善河组。

四块样品，大孢子丰富，成分单一，仅一种：*Minerisporites tarimensis*（表 3）。

M. tarimensis 为一新种，迄今仅见于当前的组合中，是塔里木盆地早白垩世大孢子植物群的唯一代表。同层的孢粉组合含有丰富的花粉 *Dicheiropollis etruscus* Trevisan, 1971（黎文本，2000b）。

卡普沙良群是一套以红色为主的陆相碎屑沉积，自下而上包括亚格列木组、舒善河组和巴西改组，命名剖面（位于拜城县铁列克镇卡普沙良河东侧）的总厚度达 1400 余米。江德昕等（1988）在综合报道盆地周边拜城卡普沙良河，乌恰康苏、库姆乌溜沟等地地表下白垩统各个岩组的孢粉组合时，其中皆无 *Dicheiropollis etruscus* 的记录。黎文本（2000b）报道的铁列克剖面舒善河组的孢粉组合中含丰富的 *D. etruscus*，在个别样品中其含量达 74%。这一发现在江德昕等（2007b）再次研究同一剖面、同一岩组的孢粉化石时得到证实。遗憾的是，该剖面舒善河组之下的亚格列木组及其上的巴西改组仍无可靠的孢粉资料供参考。江德昕等（2007a）重新研究了乌恰地区下白垩统（克孜勒苏群，再分为下、上两个亚旋回）材料，仍未见 *D. etruscus*。根据研究现状，我们有保留地把羊塔 6 井含 *Minerisporites tarimensis* 和 *Dicheiropollis etruscus* 的岩段归入舒善河组，时代属早白垩世早期（黎文本，2000b）。

34. 羊屋 1 井（YW-1）

16 块样品产大孢子，分如下四个组合（图 9；表 12）。

组合 1/YW-1

层位：俄霍布拉克组。四块样品（4258–4323 m）。

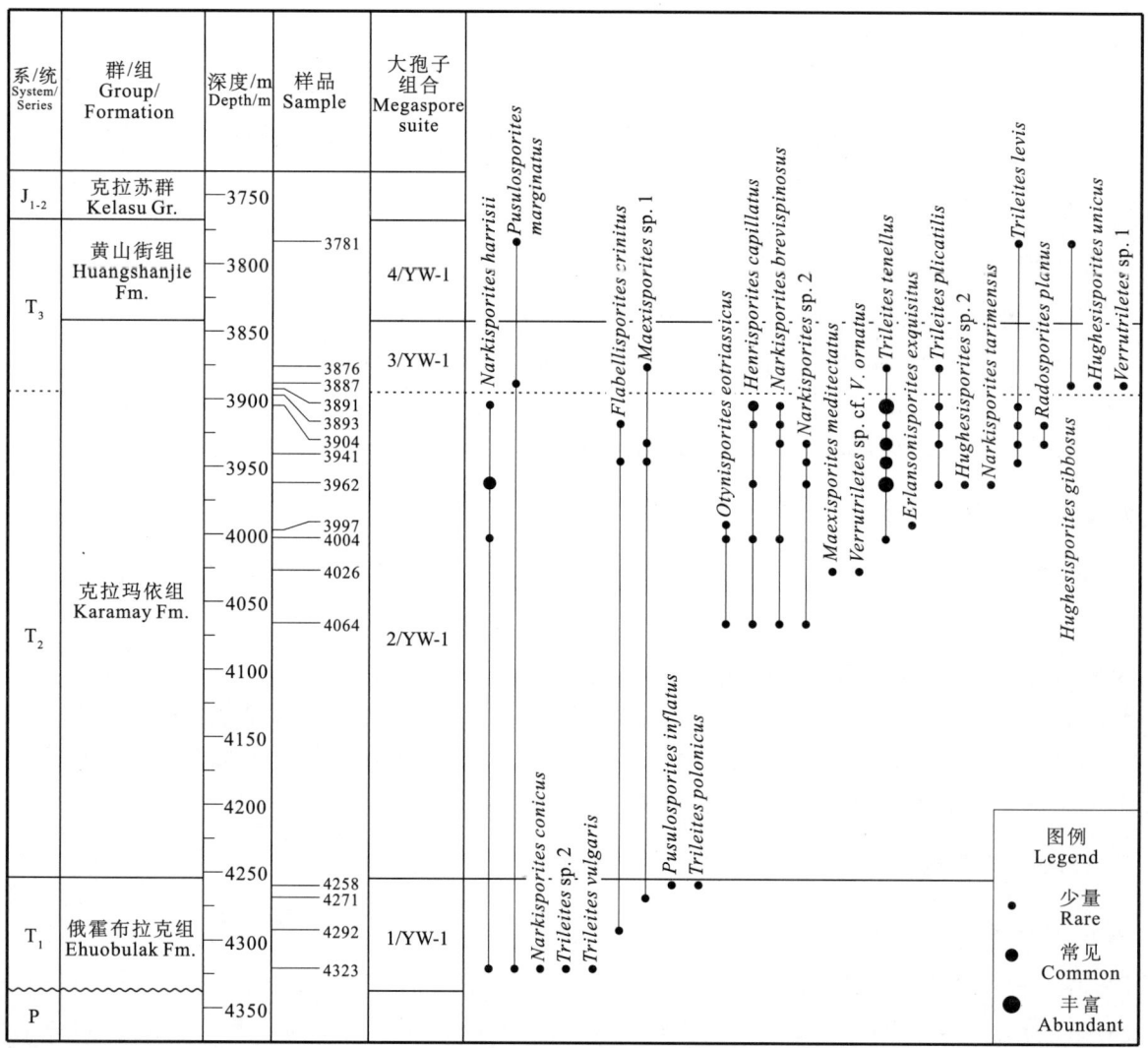

图 9　羊屋 1 井大孢子地层延限

Figure 9　Stratigraphical ranges of megaspores in Well Yangwu-1

属种组成：少量 *Trileites polonicus*、*T. vulgaris*、*T.* sp. 2、*Pusulosporites inflatus*、*P. marginatus*、*Maexisporites* sp. 1、*Narkisporites conicus*、*N. harrisii* 和 *Flabellisporites crinitus*。

组合特征：组合中所见皆为三叠纪的常见种，以光面三缝类孢子为主，辅以少量刺粒面类和具环类孢子，无明显的时代特征。

组合 2/YW-1

层位：克拉玛依组下部。九块样品（3891–4064 m）。

属种组成：丰富的 *Trileites tenellus*，少量至常见的 *Trileites levis*、*T. plicatilis*、*Maexisporites meditectatus*、*M.* sp. 1、*Verrutriletes* sp. cf. *V. ornatus*、*Otynisporites eotriassicus*、*Radosporites planus*、

表 12 羊屋 1 井大孢子数量（粒）统计
Table 12 Statistics (in grain) of megaspores from Well Yangwu-1

组合 Suite	4	3		2									1			
组合带 Assemblage Zone	HT	HTF		HN									ST			
层位 Formation	T_3h	T_3k^2		T_2k^1									T_1e			
样品 Sample	3781	3876	3887	3891	3893	3904	3941	3962	3997	4004	4026	4064	4258	4271	4292	4323
Trileites levis	1			1	1	1	1									
Trileites plicatilis		1		1	1	2		2								
Trileites polonicus														1		
Trileites tenellus		4		10	1	6	9	13	1							
Trileites vulgaris																2
Trileites sp. 2																1
Pusulosporites inflatus														1		
Pusulosporites marginatus	1		1													1
Maexisporites meditectatus										1						
Maexisporites sp. 1		1			1	1								1		
Verrutriletes sp. cf. *V. ornatus*									1							
Verrutriletes sp. 1			1													
Otynisporites eotriassicus								4	1		1					
Otynisporites tarimensis																
Radosporites planus					1	4										
Narkisporites brevispinosus				2	1	4				1		2				
Narkisporites conicus																1
Narkisporites harrisii				1				7		2						1
Narkisporites tarimensis								2								
Narkisporites sp. 2				2	2	2						2				
Hughesisporites gibbosus	3		4													
Hughesisporites unicus			3													
Hughesisporites sp. 2								3								
Erlansonisporites exquisitus															2	
Flabellisporites crinitus					1	3									1	
Henrisporites capillatus				9	3			3		1		2				

Narkisporites brevispinosus、*N. harrisii*、*N. tarimensis*、*N.* sp. 2、*Hughesisporites* sp. 2、*Erlansonisporites exquisitus*、*Flabellisporites crinitus* 和 *Henrisporites capillatus*。

组合特征：组合以含大量光面三缝类孢子如 *Trileites tenellus*，并出现 *Otynisporites eotriassicus* 和 *Henrisporites capillatus* 为特征。相较于组合 1/YW-1，具纹饰的孢子无论种类还是标本数量在本组合中都有明显增加。

组合 3/YW-1

层位：克拉玛依组上部。两块样品（3876 m 和 3887 m）。

属种组成：化石稀少，种类有 *Trileites plicatilis*、*T. tenellus*、*Pusulosporites marginatus*、*Maexisporites* sp. 1、*Verrutriletes* sp. 1、*Hughesisporites gibbosus* 和 *H. unicus*。

组合特征：首现 *Hughesisporites gibbosus* 和 *H. unicus*。

组合 4/YW-1

层位：黄山街组。

只有一个样品（3781 m），产少量大孢子 *Trileites levis*、*Pusulosporites marginatus* 和 *Hughesisporites gibbosus*。*H. gibbosus* 的出现表明本组合与前述组合 3/YW-1 之间的紧密关系。

五、大孢子生物地层序列

通常意义的孢子主要是苔藓植物和蕨类植物产生的，而能同时产生大孢子和小孢子的植物只是蕨类植物中的一小部分（是为异孢植物），一般认为主要是石松纲（Lycopodiopsida）、苹目（Marsileales）和槐叶苹目（Salviniales）植物，而且，每个大孢子囊产生的大孢子数量比每个小孢子囊产生的小孢子数量要少得多。因此，在种类和数量上大孢子要比小孢子少得多。此外，异孢植物一般都生长在沼泽、湿地等比较局限的生态条件下，并且多原地或近处保存在沉积物中，以至微小的生态变化都会影响到大孢子植物的种类和繁盛程度。

前面详细介绍了塔里木盆地各研究剖面基本上按岩组而建立的大孢子组合［单一小生境大孢子植物群（florule）］及其主要特征。这些资料显示盆地内中生代大孢子植物群无论纵向演化还是横向分异都有明显的变化。这一部分将综合研究已有的资料，力求在层系相对完整的剖面上寻找出大孢子植物群在时间方向上演化的线索，在不同剖面同一层位的大孢子组合里探出其间的共性（表13），构建一个塔里木盆地的中生代大孢子组合带序列（表14）。除却海相的上白垩统，盆地内自中侏罗统顶部至下白垩统的七个岩组里只有羊塔6井的下白垩统卡普沙良群有单一种类的大孢子发现，其余六个岩组迄今无大孢子化石记录，因此，下面所建的塔里木盆地中生代大孢子组合带序列仍是不完整的。

（一）*Stellibacutriletes gracilis-Trileites*（ST）组合带

Stellibacutriletes gracilis-Trileites 组合带基于19个地点的俄霍布拉克组/乌尊萨依组的大孢子化石资料（表15）而建立，其属种组成如下：*Aneuletes rotundus*、*Luntaispora laevigata*、*Trileites levis*、*T. plicatilis*、*T. polonicus*、*T. tenellus*、*T. vulgaris*、*T.* sp. cf. *T. solitus*、*T.* sp. 1、*T.* sp. 2、*Margaritatisporites* sp. 1、*Banksisporites dejerseyi*、*B.* sp. cf. *B. pinguis*、*Pusulosporites inflatus*、*P. marginatus*、*Maexisporites ooliticus*、*M. pyramidalis*、*M.* sp. 1、*M.* sp. 2、*M.* spp.、*Bacutriletes* sp. 1、*Stellibacutriletes capillaris*、*S. gracilis*、*S. rarus*、*S. solidus*、*S.* sp. 1、*S.* sp. 2、*Otynisporites eotriassicus*、*O. tarimensis*、*O. tuberculatus*、*Radosporites planus*、*Narkisporites brevispinosus*、*N. conicus*、*N. densiconicus*、*N. harrisii*、*N.* sp. 2、*N.* sp. 3、*Echitriletes* sp. 1、*E.* sp. 4、*E.* sp. 5、*E.* sp. 6、*Hughesisporites tumulosus*、*H.* sp. 1、*Erlansonisporites duwaensis*、*E. licheniformis*、*E. perbellus*、*E. sparassis*、*E. textilis*、*E.* sp. 1、*E.* sp. 2、*E.* sp. 3、*E.* sp. 4、*Horstisporites compositus*、*H. denticulatus*、*H. nidzicensis*、*Flabellisporites crinitus*、*Henrisporites capillatus*、*H. longibaculiformis* 和 *Nathorstisporites*? sp.。

本组合的主要特征为出现 *Stellibacutriletes gracilis*、*S. rarus*、*S. solidus* 和含有丰富的以 *Trileites* 和 *Pusulosporites* 两属为代表的光面三缝类大孢子。另有一些零星出现、但仅见于本组合带的种：*Banksisporites dejerseyi*、*Margaritatisporites* sp. 1、*Maexisporites ooliticus*、*Bacutriletes* sp. 1、*Echitriletes* sp. 1、*E.* sp. 4、*E.* sp. 5、*E.* sp. 6、*Erlansonisporites licheniformis*、*E. textilis*、*E.* sp. 1、*E.* sp. 4、*Horstisporites denticulatus*、*H. nidzicensis* 和 *Nathorstisporites*? sp.。

本组合带在盆地西南部皮山县杜瓦的乌尊萨依组和塔中地区的俄霍布拉克组发育最好，多样而繁盛；向北至英买、轮南一带的俄霍布拉克组，作为本组合带特征组分的 *Stellibacutriletes* 属孢子的种类和数量都明显减少；再向北至天山山前（库车河剖面），大孢子组合则显得十分凋零，仅存光面和近光面的三缝大孢子 *Pusulosporites marginatus* 和 *Hughesisporites* sp. 1。

表 13 塔里木盆地各剖面大孢子组合对比

Table 13 Correlation between megaspore suites from different sections in the Tarim Basin

系 Series	岩石地层 Lithostratigraphy		组合 Suite		剖面 Section																															
	中北部 North-central	南部 Southern		组合带 Assemblage Zone	C-1	DH-1	DW	DWC	Ha-1	HZ	JG	KR	KQ	LN-1	LN-3	LN-8	LN-23	LN-53	LN-56	MC-1	MX-1	PH-1	PL	QG	QK-1	TH-1	TZ-1	TZ-3	TZ-6	TZ-9	TZ-28	WM-1	X-1	YM-1	YM-2	YM-31	YT-6	YW-1
					1	2	3	4	5	6	7	8	9	10	11	12	13	14	15	16	17	18	19	20	21	22	23	24	25	26	27	28	29	30	31	32	33	34
K₁	舒善河组 Shushanhe Fm.	克孜勒苏群 Kezilesu Gr.		Mt																																	1	
	亚格列姆组 Yageliemu Fm.																																				
J₃	喀拉扎组 Kalazha Fm.																																				
	齐古组 Qigu Fm.	库孜贡苏组 Kuzigongsu Fm.																																				
	恰克马克组 Tikmak Fm.	塔尔尕组 Ta'erga Fm.						1					7																										
J₂	克孜勒努尔组 Kezilenur Fm.	杨叶组 Yangye Fm.		ME		1				2	1	1	6	5																									
	阳霞组 Yangxia Fm.	康苏组 Kangsu Fm.		BK									5									1	1	1	1														
J₁	阿合组 Ahe Fm.	莎里塔什组 Shalitashi Fm.		Ny					4				4	4		3	2	1	3							4									3				4
T₃	塔里奇克组 Tariqik Fm.	乔洛克萨依组 Qiaoluokesay Fm.		HT					3				3	3		2	1	1	2							3									2				3
	黄山街组 Huangshanjie Fm.																																				
T₂	克拉玛依组 Karamay Fm.			HTF					2				2	2		3	1	1	1	2	2					3								2					2
				HN																																	
T₁	俄霍布拉克组 Ehuobulak Fm.	乌尊萨依组 Wuzunsay Fm.		ST	1		1		1				1	1		1				1	2					2	1	1	1	1	1		1	1		1		1

· 40 ·

表 14　塔里木盆地中生代大孢子的地层分布

Table 14　Stratigraphical distribution of Mesozoic megaspores in the Tarim Basin

系 System	三叠系 Triassic							侏罗系 Jurassic									白垩系 Cretaceous				
统 Series	下统 Lower		中统 Middle		上统 Upper			下统 Lower				中统 Middle			上统 Upper			下统 Lower			
阶 Stage	IND	OLE	ANI	LAD	CAR	NOR	RHA	HET	SIN	PLB	TOA	AAL	BAJ	BTH	CLV	OXF	KIM	TTH	BER	VLG	HAU	BRM	APT	ALB
岩组 (代码) Formation (Code)	T_1e/T_1w		T_2k_1		T_3k^2	T_3h	T_3t	J_1a		J_1y/J_1k		J_2k/J_2y		J_2t	-	J_3q	J_3k	-		K_1kp			K_1bs	-
大孢子组合带 Assemblage Zone	ST		HN		HTF	HT		Ny		BK		ME			-	-	-	-		Mt		-		-

Narkisporites conicus
Pusulosporites marginatus
Radosporites planus
Trileites levis
Trileites tenellus
Aneuletes rotundus
Banksisporites sp. cf. B. pinguis
Maexisporites sp. 1
Narkisporites brevispinosus
Trileites plicatilis
Trileites polonicus
Trileites vulgaris
Trileites sp. 1
Henrisporites capillatus
Erlansonisporites sparassis
Flabellisporites crinitus
Narkisporites sp. 2
Otynisporites tarimensis
Maexisporites pyramidalis
Narkisporites harrisii
Maexisporites sp. 2
Erlansonisporites duwaensis
Otynisporites eotriassicus
Otynisporites tuberculatus
Stellibacutriletes capillaris
Horstisporites compositus
Luntaispora laevigata
Pusulosporites inflatus
Trileites sp. 2
Erlansonisporites perbellus
Erlansonisporites sp. 2
Erlansonisporites sp. 3
Henrisporites longibaculiformis
Trileites sp. cf. T. solitus
Hughesisporites tumulosus

续表 (Continued)

系 System	三叠系 Triassic							侏罗系 Jurassic									白垩系 Cretaceous				
统 Series	下统 Lower		中统 Middle		上统 Upper			下统 Lower				中统 Middle			上统 Upper		下统 Lower				
阶 Stage	IND	OLE	ANI	LAD	CAR	NOR	RHA	HET	SIN	PLB	TOA	AAL	BAJ	BTH	CLV	OXF	KIM	TTH	BER	VLG	HAU	BRM	APT	ALB
岩组 (代码) Formation (Code)	T_1e/T_1w		T_2k_1		T_3k^2	T_3h	T_3t	J_1a		J_1y/J_1k		J_2k/J_2y		J_2t		J_3q	J_3k	–		K_1kp		–	K_1bs	–
大孢子组合带 Assemblage Zone	ST		HN		HTF	HT		Ny		BK		ME		–		–	–	–		Mt				
Hughesisporites sp. 1	▮	▮																						
Maexisporites spp.	▮	▮				▮																		
Narkisporites sp. 3	▮	▮				▮																		
Narkisporites densiconicus										▮														
Banksisporites dejerseyi	▮	▮																						
Echitriletes sp. 1	▮	▮																						
Echitriletes sp. 4	▮	▮																						
Echitriletes sp. 5	▮	▮																						
Echitriletes sp. 6	▮	▮																						
Erlansonisporites licheniformis	▮	▮																						
Erlansonisporites textilis	▮	▮																						
Erlansonisporites sp. 1	▮	▮																						
Erlansonisporites sp. 4	▮	▮																						
Horstisporites nidzicensis	▮	▮																						
Horstisporites denticulatus	▮	▮																						
Maexisporites ooliticus	▮	▮																						
Margaritatisporites sp. 1	▮	▮																						
?Nathorstisporites sp.	▮	▮																						
Stellibacutriletes gracilis																								
Stellibacutriletes rarus					▮																			
Stellibacutriletes solidus					▮																			
Stellibacutriletes sp. 1					▮																			
Stellibacutriletes sp. 2					▮																			
Henrisporites latispinosus						▮																		
Bacutriletes kozurii						▮																		
Verrutriletes sp. cf. V. ornatus									▮															
Maexisporites meditectatus										▮														
Narkisporites tarimensis																								
Erlansonisporites exquisitus										▮		▮												
Horstisporites sp. 1										▮		▮												
Bacutriletes costatispinosus																								
Verrutriletes fragilis																								
Hughesisporites sp. 2						▮																		
Verrutriletes sp. 1						▮																		
Striatriletes inconspicuus										▮														

· 42 ·

Taxon
Narkisporites densibaculatus
Bacutriletes sp. 2
Bacutriletes sp. 3
Hughesisporites karnicus
Hughesisporites unicus
Narkisporites micros
Tarimispora auriculata
Tarimispora perfecta
Tricristatispora tricristata
Tricristatispora trilobata
Verrutriletes minor
Hughesisporites gibbosus
Minerisporites triangularis
Horstisporites tarimensis
Echitriletes sp. 2
Echitriletes sp. 3
Margaritatisporites sp. 2
Minerisporites sp. 1
Narkisporites sp. 1
Otynisporites sp. 1
Tricristatispora yingmailensis
Dijkstraisporites beutleri
Horstisporites sp. 2
Hughesisporites orlowskae
Minerisporites sp. cf. *M. delicatus*
Verrutriletes jimsarensis
Nathorstisporites yanqiensis
Bacutriletes digitiformis
Hughesisporites reticulatus
Kuqaia concentrica
Kuqaia quadrata
Kuqaia radiata
Kuqaia yangii
Kuqaia yanqiensis
Paxillitriletes ales
Paxillitriletes phyllicus
Capillisporites germanicus
Erlansonisporites excavatus
Horstisporites subtilis
Maexisporites magnuszewensis
Minerisporites volucris
Minerisporites tarimensis

注:"—"表示资料缺(No data)。

表 15 ST 组合带大孢子在各剖面的分布及丰度
Table 15 Geographical distribution and abundance of the megaspores in the ST Assemblage Zone

Legend: • 少量 (Rare); ● 常见 (Common); ⬤ 丰富 (Abundant)

孢子名称 Taxa	1/C-1	1/DW	1/HA-1	1/KQ	1/LN-1	1/LN-8	1/MX-1	1/MC-1	1/TH-1	1/TZ-1	1/TZ-3	1/TZ-6	1/TZ-9	1/TZ-28	1/X-1	1/YM-1	1/YM-2	1/YM-31	1/YW-1
Aneuletes rotundus			•			●				●									
Luntaispora laevigata		⬤	●			⬤	•	•		●	•						●		
Trileites levis		⬤	•			●	●	●		●	●	•	•			•	⬤		
Trileites plicatilis		●				•									•				
Trileitespolonicus								•	•	•									•
Trileites sp. cf. *T. solitus*										●					•				
Trileites sp. 1		•			●	●		•		●	•					●			
Trileites sp. 2										•	•								
Trileites tenellus		•					•	•							•				
Trileites vulgaris		⬤	⬤		•	●	●	•									⬤		
Margaritatisporites sp. 1		•																	
Banksisporites dejerseyi		•					•												
Banksisporites sp. cf. *B. pinguis*		•			•	•		•											
Pusulosporites inflatus		•	●			•		•											•
Pusulosporites marginatus		⬤	⬤	•	●	●	●	•		⬤	●	•				•			•
Maexisporites ooliticus		•								•						•			
Maexisporites pyramidalis																	•		
Maexisporites sp. 1		•								•	•	●							•
Maexisporites sp. 2					•														
Maexisporites spp.			●																
Bacutriletes sp. 1		•																	
Stellibacutriletes capillaris		⬤	•		⬤	•				•	●		•	•		•	•		
Stellibacutriletes gracilis		⬤	•							●	•	•							
Stellibacutriletes rarus		•				•				●		•							
Stellibacutriletes solidus						•				●	•								
Stellibacutriletes sp. 1		•								⬤									
Stellibacutriletes sp. 2										•									
Otynisporites eotriassicus			•																
Otynisporites tarimensis			⬤																
Otynisporites tuberculatus		•	•	•					•										
Narkisporites brevispinosus			⬤					⬤											
Narkisporites conicus		•	•	•	•														•
Narkisporites densiconicus								●											
Narkisporites harrisii																			•
Narkisporites sp. 2										●					•				
Narkisporites sp. 3			•																
Radosporites planus			⬤				•								•				
Echitriletes sp. 1					•														
Echitriletes sp. 4			•																
Echitriletes sp. 5											•								
Echitriletes sp. 6			•																
Hughesisporites tumulosus											•								
Hughesisporites sp. 1				•															
Erlansonisporites duwaensis		•	•		•					●	●								
Erlansonisporites licheniformis		•								•	•								
Erlansonisporites perbellus		•				●	•			•	•								
Erlansonisporites sparassis			•																
Erlansonisporites textilis		•	•		•														
Erlansonisporites sp. 1		•																	
Erlansonisporites sp. 2							•												
Erlansonisporites sp. 3		•								•									
Erlansonisporites sp. 4		•	•							•									
Horstisporites compositus			●																
Horstisporites denticulatus							•												
Horstisporites nidzicensis							•												
Flabellisporites crinitus				•															•
Henrisporites capillatus	•	⬤				•	•		•						•				
Henrisporites longibaculiformis								•											
Nathorstisporites? sp.										●									

Stellibacutriletes 为一新建属，其已知种几乎全部集中出现于本组合带，成为组合带的标志属。唯一例外的是，*Stellibacutriletes capillaris* 也出现在轮南 1 井原归克拉玛依组下部距底界 80 余米的两块岩心样（井深 4890.00–4948.00 m）中。根据小孢子化石研究，该井段（4868.10–4948.00 m）的时代为中三叠世（詹家祯，1991；Peng et al., 2018）。这一现象是否意味着起始于早三叠世的 *Stellibacutriletes* 属某些种如 *S. capillaris* 的时限也可延续至中三叠世，尚需更多资料来证实。有鉴于此，本组合带不以 *Stellibacutriletes* 属，而以种 *S. gracilis* 作为代表。尽管如此，在本书中该化石层仍归作本组合带处理。

光面和近光面的三缝大孢子见于自泥盆纪以来各个时期的地层中，因其形态简单，缺乏明显的鉴定特征，一般都不具有重要的时代意义。这类孢子作为本组合带的特征之一是因其种类相对多样和产量丰富，在大孢子植物群中占有显著地位。

根据孢粉、叶肢介、轮藻等化石证据，塔里木盆地俄霍布拉克组和乌尊萨依组的时代为早三叠世（表 1）。大孢子化石方面，当前的 *Stellibacutriletes gracilis-Trileites* 组合带含有非常丰富的光面三缝类型的大孢子以及 *Stellibacutriletes capillaris*、*S. solidus*、*Hughesisporites tumulosus*、*Pusulosporites inflatus*、*P. marginatus*、*Trileites polonicus* 和 *T. vulgaris* 等分子，大体上可与波兰早三叠世中期的 *Trileites polonicus-Pusulosporites populosus* 带（Fuglewicz, 1980a）相对比，唯后者含有更多类群如 *Trileites sinuosus*、*Pusulosporites populosus*、*Echitriletes echinatus*、*Horstisporites sulcatus*、*Hughesisporites calvescens* 和 *H. variabilis*，而缺乏 *Stellibacutriletes* 属分子。

（二）*Henrisporites capillatus-Narkisporites*（HN）组合带

Henrisporites capillatus-Narkisporites 组合带主要根据羊屋 1 井、轮南 1 井、满西 1 井和塔河 1 井等 13 条剖面克拉玛依组下部获得的大孢子（表 16）而建立，其属种组成有：*Aneuletes rotundus*、*Trileites levis*、*T. plicatilis*、*T. polonicus*、*T. tenellus*、*T. vulgaris*、*T.* sp. 1、*Banksisporites* sp. cf. *B. pinguis*、*Pusulosporites marginatus*、*Maexisporites meditectatus*、*M. pyramidalis*、*M.* sp. 1、*M.* sp. 2、*Bacutriletes costatispinosus*、*B. kozurii*、*Verrutriletes fragilis*、*V.* sp. cf. *V. ornatus*、*Otynisporites eotriassicus*、*O. tarimensis*、*O. tuberculatus*、*Radosporites planus*、*Narkisporites brevispinosus*、*N. conicus*、*N. harrisii*、*N. tarimensis*、*N.* sp. 2、*Hughesisporites gibbosus*（？）、*H.* sp. 2、*Erlansonisporites duwaensis*、*E. exquisitus*、*E. sparassis*、*Horstisporites* sp. 1、*Flabellisporites crinitus*、*Henrisporites capillatus* 和 *H. latispinosus*。

本组合带以 *Henrisporites capillatus* 和 *Narkisporites* 相对丰富及 *Erlansonisporites duwaensis*、*Otynisporites eotriassicus* 和 *O. tuberculatus* 连续出现为主要特征。光面三缝类孢子 *Trileites* 和 *Pusulosporites* 仍然是常见甚或丰富的类群。*Stellibacutriletes* 属孢子已经消失。仅见于本组合带的种有：*Bacutriletes costatispinosus*、*Verrutriletes fragilis* 和 *Hughesisporites* sp. 2。

Hughesisporites gibbosus 在欧洲是晚三叠世的标志化石（Kovach and Batten, 1989）。在塔里木盆地，该种自克拉玛依组上部即 *Hughesisporites gibbosus-Tricristatispora tricristata-Flabellisporites crinitus* 带才大量出现。本组合记录的 *H. gibbosus* 见于哈 1 井克拉玛依组最底部的两块岩屑样品，其赋存层位的可靠性不无疑问。

Otynisporites eotriassicus 和 *O. tuberculatus* 都是从 ST 组合带延续而来的，而且曾被认为是欧洲下三叠统最底部的指示化石（Fuglewicz, 1980a），显示其时代与早三叠世的密切关系。

本组合带的大孢子组分一般都能在相邻的组合带中见到，缺乏标志自身的属种。根据其所在层位小孢子化石的研究结果（刘兆生，2003；Peng et al., 2018）及其在地层系统中的位置，当前 HN 组合带应可归于中三叠世。

表16 HN 组合带大孢子在各剖面的分布及丰度
Table 16 Geographical distribution and abundance of the megaspores in the HN Assemblage Zone

孢子名称 Taxa / 组合 Megaspore suite	1/C-1	2/Ha-1	2/KQ	2/LN-1	2/LN-8	1/LN-23	1/LN-53	1/LN-56	2/MC-1	2/MX-1	2/TH-1	2/X-1	2/YW-1
Aneuletes rotundus					●			●					
Trileites levis						●				●			•
Trileites plicatilis													•
Trileites polonicus											•		
Trileites tenellus						●	●		•		●	●	●
Trileites vulgaris		●	●	●	•					●			
Trileites sp. 1					•			●					
Banksisporites sp. cf. *B. pinguis*		•											
Pusulosporites marginatus		●	●	•						•			
Maexisporites meditectatus													
Maexisporites pyramidalis									•				
Maexisporites sp. 1							•						
Maexisporites sp. 2									●				
Bacutriletes costatispinosus					•								
Bacutriletes kozurii							•						
Verrutriletes fragilis							•						
Verrutriletes sp. cf. *V. ornatus*							•						•
Otynisporites eotriassicus						●				●		•	
Otynisporites tarimensis									•				
Otynisporites tuberculatus									•				
Radosporites planus		●								●			•
Narkisporites brevispinosus		●					•			•	•		
Narkisporites conicus		•		●		●			•	•			
Narkisporites harrisii									●				●
Narkisporites tarimensis									•				•
Narkisporites sp. 2												•	•
Hughesisporites gibbosus		?								•			
Hughesisporites sp. 2													
Erlansonisporites duwaensis							•						
Erlansonisporites exquisitus					•								
Erlansonisporites sparassis											•		
Horstisporites sp. 1					•								
Flabellisporites crinitus													•
Henrisporites capillatus	•	•								●	●	●	
Henrisporites latispinosus										•			

注：• 少量 (Rare)；● 常见 (Common)；● 丰富 (Abundant)。

在波兰，大致同期（拉丁期）的大孢子组合有 *Capillisporites germanicus* 组合（Marcinkiewicz，1992a）和 *Dijkstraisporites beutleri* 组合（Marcinkiewicz，1978）。这两个组合除分别含有各自的命名分子外，都含有所谓只限于拉丁期分布的 *Flabellisporites crinitus* 和 *Henrisporites capillatus*。但是，在塔里木盆地，波兰的这两个大孢子组合的命名分子 *Dijkstraisporites beutleri* 和 *Capillisporites germanicus* 均未在本组合带中出现，而是分别见于更高层位的晚三叠世 HT 组合带和早侏罗世 BK 组合带；*Flabellisporites crinitus* 和 *Henrisporites capillatus* 则几乎出现在三叠纪的各个层系中。这一现象显示大孢子植物生态环境的局限性，其纵向延续和横向扩展都严格与生长环境相关，不同地域即使同一时期的大孢子植物群面貌也可能会有明显的差异。

（三）*Hughesisporites gibbosus-Tricristatispora tricristata-Flabellisporites crinitus*（HTF）组合带

本组合带基于九条剖面克拉玛依组上部的大孢子组合，并以库车河剖面的组合 3 和英买 1 井的组合 2 为代表而建立（表 17），其属种组成如下：*Aneuletes rotundus*、*Luntaispora laevigata*、*Trileites levis*、*T. plicatilis*、*T. polonicus*、*T. tenellus*、*T. vulgaris*、*T.* sp. cf. *T. solitus*、*T.* sp. 1、*T.* sp. 2、*Margaritatisporites* sp. 2、*Banksisporites* sp. cf. *B. pinguis*、*Tricristatispora tricristata*、*T. trilobata*、*T. yingmailensis*、

表 17　HTF 组合带大孢子在各剖面的分布及丰度
Table 17　Geographical distribution and abundance of the megaspores in the HTF Assemblage Zone

组合 Megaspore suite / 孢子名称 Taxa	3/HA-1	3/KQ	3/LN-1	3/LN-8	2/LN-56	3/TH-1	3/X-1	2/YM-1	3/YW-1
Aneuletes rotundus				C		C		R	
Luntaispora laevigata						C		C	
Trileites levis	R		R	R			C	C	
Trileites plicatilis						C	R		R
Trileites polonicus						C		R	
Trileites tenellus	C		R			C	C		R
Trileites vulgaris	C	A	A	A				R	
Trileites sp. cf. *T. solitus*						C			
Trileites sp. 1								A	
Trileites sp. 2						C			
Margaritatisporites sp. 2								R	
Banksisporites sp. cf. *B. pinguis*	R								
Tricristatispora tricristata			R	R				R	
Tricristatispora trilobata								A	
Tricristatispora yingmailensis								A	
Pusulosporites inflatus	R					R			
Pusulosporites marginatus		C	R			R		R	R
Maexisporites meditectatus							R		
Maexisporites pyramidalis								R	
Maexisporites sp. 1									R
Bacutriletes kozurii		C							
Bacutriletes sp. 2					R				
Bacutriletes sp. 3					R				
Verrutriletes minor						R			
Verrutriletes sp. cf. *V. ornatus*				R		R			
Verrutriletes sp. 1						R			R
Otynisporites tarimensis	R								
Otynisporites sp. 1		R							
Radosporites planus	C				C	C			
Narkisporites brevispinosus					R	C			
Narkisporites conicus		A		R	R	R		R	
Narkisporites densibaculatus		A							
Narkisporites harrisii	R	R	R						
Narkisporites micros		R							
Narkisporites tarimensis		R							
Narkisporites sp. 1		R							
Narkisporites sp. 2						R	R		
Echitriletes sp. 2	R					R			
Echitriletes sp. 3					R				
Hughesisporites gibbosus	A	R			R	R	R		R
Hughesisporites karnicus		R							
Hughesisporites unicus						R			R
Erlansonisporites perbellus				R					
Erlansonisporites sparassis						R			
Erlansonisporites sp. 2	R								
Erlansonisporites sp. 3					R				
Striatriletes inconspicuus		R				R			
Horstisporites compositus	C		C					R	
Horstisporites tarimensis			R						
Flabellisporites crinitus	R								
Henrisporites capillatus	A					C	C		
Henrisporites latispinosus		R							
Henrisporites longibaculiformis				C					
Minerisporite triangulariss		R							
Minerisporites sp. 1	R								
Tarimispora auriculata		R	C		R				
Tarimispora perfecta		R	C						

注：• 少量 (Rare)；● 常见 (Common)；● 丰富 (Abundant)。

Pusulosporites inflatus、*P. marginatus*、*Maexisporites meditectatus*、*M. pyramidalis*、*M.* sp. 1、*Bacutriletes kozurii*、*B.* sp. 2、*B.* sp. 3、*Verrutriletes minor*、*V.* sp. cf. *V. ornatus*、*V.* sp. 1、*Otynisporites tarimensis*、*O.* sp. 1、*Radosporites planus*、*Narkisporites brevispinosus*、*N. conicus*、*N. densibaculatus*、*N. harrisii*、*N. micros*、*N. tarimensis*、*N.* sp. 1、*N.* sp. 2、*Echitriletes* sp. 2、*E.* sp. 3、*Hughesisporites gibbosus*、*H. karnicus*、*H. unicus*、*Erlansonisporites perbellus*、*E. sparassis*、*E.* sp. 2、*E.* sp. 3、*Striatriletes inconspicuus*、*Horstisporites compositus*、*H. tarimensis*、*Flabellisporites crinitus*、*Henrisporites capillatus*、*H. latispinosus*、*H. longibaculiformis*、*Minerisporites triangularis*、*M.* sp. 1、*Tarimispora auriculata* 和 *T. perfecta*。

本组合带以 *Hughesisporites gibbosus*、*Tarimispora auriculata*、*T. perfecta*、*Tricristatispora tricristata* 和 *T. trilobata* 等属种的首现及 *Flabellisporites crinitus* 的末现为特征。*Tricristatispora yingmailensis*、*Echitriletes* sp. 2、*E.* sp. 3、*Margaritatisporites* sp. 2、*Otynisporites* sp. 1、*Narkisporites* sp. 1 和 *Minerisporites* sp. 1 为局限于本组合带的分子。*Trileites* sp. cf. *T. solitus*、*Margaritatisporites* sp. 2、*Tricristatispora yingmailensis*、*Maexisporites pyramidalis*、*Verrutriletes* sp. cf. *V. ornatus*、*Otynisporites tarimensis*、*O.* sp. 1、*Narkisporites tarimensis*、*N. harrisii*、*N.* sp. 1、*N.* sp. 2、*Echitriletes* sp. 2、*E.* sp. 3、*Erlansonisporites* sp. 2、*E.* sp. 3、*Flabellisporites crinitus*、*Henrisporites longibaculiformis* 和 *Minerisporites* sp. 1 在本组合带的顶部消失，*Bacutriletes* sp. 2、*B.* sp. 3、*Verrutriletes minor*、*V.* sp. 1、*Narkisporites densibaculatus*、*N. micros*、*Hughesisporites karnicus*、*H. unicus*、*Horstisporites tarimensis*、*Striatriletes inconspicuus* 和 *Minerisporites triangularis* 始现于本组合带，并延续至更新的组合带中。

Hughesisporites gibbosus 在欧洲曾被认为是晚三叠世卡尼期至诺利期的指示分子（Kovach and Batten, 1989; Marcinkiewicz et al., 2014）；在我国，该种在新疆准噶尔盆地和焉耆盆地都是从克拉玛依组上部开始出现，并可一直上延至早侏罗世早期八道湾组（杨基端、孙素英，1990；崔炜霞等，2004；罗正江等，2015），在河南伊川盆地的上三叠统椿树腰组和谭庄组亦有其记录（崔炜霞等，2018）。*Tricristatispora* 属目前只在中国有报道，其模式种 *T. tricristata* 此前仅见于我国西部地区的上三叠统，如陕甘宁盆地的延长组、四川的须家河组、贵州的火把冲组和云南的舍资组（黎文本，2000a）。鉴于 *Hughesisporites gibbosus* 和 *Tricristatispora tricristata* 共同首现于本组合带中，遂将其时代归入晚三叠世早期（卡尼期）。中、上三叠统界线应在 HN 与 HTF 两个大孢子组合带之间。

小孢子化石的研究偏向于认为克拉玛依组上部地层的时代为中三叠世晚期，但不排除延续至晚三叠世早期的可能性（刘兆生，2003；Peng et al., 2018）。这与基于大孢子化石的时代结论至少局部是一致的。

（四）*Hughesisporites gibbosus-Tricristatispora tricristata*（HT）组合带

本组合带基于从九条剖面黄山街组和塔里奇克组获得的大孢子，并以哈 1 井、库车河剖面和轮南 1 井的组合为代表而建立（表 18）。其属种组成如下：*Aneuletes rotundus*、*Luntaispora laevigata*、*Trileites levis*、*T. plicatilis*、*T. polonicus*、*T. tenellus*、*T. vulgaris*、*T.* sp. 1、*Banksisporites* sp. cf. *B. pinguis*、*Tricristatispora tricristata*、*T. trilobata*、*Pusulosporites inflatus*、*P. marginatus*、*Maexisporites* sp. 1、*M.* sp. 2、*M.* spp.、*Bacutriletes kozurii*、*B.* sp. 2、*B.* sp. 3、*Verrutriletes jimsarensis*、*V. minor*、*V.* sp. 1、*Radosporites planus*、*Narkisporites brevispinosus*、*N. conicus*、*N. densibaculatus*、*N. micros*、*N.* sp. 3、*Hughesisporites gibbosus*、*H. karnicus*、*H. orlowskae*、*H. tumulosus*、*H. unicus*、*H.* sp. 1、*Striatriletes inconspicuus*、*Horstisporites compositus*、*H.* sp. 2、*Dijkstraisporites beutleri*、*Henrisporites capillatus*、*H. latispinosus*、*Minerisporites* sp. cf. *M. delicatus*、*Tarimispora auriculata* 和 *T. perfecta*。

本组合带的大部分属种皆由其下的 HTF 组合带延续而来。其主要特点是 *Hughesisporites gibbosus* 的繁盛达到高峰，而 *Tarimispora* 和 *Tricristatispora* 两属孢子则明显衰落。*Verrutriletes jimsarensis* 在本组合带首现，*Dijkstraisporites beutleri*、*Horstisporites* sp. 2、*Hughesisporites orlowskae* 和 *Minerisporites* sp. cf. *M. delicatus* 仅见于本组合带。

当前的大孢子组合中仍保留有自下伏 HTF 组合带延续而来的 *Hughesisporites gibbosus*、*Tricristatispora tricristata* 和 *T. trilobata*，其时代属晚三叠世当无疑问。考虑到HTF组合带的卡尼期时代，我们将本HT组合带的时代归入诺利期至瑞替期。库车河剖面和轮南1井同一层位的孢粉（刘兆生，2003；Peng et al., 2018）、鲨虫（陈丕基等，1996；张师本等，2004）和叶肢介（Wu and Chen, 1992）亦指示晚三叠世时代。

表18 HT组合带大孢子在各剖面的分布及丰度

Table 18 Geographical distribution and abundance of the megaspores in the HT Assemblage Zone

孢子名称 Taxa \ 组合 Megaspore suite	4/HA-1	4/KQ	4/LN-1	1/LN-3	2/LN-23	3/LN-56	4/TH-1	3/YM-1	4/YW-1
Aneuletes rotundus	●	●							
Luntaispora laevigata					●				
Trileites levis	●		●					●	●
Trileites plicatilis							●		
Trileites polonicus							●		
Trileites tenellus					●				
Trileites vulgaris	●	●	●					●	
Trileites sp. 1			●		●			●	
Banksisporites sp. cf. *B. pinguis*							●		
Tricristatispora tricristata	●	●	●						
Tricristatispora trilobata				●					
Pusulosporites inflatus	●								
Pusulosporites marginatus					●	●			●
Maexisporites sp. 1		●					●		
Maexisporites sp. 2			●						
Maexisporites spp.	●								
Bacutriletes kozurii		●					●		
Bacutriletes sp. 2					●				
Bacutriletes sp. 3		●			●				
Verrutriletes jimsarensis		●							
Verrutriletes minor							●		
Verrutriletes sp. 1							●		
Radosporites planus							●		
Narkisporites brevispinosus	●								
Narkisporites conicus	●		●						
Narkisporites densibaculatus		●							
Narkisporites micros		●					●		
Narkisporites sp. 3	●								
Hughesisporites gibbosus	●	●	●	●	●	●	●		
Hughesisporites karnicus		●					●		
Hughesisporites orlowskae							●		
Hughesisporites tumulosus	●								
Hughesisporites unicus							●		
Hughesisporites sp. 1			●						
Striatriletes inconspicuus			●						
Horstisporites compositus	●								
Horstisporites sp. 2			●						
Dijkstraisporites beutleri							●		
Henrisporites capillatus	●								
Henrisporites latispinosus		●							
Minerisporites sp. cf. *M. delicatus*			●						
Tarimispora auriculata	●								
Tarimispora perfecta	●								

注：● 少量 (Rare)； ● 常见 (Common)； ● 丰富 (Abundant)。

（五）*Nathorstisporites yanqiensis*（Ny）带

Nathorstisporites yanqiensis 组合带仅根据库车河剖面阿合组两个样品中的大孢子化石（5/KQ）而建立（图3）。

化石稀少，属种单调，仅见 *Maexisporites meditectatus*、*Verrutriletes jimsarensis*、*V.* sp. 1 和 *Nathorstisporites yanqiensis*。

本组合带以出现 *Nathorstisporites yanqiensis* 为标志。大孢子植物群的分异度低，除带分子 *Nathorstisporites yanqiensis* 外，仅有 *Maexisporites meditectatus*、*Verrutriletes jimsarensis* 和 *V.* sp. 1 三种。

Nathorstisporites yanqiensis 是根据新疆焉耆盆地标本建立的种，为八道湾组的标志化石。与其伴生的尚有相当数量的 *Hughesisporites gibbosus* 和多种孢形体化石如 *Kuqaia quadrata*、*K. concentrica*、*K. radiata*、*K. yangii* 和 *K. yanqiensis* 等（崔炜霞等，2004）。当前塔里木盆地的阿合组与焉耆盆地的八道湾组都是 *N. yanqiensis* 的唯一产层，两者应可对比。

无论是准噶尔盆地和焉耆盆地八道湾组，还是塔里木盆地阿合组的孢粉组合里都伴有少量三叠-侏罗纪孢粉组合的典型组分如 *Aratrisporites*、*Taeniaesporites*、*Protohaploxypinus*、*Vittatina* 等属，导致研究者对其时代的认识各不相同，或归早侏罗世（刘兆生，1999，2003），或归早侏罗世但不排除其下部归晚三叠世（张望平，1990；张望平、李永安，1990），或全部归晚三叠世（张璐瑾，1984）。

与小孢子组合情形相似，八道湾组的大孢子组合中既有主产于侏罗纪的孢形体化石 *Kuqaia*，也有自三叠纪延续而来的大孢子 *Hughesisporites gibbosus*（杨基端、孙素英，1990；罗正江等，2003；崔炜霞等，2004），显示三叠-侏罗纪的过渡性质。而在塔里木盆地，*H. gibbosus* 除在东部的群克1井早侏罗世晚期阳霞组见个别标本外，主要产于前述晚三叠世，尤其在 HT 大孢子组合带；*Kuqaia* 则首现于早侏罗世晚期的 BK 大孢子组合带（见后），两者均未在阿合组有可靠的记录。

当前阿合组的大孢子，除 *Nathorstisporites yanqiensis* 能明显指示其与八道湾组的对比关系外，其余组分的地层意义都不大。鉴于目前化石年代的不确定性，暂依张师本等（2004）和崔炜霞等（2004），将含 *Nathorstisporites yanqiensis* 的地层置于下侏罗统下部。

（六）*Bacutriletes digitiformis-Kuqaia*（BK）组合带

Bacutriletes digitiformis-Kuqaia 组合带根据11条剖面阳霞组/康苏组—杨叶组下部的大孢子组合，并以库车河剖面阳霞组的组合（6/KQ）为代表而建立（表19），其属种组成如下：*Trileites tenellus*、*T.* sp. 2、*Pusulosporites marginatus*、*Radosporites planus*、*Bacutriletes digitiformis*、*Verrcutriletes minor*、*Narkisporites conicus*、*N. densiconicus*、*Capillisporites germanicus*、*Hughesisporites gibbosus*、*H. reticulatus*、*Erlansonisporites exquisitus*、*E. sparassis*、*Striatriletes inconspicuus*、*Henrisporites latispinosus*、*Minerisporites triangularis*、*Paxillitriletes ales*、*P. phyllicus*、*Kuqaia concentrica*、*K. quadrata*、*K. radiata*、*K. yangii* 和 *K. yanqiensis*。

本组合带以 *Bacutriletes digitiformis* 和各种 *Kuqaia* 出现为主要特征。*Paxillitriletes ales*、*P. phyllicus* 首现。其他成分如 *Trileites* sp. 2、*Pusulosporites marginatus*、*Narkisporites conicus*、*N. densiconicus*、*Striatriletes inconspicuus*、*Henrisporites latispinosus*、*Hughesisporites gibbosus* 和 *Minerisporites triangularis* 皆由三叠系延续而来，偶见于本组合带中。

Bacutriletes digitiformis (Faddeeva) comb. nov. ［晚出同义名：*B. corynactis* (Harris, 1961) Marcinkiewicz, 1971］是欧亚地区早侏罗世晚期至中侏罗世早期常见且极具特征的分子（Faddeeva, 1960；Kovach and Batten, 1989），在中国新疆焉耆盆地早侏罗世晚期地层三工河组有其记录（崔炜霞等，2004）。在塔里

表 19 BK 组合带大孢子在各剖面的分布及丰度

Table 19 Geographical distribution and abundance of the megaspores in the BK Assemblage Zone

组合 Megaspore suite 孢子名称 Taxa	1/DH-1	1/HZ	1/JG	1/KR	6/KQ	5/LN-1	1/PH-1	1/PL	1/QG	1/QK-1	1/WM-1
Trileites tenellus										●	
Trileites sp. 2		●									
Pusulosporites marginatus		●			●						
Radosporites planus										●	
Bacutriletes digitiformis					●	●	●	●			
Narkisporites conicus					●						
Narkisporites densiconicus					●						
Capillisporites germanicus										●	
Hughesisporites gibbosus										●	
Hughesisporites reticulatus										●	
Erlansonisporites exquisitus										●	
Erlansonisporites sparassis										●	
Striatriletes inconspicuus					●						
Henrisporites latispinosus					●						
Minerisporites triangularis					●						
Paxillitriletes ales					●						
Paxillitriletes phyllicus					●						
Kuqaia concentrica			●		●	⬤		⬤	●		●
Kuqaia quadrata	●									⬤	
Kuqaia radiata	●		●	●					⬤	⬤	
Kuqaia yangii	●										
Kuqaia yanqiensis			⬤			●					

注：● 少量 (Rare)；● 常见 (Common)；⬤ 丰富 (Abundant)。

木盆地，该种仅见于库车河、轮南 1 井和普惠 1 井等剖面的杨霞组，以及齐格勒克剖面的康苏组，是本组合带的标志化石。

Paxillitriletes ales 和 *P. phyllicus* 是在本组合带新出现的两个种。前者见于三叠-侏罗纪之交，后者自侏罗纪早期兴起并延续至早白垩世早期（Kovach and Batten, 1989）。在北疆，*P. phyllicus* 见于早侏罗世晚期三工河组（王鑫甫，2000；崔炜霞等，2004）至中侏罗世早期西山窑组（杨基端、孙素英，1990）。

孢形体 *Kuqaia* 在我国湖北、新疆、青海等地的中、下侏罗统中多有发现（杨基端、孙素英，1987；黎文本，1993；王鑫甫，2000；罗正江等，2003；崔炜霞等，2004；阎存凤等，2014）。据罗正江等（2003）研究，在准噶尔盆地，*Kuqaia* 首现于下侏罗统下部八道湾组，极盛于下侏罗统上部三工河组，末现在中侏罗统下部西山窑组。在国外，*Kuqaia* 已见于挪威早侏罗世赫塘晚期至普林斯巴早期地层（Morris et al., 2009）及英国中侏罗世早期的阿林期地层（Morris and Batten, 2016）。

在塔里木盆地北缘库车河剖面上，*Kuqaia* 集中出现在阳霞组，而紧邻其上、下的克孜勒努尔组、阿合组虽产大孢子，却无任何可靠的 *Kuqaia* 产出，当为盆地内本组合带的代表化石。就 *Kuqaia* 的主产层而论，塔里木盆地的阳霞组与准噶尔盆地的三工河组可以对比。上述主要属种的分布和各地化石组合间的对比表明当前 BK 组合带的时代当属早侏罗世。

在塔里木盆地西南缘的康苏组和杨叶组都产 *Kuqaia*。产 *Kuqaia* 的杨叶组剖面有两处：且末县江格沙依和于田县普鲁（曹正尧等，2001）。

江格沙依剖面的侏罗系发育较完整，但风化严重，康苏组产少量 *Kuqaia concentrica*、*K. quadrata* 和 *K. radiata*，杨叶组下部产丰富的 *Kuqaia yanqiensis* 和少量的 *K. radiata* 和 *K. concentrica*。

普鲁剖面是在满布巨大滚石的河床上暴露出来的一段十余米厚的岩层，产丰富多样的双壳类 *Pseudocardinia submagna* Martinson、*P. angulata* Kolesnykov、*P. carinata* Martinson、*P. ovalis* Martinson、*P. busimensis* (Lebedev)、*P. minuta* (Chernyshev)、*P. sibirensis* Martinson 和 *P. hubehensis* (Grabau)，以

及孢形体 *Kuqaia quadrata*、*K. radiata* 和 *K. concentrica* 等。多样的 *Pseudocardinia* 表明，普鲁的化石层可与塔里木盆地西部黑孜剖面的杨叶组下部、四川盆地的自流井组下段比较，时代属早侏罗世（曹正尧等，2001）。

Liu 和 Zheng（1992）曾据双壳类、孢粉等化石证据，将盆地西南部的杨叶组与北部的克孜勒努尔组对比，置于中侏罗统下部。若以孢形体 *Kuqaia* 在库车河剖面只局限分布于阳霞组的现象为标准，阳霞组、康苏组及至少杨叶组下部都同属 *Bacutriletes digitiformis*-*Kuqaia*（BK）组合带。

（七）*Minerisporites volucris*-*Erlansonisporites exquisitus*（ME）组合带

本组合带依据四条剖面克孜勒努尔组和杨叶组产出的大孢子，并以库车河剖面克孜勒努尔组的化石组合为代表建立（表 20），其组成如下：*Trileites levis*、*Maexisporites magnuszewensis*、*Narkisporites densibaculatus*、*N. densiconicus*、*Erlansonisporites excavatus*、*E. exquisitus*、*E. perbellus*、*E. sparassis*、*Horstisporites subtilis*、*H. tarimensis*、*H.* sp. 1、*Minerisporites volucris*、*M. triangularis*、*Paxillitriletes ales* 和 *P. phyllicus*。

表 20 ME 组合带大孢子在各剖面的分布及丰度
Table 20 Geographical distribution and abundance of the megaspores in the ME Assemblage Zone

孢子名称 Taxa	组合 Megaspore suite 1/DWC	2/HZ	7/KQ
Trileites levis		●	
Maexisporites magnuszewensis			●
Narkisporites densibaculatus			●
Narkisporites densiconicus			●
Erlansonisporites excavatus			●
Erlansonisporites exquisitus	●	●	
Erlansonisporites perbellus	●		
Erlansonisporites sparassis	●		●
Horstisporites subtilis			●
Horstisporites tarimensis			●
Horstisporites sp. 1			●
Minerisporites triangularis			●
Minerisporites volucris			●
Paxillitriletes ales	●		
Paxillitriletes phyllicus	●		●

注：● 少量 (Rare); ● 常见 (Common); ● 丰富 (Abundant)。

本组合带以 *Minerisporites volucris* 和 *Erlansonisporites excavatus* 的出现及含有多种网脊类大孢子 *Erlansonisporites* 和 *Horstisporites* 属为主要特征。组合中以 *Erlansonisporites exquisitus* 最丰富，*Paxillitriletes phyllicus*、*Erlansonisporites sparassis* 和 *Minerisporites triangularis* 常见，其余少量见及，未见孢形体 *Kuqaia*。*Minerisporites volucris* 和 *Erlansonisporites excavates*［=*Striatriletes excavates* (Marcinkiewicz, 1962) Sweet, 1979］都是本组合带特有的种，其已知时代分别为早侏罗世托阿尔期至中侏罗世巴通期、早侏罗世普林斯巴期至中侏罗世巴柔期（Kovach and Batten, 1989）。*Paxillitriletes phyllicus* 和 *Erlansonisporites sparassis* 是欧洲、北美等地区侏罗-白垩纪的常见分子（Batten and Kovach, 1990），在我国准噶尔盆地和焉耆盆地，该两种出现在早侏罗世晚期三工河组和中侏罗世西山窑组至头屯河组（杨基端、孙素英，1982b，1990；崔炜霞等，2004）。据库车河剖面同层产出的小孢子 *Cyathidites*-*Neoraistrickia*-Disacciatrileti 组合（刘兆生，2003）、双壳类 *Pseudocardinia ovalis*（曹正尧等，2001）和轮藻 *Aclistochara abshirica*-*A. stellerides*-*A. sublaevis* 组合（卢辉楠、罗其鑫，1990）确认的时代为中侏罗世早期，大孢子化石支持这一时代结论。

（八）*Minerisporites tarimensis*（Mt）带

本带仅依据羊塔 6 井卡普沙良群舒善河组四个样品（井深：5581.15–5582.40 m）中的大孢子化石而建立。化石数量颇丰，但种类单一，仅 *M. tarimensis* 一种。该种为一新种，迄今只出现在羊塔 6 井的组合中。同层产含大量（达 60%–85%）*Dicheiropollis* 花粉的孢粉组合（黎文本，2000b），已可证明其时代属早白垩世早期。

六、重要大孢子属种的分布及地层意义

大孢子是进行地层划分、对比的有效工具，尤其是在塔里木盆地这样化石稀少的陆相沉积地区。本研究广泛采集了塔里木盆地的中生界露头和钻井剖面的大量样品，比较完整、全面地揭示了盆地大孢子植物群面貌。这些数据和前人的研究积累一起让我们更深刻地认识了一些属种在盆地中生代生物地层学上的意义，兹择要记述如下。

1. 星棒大孢属（*Stellibacutriletes*）

这一新建立的属包括四个新种（*Stellibacutriletes capillaris*、*S. gracilis*、*S. solidus* 和 *S. rarus*）和两个未定种（*S.* sp. 1 和 *S.* sp. 2）。在塔里木盆地，全部种都集中分布于下三叠统俄霍布拉克组和乌尊萨依组（ST 组合带）。在波兰的下三叠统也有本属孢子出现。Fuglewicz 和 Marcinkiewicz（1986, pl. 91, fig. 5）和 Marcinkiewicz（1992c, pl. 6, figs. 1, 2）分别鉴定为 *Bacutriletes insolitus* 和 *Echitriletes fragilispinus* 的部分标本实应分别归入本书新建的种 *Stellibacutriletes solidus* 和 *S. capillaris*。就目前的资料分析，*Stellibacutriletes* 属应可作为欧、亚之间下三叠统地层对比的标志化石。

Stellibacutriletes 在塔里木盆地分布广泛，从盆地北部（哈1井、轮南1井、轮南8井、塔中1井、塔中3井、塔中6井、塔中9井、塔中28井、英买1井和英买2井）至盆地南部（杜瓦剖面）都有发现，但在大孢子化石产出贫乏的盆地边缘河流相（如库车河剖面的下三叠统俄霍布拉克组）地层中没有发现，可能是不同地域的地质和生态环境的差异所致。

2. 三冠大孢属（*Tricristatispora*）

Tricristatispora 属是一类在近极顶部具襟翼状悬垂物的光面三缝大孢子，目前只在中国西部有记录。模式种 *T. tricristata* 在四川须家河组（黎文本，1974；杨基端、王若姗，1981；白云洪等，1983；张璐瑾，1984；尚玉珂、黎文本，1992）、云南舍资组（雷作淇，1978；白云洪等，1983）和贵州火把冲组（白云洪等，1983）、鄂尔多斯盆地延长组（刘兆生等，1981）等晚三叠世地层均有发现和报道。在塔里木盆地，哈1井、轮南1井、轮南8井、英买1井及库车河剖面的上三叠统（包括克拉玛依组上部至黄山街组和塔里奇克组）HTF 和 HT 大孢子组合带除产 *T. tricristata* 外，还有 *T. trilobata* 和 *T. yingmailensis*。它们的地质分布较局限，形态简明而独特，实为非常有意义的晚三叠世标志化石。

3. 塔里木大孢属（*Tarimispora*）

Tarimispora 是新建立的属，现有 *T. auriculata* 和 *T. perfecta* 两个种，主要出现在 HTF 组合带，如在哈1井、库车河、轮南1井和轮南8井克拉玛依组上部广泛发育，但至 HT 组合带明显衰落，仅在哈1井黄山街组有少量出现。无论如何，*Tarimispora* 是塔里木盆地晚三叠世地层的重要指示分子。笔者之一（黎文本）曾在 2014 年鉴定准噶尔盆地的大孢子化石时在 H85849 井（井深 622.65 m）和玛纳斯石场剖面（样品号 XMS-006、XMS-007）的克拉玛依组上段发现 *T. perfecta*，并以裸名发表（罗正江等，2015），同层还产 *Hughesisporites gibbosus*、*H. unicus* 等晚三叠世分子，说明 *Tarimispora* 属不仅在地理分布上有一定的广泛性，同时具有区域间地层对比的价值。

4. 库车孢形体（*Kuqaia*）

Kuqaia 是一种形态独特，亲缘关系不明的孢形体（Palynomorph）化石，目前记录共六种：*K. concentrica*、*K. quadrata*、*K. radiata*、*K. yangii*、*K. yanqiensis* 和 *K. cucuma*，遍布于鄂西，新疆准噶尔、焉耆、塔里木盆地，以及青海柴达木盆地（杨基端、孙素英，1987；黎文本，1993；王鑫甫，2000；罗正江等，2003；崔炜霞等，2004；阎存凤等，2014）。据罗正江等（2003）、崔炜霞等（2004）研究，*Kuqaia* 在准噶尔和焉耆盆地自早侏罗世八道湾组、三工河组至中侏罗世早期西山窑组均有分布，而以早侏罗世晚期三工河组最为繁盛。在国外，*Kuqaia* 已见于挪威早侏罗世辛涅缪尔期至普林斯巴期（Morris et al., 2009）和英国中侏罗世阿林期（Morris and Batten, 2016）的沉积中。

塔里木盆地侏罗系最为完整且出露最好的地区在盆地北部的库车和西部的乌恰。笔者之一（黎文本）曾在库车的库车河剖面和乌恰的黑孜苇剖面系统采集过侏罗系样品进行大孢子化石研究。

在库车河剖面，大孢子化石普遍出现在侏罗系下部含煤地层克拉苏群中下部，但 *Kuqaia* 孢形体则仅见于阳霞组，而未在其下的阿合组及其上的克孜勒努尔组见到踪迹（图 3）。黎文本（1993）据此把 *Kuqaia* 作为早侏罗世晚期地层阳霞组的标志化石。

在盆地西端乌恰的黑孜苇剖面，仅在康苏组和杨叶组获得少量大孢子而未见 *Kuqaia*，在邻近的喀拉吉里岗煤矿坑口的康苏组矸石里获得 *Kuqaia quadrata* 和 *K. radiata* 的个别标本，但未见有大孢子相伴；盆地东部群克 1 井丰富多样的 *Kuqaia* 出现在阳霞组（表 3）。盆地东西两端的 *Kuqaia* 都只出现在与盆地北部的阳霞组相当的层位——康苏组里，显示其在地层分布上的局限性。

盆地南缘侏罗系下部的含煤地层一般称为叶尔羌群（自下而上包括沙里塔什组、康苏组、杨叶组和塔尔尕组），由于风化严重、出露欠佳，岩组划分比较困难。且末县江格沙依剖面的含 *Kuqaia* 层位被认为包括了下侏罗统上部的康苏组和中侏罗统下部的杨叶组（图 3；曹正尧等，2001）。在于田县普鲁村河床上暴露的一处约 10 m 厚的地层中，产多种 *Pseudocardinia* 属双壳类和含多种 *Neoraistrickia* 属孢子的孢粉组合，似可与黑孜苇剖面的中侏罗统下部杨叶组对比。我们未能从其中获得任何大孢子化石，但发现了极其丰富的 *Kuqaia*，包括 *K. quadrata*、*K. concentrica*、*K. radiata* 等，将其与库车的阳霞组和乌恰的康苏组对比也有相当的合理性。

因此，本书以库车河剖面为标准，以 *Kuqaia* 产出为标志，在塔里木盆地内部建立 *Bacutriletes digitiformis-Kuqaia* 组合带，时代为早侏罗世晚期，但不排除部分有属中侏罗世早期的可能性。

5. 塔里木米氏大孢（*Minerisporites tarimensis*）

Minerisporites tarimensis 是新建立的一个种，目前仅见于羊塔 6 井的卡普沙良群舒善河组，类群单一，只此一种，尚未见有其他大孢子类群相伴，堪为产出地层的标志化石。同层小孢子化石丰富，内含 *Cicatricosisporites minutaestriatus*、*C. nankingensis*、*Pilosisporites trichopapillosus*、*Dicheiropollis etruscus* 等，时代当属早白垩世早期（Berriasian–Barremian）（黎文本，2000b）。

羊塔 6 井含大孢子 *Minerisporites tarimensis* 的四个样品集中在井深 5581.15 m 至 5582.40 m 仅 1.25 m 厚的井段里，据此建立的 *M. tarimensis* 大孢子带似不可能代表厚达千余米的卡普沙良群。据同层产 *Dicheiropollis etruscus* 的事实及该种花粉在盆地内已确知的赋存层位，暂以 *M. tarimensis* 大孢子带代表舒善河组应更合理。

七、系统古生物学

当我们描述从各个地质时期沉积物中得到的大量大孢子的时候，化石种不易鉴定的问题很快就显现出来。其中一些类型不能归入任何已知分类群而必须作为新类群来描述。描述一个新类型并不难，难在把它归类到哪个属里去。遗憾的是，很多中生代的大孢子属常常是基于一个，而且描述也不充分的种，更有甚者是以时代为标准来建立的。形态变化的尺度很少考虑，相近属、种之间的比较也欠深入。其结果是，由于许多属的定义过于狭窄，又进一步导致了更多的、同样定义狭窄的属被提出和建立，以致一个新建立的种，当其兼具不同属的属征时，究竟该归入哪个属就变得越来越困难。

现存的异孢植物卷柏属（*Selaginella*）约有 700 种。仅凭大孢子的形态，该属的大孢子或可归入几个不同的化石大孢子属中。这意味着，研究一个大属比研究大量不同的、由很少的种组成的属要容易得多。叠合特征也让这些属之间难以区分。本书对属的认知不做任何根本性的改变，但在必要时会给某些鉴定作出说明。

此外，对于那些归入到先前已描述过的种的类型，我们已利用当前的机会更新了《中生代和第三纪大孢子名录（Catalog of Mesozoic and Tertiary Megaspores）》（Batten and Kovach，1990）中的数据，提供了完整的同异名录。虽然 1989 年以前的绝大部分资料未做改动，但加入了当时没有收集到——主要是中国出版物——的一些资料。作者姓名和出版年份都以标准格式录入各自的条目中。需要指出的是，无论作者们将他们的种归属何处，其鉴定不一定是正确的。若一个作者或一个写作群体在同一年份有多个出版品且已被 Batten 和 Kovach（1990）所引用，为能相互兼容，我们这里在著作年份中使用与他们所编名录条目中一致的 "a"，"b" 等后缀。

直至目前，一些出版物中的化石鉴定仍大有疑问。如李慧等（2014）的鉴定全部基于对印痕标本的观察，即使可以通过显微镜观察获得一些形态特征，但从标本的图影上，这些标本的特征，若非不可能，也是很难看得明白的。

在本部分中记述的有关已知大孢子属的特征都是基于原命名人或后来修订人的定义，其出处在文内不再一一注明。

无缝大孢属 *Aneuletes* Harris, 1961

1961 *Aneuletes* Harris, p. 69.

1973 *Semiornatisporites* Kozur, p. 8.

模式种 *Aneuletes patera* Harris, 1961。

属征 具凹陷的囊状物，直径大于 200 μm。接触区无萌发裂隙和皱脊状凸缘。

评论 *Aneuletes* 属系 Harris（1961）建立，以收容其在英格兰约克郡侏罗纪沉积中发现的标本。他认为，这些标本在大小和结构上都与大孢子相似，但没有接触区或萌发器。此后，有相当多的种被描述并归于 *Aneuletes* 属下，其中一些明显是同义名（Synonym，亦作同物异名），另一些也是很难相互识别的，这些都将在下文中讨论。

分布时代 中国（新疆），二叠纪—中侏罗世；欧洲，三叠纪—中侏罗世。

圆形无缝大孢 *Aneuletes rotundus* Fuglewicz, 1973

（图版 1，图 1—5）

1973 *Aneuletes rotundus* Fuglewicz, p. 443, pl. 19, figs. 2, 5a, 5b; pl. 31, fig. 4.

1977b	*Aneuletes rotundus*, Fuglewicz, p. 476.
1980a	*Aneuletes rotundus*, Fuglewicz, p. 430, pl. 8, fig. 5.
1989	*Aneuletes rotundus*, Kovach and Batten, p. 252, text-fig. 4A；p. 270, text-fig. 5A.
1990	*Aneuletes rotundus*, Batten and Kovach, p. 9.
1992c	*Aneuletes rotundus*, Marcinkiewicz, tabs. 1, 4.
?2014	*Aneuletes rotundus*，李慧等，177 页，图版 2，图 10。

描述 赤道轮廓亚圆形，直径 250（338）410 μm[①]（8 粒标本）。无明显可见的口器。近极接触区粗皱脊状；皱脊高起约 40 μm，基部宽 15–30 μm，不规则或大致作辐射状分布。赤道区和远极区表面光滑。

评论 *Aneuletes rotundus* 最早描述的标本来自于波兰井下早三叠世地层。它与 *Aneuletes patera* Harris, 1961 的区别是个体较小，近极"凹陷面"上无结疣，孢子表面无小穴，与 Marcinkiewicz（1971a）描述的标本的区别是"凹陷面"上没有"结疣"（Fuglewicz, 1973, p. 443）。从她出示的一张标本图影（Marcinkiewicz, 1971a, pl. 22, fig. 10）看，Marcinkiewicz 的标本鉴定为 *Aneuletes patera* 是恰当的。该图影的确可以和 Anholt 岛（在丹麦、瑞典之间）*A. patera* 标本的扫描电镜显微照片（Koppelhus and Batten, 1992, pl. 1, fig. 1）相媲美。两张图影都显示孢子的外壁不是平滑的，而是在近极区有块瘤至皱脊状饰物。在近极的特写照片上，显示亚赤道区表面有小凹坑，在大孢子中，这种现象很常见，它是外壁结构的一种反映［见 *A. patera* 外壁切片的透射电镜（TEM）照片（Batten, 2012, pl. 1, figs. 2, 3）］。据 Harris（1961, p. 69）描述，"撇开数不清的、2 μm 大小的凹坑，*A. patera* 的表面是光滑的"，因此，Fuglewicz 用这一特征来区分 *A. rotundus* 和 *A. patera* 是不可取的。

用孢子的大小作为区分形态种的标准常常是靠不住的，依此标准从 *A. patera* 中再分出一个种 *A. rotundus* 来并不如 Fuglewicz 想象的那样界线分明，因为两个种的大小幅度重叠［*A. patera*，220–450 μm（Fuglewicz, 1973）；*A. patera*，300（600）850 μm（Harris, 1961）］。Koppelhus 和 Batten（1992）对孢子的大小差别不以为然，而着重以近极纹饰的特征来区分这两个种。笔者认为，本属孢子就个体大小和近极区是否具纹饰而言，后者更为重要，据近极面上的皱脊状纹饰即可把前述两个相似的种的大部分标本分离出来。

在《中生代和第三纪大孢子名录》中，Batten 和 Kovach（1990）记录了 *Aneuletes* 属的另外六个种。其中依原始描述特征再行报道的只有一种，即 *A. potoniei* (Danzé et Laveine, 1963) Candilier, Coquel et Decommer, 1982。这是以细微的纹饰差异从 *A. patera* 中勉强区分出来的种（更深入的讨论见 Koppelhus and Batten, 1992, p. 18）。然而，Batten 和 Kovach 未曾看到那些描述了更多新种的中国文献。杨基端和孙素英（1982a）在鄂西下侏罗统记载有 *A. cucuma*，虽然现在已被转移到 *Kuqaia* Li, 1993 属下（崔炜霞等，2004）。四年后，杨基端和孙素英（1986）又从新疆北部准噶尔盆地大龙口地区的晚二叠世至早三叠世地层中描述了三个种，即 *A. microspinosus*、*A. spongiosus* 和 *A. microvermiculatus*，它们之间凭借各自的种名形容词所隐意的形态特点进行区分。杨基端和孙素英（1986）还记载有 *A. acrochordonodes* Fuglewicz, 1977a，该种和 Fuglewicz（1977a, 1980b）建立的三个种都源于波兰中三叠世拉丁期地层。所有四个种都是基于纹饰上的差异：*A. acrochordonodes* Fuglewicz, 1977a 具"疣瘤"，远极面纹饰比近极面纹饰粗大；*A. clavatus* Fuglewicz, 1977a 的孢子体整个表面饰棒状附属物；*A. pomeranus* Fuglewicz, 1977a 近极饰不规则小瘤和皱脊，远极饰网纹；*A. porosus* Fuglewicz, 1980b 外壁表面具有大量的孔（pores）。除 *A. clavatus* 之外，其他的种此后再未见有别的作者报道过。在进一步的研究中，杨基端和孙素英（1990）又把 *A. microvermiculatus* 连同另外两个种 *A. torchiformis* 和 *A. variabilis* 一起再次作为新种来描述。尽管 Liu 等（2011）报道过 *A. spongiosus*，但所有这些种的价值却令人心生疑窦。

此外，Batten 和 Kovach（1990, p. 119）还注意到，或许把 *Semiornatisporites mesotriassicus* Kozur,

---

[①] 直径数据中，前后两个数值表示直径范围，括号内数值表示平均值。

1973 转移至 *Aneuletes* 属下会更好，但这一属名转移待 Marcinkiewicz（1992a, p. 42, pl. 13, figs. 1–3）提供了对标本凹陷面上小瘤（据称是鉴定特征）的简要描述和清晰的图影以后才能达成。Wierer（1997, pp. 105, 106, pl. 41, figs. 7, 8）虽然保留了这个种，但 *Semiornatisporites mesotriassicus* 和 *Aneuletes rotundus* 之间的差异依然不明。他还创建了另一种，*A. karnicus*（Wierer, 1997, p. 105, pl. 41, figs. 5, 6），并把 Marcinkiewicz（1978, pl. 14, fig. 7）定作 *A.* sp. 的标本编入异名表中。该种以饰有微弱发育的低矮块瘤至皱脊，其间有细微颗粒区别于 *A. rotundus*。

1992 年，Marcinkiewicz 选用 *A. clavatus* Fuglewicz, 1977 作模式种另建 *Sexaneuletes* 属，根据是在近极面上有由凸脊组建的一个六角形架构。她虽然没有做，却建议把 *A. acrochordonodes* 也移转到这个属。她还创建了 *Polaneuletes* 属，以收容那些在凹陷区周边紧密排列的小瘤组串成一个环圈的标本，并暗示 *A. pomeranus* 与这一属有关。随后，Wierer（1997）正式做了这一转移，在文中记载了 *Polaneuletes* cf. *pomeranus*、*Sexaneuletes clavatus*、*S.* cf. *clavatus*、新种 *S. nudus* 以及其他五个 *Aneuletes* 属的未名种，其中没有一种与 *A. rotundus* 相似。

Aneuletes discus Koppelhus et Batten, 1992 与前述的所有种均不相同，之所以归到 *Aneuletes* 属下是因为 Harris（1961）的属征规定得相当宽泛，足以包容它。另一些标本，包括张智礼和曹立君（2001，图版 2，图 14，15，17，18）的标本，也归入 *Aneuletes* 属下，但未鉴定到种。

产地层位 哈 1 井、轮南 8 井、塔中 1 井，俄霍布拉克组；轮南 8 井、轮南 56 井，克拉玛依组下部；轮南 8 井、塔河 1 井、英买 1 井，克拉玛依组上部；哈 1 井、库车河，黄山街组。

轮台大孢属（新属）*Luntaispora* gen. nov.

1996 *Luntaispora*，陈金华等，26，28 页。（裸名）
2001 *Luntaispora*，黎文本等，214，217，220，222 页。（裸名）
2004 *Luntaispora*，张师本等，69 页。（裸名）

词源 Luntai，轮台，塔里木盆地北部一县名。本属的正模标本产自该县南部一探井。

模式种 *Luntaispora laevigata* gen. et sp. nov.。

属征 孢子单缝，极面轮廓椭圆形至纺锤形，模式种正模标本大小 280 μm×200 μm。外壁表面光滑或微粗糙。

比较 *Luntaispora* 是为个体大于 200 μm、光面或近光面、单缝的大孢子而建立的属。*Laevigatosporites* Ibrahim, 1933 在形态上与之相近，但为个体较小（< 200 μm）的小孢子。

分布时代 中国（新疆），三叠纪。

光面轮台大孢（新属、新种）*Luntaispora laevigata* gen. et sp. nov.

(图版 1，图 6–12；图版 2，图 1–3)

1996 *Luntaispora laevigata*，陈金华等，26，28 页。（裸名）
2001 *Luntaispora laevigata*，黎文本等，214，217，220，222 页。（裸名）
2001 *Pusulosporites inflatus* Fuglewicz，张智礼、曹立君，图版 1，图 5，8，11，非图 2，10，17。
2004 *Luntaispora laevigata*，张师本等，69 页。（裸名）

词源 *laevigata*，拉丁语，光滑的，指其光滑的外壁表面。

正模 图版 1，图 11。

副模 图版 1，图 9。

特征 外壁表面光滑的单缝大孢子。

描述 单缝，孢子极面轮廓椭圆形至纺锤形，大小 230 μm×165 μm 至 300 μm×270 μm（18 粒标本），模式标本 280 μm×200 μm。接触区略内陷，弓形脊微弱可见。远极强烈拱起。射线具唇，隆起呈平直或轻微弯曲脊状，顶端波状，高 15–20 μm，顺孢子长轴方向延伸，末端近达赤道。外壁表面光滑或微粗糙，在扫描电镜下局部具模糊、不均匀的脊。

比较 *Luntaispora laevigata* 以个体大区别于各种已知的光面单缝孢子。被鉴定为 *Pusulosporites inflatus* Fuglewicz 的部分孢子（张智礼、曹立君，2001，图版 1，图 5，8，11）具明显的单缝和光滑的外壁，应归入 *L. laevigata*。

产地层位 杜瓦，乌尊萨依组；哈 1 井、轮南 8 井、满西 1 井、塔河 1 井、塔中 1 井、塔中 3 井、英买 2 井，俄霍布拉克组；塔河 1 井、英买 1 井，克拉玛依组上部；轮南 23 井，黄山街组。

光面三缝大孢属 *Trileites* Erdtman, 1947 ex Potonié, 1956

1956 *Trileites* Erdtman, 1947 ex Potonié, p. 23.
1976 *Trileites*, Jansonius and Hills, p. 3008.

模式种 *Trileites spurius* (Dijkstra, 1951) Potonié, 1956。

属征 三缝大孢子，模式种正模标本大小约 1140 μm。赤道轮廓近圆形至亚三角形，三射线几乎伸达赤道，弓形脊或可见。外壁光滑至细微颗粒状或微皱纹状。

评论 鉴于 *Trileites* 是一类少有形态特点的光面三缝大孢子，那么多的种在它名下建立起来实在令人惊讶。有些种，比如 *Trileites candoris* Marcinkiewicz, 1960、*T. murrayi* (Harris, 1961) Marcinkiewicz, 1971 和 *T. persimilis* (Harris, 1935) Potonié, 1956 及另一个光面类群 *Banksisporites pinguis* (Harris, 1935) Dettmann, 1961 在首次描述之后已在各种场合不断出现，还有一些种如 *T. sinuosus* (Dettmann, 1961) Fuglewicz, 1973 和 *T. spurius* (Dijkstra, 1951) Potonié, 1956 也累见报道，但很多的种已少有声息。诚然后续报道如此有限的部分原因可能是由于对某些地层段的大孢子化石缺乏更深入的研究，但也说明要把它们与其他非常相似的类型加以区分相当不易。更复杂的是，根据 Marcinkiewicz（1992b）的说法（这些表面特征的来源存在争议），孢壁表面一些特征的存在或缺失很可能与样品的浸解处理有关。

Fuglewicz（1973, 1977a, 1980b）创建了九个种，其中没有几个种能与其他的种明晰地区分开，即使有也仅有极少的种能见诸其他作者的报道。Marcinkiewicz（1960）和 Kozur（1973）描述的种也落入如此境地。后来，Wierer（1997）又在三叠纪沉积中创建了两个种，情况依然。另一方面，塔里木的大孢子除少数几个光面类型被鉴定到原本描述自时代相近地层的种外，其他一般都采取开放态度，不建新名。

分布时代 全球，中生代。

光滑光面三缝大孢 *Trileites levis* Fuglewicz, 1973

（图版 2，图 8–11）

1973 *Trileites levis* Fuglewicz, p. 418, pl. 19, fig. 8.
1980a *Trileites levis*, Fuglewicz, p. 430.
1986 *Trileites levis*, Fuglewicz and Marcinkiewicz, p. 163, pl. 83, figs. 3, 4.
1989 *Trileites levis*, Kovach and Batten, p. 267, text-fig. 4P；p. 270, fig. 5A.
1990 *Trileites levis*, Batten and Kovach, p. 130.
?2014 *Trileites levis*, 李慧等，174 页，图版 1，图 4–7.

描述 三缝大孢子，赤道轮廓圆形，直径 313–405 μm（7 粒标本）。射线直，脊状，3/4 至 4/5 孢子半径长，高 15–20 μm，基部宽 13–20 μm。接触区边缘有时模糊可见，但弓形脊不发育。外壁表面光滑，偶有褶皱。

比较 与别的光面三缝孢子一样，本种没有什么明显的特点，鉴定没有实际意义。Fuglewicz（1973）的描述并非只适用于 *T. levis*，他没有对他所建的种提供足够的比较特征，对 *T. levis* 的描述也几乎完全适用于其他的光面大孢子种。也许，*T. levis* 与 *T. grandis* Fuglewicz, 1973 的区别仅在于其孢子体较小（230–400 μm），*T. grandis* 的大小范围为 638–1040 μm，通常 750–800 μm。*T. levis* 与 *T. tenellus* Fuglewicz, 1973 的差别可能是其更光滑的表面和较厚的外壁，据报道，后者具微颗粒状的外壁。

产地层位 杜瓦，乌尊萨依组；哈 1 井、轮南 8 井、满西 1 井、满参 1 井、塔中 1 井、塔中 3 井、塔中 6 井、塔中 9 井、英买 1 井、英买 2 井，俄霍布拉克组；轮南 23 井、满西 1 井、羊屋 1 井，克拉玛依组下部；哈 1 井、轮南 1 井、轮南 8 井、乡 1 井、英买 1 井，克拉玛依组上部；哈 1 井、轮南 1 井、英买 1 井、羊屋 1 井，黄山街组；黑孜苇煤矿，杨叶组。

褶皱光面三缝大孢（新种）*Trileites plicatilis* sp. nov.

（图版 2，图 4–7）

词源 *plicatilis*，拉丁语，能褶皱的，指其外壁薄，易褶皱。
正模 图版 2，图 6。
副模 图版 2，图 4，5。
特征 外壁光滑，薄弱，多褶皱。
描述 三缝，极面轮廓圆三角形至近圆形，赤道直径 340–360 μm（5 粒标本），模式标本 350 μm。射线直，具窄唇，在近极顶部高约 25 μm，长近达赤道。外壁光滑，厚 3–5 μm，多不规则褶皱。
比较 本新种以其薄弱而多褶皱的外壁区别于 *Trileites* 属的其他种。
产地层位 杜瓦，乌尊萨依组；轮南 8 井、乡 1 井，俄霍布拉克组；羊屋 1 井，克拉玛依组下部；塔河 1 井、乡 1 井、羊屋 1 井，克拉玛依组上部；塔河 1 井，黄山街组。

波兰光面三缝大孢 *Trileites polonicus* Fuglewicz, 1973

（图版 3，图 1，2）

1973 *Trileites polonicus* Fuglewicz, pp. 418, 419, pl. 20, figs. 3, 5, 6.
1976 *Trileites polonicus*, Marcinkiewicz, p. 195, pl. 29, figs. 1–5.
1979a *Trileites polonicus*, Fuglewicz, pl. 1, figs. 6, 7.
1980a *Trileites polonicus*, Fuglewicz, pp. 424, 426, 427, 429, 430, pl. 3, fig. 1.
1983 *Trileites polonicus*, Taugourdeau-Lantz, p. 13, pl. 2, figs. 22, 23.
1984 *Trileites polonicus*, Taugourdeau-Lantz, p. 25.
1989 *Trileites polonicus*, Kovach and Batten, p. 267, text-fig. 4P；p. 270, fig. 5A.
1990 *Trileites polonicus*, Batten and Kovach, p. 132.
1992c *Trileites polonicus*, Marcinkiewicz, p. 82, pl. 1, fig. 4.
1992 *Trileites polonicus*, Marcinkiewicz and Zhelezkova, pl. 1, figs. 1–5；pl. 2, figs. 2, 4；pl. 3, fig. 2.

描述 赤道轮廓圆三角形至亚圆形，赤道直径 354–451 μm（5 粒标本）。三缝，射线呈肋脊状，高 35–50 μm，直或微弯曲，末端近达赤道，并与微弱发育的弓形脊相融合。三射脊上的肋纹 12–15 μm 宽，紧密排列。孢壁表面细点状。
比较 Fuglewicz（1973）认为 *Trileites polonicus* 与 *Pleuromeia sternbergii* (Münster, 1842) Corda in Germar, 1852 的大孢子相似。Grauvogel-Stamm 和 Lugardon（2004）认为仅以外观形态特征而论，这样的比较是合理的。Marcinkiewicz 和 Zhelezkova（1992）及后来的 Lugardon 等（2000）也把 *T. polonicus* 与 *Pleuromeia rossica* Neuburg, 1960 相对比。
产地层位 塔河 1 井、塔中 1 井、塔中 3 井、羊屋 1 井，俄霍布拉克组；塔河 1 井，克拉玛依组下部；塔河 1 井、英买 1 井，克拉玛依组上部；塔河 1 井，黄山街组。

常见光面三缝大孢（比较种）*Trileites* sp. cf. *T. solitus* Marcinkiewicz, 1960

（图版 3，图 7，8）

1960 *Trileites solitus* Marcinkiewicz, p. 717, pl. 1, fig. 5.
1989 *Trileites solitus*, Kovach and Batten, p. 267, text-fig. 4P；p. 272, text-fig. 5C.
1990 *Trileites solitus*, Batten and Kovach, p. 132.

描述 两粒侧面压扁的标本。近极面呈三角锥状，远极面半球形，赤道半径 335 μm 和 345 μm。

三缝，射线直，脊状高起，长近达赤道，在近极顶部高约 25 μm。弓形脊明显，由与弓形脊延伸方向垂直，宽约 8 μm，紧密排列的条纹构成。接触区具宽约 8 μm，紧密而不规则排列的蠕虫状纹饰；远极表面微粒状。

比较 Marcinkiewicz（1960）建立 *Trileites solitus* 时出示的是极面压扁的标本，而本书提供的是侧面标本。看上去，两者间差别颇大，然而除个体小得多之外，这个种与 *Trileites candoris* Marcinkiewicz, 1960 相似。她的论文中出示的单一标本图照（Marcinkiewicz, 1960, pl. 1, fig. 6）显示，在斜侧面位置的正模标本上可见清晰的弓形脊。*Trileites pyramidalis* Marcinkiewicz, 1960 的三射线较短。

产地层位 塔中 1 井、英买 1 井，俄霍布拉克组；塔河 1 井，克拉玛依组上部。

柔弱光面三缝大孢 *Trileites tenellus* Fuglewicz, 1973

（图版 3，图 3, 4）

1973　*Trileites tenellus* Fuglewicz, p. 420, pl. 19, fig. 4.
1980a　*Trileites tenellus*, Fuglewicz, p. 426, pl. 5, fig. 1.
1986　*Trileites tenellus*, Fuglewicz and Marcinkiewicz, p. 164, pl. 85, figs. 7, 8.
1989　*Trileites tenellus*, Kovach and Batten, p. 267, text-fig. 4P；p. 270, fig. 5A.
1990　*Trileites tenellus*, Batten and Kovach, p. 134.
1992c　*Trileites tenellus*, Marcinkiewicz, pl. 1, fig. 1.
2004　*Trileites tenellus*, 崔炜霞等, 图版 1, 图 6。

描述 三缝大孢子，极面观亚圆形，直径 225–330 μm（25 粒标本）。射线直或微微弯曲，长约 3/4 孢子半径，窄脊状，在极顶部高度可达 20 μm，向射线末端渐低。微弱发育的弓形脊偶尔可见。外壁表面基本光滑。

比较 当前描述的标本与 Fuglewicz（1973，1980a）描述的波兰标本十分相似，虽然他把模式产地的标本描述为饰有细微的颗粒，然而在扫描电镜照片（Fuglewicz, 1980a；Fuglewicz and Marcinkiewicz, 1986）上看不出有什么明显的纹饰。Marcinkiewicz（1992c）出示的标本看起来差别较大，可能是其三射线的唇已张裂。*Trileites vulgaris* Fuglewicz, 1973 看起来也很像 *T. tenellus*，但 Fuglewicz 也没有去区分这两个种。

产地层位 杜瓦，乌尊萨依组；满西 1 井、塔河 1 井、乡 1 井，俄霍布拉克组；轮南 23 井、轮南 53 井、满参 1 井、塔河 1 井、乡 1 井、羊屋 1 井，克拉玛依组下部；哈 1 井、轮南 1 井、塔河 1 井、乡 1 井、羊屋 1 井，克拉玛依组上部；轮南 23 井，黄山街组；群克 1 井，阳霞组。

普通光面三缝大孢 *Trileites vulgaris* Fuglewicz, 1973

（图版 4，图 1–3, 5）

1973　*Trileites vulgaris* Fuglewicz, p. 421, pl. 20, figs. 1, 2, 7, 8；pl. 31, figs. 2, 8.
1976　*Trileites vulgaris*, Marcinkiewicz, p. 195, pl. 30, figs. 5, 6.
1979b　*Trileites vulgaris*, Fuglewicz, text-fig. 1.
1980a　*Trileites vulgaris*, Fuglewicz, pp. 422, 424–430, pl. 2, fig. 5.
1983　*Trileites vulgaris*, Taugourdeau-Lantz, p. 13, pl. 2, figs. 19, 21, 24.
1984　*Trileites vulgaris*, Taugourdeau-Lantz, p. 25.
1984　*Trileites vulgaris*, Yang and Sun, p. 192.
1989　*Trileites vulgaris*, Kovach and Batten, p. 267, text-fig. 4P；p. 270, text-fig. 5A.
1990　*Trileites vulgaris*, Batten and Kovach, p. 135.
1992c　*Trileites vulgaris*, Marcinkiewicz, pl. 1, fig. 2.
2001　*Trileites vulgaris*, 张智礼、曹立君, 图版 1, 图 7, 9, 12–14。
?2014　*Trileites vulgaris*, 李慧等, 173, 174 页, 图版 1, 图 1–3。

描述 三缝大孢子，极面观圆形至亚圆形，赤道直径 168（220）288 μm（51 粒标本）。射线直，具唇，唇高 15–20 μm，基部宽 6–10 μm，伸达赤道。外壁厚 7–10 μm，外表面平滑。经氧化处理的标本在透光显微镜下呈棕色，可见反映外壁构造的颗粒状结构（图版 4，图 5）。

比较 当前标本除个体较小外，其形态与 Fuglewicz（1973）描述的波兰早三叠世标本相似，模式产地标本的大小为 230–640 μm。

产地层位 杜瓦，乌尊萨依组；哈 1 井、轮南 1 井、轮南 8 井、满西 1 井、满参 1 井、塔中 1 井、英买 2 井、羊屋 1 井，俄霍布拉克组；哈 1 井、库车河、轮南 1 井、轮南 8 井、满西 1 井，克拉玛依组下部；哈 1 井、库车河、轮南 1 井、轮南 8 井、英买 1 井，克拉玛依组上部；哈 1 井、库车河、轮南 1 井、英买 1 井，黄山街组。

光面三缝大孢（未定种 1）*Trileites* sp. 1

（图版 4，图 6，8，9）

描述 三缝大孢子，赤道轮廓微凸边三角形，直径 230–285 μm（10 粒标本）。射线具唇，唇高 33–46 μm，伸达赤道，末端粗大，唇壁上常有肋状皱褶，致其顶沿呈波状或不规则细齿状。其余的外壁表面平滑。

比较 本种与 *Breviornatisporites asper* Wierer, 1997 有些相似，区别是后者的近极面有时只在射线唇上饰有颗粒。

产地层位 杜瓦，乌尊萨依组；轮南 1 井、轮南 8 井、满参 1 井、塔中 1 井、塔中 3 井、英买 2 井，俄霍布拉克组；轮南 23 井、满参 1 井，克拉玛依组下部；英买 1 井，克拉玛依组上部；轮南 1 井、轮南 23 井、英买 1 井，黄山街组。

光面三缝大孢（未定种 2）*Trileites* sp. 2

（图版 3，图 5，6）

描述 三缝大孢子，赤道轮廓圆三角形至亚圆形，直径 354–451 μm（4 粒标本）。射线具直或蛇曲状的唇，唇高 40–50 μm，延伸长 3/4 孢子半径或达于赤道。接触区边缘具强弱不一的弓形脊。外壁表面细点状。

产地层位 塔中 1 井、塔中 3 井、羊屋 1 井，俄霍布拉克组；塔河 1 井，克拉玛依组上部；黑孜苇煤矿，康苏组。

玛格丽特大孢属 *Margaritatisporites* Marcinkiewicz, 1962

1962 *Margaritatisporites* Marcinkiewicz, pp. 473, 491.

模式种 *Margaritatisporites regalis* Marcinkiewicz, 1962。

属征 孢子表面光滑，具清晰的射线和微弱的弓形脊，弓形脊上有大小不一的颗粒等纹饰。

评论 本属据波兰下侏罗统 *M. regalis* Marcinkiewicz, 1962 的一个体积很大（直径 960 μm）的标本建立。它用来收容表面基本平滑的大孢子，孢子的弓形脊由颗粒或其他小纹饰元素组成，但这些纹饰也可散见于孢子体的其余表面上。外壁表面基本平滑的孢子诸如 Harris（1961）描述为 *Trileites turbanaeformis*［后来被 Marcinkiewicz（1981a）当做 *Trileites candoris* Marcinkiewicz, 1960 的晚出异名］的区别特征只注重相对较短的脊状三射线，而忽视明显发育的弓形脊。我们保留这个概念，以便收纳少量可纳入本属的塔里木标本。

分布时代 中国（新疆），三叠纪；波兰，早侏罗世。

玛格丽特大孢（未定种 1）*Margaritatisporites* sp. 1

（图版 5，图 4）

描述 三缝大孢子，极面观亚圆形，直径 750 μm（仅一粒标本）。近极面金字塔形，远极面半球形。三射线具唇，唇高 63 μm，直，伸达弓形脊。近极表面光滑，其余表面饰微微高起（10–15 μm）的皱纹。在射线与弓形脊交汇点附近可见少量高 75–100 μm、宽 20 μm 的棒状突起物。

比较　当前标本以射线与弓形脊交汇处饰少量棒状物区别于下面描述的 *M.* sp. 2，后一种的弓形脊外侧有分散的颗粒或小刺。

产地层位　杜瓦，乌尊萨依组。

玛格丽特大孢（未定种 2）*Margaritatisporites* sp. 2

（图版 5，图 5）

描述　三缝大孢子，侧面观宽椭圆形；赤道直径 550 μm，极轴长 590 μm（仅一粒标本）。射线伸达赤道，两侧具膜状的唇，唇高约 60 μm。弓形脊微弱发育。除在弓形脊外侧饰有稀散的颗粒或小刺外，孢壁表面平滑至粗糙。

产地层位　英买 1 井，克拉玛依组上部。

班克斯大孢属　*Banksisporites* Dettmann, 1961 emend. Glasspool, 2003

1961　*Banksisporites* Dettmann, pp. 73–74.
1961　*Talchirella* Pant et Srivastava, pp. 49–52.
1962　*Carruthersiella* Pant et Srivastava, p. 103.
1968　*Pantiasporites* Kar, pp. 292–293.
1968　*Trilaevipellitis* Kar, pp. 294–295.
1970　*Bokarosporites* Bharadwaj et Tiwari, pp. 19–20.
1970　*Srivastavaesporites* Bharadwaj et Tiwari, pp. 22–23.
1970　*Talchirella* Pant et Srivastava emend. Bharadwaj et Tiwari, p. 28.
1970　*Trilaevipellitis* Kar emend. Bharadwaj et Tiwari, p. 21.
1978　*Banksisporites* Dettmann emend. Banerji et al., pp. 4–5.
1986　*Shahdolia* Pant et Mishra, p. 54.
1986　*Srivastavaesporites* Bharadwaj et Tiwari emend. Pant et Mishra, pp. 23–24.
1992　*Talchirella* Pant et Srivastava emend. Tewari et Maheshwari, p. 3.
2003　*Banksisporites* Dettmann emend. Glasspool, pp. 233–234.

模式种　*Banksisporites pinguis* (Harris, 1935) Dettmann, 1961。

属征　三缝大孢子。赤道轮廓圆形至亚三角形。三射线直或弯曲，高起或微抬升，其长不超出接触区。弓形脊明显或模糊。外壁光滑至颗粒状/块瘤状。

评论　本属是为收容具腔状壁层的光面孢子而建立的。因为大孢子孢壁的透明度通常都很差，欲在反光或透光情况下将这类具腔的光面孢子与 *Trileites* 分开并不容易，这些孢子需要先用氧化或其他方法做清洗处理，以增强壁层的透光性。Høeg 等（1955）和 Dettmann（1961）等认为孢子外壁内层或中孢体的分离具有分类学意义，但遭到一些学者（如 Morbelli et al., 2003a, b）的质疑。Taylor（1994, p. 47）认为不宜"用中孢体去界定一个分类单元"。Glasspool（2003, p. 233）修订了 *Banksisporites*，并且认为在用透射光研究二叠纪大孢子时，不应把"内孢体/基底层"作为分类学特征，而把其他七个属列为晚出同物异名。他的意见同样适用于已归入此属，时代较晚的大孢子。

分布时代　全球，三叠纪；摩洛哥、德国，早侏罗世；欧洲、印度，早白垩世；巴西，早二叠世。

泽西班克斯大孢　*Banksisporites dejerseyi* Scott et Playford, 1985

（图版 4，图 10–12）

1985　*Banksisporites dejerseyi* Scott et Playford, p. 308, figs. 7, 8.
1989　*Banksisporites dejerseyi*, Hemsley and Scott, p. 139, fig. 2, pl. 2.

1989 *Banksisporites dejerseyi*, Kovach and Batten, p. 256, text-fig. 4E；p. 270, text-fig. 5A.
1990 *Banksisporites dejerseyi*, Batten and Kovach, p. 44.

描述 三缝大孢子，极面观亚圆形至圆三角形，直径 260（350）420 μm（9 粒标本）。射线直，具薄膜状、微弯曲的唇，唇高达 25 μm。外壁两层，内层厚小于 1 μm，外层厚约 3 μm；内、外层贴合，偶或分离；表面无饰物，但常有皱褶。

比较 当前标本与 Scott 和 Playford（1985）描述为 *B. dejerseyi* 的澳大利亚标本可比。他们指出，*B. pinguis* (Harris, 1935) Dettmann, 1961 和 *B. sinuosus* Dettmann, 1961 两个种的"外壁外层"要比明显与其分离的"外壁内层"厚得多。*B. viriosus* Scott et Playford, 1985 除具较厚的"外壁外层"外，还有弯曲的射线唇边和由弓形脊清晰界定的接触区。

产地层位 杜瓦，乌尊萨依组；满参 1 井，俄霍布拉克组。

肥厚班克斯大孢（比较种）*Banksisporites* sp. cf. *B. pinguis* (Harris, 1935) Dettmann, 1961

（图版 5，图 1，2）

1935 *Triletes pinguis* Harris, p. 166, pl. 25, fig. 3；text-fig. 52A–D.
1956 *Trileites pinguis* (Harris) Potonié, p. 24.
1961 *Banksisporites pinguis* (Harris) Dettmann, p. 74, pl. 1, figs. 1–8；text-fig. 1a.
1988 年以前 *Banksisporites pinguis* 的全部同异名参见 Batten 和 Kovach（1990）。

描述 三缝大孢子，赤道轮廓凸边三角形，直径 235（300）400 μm（4 粒标本），射线窄细，微高起，伸达赤道。外壁内层薄，与外壁外层分离形成约 30–65 μm 宽的空腔。外壁外层厚约 5 μm，表面平滑。

比较 虽然与 *Banksisporites pinguis* 类似，但模式产地标本的壁层要厚得多，内、外层均达 10 μm。

产地层位 杜瓦，乌尊萨依组；轮南 8 井、满西 1 井、塔河 1 井，俄霍布拉克组；库车河，克拉玛依组下部；哈 1 井，克拉玛依组上部；塔河 1 井，黄山街组。

三冠大孢属 *Tricristatispora* Liu in Liu et al., 1981

1981 *Tricristatispora* Liu in Liu et al.，刘兆生等，166 页。
1984 *Viburamegaspora* Zhang，张璐瑾，41，92 页。
2000a *Tricristatispora*，黎文本，451，454 页。

模式种 *Tricristatispora tricristata* (Li, 1974) Li, 2000。

属征 三缝大孢子，赤道轮廓近圆形，模式种标本赤道直径 140–330 μm。射线直或微弯曲，长约为孢子半径的 1/2。外壁表面平滑，弓形脊或可见。接触区各具一襟翼状附着物，其附着点在近极顶部。

比较 在形态上与本属比较接近的有 *Calamospora* Schopf, Wilson et Bentall, 1944 和 *Calamocystes* Piérart, 1961，但后两属孢子的近极顶部外壁只显微弱分异，呈点穴状或微弱加厚，而无明显的襟翼状附着物。从 *Tricristatispora* 属模式种的标本来看，其襟翼状附着物在结构、形态特征上与附生在晚泥盆世大孢子 *Cystosporites* Schopf, 1938 顶端的三个发育不全的孢子有些相似。

分布时代 中国（云南、贵州、四川、甘肃、新疆），晚三叠世。

三冠三冠大孢 *Tricristatispora tricristata* (Li, 1974) Li, 2000

（图版 6，图 1–10）

1974 *Calamospora tricristata* Li，黎文本，362 页，图版 195，图 22。
1978 *Calamospora tricristata*，雷作淇，图版 1，图 18–20。
1981 *Calamospora tricristata*，杨基端、王若姗，290 页，图版 1，图 6，7。
1981 *Tricristatispora aphela* Liu in Liu et al.，刘兆生等，166 页，图版 15，图 14，15。

1982　*Calamospora tricristata*，张祖辉等，图版 2，图 26。
1983　*Calamospora tricristata*，白云洪等，523 页，图版 124，图 32。
1984　*Viburamegaspora orientalis* Zhang，张璐瑾，41–42，92 页，图版 11，图 1–3，5–7，11，12。
1989　*Calamospora tricristata*, Kovach and Batten, p. 257, text-fig. 4F；p. 272, text-fig. 5C.
1990　*Calamospora tricristata*, Batten and Kovach, p. 51.
1992　*Calamospora tricristata*，尚玉珂、黎文本，图版 6，图 18a–b。
2000a　*Tricristatispora tricristata* (Li, 1974) Li，黎文本，452，455 页，图版 1，图 1–9。
2001　*Calamospora tricristata*，黎文本等，217 页。
2004　*Tricristatispora tricristata*，张师本等，69 页。

描述　赤道轮廓亚圆形，直径 140（180）330 μm（20 粒标本）。三缝，射线约 1/3 孢子半径长，具唇，唇高约 17 μm，基部宽 5 μm。外壁厚 2–8 μm，多有褶皱。除在接触区顶部各有一块襟翼状突起物外，孢壁表面光滑无纹饰。极面观时，每一襟翼状附着物呈圆形至亚三角形或楔形，最大直径 25–40 μm，表面有小瘤至小皱脊纹饰，彼此或在顶部连接呈三裂片状。

比较　*Tricristatispora tricristata* 与 *T. trilobata* sp. nov. 和 *T. yingmailensis* sp. nov. 的区别是其接触区顶部的襟翼状附着物相对地要小得多。

产地层位　轮南 1 井、轮南 8 井、英买 1 井，克拉玛依组上部；哈 1 井、轮南 1 井，黄山街组；库车河，塔里奇克组。

三瓣三冠大孢（新种）*Tricristatispora trilobata* sp. nov.

（图版 7，图 1–6）

词源　*tri* + *lobus*，拉丁语，三 + 裂片，指近极顶部三裂的襟翼状附着物。

正模　图版 7，图 3。

副模　图版 7，图 1，2。

特征　近极顶部的襟翼状附属物较大，三裂，表面纹饰微弱。

描述　极面轮廓近圆形，赤道直径 215–269 μm（6 粒标本），正模 269 μm，副模 215 μm。侧面观孢子呈卵圆形至亚圆形，近极锥状，远极半球形，极轴高 252–269 μm。三缝，射线具唇，唇开裂或凸起呈脊状，宽约 15 μm、高 20 μm，长近达赤道。外壁表面光滑。接触区顶部各具一襟翼状附着物，附着物于近极顶部彼此相连呈三裂片状，伸向赤道约 1/2 孢子半径长，表面或具微弱的细皱脊。

比较　本种以近极顶部的襟翼状附着物相对较大，表面无明显纹饰区别于 *T. tricristata*。*T. yingmailensis* 近极附着物表面具清楚的皱脊状纹饰。

产地层位　英买 1 井，克拉玛依组上部；轮南 3 井，黄山街组。

英买力三冠大孢（新种）*Tricristatispora yingmailensis* sp. nov.

（图版 6，图 11–16）

词源　Yingmaili，英买力，地名，本种模式标本产地，位于塔里木盆地北部。

正模　图版 6，图 14，15。

副模　图版 6，图 16。

特征　近极顶部襟翼状附属物较大，三裂，表面具明显的皱脊状纹饰。

描述　孢子极面轮廓圆形，赤道直径 308 μm 和 323 μm（2 粒标本）。侧面观孢子卵圆形至亚圆形，近极三角锥形，远极半球形，极轴高 330 μm。三缝，射线凸起呈窄脊状，高约 20 μm，伸长近达赤道。外壁两层，内层薄，约 0.5 μm，致密均质状；外层较厚，约 10 μm，呈颗粒状结构，表面光滑。接触区顶部的襟翼状突起物粗大，极面观呈亚三角形至三角形，于顶部彼此相连，表面具稠密皱脊状纹饰；瘤直径 4–6 μm，部分可达 10–15 μm，尤其在彼此连接处更显粗强。

比较　本种以近极顶部的襟翼状突起物表面具明显皱脊状纹饰区别于 *T. trilobata*；以襟翼状突起

物较粗大区别于 *T. tricristata*。

产地层位 英买 1 井，克拉玛依组上部。

水泡大孢属 *Pusulosporites* Fuglewicz, 1973

1973 *Pusulosporites* Fuglewicz, p. 424.

模式种 *Pusulosporites populosus* Fuglewicz, 1973。

属征 三缝大孢子。赤道轮廓亚圆形至圆形，极少亚三角形。三射线发育优良。弓形脊通常缺失。孢壁表面覆以大量短小且具光泽的突起物，突起物的顶端一般呈圆形，极少尖锐。

评论 *Pusulosporites* 属是为收罗那些饰有许多小的"具圆顶，极少有尖顶的玻璃状附属物"的三缝大孢子而建立的（Fuglewicz, 1973, p. 424），意欲以此与诸如 *Maexisporites* Potonié, 1956 和 *Verrutriletes* van der Hammen, 1954 ex Potonié, 1956 属区分开。遗憾的是，Fuglewicz 描述并收入 *Pusulosporites* 属的全部六个种都未做充分的描述和比较，且在其后很少再有报道。Marcinkiewicz（1992c）认为，其中的两个种 *P. populosus* Fuglewicz, 1973 和 *P. inflatus* Fuglewicz, 1973 与 *Talchirella daciae* Antonescu et Taugourdeau-Lantz, 1973 的意义相同，而且 *P. marginatus* 的含义与 *Trilaevipellitis salebrosus* Marcinkiewicz, 1992c 部分重叠。鉴于 Fuglewicz 的论文的发表早于 Antonescu 和 Taugourdeau-Lantz 三个月（Batten and Kovach, 1990, p. 7），属名 *Pusulosporites* 优先于 *Talchirella*。本书中的一些标本之所以归到 *Pusulosporites* 属是因为它们好像更能适配模式材料的描述，只是外壁表面缺乏颗粒。

分布时代 中国（新疆），三叠纪—早侏罗世；波兰、罗马尼亚，早三叠世。

膨胀水泡大孢 *Pusulosporites inflatus* Fuglewicz, 1973

（图版 5，图 3）

1973　*Pusulosporites inflatus* Fuglewicz, p. 426, pl. 19, figs. 1, 3, 7；pl. 31, figs. 1, 3.
1980a　*Pusulosporites inflatus*, Fuglewicz, pl. 4, figs. 2–4.
1986　*Pusulosporites inflatus*, 杨基端、孙素英, 188 页，图版 50，图 4，6；图版 53，图 4。
1989　*Pusulosporites inflatus*, Kovach and Batten, p. 263, text-fig. 4L；p. 270, text-fig. 5A.
1990　*Pusulosporites inflatus*, Batten and Kovach, p. 106.
2001　*Pusulosporites inflatus*, 张智礼、曹立君，图版 1，图 2，5，8，10，11，17。

描述 三缝大孢子，赤道轮廓凸边三角形，直径 315 μm（1 粒标本）。射线长，具唇，唇高 25 μm，伸达赤道。孢子表面光滑。接触区微微鼓起，周边为 25 μm 宽的厚"环"。外壁两层，内层与外层分离而形成中孢体（直径 215 μm）。

比较 依据 Fuglewicz（1973），*Pusulosporites inflatus* 的主要特征是其肿胀的接触区和许多与射线侧边的壁层（中孢体附着于此）相关的瘤。显然，这样的瘤在不透明的标本上是不可能看见的。除 Fuglewicz（1973, pl. 31, figs. 1, 3）图示的两个孢子外，他在其后归入 *Pusulosporites inflatus* 的几乎所有标本上皆看不到这些瘤的存在。因此，它与 *P. marginatus* 的区别似乎仅仅在于其肿胀的接触区。

产地层位 杜瓦，乌尊萨依组；哈 1 井、轮南 8 井、塔河 1 井，俄霍布拉克组；哈 1 井、塔河 1 井，克拉玛依组上部；哈 1 井，黄山街组。

具缘水泡大孢 *Pusulosporites marginatus* Fuglewicz, 1973

（图版 5，图 6–14）

1973　*Pusulosporites marginatus* Fuglewicz, p. 426, pl. 19, fig. 6.
1979b　*Pusulosporites marginatus*, Fuglewicz, pl. 1, fig. 3, text-fig. 1.
1980a　*Pusulosporites marginatus*, Fuglewicz, pp. 422, 424–427, pl. 4, figs. 1, 5.
1989　*Pusulosporites marginatus*, Kovach and Batten, p. 263, text-fig. 4L；p. 270, text-fig. 5A.

1990 *Pusulosporites marginatus*, Batten and Kovach, p. 106.
2004 *Pusulosporites marginatus*，崔炜霞等，图版1，图1。

描述　三缝大孢子，赤道轮廓凸边三角形，直径 156（220）276 μm（120 粒标本）。射线直，近达赤道，唇高 15–25 μm，基部宽 8 μm，向上渐窄。弓形脊微弱发育。接触区微微下凹，通常在外侧显示为一圈"厚环"。外壁两层：内层密实，厚 1–2 μm；外层厚约 7 μm，结构疏松，但在接近外壁表面处壁层紧密。除稀散的小颗粒外，孢子表面光滑。

比较　波兰模式产地的标本较大（380–540 μm），而其他方面与当前标本相似。

产地层位　杜瓦，乌尊萨依组；库车河、轮南1井、轮南8井、满西1井、满参1井、塔河1井、塔中1井、塔中3井、塔中6井、塔中9井、英买1井、羊屋1井，俄霍布拉克组；库车河、轮南1井、轮南8井、轮南53井、轮南56井、满参1井、满西1井、乡1井，克拉玛依组下部；库车河、轮南1井、塔河1井、英买1井、羊屋1井，克拉玛依组上部；轮南3井、轮南23井、羊屋1井，黄山街组；黑孜苇煤矿，康苏组；库车河，阳霞组。

细粒面大孢属 *Maexisporites* Potonié, 1956

1956 *Maexisporites* Potonié, p. 25.
1976 *Maexisporites*, Jansonius and Hills, p. 1572.

模式种　*Maexisporites soldanellus* (Dijkstra, 1951) Potonié, 1956。

属征　模式种正模标本大小约 380 μm。三缝大孢子，赤道轮廓亚三角形，三边外凸，角部近圆弧形至锐弧形。三射线长等于孢子半径的 3/4 或全长。接触区不明显或可辨。弓形脊不可见或模糊或相当清晰。外壁明显颗粒状（颗粒大小可达 2 μm）或近乎光滑至细微颗粒状。

评论　*Maexisporites* 属是根据白垩纪的种 *M. soldanellus* (Dijkstra, 1951) Potonié, 1956 创建的，以收纳饰有小颗粒、形态简单的孢子，但命名人对这些具小颗粒表面的孢子与另外一些具其他小纹饰的孢子之间如何区别未作说明。

分布时代　亚洲、欧洲和北美洲，中生代。

麦纽秋细粒面大孢 *Maexisporites magnuszewensis* Fuglewicz, 1977

（图版8，图1）

1977a *Maexisporites magnuszewensis* Fuglewicz, p. 409, pl. 28, figs. 6, 7.
1986 *Maexisporites magnuszewensis*, Fuglewicz and Marcinkiewicz, p. 164, pl. 85, figs. 4–6.
1989 *Maexisporites magnuszewensis*, Kovach and Batten, p. 260, text-fig. 4I；p. 271, text-fig. 5B.
1990 *Maexisporites magnuszewensis*, Batten and Kovach, p. 81.
1990 *Maexisporites magnuszewensis*，杨基端、孙素英，169，170页，图版37，图10。

描述　三缝大孢子。极面轮廓圆形，直径 260 μm。射线直，2/3 孢子半径长，具唇。唇高约 12 μm。外壁饰不规则、不完全网状纹饰，网脊低矮而窄细，网眼形状各异，直径约 20 μm。近极表面近乎平滑。

比较　与许多 Fuglewicz 描述的种一样，据 *Maexisporites magnuszewensis* 的特征也不能把它与其他种相区别。据其描述，本种的接触区近光滑，远极面"颗粒状"，无弓形脊。姑且不论这样的特征说明，正模标本的 SEM 显微照片（Fuglewicz, 1977a, pl. 28, fig. 7；又见于 Fuglewicz and Marcinkiewicz, 1986, pl. 85, fig. 5）显示，孢子表面的纹饰不是颗粒状，而是由细小、稠密、不规则的皱脊组成，在远极面上形成不规则的网状纹饰。当前图示的标本在基本形态和大小方面可与正模标本比较，虽然其远极的网纹要清晰、明显得多。把这类具细皱脊状、不规则细网状纹饰特点的大孢子归到 *Maexisporites* 属不太合适，因为这个属的本意是只包容那些具颗粒纹饰的大孢子。

产地层位　库车河，克孜勒努尔组。

中厚脊细粒面大孢 *Maexisporites meditectatus* (Reinhardt, 1963) Kannegieser et Kozur, 1972

（图版 7，图 9）

1957　Megaspore 846 Wicher, pl. 3, fig. 12.
1957　Megaspore 856 Wicher, pl. 3, fig. 14.
1962　M. sp. 846 Wicher et Bartenstein, pl. 8, fig. 12.
1962　M. sp. 856 Wicher et Bartenstein, pl. 8, fig. 14.
1963　*Duosporites meditectatus* Reinhardt, p. 119, pl. 1, figs. 1–5；pl. 2, fig. 1.
1969　*Trileites meditectatus* (Reinhardt) Reinhardt et Fricke, p. 400.
1969　*Maexisporites wicheri* Reinhardt et Fricke, pp. 401, 402, pl. 1, fig. 5.
1971　*Maexisporites meditectatus* (Reinhardt) Kozur, p. 122, pl. 1, fig. 2.（非正式转移，无基名）
1972　*Maexisporites meditectatus* (Reinhardt) Kannegieser et Kozur, p. 187, pl. 8, figs. 1–6.
1972　*Maexisporites meditectatus*, Kozur, p. 440, pl. 1, fig. 3.
1973　*Maexisporites meditectatus*, Kozur, p. 4.
1974　*Maexisporites meditectatus*, Kozur, pp. 41, 46.
1975　*Maexisporites meditectatus*, Movshovich and Kozur, p. 111.
1976　*Duosporites meditectatus*, Beutler, p. 126.
1976　*Maexisporites meditectatus*, Kozur, p. 101.
1976　*Maexisporites meditectatus*, Kozur and Movshovich, p. 54, pl. 2, figs. 3a–b.
1978　*Maexisporites meditectatus*, Gajewska, p. 14.
1978　*Maexisporites meditectatus*, Marcinkiewicz, pp. 71, 78, 81, pl. 1, figs. 1–6.
1979b　*Maexisporites meditectatus*, Marcinkiewicz, p. 207, pl. 69, figs. 1–3.
1986　*Maexisporites meditectatus*, Fuglewicz and Marcinkiewicz, pp. 164, 165, pl. 73, figs. 1–3.
1989　*Maexisporites meditectatus*, Kovach and Batten, p. 260, text-fig. 4I；p. 271, text-fig. 5B.
1990　*Maexisporites meditectatus*, Batten and Kovach, pp. 81, 82.
1992a　*Maexisporites meditectatus*, Marcinkiewicz, tab. 2, pl. 2, fig. 3.
1997　*Maexisporites meditectatus*, Wierer, pp. 68, 69, pl. 3, figs. 7–15；pl. 4, figs. 1–10.

描述　三缝大孢子。极面轮廓亚圆形，直径 555 μm（1 粒标本）。射线基部宽 15 μm，高起达 25 μm，长约 3/4 孢子半径，末端与弓形脊相连。弓形脊窄细，与射线等高，约 25 μm。整个孢子表面饰以约 5 μm 大小的颗粒或小锥刺。

比较　本种的首次鉴定是在 50 多年前 *Maexisporites meditectatus* 还未命名的时候，归入其中的各式各样的标本通常没有好的插图相配，难以呈现其可供识别的稳定形态特征，但大多数标本表面都具细颗粒。

产地层位　羊屋 1 井，克拉玛依组下部；乡 1 井，克拉玛依组上部；库车河，阿合组。

鲕状细粒面大孢 *Maexisporites ooliticus* Fuglewicz, 1977

（图版 8，图 2–5）

1977a　*Maexisporites ooliticus* Fuglewicz, p. 410, pl. 29, figs. 4, 5.
1980a　*Maexisporites ooliticus*, Fuglewicz, pp. 422, 424–427, 430, pl. 2, fig. 7.
1986　*Maexisporites ooliticus*, Fuglewicz and Marcinkiewicz, p. 165, pl. 86, figs. 5, 6.
1989　*Maexisporites ooliticus*, Kovach and Batten, p. 260, text-fig. 4I；p. 270, text-fig. 5A.
1990　*Maexisporites ooliticus*, Batten and Kovach, p. 82.
1992c　*Maexisporites ooliticus*, Marcinkiewicz, pl. 1, fig. 5.

描述　三缝大孢子。极面轮廓圆形至圆三角形，直径 300–440 μm（3 粒标本）。射线直或微微弯曲。弓形脊微弱发育。在低倍放大时，纹饰似细颗粒状至小乳头状，高倍放大时小乳头状纹饰更明显。

比较 据 Fuglewicz（1977a），本种与 *Maexisporites rotundus* Fuglewicz, 1973 的区别在于前者具有较高的三射脊和微弱发育的弓形脊。*M. ooliticus* 的正模标本的确具有弓形脊，但贴附在其旁边的另一粒标本（Fuglewicz, 1977a, pl. 29, fig. 4；两粒孢子还再次出现在 Fuglewicz and Marcinkiewicz, 1986, pl. 86, figs. 5, 6）上却几乎看不见有弓形脊。虽然 *M. rotundus* 的正模标本明显缺失弓形脊，但其他标本与 *M. ooliticus* 之间的差别甚微，如同时出示的该种另一标本的图照（Fuglewicz and Marcinkiewicz, 1986, pl. 86, fig. 1）。这两种大孢子的形态如此相似，实难区分。

产地层位 杜瓦，乌尊萨依组；塔中 1 井、英买 1 井，俄霍布拉克组。

角锥细粒面大孢 *Maexisporites pyramidalis* Fuglewicz, 1973

（图版 4，图 4，7）

1973　*Maexisporites pyramidalis* Fuglewicz, p. 422, pl. 21, figs. 2a–b；pl. 31, fig. 6.
1980a　*Maexisporites pyramidalis*, Fuglewicz, pl. 7, fig. 4.
1986　*Maexisporites pyramidalis*, Fuglewicz and Marcinkiewicz, p. 165, pl. 85, figs. 2, 3.
1989　*Maexisporites pyramidalis*, Kovach and Batten, p. 260, text-fig. 4I；p. 270, text-fig. 5A.
1990　*Maexisporites pyramidalis*, Batten and Kovach, p. 83.

描述 三缝大孢子，极面轮廓微凸边三角形，直径 270 μm 和 320 μm（2 粒标本）。射线直，达于赤道，唇高约 30 μm。弓形脊不可见，近极面耸起呈锥体状。孢子表面粗糙至微弱颗粒状。

比较 当前标本与模式产地标本在大小、近极面耸起呈金字塔形方面可相比较，不同的是前者具粗糙至微弱颗粒状的表面。

产地层位 英买 31 井，俄霍布拉克组；满参 1 井，克拉玛依组下部；英买 1 井，克拉玛依组上部。

细粒面大孢（未定种 1）*Maexisporites* sp. 1

（图版 7，图 7，8）

描述 三缝大孢子，极面轮廓亚圆形，直径 220 μm 和 565 μm（2 粒标本）。射线长，伸达赤道，具唇。唇高 25 μm，基部宽 15 μm。弓形脊模糊可辨。接触区饰分散的颗粒，颗粒直径约 8 μm，赤道和远极表面饰稠密、窄细（约 3 μm 宽）、弯曲、蠕虫状的皱纹，其长度可达 30 μm。

比较 查阅现有数量如此众多的大孢子属名，一个多少有些讽刺的事实是，其中竟然没有一个适用于以皱脊为主要纹饰、形态相对简单的类群。*Rugotriletes* van der Hammen, 1954 ex Potonié, 1956 虽具皱脊状纹饰，但它还有一个明显的、围绕着射线的颈状体，与当前描述的标本不同。

尽管本属是为具颗粒状纹饰的孢子而建立的属，当前描述和出示的标本还是归入 *Maexisporites* 属。与 *Maexisporites magnuszewensis* 一样，本种不严格地接受属定义的范畴，但其表面全部饰以小蠕虫状皱脊的事实表明其在形态上与本属模式种更为接近。

产地层位 杜瓦，乌尊萨依组；塔河 1 井、塔中 1 井、塔中 3 井、塔中 6 井、羊屋 1 井，俄霍布拉克组；轮南 56 井、羊屋 1 井，克拉玛依组下部；羊屋 1 井，克拉玛依组上部；塔河 1 井，黄山街组；库车河，塔里奇克组。

细粒面大孢（未定种 2）*Maexisporites* sp. 2

（图版 7，图 10，11）

描述 三缝大孢子，极面凸边三角形，直径 245 μm 和 295 μm（2 粒标本）。具弓形脊，接触区边界清晰。射线直，具唇。唇在近极顶部高 50–60 μm，向与弓形脊接合点渐次变低；唇片的顶缘不平顺，饰皱脊和角锥体。外壁其余表面饰扭曲的皱脊，皱脊宽约 3–5 μm、高达 5 μm，彼此近乎平行，与赤道直交。

比较 由于没有足够的标本可供研究，欲作仔细描述并置其于一个适当的分类群中实非易事。一如 *Maexisporites* sp. 1，本种归入 *Maexisporites* 属是因其具有该属的广义特征，同时也为了资料使用上的方便。*Srivastavaesporites triassicus* Pant et Basu, 1979 与本种有某些相似之处，但个体较大，表面基本上呈瘤状；*S. major* Pant et Basu, 1979 饰非常微弱的瘤或模糊的皱脊，而且个体要大得多（900 μm）。

产地层位 轮南 1 井，俄霍布拉克组；满参 1 井，克拉玛依组下部；轮南 1 井，黄山街组。

棒纹大孢属 *Bacutriletes* van der Hammen, 1954 ex Potonié, 1956

1954 *Bacutriletes* van der Hammen, p. 14.（裸名）
1956 *Bacutriletes* van der Hammen ex Potonié, p. 35.
1976 *Bacutriletes*, Jansonius and Hills, p. 229.

模式种 *Bacutriletes tylotus* (Harris, 1935) Potonié, 1956。

属征 三缝大孢子，模式种正模标本大小约 400 μm（不计棒状饰物）。赤道和子午轮廓均呈圆形。三射线的唇强烈发育，射线长度等于孢子半径的 1/3 至大于 1/2。接触区和弓形脊不可辨。外壁表面满布棒状纹饰，棒纹顶端横截或略圆，部分或呈蠕蚀状。

评论 *Bacutriletes* 属是以描述自西格陵兰瑞替期的种 *Bacutriletes tylotus* (Harris, 1935) Potonié, 1956 为基础建立的，它是一类亚球形的孢子，表面纹饰基本上是棒状的，但部分可为虫蚀状。与其他形态简单明晰的大孢子一样，如果标本具有清晰的棒状纹饰，我们就能很容易地将其归之于本属；但若纹饰不是那么典型或者变得更类似于其他属的纹饰时，归属就困难了。

分布时代 全球，中生代。

肋刺棒纹大孢 *Bacutriletes costatispinosus* Fuglewicz, 1977

（图版 8，图 6–8）

1977a *Bacutriletes costatispinosus* Fuglewicz, pp. 413, 414, pl. 31, figs. 4, 5.
1980a *Bacutriletes costatispinosus*, Fuglewicz, p. 430, pl. 7, fig. 3.
1986 *Bacutriletes costatispinosus*, Fuglewicz and Marcinkiewicz, p. 168, tab. 14, pl. 91, figs. 2, 3；pl. 92, fig. 1.
1989 *Bacutriletes costatispinosus*, Kovach and Batten, p. 255, text-fig. 4D；p. 270, text-fig. 5A.
1990 *Bacutriletes costatispinosus*, Batten and Kovach, p. 36.
1997 *Bacutriletes costatispinosus*, Wierer, pp. 79, 80, pl. 15, figs. 3–6.

描述 三缝大孢子，极面圆形至亚圆形，直径 335 μm（仅 1 粒标本）。孢子射线已被纹饰掩盖。纹饰有浓密分布的尖刺，更多的是棒刺，棒高 30–40 μm，基部宽 10–15 μm，通常顶部变窄至 4–7 μm 宽，有时可倒向弯曲；常有相邻的 2–5 根棒、刺相粘连而形成更粗大的突起物，其侧壁呈纵条纹状，顶尖极不平整。

比较 除纹饰较长外，描述的标本与模式产地的标本（Fuglewicz, 1977a）相似。

产地层位 轮南 23 井，克拉玛依组下部。

指形棒纹大孢（新联合）*Bacutriletes digitiformis* (Faddeeva, 1960) comb. nov.

（图版 9，图 1–9）

1960 *Triletes digitiformis* Faddeeva, p. 127, pl. 12, fig. 5.
1961 *Triletes corynactis* Harris, p. 52, text-fig. 15a–i.
1962 *Bacutriletes hamatus* Marcinkiewicz, pp. 475, 492, pl. 10, figs. 3–5.
1965 *Triletes digitiformis*, Faddeeva, p. 98, pl. 6, fig. 37a–b.
1969 *Bacutriletes corynactis*, Gry, pp. 82, 84, text-fig. 6.9.（非正式转移，无基名）
1971a *Bacutriletes corynactis* (Harris) Marcinkiewicz, p. 35, pl. 9, figs. 4–7.
1985 *Bacutriletes hamatus*, Petros'yants, p. 97.

1985 *Bacutriletes* cf. *corynactis*, Petros'yants, p. 97.
1989 *Bacutriletes corynactis*, Kovach and Batten, p. 255, text-fig. 4D；p. 272, text-fig. 5C.
1990 *Bacutriletes corynactis*, Batten and Kovach, p. 36.
1992 *Bacutriletes corynactis*, Koppelhus and Batten, pp. 18, 19, pl. 3, figs. 1–5；pl. 20, fig. 4.
1992 *Bacutriletes corynactis*, Munk and Granzow, p. 10, pl. 3, figs. 3, 4.
2004 *Bacutriletes corynactis*，崔炜霞等，图版 1，图 10。

描述　三缝大孢子，极面轮廓三角形至亚圆形。直径 210（250）300 μm（11 粒标本）。射线可伸达赤道，具膜状唇，唇高可达 20 μm。孢子近极接触区饰短小的锥、刺或棒状纹饰，在赤道带上分布更为密集；孢子远极面饰直或轻微弯曲的长棒状突起，突起高 40–60 μm，基部宽 6–12 μm，部分突起物末端微膨胀。外壁厚 5–7 μm。

比较　本书描述的标本与正模标本（Faddeeva, 1960, pl. 12, fig. 5）形态一致，唯个体略小；*Bacutriletes corynactiformis* Fuglewicz, 1977 的接触区光滑无饰物。*Triletes corynactis* Harris, 1961 在形态上与 *Triletes digitiformis* Faddeeva, 1960 无明显差别，前者实为后者的晚出同物异名。这种孢子的远极表面具浓密修长的棒状纹饰，Marcinkiewicz（1971a）将其转移至 *Bacutriletes* 属下是合理的。依据命名优先原则，这里以 *Bacutriletes digitiformis* (Faddeeva, 1960) comb. nov. 取代 *B. corynactis* (Harris, 1961) Marcinkiewicz, 1971a。

产地层位　库车河、轮南 1 井、普惠 1 井，阳霞组；齐格勒克，康苏组。

柯祖尔棒纹大孢 *Bacutriletes kozurii* Batten et Kovach, 1990

（图版 10，图 5–12；图版 11，图 1–4）

1976 *Bacutriletes minimus* Kozur in Kozur et Movshovich, p. 57, pl. 1, fig. 3a–b.
1989 *Bacutriletes kozurii*, Kovach and Batten, p. 255, text-fig. 4D；p. 271, text-fig. 5B.（裸名）
1990 *Bacutriletes kozurii* Batten et Kovach, pp. 6, 37.
1992a *Bacutriletes minimus*, Marcinkiewicz, pp. 37, 40, tabs. 1, 2, pl. 3, fig. 5；pl. 4, figs. 3, 4；pl. 5, figs. 1, 2；pl. 6, figs. 4, 5.
1997 *Bacutriletes kozurii*, Wierer, p. 81, pl. 16, figs. 3, 4.

描述　三缝大孢子，极面轮廓圆形至圆三角形。直径 245（315）455 μm（10 粒标本）。射线长近达赤道，具膜状唇，唇高约 15 μm，顶缘波状至明显锯齿状。弓形脊明显，薄膜状，形态上与射线的唇相近。孢子表面饰孤立、分散、部分基部可连接的棒和尖刺，一般 10 μm 宽、35 μm 高；近极接触区纹饰较短小。

评论　见下文 *Narkisporites micros* 项下的讨论。

产地层位　轮南 56 井，克拉玛依组下部；库车河，克拉玛依组上部；库车河、轮南 56 井，黄山街组。

棒纹大孢（未定种 1）*Bacutriletes* sp. 1

（图版 9，图 10–12）

描述　三缝大孢子，极面轮廓凸边三角形，直径 370 μm 和 385 μm（2 粒标本）。射线具唇，唇薄膜状，高低不一，最高可达 50 μm，长等于孢子半径的 2/3 或更长，末端或与弓形脊连接。孢壁表面饰刺状和棒状纹饰，刺、棒高 30–40 μm，基部宽 15–20 μm，相邻纹饰基部相连形成网纹。接触区纹饰的发育明显较差。

比较　本种以相邻纹饰单元基部连接而构成的网状图案区别于本属的其他种。

产地层位　杜瓦，乌尊萨依组。

棒纹大孢（未定种 2）*Bacutriletes* sp. 2

（图版 10，图 1-4）

描述 三缝大孢子，极面轮廓凸边三角形，直径 500–550 μm（11 粒标本）。射线具唇，唇薄膜状，高低不均，最高可达 50 μm，伸达赤道，末端或与微弱发育的弓形脊连接。孢壁外层由孢粉线体（sporopollenin threads）的三维网状格架组成（图版 10，图 4），呈现海绵状外貌。孢子表面饰粗大的刺和棒，刺、棒高 30–70 μm，基部宽 30–40 μm。

比较 当前孢子以其较粗大、多变的纹饰成分区别于 *Bacutriletes* 属的其他种。

产地层位 轮南 56 井，克拉玛依组上部；轮南 23 井，黄山街组。

棒纹大孢（未定种 3）*Bacutriletes* sp. 3

（图版 11，图 5，6）

描述 三缝大孢子。赤道轮廓亚圆形，直径 375 μm（1 粒标本）。射线具微弱发育的唇，唇高约 10 μm，长约 3/4 孢子半径。弓形脊不可见。整个孢子表面饰棒、刺、锥等纹饰，其高多变，12 μm 至 30 μm，基部宽 12–15 μm，顶端平截或尖锐，相邻纹饰基部或以薄脊（宽约 5 μm）相连，构成不完全网状图案。

比较 描述的孢子与 *B. kozurii* 基本相似，或可以其较短的纹饰，不显弓形脊与后者区分。

产地层位 轮南 56 井，克拉玛依组上部；库车河、轮南 23 井，黄山街组。

星棒大孢属（新属）*Stellibacutriletes* gen. nov.

1996 *Harpisporites*，陈金华等，28 页。（裸名）
2001 *Harpisporites*，黎文本等，223 页。（裸名）
2004 *Harpisporites*，张师本等，68 页。（裸名）

词源 stell + bacul，拉丁语，星 + 棒，指顶端作星状扩张的棒状纹饰。

模式种 *Stellibacutriletes gracilis* gen. et sp. nov.。

属征 三缝大孢子，极面轮廓圆三角形至亚圆形，射线长达赤道，具膜状高起的唇。外壁两层：内层薄，致密；外层三带状，内带较紧密、坚固，中带最厚，较疏松，外带较中带致密，具空洞，表面观呈洞穴状。表面具棒、刺状突起物，顶端常膨大，叉裂呈星形等各种复杂形状。近极接触区内的纹饰明显比其余表面的纹饰弱。

比较 本新属以顶端分叉或呈星状扩张的纹饰区别于已知的具棒、刺状纹饰的属。*Singhisporites* (Potonié, 1956) Bharadwaj et Tiwari, 1970 与本属较相似，但前者的棒状纹饰在顶端仅表现为简单的叉状开裂。

分布时代 中国（新疆）、波兰，早三叠世。

毛刺星棒大孢（新属、新种）*Stellibacutriletes capillaris* gen. et sp. nov.

（图版 12，图 1-8；图版 13，图 1-4）

non 1979b *Echitriletes fragilispinus* Fuglewicz, p. 285, pl. 4, figs. 2a, 2b.
1992c *Echitriletes fragilispinus*, Marcinkiewicz, pl. 6, figs. 1, 2.
2001 *Harpisporites capillaris* Li in Li et al.，黎文本等，223 页。（裸名）
2004 *Harpisporites capillaris*，张师本等，68 页。（裸名）

词源 *capillaris*，拉丁语，毛发状的，喻其纹饰呈毛发状。

正模 图版 13，图 1-4。

副模 图版 12，图 4。

特征 毛发状纹饰相当细长，在远极均匀分布，在近极接触区纹饰较短，分布更稀疏。

描述 极面轮廓亚圆形，赤道直径 280（385）460 μm（8 粒标本），正模 415 μm，副模 460 μm。三射线细直，伸达赤道，具薄膜状高起的唇，高可达 40 μm，基部宽 6–12 μm。外壁两层（图版 12，图 6，7），内层很薄，相对均质。外层厚约 16 μm，三带状，内带较结实坚固，厚约 3 μm；中带呈疏松的蜂窝状结构，厚约 10 μm；外带呈相对较紧密的颗粒状结构，在高倍镜下表面观呈不规则细微网穴状（图版 13，图 3，4），厚约 3 μm。外壁表面饰均匀分布、纤弱的毛发状纹饰，长 20–35 μm，基部宽 5–10 μm，上部 3–6 μm，顶部尖或微扩张。接触区内纹饰通常较其余部分纹饰短且稀，接触区边缘的纹饰多作线状排列，形成清晰的接触区边缘。

比较 本种以远极毛发状纹饰细长、均匀分布和近极接触区纹饰较短且稀疏区别于本属的其他种。Marcinkiewicz（1992c, pl. 6, figs. 1, 2）鉴定为 *Echitriletes fragilispinus* Fuglewicz 的波兰早三叠世标本与当前描述的标本相似，但是 *Echitriletes fragilispinus* Fuglewicz 的模式标本（Fuglewicz, 1979b, pl. 4, fig. 2a–b）上的刺状纹饰的基部膨胀呈乳房状，与 *Stellibacutriletes capillaris* 的毛发状纹饰明显不同。

产地层位 杜瓦，乌尊萨依组；哈 1 井、轮南 1 井、轮南 8 井、塔中 1 井、塔中 3 井、塔中 9 井、塔中 28 井、英买 1 井、英买 2 井，俄霍布拉克组。

修长星棒大孢（新属、新种）*Stellibacutriletes gracilis* gen. et sp. nov.

（图版 13，图 5–8；图版 14，图 1–6）

1996 *Harpisporites gracilis*，陈金华等，28 页。（裸名）
2001 *Harpisporites gracilis*，黎文本等，223 页。（裸名）
2004 *Harpisporites gracilis*，张师本等，68 页。（裸名）

词源 *gracilis*，拉丁语，纤细的，指孢壁表面的细长突起物。

正模 图版 14，图 1。

副模 图版 14，图 6。

特征 棒状纹饰分叉程度高，有时呈星状扩张，棒饰基部多以低矮的脊条相连，形成不规则的网状。

描述 极面轮廓圆三角形至亚圆形，直径 305（370）475 μm（7 粒标本）；正模 340 μm，副模 380 μm。三射线直，伸达赤道，具窄的、膜状高起的唇，高 7–15 μm。侧面观双凸形，远极较凸，近极略平。外壁表层多为网穴状，表面观可见大小、形状各异的空洞（图版 13，图 8），表面分布棒状突起，高可达 75 μm，一般高 30–50 μm，基部直径一般 5–10 μm，顶部多强烈分叉或张开呈星状（图版 13，图 6，7），基部以低脊与相邻纹饰的基部相接，构成不规则网穴状的纹饰基底。接触区内纹饰较短，呈短棒或锥刺状，棒饰多孤立分布，基部通常不外延。在接触区外缘棒纹常作线状，紧密排列，构成清楚的接触区边缘。

比较 本种以具相对较粗的棒饰与 *Stellibacutriletes capillaris* 区别；以具较密集排列的棒饰和 *S. rarus* 区别；以纹饰较细长区别于 *S. solidus*。

产地层位 杜瓦，乌尊萨依组；哈 1 井、塔中 1 井、塔中 3 井、塔中 6 井，俄霍布拉克组。

稀饰星棒大孢（新属、新种）*Stellibacutriletes rarus* gen. et sp. nov.

（图版 15，图 1–6）

1996 *Harpisporites sparsus*，陈金华等，28 页。（裸名）
2001 *Harpisporites sparsus*，黎文本等，223 页。（裸名）
2004 *Harpisporites sparsus*，张师本等，68 页。（裸名）

词源 *rarus*，拉丁语，稀少的，指其纹饰分布稀疏。

正模 图版 15，图 1–4。

副模 图版 15，图 6。

特征 稀疏分布的棒状和刺状纹饰。

描述 极面轮廓亚圆形，赤道直径 220（350）460 μm（24 粒标本），正模 350 μm，副模 290 μm。三射线直，伸达赤道，具膜状高起的窄唇，唇高可达 38 μm，基部宽约 5 μm，唇缘分布棒状和刺状纹饰。远极分布均匀、稀疏的棒状和刺状纹饰。纹饰顶端分叉复杂，纹饰长约 25–30 μm，宽 3–5 μm；纹饰基部通常为多边形，宽 10–30 μm；纹饰基部以低矮的脊相连，形成多边形的网，网穴直径 20–50 μm（图版 15，图 2）。近极纹饰相对不发育，主要包括稀疏分布的纹饰，纹饰顶端尖或轻微膨胀，基部未明显变宽或膨胀。接触区外缘棒纹常呈线状排列，形成接触区边缘。SEM 下外壁表面显示不均匀孔穴状，孔径 1–3 μm。

比较 *Stellibacutriletes rarus* 以大孢子表面纹饰分布较稀疏区别于本属其他种。

产地层位 杜瓦，乌尊萨依组；轮南 8 井、塔中 1 井、塔中 6 井，俄霍布拉克组。

坚实星棒大孢（新属、新种）*Stellibacutriletes solidus* gen. et sp. nov.

（图版 16，图 1–6）

1986 *Bacutriletes insolitus* Fuglewicz, Fuglewicz and Marcinkiewicz, p. 169, pl. 91, fig. 5, non fig. 6.
2001 *Harpisporites insolitus* (Fuglewicz) Li，黎文本等，223 页。（裸名，无效联合；无基原异名）
2004 *Harpisporites insolitus*，张师本等，68 页。（裸名）

词源 solidus，拉丁语，结实的、实心的，喻其远极表面粗短的纹饰。

正模 图版 16，图 2，3。

副模 图版 16，图 1。

特征 棒状纹饰粗壮。赤道和远极的棒饰顶端形态多变，常张开呈星状；接触区内棒、刺基部均显膨胀。

描述 极面轮廓亚圆形，赤道直径 215（275）375 μm（4 粒标本），正模 375 μm，副模 335 μm。三射线窄细、直，长达赤道，具唇。唇薄膜状，高起可达 25 μm，宽 5–10 μm。赤道和远极区的棒状纹饰宽 5–10 μm，高 25–35 μm，顶端不规则分叉或呈星状（图版 16，图 3），排列紧密。近极接触区饰简单刺或棒，纹饰直径约 2 μm，基部膨大，直径可达 20 μm，棒饰顶端膨胀或分叉（图版 16，图 5）。

比较 *Stellibacutriletes solidus* 接触区的纹饰具膨胀的基部；赤道和远极区纹饰粗壮，顶端复杂，常呈星状开裂。本种以此特征区别于本属其他种。Fuglewicz 和 Marcinkiewicz（1986, pl. 91, fig. 5）鉴定为 *Bacutriletes insolitus* Fuglewicz, 1973 的标本饰粗壮的棒状突起物，与本种相似，但从图影看来，该种的模式标本（Fuglewicz, 1973, pl. 23, fig. 2a–b; Fuglewicz and Marcinkiewicz, 1986, pl. 91, fig. 6）的纹饰似较细长，与 *Stellibacutriletes solidus* sp. nov. 的纹饰形态有差异。据 Fuglewicz（1973, p. 432），*Bacutriletes insolitus* 具"直的尖刺和顶端呈截头形或扩张的纹饰"，基于纹饰形态，也许可将其从 *Bacutriletes* 属转至 *Stellibacutriletes* 属下。

产地层位 轮南 8 井、塔中 1 井、塔中 3 井，俄霍布拉克组。

星棒大孢（未定种 1）*Stellibacutriletes* sp. 1

（图版 17，图 1–3）

描述 极面轮廓亚圆形，直径 230 μm（1 粒标本）。三缝，射线直，几乎伸达赤道，具唇。唇窄，膜状，高达 20 μm。近极和远极皆饰薄片状突起物，高约 20–25 μm，基部呈线状，不规则相连，顶端多分裂。接触区的纹饰发育稍差。孢子表面可见孢粉质线体组建的网状架构。

比较 描述的标本以其基部彼此连接、顶端多开裂的片状纹饰区别于本属的其他种。

产地层位 杜瓦，乌尊萨依组；塔中 1 井，俄霍布拉克组。

星棒大孢（未定种 2）*Stellibacutriletes* sp. 2

（图版 30，图 5，6）

描述 一粒侧面压扁的大孢子，轮廓亚圆形，赤道直径 375 μm，极轴长 408 μm。三缝，射线具唇，高约 40 μm。弓形脊明显。外壁表面细网穴状，饰以弧形、截顶状的棒。棒饰分布均匀，一般 20–45 μm 长，基部 4–6 μm 宽，向上渐细，顶端尖锐，截头状或星状。近极纹饰比远极纹饰稍长，分布更宽松。

比较 描述的孢子与 Stellibacutriletes capillaris 相似，但有更加浓密的棒状纹饰。

产地层位 塔中 1 井，俄霍布拉克组。

瘤纹大孢属 Verrutriletes van der Hammen, 1954 ex Potonié, 1956 emend. Binda et Srivastava, 1968

1954 *Verrutriletes* van der Hammen, p. 14. (nom. nud.)

1956 *Verrutriletes* van der Hammen, 1954 ex Potonié, 1956, p. 28.

1968 *Verrutriletes* van der Hammen, 1954 ex Potonié, 1956 emend. Binda et Srivastava, p. 107.

模式种 *Verrutriletes compositipunctatus* (Dijkstra, 1949) Potonié, 1956。

属征 三缝大孢子，赤道和子午轮廓圆形至亚三角形。三射线可达或不达赤道。纹饰块瘤状至锥状，在某些种中，块瘤在基部融合。近极表面光滑或具纹饰。

评论 这是又一个在白垩纪大孢子种 [*V. compositipunctatus* (Dijkstra, 1949) Potonié, 1956] 的基础上建立的属，它是一类形态简单，既无赤道环，射线也不复杂的孢子。不管其名称如何，这个属通常也用来囊括那些——至少部分如此——饰有锥刺（Batten, 1988）和皱瘤的孢子。块瘤（verrucae）的形状可以是不规则的，有时彼此相互连接而呈皱瘤状。近极面光滑或具纹饰。

分布时代 全球，中生代。

脆弱瘤纹大孢 *Verrutriletes fragilis* Fuglewicz, 1973

（图版 17，图 4）

1973 *Verrutriletes fragilis* Fuglewicz, p. 423, pl. 21, fig. 1a–b.

1986 *Verrutriletes fragilis*, Fuglewicz and Marcinkiewicz, p. 166, pl. 87, fig. 1a–c.

1989 *Verrutriletes fragilis*, Kovach and Batten, p. 269, text-fig. 4R；p. 270, text-fig. 5A.

1990 *Verrutriletes fragilis*, Batten and Kovach, p. 144.

描述 三缝大孢子，极面观圆三角形，直径 183 μm（1 粒标本）。射线直，2/3 至 3/4 孢子半径长，呈脊状，高约 10 μm。近极接触区饰形状不规则的颗粒和小瘤（直径 2–3 μm），向赤道纹饰逐渐变粗（直径 3–4 μm），至远极面纹饰更显粗大，呈钝的锥刺和短皱脊状，其高可达 10 μm，基部宽 8–18 μm。

比较 Fuglewicz（1973）对本种的描述是信息不足的，但从 Fuglewicz 和 Marcinkiewicz（1986, pl. 87, fig. 1a）提供的标本扫描电镜照片看，除微微弯曲的射线以外，与当前标本很相似。Fuglewicz（1973）认为这个种在形态上最接近于 *V. schulzii* Kannegieser et Kozur, 1972。无论如何，本种在个体较小、三射脊较弱、近极纹饰比远极纹饰细小等方面有别于 *V. schulzii*。

产地层位 满参 1 井，克拉玛依组下部。

吉木萨尔瘤纹大孢 *Verrutriletes jimsarensis* Yang et Sun, 1990

（图版 17，图 10）

1990 *Verrutriletes jimsarensis* Yang et Sun，杨基端、孙素英，170，171 页，图版 44，图 1，3，4。

描述 三缝大孢子，极面轮廓三角形，直径 310 μm（1 粒标本）。射线长，几乎达于赤道，高 10–15 μm，基部宽约 10 μm，视若脊状。近极外壁表面饰稠密分布的颗粒和小瘤（基部直径 5–10 μm），纹饰向赤道和远极区渐次变为较粗大且形状不规则的块瘤（基部直径 30–35 μm，高 10–15 μm）。

比较 当前标本在大小和纹饰特征方面与新疆准噶尔盆地模式产地的标本（杨基端、孙素英，1990）可以比较。*Verrutriletes ornatus* Reinhardt et Fricke, 1969 也与本种有相似之处，但其整个表面上的瘤饰大小比较均一。*Verrutriletes schulzii* Kannegieser et Kozur, 1972 近极的瘤（15–25 μm）比远极的（3–10 μm）粗大。

产地层位 库车河，黄山街组、阿合组。

小瘤纹大孢 *Verrutriletes minor* Kozur, 1973 ex Marcinkiewicz, 1978

(图版 17，图 5，11)

non 1965 *Triletes tuberculatus* f. *minor* Faddeeva, pp. 93, 94, pl. 5, fig. 29.

1973 *Verrutriletes minor* (Faddeeva) Kozur, p. 6, pl. 3, fig. 3a–b.

1975 *Verrutriletes minor*, Movshovich and Kozur, p. 111.

1978 *Verrutriletes minor* Kozur ex Marcinkiewicz, pp. 72, 78, 81, pl. 3, figs. 7a–b, 8.

1989 *Verrutriletes minor*, Kovach and Batten, p. 269, text-fig. 4R；p. 271, text-fig. 5B.

1990 *Verrutriletes minor*, Batten and Kovach, p. 146.

描述 三缝大孢子，极面轮廓凸边三角形，角部圆，直径 230（280）330 μm（11 粒标本）；侧面轮廓椭圆形，极轴长 210–220 μm。射线直，近达赤道，唇高 10 μm，基部宽 5 μm，顶缘不平整，波纹状或圆齿状。弓形脊清晰，高 10 μm，宽 10–15 μm，由瘤纹作线状连接而成。外壁厚，偶有褶皱，表面饰高 10 μm、基部直径 5–15 μm 的圆锥体。远极面的大多数纹饰比近极面纹饰要小些，分布较稀；近极面纹饰常由纹饰基部辐射出来的细脊彼此相连。

比较 描述的标本与 Marcinkiewicz（1978）鉴定为 *Verrutriletes minor* 的标本相似，唯后者的纹饰是由半球形的瘤（基部直径 20–30 μm）组成。

产地层位 塔河1井，克拉玛依组上部、黄山街组；库车河，杨霞组。

修饰瘤纹大孢（比较种）*Verrutriletes* sp. cf. *V. ornatus* Reinhardt et Fricke, 1969

(图版 17，图 6–9)

1969 *Verrutriletes ornatus* Reinhardt et Fricke, p. 402, pl. 3, figs. 1, 4.

1971 *Verrutriletes ornatus*, Kozur, p. 122.

1972 *Verrutriletes ornatus*, Kannegieser and Kozur, p. 188, pl. 4, fig. 3a–b.

1978 *Verrutriletes ornatus*, Marcinkiewicz, p. 72, pl. 3, figs. 1a–b, 2, 3a–b, 4–6.

1979b *Verrutriletes ornatus*, Marcinkiewicz, p. 208, pl. 74, figs. 1–3.

1987 *Verrutriletes ornatus*, Li et al., pp. 122, 123, pl. 1, fig. 11.

1989 *Verrutriletes ornatus*, Kovach and Batten, p. 269, text-fig. 4R；p. 271, text-fig. 5B.

1990 *Verrutriletes ornatus*, Batten and Kovach, p. 146.

1996 *Verrutriletes ornatus*, Beutler et al., pl. 3, fig. 6.

描述 三缝大孢子，极面轮廓圆三角形，直径 230–305 μm（4 粒标本）。射线窄，唇高达 30 μm，侧边不平整，貌似由彼此融合的纵向皱脊所组成。远极表面饰紧密分布、不规则排列、弯曲的皱脊，其长度不一，一般约 6 μm 宽、5–10 μm 高。近极表面也饰皱脊状纹饰，但一般都较小；在一些标本上，纹饰的大部分为宽松分布的块瘤和颗粒；近赤道处皱脊更为明显，其延伸方向与赤道垂直；在接近射线处有时也有非常明显，抬升得更高的皱脊。

比较 当前描述的孢型与 Reinhardt 和 Fricke（1969）的 *Verrutriletes ornatus* 的区别在于其更加多变，在近极发育较弱的纹饰。实际上，这一孢型的特点只是在广义上适合 *Verrutriletes* 属。该属的建立原本是为了包容那些形态简单，如同其名称含义那样，具块瘤状纹饰的孢子。但是，其他纹饰，包括皱脊，也会相伴出现。*Srivastavaesporites* Bharadwaj et Tiwari, 1970 [Glasspool（2003）认为是 *Banksisporites* Dettmann, 1961 的同义名] 一些种的纹饰在一定程度上与 *Verrutriletes* 属的纹饰类型重叠，其模式种 *S. karanpuraensis* Bharadwaj et Tiwari, 1970 被描述为具有颗粒状或块瘤状纹饰和弓形脊。然而，和其他几个属（这些属根据经过氧化或其他方法处理，可在透光显微镜下研究，可见到"中孢体"的二叠纪大孢子而建立）一样，对于大多数大孢子形态类型来说，这一形态特点已不再像通常认为的那样在分类学上具有多大意义。Batten（1995, pl. 2, figs. 3, 4, 6）鉴定为 *Verrutriletes* sp. cf. *V. ornatus*

的标本在形态上比当前标本更接近于模式产地标本。

产地层位　轮南 56 井、羊屋 1 井，克拉玛依组下部；轮南 8 井、塔河 1 井，克拉玛依组上部。

瘤纹大孢（未定种 1）*Verrutriletes* sp. 1

(图版 17，图 12)

描述　一粒侧位压扁的三缝大孢子。在未压扁状态下，其赤道轮廓很可能呈圆形，直径 238 μm。弓形脊微弱发育。射线直，伸达弓形脊；唇薄膜状，高达 30 μm，纵向褶皱，顶缘不规则波状或圆齿状。孢壁表面饰密集分布的块瘤，块瘤高 5–10 μm，基部宽 6–10 μm，顶端圆弧形或尖锐。相较于远极面，近极面上的块瘤略小。

产地层位　塔河 1 井、羊屋 1 井，克拉玛依组上部；塔河 1 井，黄山街组；库车河，阿合组。

奥汀大孢属 *Otynisporites* Fuglewicz, 1977 emend. Karasev et Turnau, 2015

1977a　*Otynisporites* Fuglewicz, p. 412.
2015　*Otynisporites* Fuglewicz, 1977 emend. Karasev et Turnau, p. 278.

模式种　*Otynisporites eotriassicus* Fuglewicz, 1977。

属征　三缝大孢子。三射线发育良好。具弓形脊。孢壁表面普遍饰长的尖刺和棒瘤。这些纹饰发育于更粗大的块瘤、结节瘤或肋状脊之上，或出现在前述的较粗大纹饰之间。

评论　本属孢子以其块瘤和锥瘤纹饰上面带有非常细小的刺状、乳头状突起区别于像 *Verrutriletes* 那样的属，后者的粗大纹饰上没有乳头状突起。鉴定上的问题出在标本的保存状况是否完美，因为这些极细小的乳头状突起物在孢壁降解的过程中很容易被损毁。

分布时代　中国（新疆），三叠纪；波兰、俄罗斯，早三叠世。

早三叠奥汀大孢 *Otynisporites eotriassicus* Fuglewicz, 1977

(图版 18，图 1–6)

1977a　*Otynisporites eotriassicus* Fuglewicz, p. 412, pl. 30, figs. 1a–b, 2a–b.
1979b　*Otynisporites eotriassicus*, Fuglewicz, pl. 1, fig. 4.
1984　*Otynisporites eotriassicus*, Yang and Sun, p. 192.
1986　*Otynisporites eotriassicus*, Fuglewicz and Marcinkiewicz, p. 167, pl. 90, figs. 4a–b, 5.
1987　*Otynisporites eotriassicus*，杨基端、孙素英，图版 2，图 10。
1989　*Otynisporites eotriassicus*, Kovach and Batten, p. 262, text-fig. 4K；p. 270, text-fig. 5A.
1990　*Otynisporites eotriassicus*, Batten and Kovach, p. 98.
1992c　*Otynisporites eotriassicus*, Marcinkiewicz, pl. 5, figs. 3, 4.
2005　*Otynisporites eotriassicus*, Looy et al., pp. 881, 882, fig. 9A–L.

描述　三缝大孢子。极面轮廓亚圆形，直径 600（685）820 μm（8 粒标本）。射线直，具唇，唇薄膜状，高达 60 μm，末端与弓形脊相连，弓形脊发育良好。近极和远极表面皆饰均匀分布的块瘤，瘤高 5–15 μm，基部宽 20–30 μm，顶端圆弧形，一些块瘤上有短小的乳头状突起。由于块瘤的基部有窄细的脊纹连接，在孢壁表面或可构成微弱而不规则的网纹。接触区的块瘤一般会在辐射方向上彼此连接成不规则的皱脊。

比较　虽然在块瘤上面所能看到的乳头状突起不多，孢子个体也明显大于 Fuglewicz（1977a）所给的大小范围（300–420 μm），但在其他方面，本书标本与模式材料相似。在扫描电镜下，孢壁的横切面（图版 18，图 5）显示其主要由两层构成：内层厚度小于 0.5 μm，内表面呈网状结构；外层厚约 15 μm，由互相交织的丝状体组成，呈海绵状。然而，透射电镜显示本种的孢壁构造要比这更为复杂（Looy et al., 2005）。

产地层位　哈 1 井，俄霍布拉克组；轮南 53 井、满西 1 井、乡 1 井、羊屋 1 井，克拉玛依组下部。

塔里木奥汀大孢（新种）*Otynisporites tarimensis* sp. nov.

（图版 19，图 7；图版 20，图 1–4）

词源 Tarim，塔里木，地名，正模标本产于塔里木盆地哈 1 井。

正模 图版 20，图 4。

特征 外壁表面具不规则延伸或构成不完全网状的皱脊。皱脊顶缘不平整，常外延呈尖或截头状的刺。

描述 极面轮廓亚圆形，赤道直径 620（730）840 μm（6 粒标本）。三缝，射线直，具窄唇，高起约 90 μm，基部宽 25–40 μm，末端与弓形脊相连。弓形脊窄细，清晰，顶缘具不规则分布的短刺。外壁表面具不规则延伸或构成不完全网状的皱脊。皱脊顶缘不平整，常外延呈尖或截头状的刺。近极纹饰较小且较稠密，高 15–20 μm；远极纹饰较粗大，分布较稀疏，高可达 80 μm，纹饰基部常构成明显但不完全的网纹。

比较 本种与 *Otynisporites tuberculatus* Fuglewicz 相似，但前者的纹饰要粗强得多。本种与 *Erlansonisporites* 属孢子具有类似的表面纹饰，但后者的近极纹饰要比远极纹饰发达得多。

产地层位 哈 1 井，俄霍布拉克组；满西 1 井，克拉玛依组下部；哈 1 井，克拉玛依组上部。

结节奥汀大孢 *Otynisporites tuberculatus* Fuglewicz, 1977

（图版 19，图 1–6）

1977a *Otynisporites tuberculatus* Fuglewicz, p. 413, pl. 31, figs. 1–3.
1979b *Otynisporites tuberculatus*, Fuglewicz, pl. 2, fig. 5; pl. 3, fig. 7.
1990   *Otynisporites tuberculatus*, Batten and Kovach, p. 99.
1992c *Otynisporites tuberculatus*, Marcinkiewicz, pl. 5, figs. 5, 6.
2015   *Otynisporites tuberculatus*, Karasev and Turnau, p. 279, fig. 6F–I.
2017   *Otynisporites tuberculatus*, Zavialova and Karasev, fig. 4, pls. 3, 4.

描述 三缝大孢子，极面轮廓亚圆形，直径 345（600）872 μm（6 粒标本）。弓形脊窄而清晰。射线直，具唇，唇呈脊状，顶缘波状至锯齿状，末端与弓形脊相连。孢壁表面饰基部 5–10 μm 宽的块瘤，块瘤上面有小锥刺或小乳突，常相互串连呈短链珠状。

比较 除个体较大外，当前描述的大孢子可与 Fuglewicz（1977a）描述自波兰下三叠统的大孢子比较。波兰的标本大小为 200–470 μm。

产地层位 杜瓦，乌尊萨依组；哈 1 井、轮南 1 井、塔中 1 井，俄霍布拉克组；满西 1 井，克拉玛依组下部。

奥汀大孢（未定种 1）*Otynisporites* sp. 1

（图版 20，图 5，6）

描述 三缝大孢子，极面轮廓圆三角形，赤道直径 500 μm。射线具唇，唇基部宽约 10 μm，在近极顶部高 50 μm，向赤道渐低，侧边肋纹状，顶缘齿状，末端在赤道与弓形脊相连。弓形脊由与远极纹饰相似，作线状紧密排列的锥刺构成。接触区饰微弱的颗粒和块瘤。远极面上的锥刺基部直径 10–20 μm，高约 15 μm，间距 5–10 μm，顶部具长 5–8 μm、宽 5 μm 的小尖刺。

比较 本形态类型以具微弱纹饰的接触区和具孤立分离锥刺的远极表面区别于 *O. eotriassicus* Fuglewicz 和 *O. tuberculatus* Fuglewicz，后两种的块瘤状纹饰遍布于孢子体的全部表面，而在 *O. tuberculatus* 里纹饰还常常相连呈短串珠状。

产地层位 库车河，克拉玛依组上部。

那克大孢属 *Narkisporites* Kannegieser et Kozur, 1972

1972 *Narkisporites* Kannegieser et Kozur, p. 189.
1976 *Narkisporites*, Jansonius and Hills, p. 1748.

模式种 *Narkisporites harrisii* (Reinhardt et Fricke, 1969) Kannegieser et Kozur, 1972。

属征 赤道轮廓圆形至亚圆形，极少呈亚三角形至三角形。射线长达孢子半径的 4/5 或更长，唇上覆盖着紧密堆集的锥刺、尖刺或棒瘤，纹饰间完全融接，致唇呈墙壁状。弓形脊清晰，其上总带有长的锥刺、尖刺、棒瘤或毛刺，饰物或紧密排列，但直至基部仍能保持彼此分离。外壁表面饰较宽松分布的锥刺，而块瘤、尖刺或棒瘤比较少见。常有几种纹饰类型一起出现在单一标本上。远极纹饰都比近极纹饰粗强，有的近极表面近乎光滑。

评论 本属是在 *Narkisporites harrisii* (Reinhardt et Fricke, 1969) Kannegieser et Kozur, 1972 的基础上建立的，该种的正模（Reinhardt and Fricke, 1969, pl. 1, fig. 1）是一粒遭严重腐蚀的标本（Kannegieser and Kozur, 1972）。这个种在三射脊上具有成套密集的、部分或全部融为一体的纹饰元素（锥刺、尖刺和棒），在明显的弓形脊上有类似的各种各样的纹饰（包括毛发状纹饰），但互不融合。外壁表面也饰有成套的纹饰元素，尽管是以分散的锥瘤为主。Kannegieser 和 Kozur（1972）提出的这些特征把 *Narkisporites* 属与 *Biharisporites* Potonié, 1956 区分开，因为后者只有锥刺状纹饰而且在弓形脊上无饰物［虽然 Glasspool（2003）认为纹饰中不仅有锥刺，也有大小、形状、分布不一的刚毛和尖刺］，而 *Verrutriletes* 属不显弓形脊。

分布时代 中国（新疆、河南），三叠纪至中侏罗世；欧洲，三叠纪。

短刺那克大孢 *Narkisporites brevispinosus* Fuglewicz, 1973

（图版 21，图 1–6；图版 22，图 1，2）

1973 *Narkisporites brevispinosus* Fuglewicz, p. 428, pl. 25, fig. 2a–b.
1977b *Narkisporites brevispinosus*, Fuglewicz, p. 476, pl. 1, figs. 2, 3.
1978 *Narkisporites brevispinosus*, Gajewska and Marcinkiewicz, p. 517.
1979b *Narkisporites brevispinosus*, Fuglewicz, pl. 3, fig. 6, text-fig. 1.
1980a *Narkisporites brevispinosus*, Fuglewicz, pp. 422, 427, 428, pl. 6, fig. 3.
1989 *Narkisporites brevispinosus*, Kovach and Batten, p. 262, text-fig. 4K；p. 270, text-fig. 5A.
1990 *Narkisporites brevispinosus*, Batten and Kovach, p. 95.
1992c *Narkisporites brevispinosus*, Marcinkiewicz, p. 85, pl. 4, figs. 3, 6.

描述 赤道轮廓凸边三角形，直径 437–690 μm（6 粒标本）。三缝，具唇，唇在近极顶部高 40 μm，向末端渐低，至末端与弓形脊相连。外壁厚约 55 μm，在扫描电镜下呈海绵状结构；远极表面饰锥刺，刺高约 35–55 μm，基部宽 30–60 μm，顶端尖或延伸呈尖锐的小刺；近极面上的纹饰较小。弓形脊清晰，由类似的纹饰元素连接而成。

比较 本种以较低矮的锥刺状纹饰区别于 *Radosporites planus*。有关 *Radosporites* 属的评论见后。

产地层位 哈 1 井、塔河 1 井，俄霍布拉克组；哈 1 井、轮南 53 井、满西 1 井、塔河 1 井、羊屋 1 井，克拉玛依组下部；轮南 56 井、塔河 1 井，克拉玛依组上部；哈 1 井，黄山街组。

锥刺那克大孢（新种）*Narkisporites conicus* sp. nov.

（图版 23，图 1–7；图版 24，图 1–10）

2001 *Narkisporites conicus* Li, 黎文本等，210，212 页。（裸名）
2004 *Narkisporites conicus*, 张师本等，68 页。（裸名）

词源 *conicus*，拉丁语，圆锥形的，指其表面分布的圆锥状纹饰。

正模 图版 23，图 1，2。

副模 图版 23，图 6，7。

特征 外壁具小锥和小尖刺状纹饰，常见清晰的接触区边界。

描述 三缝大孢子，极面轮廓亚圆形至圆形，直径 245（558）660 μm（50 粒标本），正模 540 μm。射线直，具唇。唇宽约 10 μm，呈膜状升起，高 20–40 μm，顶缘锯齿状，常沿缝裂开。弓形脊大多明显，由小锥刺呈线状密集排列而成，基部的大部分彼此相连。接触区内具小锥刺，其基部直径 10–15 μm，高 10–15 μm，通常微弱发育，以射线两侧纹饰较发育。接触区外和远极区均匀分布刺饰和锥刺，高 20–35 μm，基部直径 10–15 μm，间距 10–20 μm。外壁厚约 10 μm，由两层组成：内层薄，均质状；外层具海绵状结构。

比较 本种以其相对较小的锥刺状纹饰区别于 N. harrisii。

产地层位 杜瓦，乌尊萨依组；哈 1 井、轮南 1 井、轮南 8 井、羊屋 1 井，俄霍布拉克组；哈 1 井、轮南 1 井、轮南 23 井、满参 1 井、满西 1 井，克拉玛依组下部；库车河、轮南 8 井、轮南 56 井、塔河 1 井、英买 1 井，克拉玛依组上部；哈 1 井、轮南 1 井，黄山街组；库车河，阳霞组。

密棒那克大孢（新种）*Narkisporites densibaculatus* sp. nov.

（图版 25，图 1–9）

1996 *Narkisporites densibaculatus*，陈金华等，27，28 页。（裸名）
2001 *Narkisporites densibaculatus*，黎文本等，212，223，225 页。（裸名）
2004 *Narkisporites densibaculatus*，张师本等，68 页。（裸名）

词源 *densus* + *bacula*，拉丁语，密集 + 棒，指其表面密集分布的棒状纹饰。

正模 图版 25，图 6，7。

副模 图版 25，图 1，2。

特征 接触区边界清晰，表面饰颗粒和小锥刺，赤道和远极表面密布大量棒纹和少量尖刺。

描述 三缝大孢子，极面轮廓亚圆形至三角形，三边微凸，角部浑圆。赤道直径 225（264）310 μm（17 粒标本），正模 215 μm。射线直，伸达赤道，唇高 15–35 μm，基部宽 5–10 μm，顶缘呈流苏状或锯齿状（图版 25，图 5），有小颗粒或小锥刺分布。接触区边缘由线状排列的棒、刺形成清晰的弓形脊，区内饰小颗粒或小锥刺；赤道和远极区密布刺状和棒状纹饰，高 20–30 μm，部分可达 45 μm，基部宽 3–6 μm，与相邻纹饰基部相连。外壁厚约 8 μm，两层，内层薄，部分或与外层脱离，外层呈海绵状结构。

比较 本新种与 *Bacutriletes insolitus* Fuglewicz, 1973 较相似，但后者的整个表面具尖刺状或截头棒状的纹饰。*Narkisporites conicus* 赤道和远极区的锥、刺状纹饰分布较稀疏。

产地层位 库车河，克拉玛依组上部、塔里奇克组、克孜勒努尔组。

密锥那克大孢（新种）*Narkisporites densiconicus* sp. nov.

（图版 26，图 1–7）

词源 *densus* + *conicus*，拉丁语，密集的 + 圆锥形的，指其表面密集分布的圆锥状纹饰。

正模 图版 26，图 1–3。

副模 图版 26，图 6。

特征 接触区主要饰颗粒和小瘤，罕见锥刺；赤道和远极区饰伸长的锥刺，通常是从明显膨大的基底上发出的小尖刺。

描述 三缝大孢子，极面轮廓亚三角形，三边微凸，角部略圆，直径 250（280）300 μm（7 粒标本），正模 300 μm。射线直，长约为孢子半径之 3/4 或更长，唇呈膜状，高起 25–40 μm，顶缘为不均匀细齿状或裂缺呈流苏状（图版 26，图 1），伸达弓形脊。弓形脊清晰，由锥刺和刺状纹饰作线状排列而成。接触区纹饰弱，颗粒状至矮瘤状，或杂以少量的锥刺。远极和赤道区表面具拉长的锥刺状突起，高 5–10 μm，基部膨大，直径达 5–8 μm。纹饰通常孤立，不相连，间距一般 3–5 μm。

比较 本种在个体大小和外形方面与 *Narkisporites densibaculatus* 相似，但前者具锥刺状纹饰，后者具棒状纹饰。*N. conicus* 的锥刺低矮，更短。*N. harrisii* 的纹饰较粗大，分布较稀。刺状纹饰基部膨胀指示当前描述的一些标本或许也可以归入 *Otynisporites* 属。

产地层位 满西1井，俄霍布拉克组；库车河，阳霞组、克孜勒努尔组。

哈里士那克大孢 *Narkisporites harrisii* (Reinhardt et Fricke, 1969) Kannegieser et Kozur, 1972

（图版 27，图 1–7）

1963 *Biharisporites myrmecodes* Reinhardt, p. 120, pl. 2, figs. 7, 10, text-fig. 3.
1969 *Biharisporites harrisi* Reinhardt et Fricke, p. 404, pl. 1, fig. 1.
1971 *Narkisporites harrisi* (Reinhardt et Fricke) Kozur, p. 122, pl. 1, fig. 1a–b.（无基原异名的无效名称）
1972 *Narkisporites harrisi* (Reinhardt et Fricke) Kannegieser et Kozur, pp. 189, 190, pl. 1, figs. 1a–b, 2a–b；pl. 2, figs. 1a–b, 2a–b, 3a–b；pl. 3, figs. 1a–b, 2, 3.
1972 *Narkisporites harrisi*, Kozur, p. 440, pl. 2, fig. 4a–b.
non 1973 *Narkisporites harrisi*, Fuglewicz, p. 429, pl. 25, figs. 3a–b, 4, 5.
?1973 *Narkisporites verrucosus* (Faddeeva, 1965) Kozur, p. 5.
1973 *Biharisporites harrisi*, Gajewska, p. 509.
1976 *Narkisporites harrisi*, Beutler, p. 124.
1978 *Narkisporites harrisi*, Marcinkiewicz, pp. 73, 79, 82, pl. 5, fig. 6；pl. 6, figs. 1a–b, 2–5；pl. 7, figs. 1, 2.
1979b *Narkisporites harrisi*, Marcinkiewicz, pp. 210, 211, pl. 72, fig. 5；pl. 73, figs. 4, 5；pl. 74, fig. 6.
1981b *Narkisporites harrisi*, Marcinkiewicz, p. 420.
1986 *Narkisporites harrisi*, Fuglewicz and Marcinkiewicz, p. 171, pl. 76, fig. 5；pl. 77, figs. 4, 5；pl. 78, fig. 6.
1989 *Narkisporites harrisii*, Kovach and Batten, p. 262, text-fig. 4K；p. 271, text-fig. 5B.
1990 *Narkisporites harrisii*, Batten and Kovach, p. 95.
1996 *Narkisporites harrisi*, Beutler et al., p. 137, pl. 2, figs. 13, 14；pl. 3, figs. 2, 3；pl. 5, figs. 1, 4, 5.
1997 *Narkisporites harrisi*, Wierer, pp. 76, 77, pl. 11, figs. 6–9.
2001 *Narkisporites karrisi* [sic] Fuglewicz [sic]，张智礼、曹立君，图版 3，图 9。

描述 极面轮廓亚圆形，直径 345–410 μm（7 粒标本）。三缝，射线长，止于弓形脊处，具唇。唇高和基部宽各约 10 μm，顶沿锋利。弓形脊清楚，形态似射线。外壁两层：内层薄（<1 μm），均质；外层厚 10 μm，呈密集颗粒状结构。孢子表面饰稀疏散布的锥刺，刺高 25 μm，基部宽 15 μm，间距 5–30 μm，顶端尖。接触区的锥刺相较于其余表面的纹饰要小。

比较 Kozur（1973）认为 *Narkisporites harrisii* 与 *Triletes verrucosus* Faddeeva, 1965 是同一种，遂将后者转移至 *Narkisporites* 属下。Marcinkiewicz（1978）对此持保留意见，因为很难去比较这两个种的形态特征，不可能断定它们是否该归同一分类单元。Batten 和 Kovach（1990, p. 96）持同样看法，把这两种并列于 *Narkisporites* 属下。然而，Wierer（1997, p. 76）认为这两种是同义的，如情况确实如此，则 *Narkisporites verrucosus* 应享有优先权。

产地层位 羊屋1井，俄霍布拉克组；满参1井、满西1井、羊屋1井，克拉玛依组下部；哈1井、库车河、轮南1井，克拉玛依组上部。

小那克大孢（新联合）*Narkisporites micros* (Fuglewicz, 1977) comb. nov.

（图版 28，图 1–7）

1977a *Bacutriletes micros* Fuglewicz, p. 415, pl. 33, figs. 1a–c, 2, 4.
1986 *Bacutriletes micros*, Fuglewicz and Marcinkiewicz, p. 169, pl. 93, figs. 1, 3.
1989 *Bacutriletes micros*, Kovach and Batten, p. 255, text-fig. 4D；p. 271, text-fig. 5B.
1990 *Bacutriletes micros*, Batten and Kovach, p. 38.

描述 三缝大孢子，极面轮廓圆三角形至圆形，直径 246（303）324 μm（25 粒标本）。射线长，几乎伸达赤道，具微微高起且弯曲的唇，高约 25 μm，基部宽约 5 μm。弓形脊发育，基部宽约 5 μm，由基部相连的棒状纹饰作线性排列形成。外壁厚 10–15 μm，具海绵状结构。赤道和远极区表面饰大量棒状突起，棒饰高 20–30 μm，基部直径 7–10 μm，向顶部变尖，纹饰间距 15–20 μm。接触区的纹饰明显较短，多呈尖锥状。

比较 当前描述的标本似乎可与 Fuglewicz（1977a）鉴定的 *Bacutriletes micros* Fuglewicz, 1977 相比较。此后，Fuglewicz 和 Marcinkiewicz（1986）又出示了 Fuglewicz（1977a）归入该种的两个标本的照片。Marcinkiewicz（1992a）认为 *Bacutriletes micros* Fuglewicz, 1977 是 *B. minimus* Kozur in Kozur et Movshovich, 1976 的同物异名，然而后者却是 *B. minimus* (Dijkstra, 1949) Potonié, 1956 的晚出异物同名。Batten（1988）认为，若把 *B. minimus* (Dijkstra, 1949) Potonié, 1956 移转至 *Striatriletes* Potonié, 1956 之下，*S. minimus* (Dijkstra, 1949) Batten, 1988 即可有效使用，虽然此举并不符合国际植物命名法规的规定。于是，在 1990 年，Batten 和 Kovach（1990）将 Kozur 和 Movshovich（1976）中的 *B. minimus* Kozur 重新命名为 *Bacutriletes kozurii* Batten et Kovach, 1990。在德国中、上三叠统大孢子化石的研究中，Wierer（1997）则认为 *Bacutriletes micros* Fuglewicz, 1977、*B. kozurii* Batten et Kovach, 1990 以及 Marcinkiewicz（1992a）中的 *B. minimus* Kozur 皆是异名的同一物种。依据模式种的形态特征，*Bacutriletes* 属的孢子是无弓形脊的，然而，Wierer（1997）却认为：既然弓形脊不是一种稳定可辨的形态特征，其出现与否对于属的鉴定并不重要。虽然在本书的标本中并不一定出现弓形脊，但弓形脊是 *Narkisporites* 属的一种特征形态，因此将 *Bacutriletes micros* 转移至 *Narkisporites* 属下。

不管 Wierer 所列的异名如何，他和 Marcinkiewicz 均曾将两个分开的种合并为一个。但在本书的材料中，我们似乎仍可以识别出两个类型，即 *Bacutriletes kozurii* 和 *Narkisporites micros*。前者（本书图版 10，图 5–12；图版 11，图 1–4）与 Marcinkiewicz（1992a）鉴定为 *B. micros* 的大部分标本和 Wierer（1997, pl. 16, figs. 3, 4）图示 *B. kozurii* 的一个标本都很相似，将这些标本鉴定为 *Bacutriletes* 的一个种是合适的。

产地层位 库车河，克拉玛依组上部、塔里奇克组；轮南 56 井，黄山街组。

塔里木那克大孢（新种）*Narkisporites tarimensis* sp. nov.

(图版 22，图 3–6)

词源 Tarim，塔里木，正模标本产地。
正模 图版 22，图 3–5。
特征 表面饰棒状和刺状纹饰，棒、刺上有颗粒或小刺；接触区明显，排列形成清楚的弓形脊，由锥、刺状饰物基部相连而成。

描述 三缝大孢子，极面轮廓亚圆形，直径 400 μm 和 510 μm（2 粒标本），正模直径 510 μm。射线直，4/5 孢子半径长，高约 35 μm，基部宽约 10 μm，顶缘呈不规则小锯齿状，射线表面具小锥刺，常有垂直方向的褶皱。弓形脊清晰，由小锥刺和小刺基部相连作线状排列而成。近极面主要分布小锥刺和小刺，有时可见分散的颗粒和小瘤。接触区外和远极区分布大致均匀的刺状至棒状纹饰，纹饰高 20–30 μm，基部直径 10–20 μm，可达 35–40 μm。棒饰末端渐窄，刺饰末端变细，顶端圆或尖。在较大的刺、棒及瘤表面尚有极微小的颗粒和刺。

比较 *Narkisporites tarimensis* 以纹饰较粗壮区别于 *N. conicus*，以纹饰更长和具有更多的刺饰和棒饰区别于 *N. harrisi*。*N. micros* 的棒饰较长，分布较密，接触区内、外的纹饰无明显差异。

产地层位 满西 1 井、羊屋 1 井，克拉玛依组下部；库车河，克拉玛依组上部。

那克大孢（未定种 1）*Narkisporites* sp. 1

(图版 26，图 8，9)

描述 三缝大孢子，极面观圆形至亚圆形，直径 280–460 μm（3 粒标本）。射线直，具薄膜状的唇，唇高 35–45 μm，伸达弓形脊，末端与弓形脊融合。弓形脊微弱或发育良好，高达 40 μm，偶具一些锥形突出物。孢子远极表面饰离散的锥刺和/或尖刺，纹饰高 30–40 μm，有时达 50 μm，基部宽 25–40 μm；在接触区纹饰高 20–30 μm，基部宽 15–20 μm；一些纹饰基部相连，形成长度不一的皱脊。

比较 *Narkisporites* 属的这些孢子与 *N. conicus* 和 *N. densiconicus* 的孢子相似，其区别在于接触区上具有因相邻纹饰连接而形成的皱脊。

产地层位 库车河，克拉玛依组上部。

那克大孢（未定种 2） *Narkisporites* sp. 2

（图版 25，图 10，11）

描述 三缝大孢子，极面观圆形，直径 420（500）600 μm（5 粒标本）。射线直，具薄膜状的唇，唇高 40–100 μm，顶缘齿状或平滑，基部宽约 10 μm。弓形脊可见，凭一系列基部相连的锥刺，或在光滑至具微弱纹饰的接触区外缘明显出现纹饰来识别。接触区外围及远极表面饰以均匀分布的短尖刺和锥刺，刺高 30–54 μm，基部宽 15–50 μm，间距约 10–20 μm。

比较 描述的标本颇似 *Narkisporites harrisii* (Reinhardt et Fricke) Kannegieser et Kozur，只是前者的接触区表面基本上是光滑的。

产地层位 塔河 1 井、乡 1 井，俄霍布拉克组；塔河 1 井、羊屋 1 井，克拉玛依组下部；塔河 1 井、乡 1 井，克拉玛依组上部。

那克大孢（未定种 3） *Narkisporites* sp. 3

（图版 27，图 8–10）

描述 三缝大孢子，极面轮廓亚圆形至圆形，直径 300（367）430 μm（3 粒标本）。射线直，具薄膜状的唇，唇高 30–60 μm。弓形脊明显，由一系列连贯的棒饰构成，偶见梳状条纹。接触区表面饰锥刺，刺高 20–50 μm，基部宽 20–30 μm，顶端尖锐或平截。接触区外侧赤道区表面饰均匀、分散的锥刺，高 20–35 μm，基部宽 10–15 μm，间距约 10–20 μm；远极区饰棒纹，棒高 50–80 μm，宽 19–20 μm，间距约 20 μm。

比较 描述的标本以在远极具更浓密的纹饰区别于 *Narkisporites densibaculatus* 和 *Narkisporites tarimensis*。

产地层位 哈 1 井，俄霍布拉克组、黄山街组。

辐饰大孢属 *Radosporites* Kannegieser et Kozur, 1972

1972 *Radosporites* Kannegieser et Kozur, p. 190.
1976 *Radosporites*, Jansonius and Hills, p. 2333.

模式种 *Radosporites planus* (Reinhardt et Fricke, 1969) Kannegieser et Kozur, 1972。

属征 赤道轮廓圆形至亚圆形。射线具唇。外壁表面全部覆以非常宽大，总是扁平，长度不一的纹饰，其顶端微圆，部分尖锐。纹饰紧密分布，致孢壁表面完全被纹饰覆盖。

评论 在 *Radosporites planus* (Reinhardt et Fricke, 1969) Kannegieser et Kozur, 1972 基础上建立属的必要性是有疑问的。它是为极面轮廓圆形至亚圆形，近极和远极皆主要饰有宽大且扁平、长度不一的纹饰的孢子而建立的。弓形脊没有在描述中提及，但归到这个种的大部分标本图影似乎都显示具弓形脊。不管 *Radosporites* 与 *Narkisporites* 的纹饰形态多么不同，但在其他形态方面两者却十分相似。

分布时代 中国（新疆），三叠纪至早侏罗世；德国、波兰，三叠纪。

扁平辐饰大孢 *Radosporites planus* (Reinhardt et Fricke, 1969) Kannegieser et Kozur, 1972

（图版 30，图 3，4；图版 31，图 1–6）

1969 *Verrutriletes planus* Reinhardt et Fricke, p. 404, pl. 1, fig. 2.

1971　*Radosporites planus* (Reinhardt et Fricke) Kozur, p. 122.（无基原异名的无效名称）

1972　*Radosporites planus* (Reinhardt et Fricke) Kannegieser et Kozur, pp. 190, 191, pl. 5, fig. 1a–b；pl. 6, figs. 1a–b, 2a–b, 3；pl. 7, fig. 3.

1972　*Radosporites plannus* [sic], Kozur, pl. 2, fig. 2.

1978　*Radosporites planus*, Gajewska, pp. 14, 58.

1978　*Radosporites planus*, Marcinkiewicz, pp. 72, 78, 81, 82, pl. 4, figs. 2, 3a–b, 4a–b；pl. 5, figs. 1, 2.

?1979b　*Radosporites planus*, Fuglewicz, pl. 3, fig. 5, text-fig. 1.

1979b　*Radosporites planus*, Marcinkiewicz, pp. 209, 210, pl. 74, figs. 4, 5.

?1980　*Radosporites planus*, Fuglewicz and Śnieżek, p. 461, fig. 2.6.

?1980a　*Radosporites planus*, Fuglewicz, p. 422.

1981b　*Radosporites planus*, Marcinkiewicz, pp. 419, 420.

1986　*Radosporites planus*, Fuglewicz and Marcinkiewicz, p. 169, pl. 78, figs. 4, 5.

1989　*Radosporites planus*, Kovach and Batten, p. 263, text-fig. 4L；p. 270, text-fig. 5A.

1990　*Radosporites planus*, Batten and Kovach, pp. 107, 108.

?non 1996　*Radosporites planus*, Beutler et al., pl. 3, fig. 8.

?1997　*Radosporites spinosus*, Wierer, pp. 82, 83, pl. 16, figs. 9, 10；pl. 17, figs. 2–5 and 7–10, non figs. 1, 6.

描述　三缝大孢子，极面轮廓亚圆形，直径 500（801）1200 μm（19 粒标本）。射线长，几乎伸达赤道，具唇。唇薄膜状，微褶皱，高 60–120 μm。弓形脊薄膜状，宽 40–70 μm，外表与射线的唇相似，两者原本都是由与孢子体表面相同的纹饰元素组成，但侧向沿延伸方向融合。孢子表面饰舌形、薄膜状、形状多变、大小不一的纹饰，基部最大宽度 15–50 μm，高一般约 30 μm，更高可达 50 μm，在远极有时可达 80 μm。相邻纹饰之间通常在基部相连，向上渐细或变尖，顶端尖，平截，或呈下凹形。外壁两层（图版 31，图 2）：内层薄，内表面网状，外表面密集颗粒状，并与厚度大得多、密集颗粒状的外层相粘贴。

比较　如前所述，创建 *Radosporites* 属的必要性是很有问题的。*Radosporites spinosus* (Reinhardt et Fricke, 1969) Kannegieser et Kozur, 1972 的不同之处在于其个体一般都较小，且具有以扁平的尖刺为主的细小纹饰组构而成的弓形脊。Wierer（1997）鉴定为 *R. spinosus* 的大部分标本似乎与 *R. planus* 相当一致，但具有由分离、宽窄不一、基部连接的舌状饰物组成的三辐射唇边以及由较小的尖刺组成的弓形脊。

产地层位　哈 1 井、满西 1 井、塔河 1 井、乡 1 井，俄霍布拉克组；哈 1 井、满西 1 井、羊屋 1 井，克拉玛依组下部；哈 1 井、轮南 56 井、塔河 1 井，克拉玛依组上部；塔河 1 井，黄山街组；群克 1 井，阳霞组。

刺面大孢属 *Echitriletes* van der Hammen, 1954 ex Potonié, 1956

1956　*Echitriletes* van der Hammen, 1954 ex Potonié, p. 36.

1976　*Echitriletes*, Jansonius and Hills, p. 902.

模式种　*Echitriletes lanatus* (Dijkstra, 1951) Potonié, 1956。

属征　三缝大孢子，模式种正模标本大小约 780 μm。赤道轮廓亚三角形至亚圆形。三射线或可达及赤道，弓形脊未必出现。外壁全面覆以毛刺至尖刺状纹饰。模式种的表面具圆形的块瘤，块瘤上长有或长或短的、卷曲的毛刺，或为简单或勾状的尖刺。

评论　与本文提及的其他几个属一样，*Echitriletes* 是基于一个早白垩世的种 *E. lanatus* (Dijkstra, 1951) Potonié, 1956 建立的。该种是一类个体相当大的孢子，以饰长毛刺（capilli）或"尖刺"（依某些作者描述使用的"spines"）为特征，显示毛茸茸的外观。*Biharisporites* Potonié, 1956 [一个根据二叠纪的种 *Biharisporites spinosus* (Singh, 1953) Potonié, 1956 建立的属] 的毛刺或尖刺要短得多，而且常有清晰的弓形脊，弓形脊并不一定会在 *Echitriletes* 属中出现。*Singhisporites* Potonié, 1956 [另一个根据二叠纪的种 *S. surangei* (Singh, 1953) Potonié, 1956 建立的属] 经 Glasspool（2000）修订，具有顶端圆钝或

分叉的带状突起物（又见 Slater et al., 2011, pls. 3–7）。我们考虑，*Echitriletes* 可用于包容具毛发状饰物的大多数孢子而不必拘泥于饰物的长短。若如此，就可以把下面描述的孢型置于该属内。

分布时代 北半球，中生代。

刺面大孢（未定种 1）*Echitriletes* sp. 1

（图版 29，图 5，6）

描述 三缝大孢子，极面轮廓圆形至亚圆形，赤道直径 275 μm（1 粒标本），极轴长 300 μm。射线直，脊状，高达 20 μm，几乎伸达赤道，末端与微弱发育的弓形脊相连。纹饰表面由直径 1.5–2.5 μm、紧密堆集的颗粒及较稀散的毛状物和尖刺组成，饰物高 15–20 μm，基部宽约 5 μm，顶端通常弯曲。

比较 本孢型与 *Echitriletes* 属其他种的区别在于其从密集颗粒状表面伸展出来的分散而细小的毛发状物或尖刺。

产地层位 轮南 8 井，俄霍布拉克组。

刺面大孢（未定种 2）*Echitriletes* sp. 2

（图版 29，图 1）

描述 一粒侧位压扁的标本，近极金字塔形，远极半球形，赤道直径 230 μm，极轴长 217 μm。三缝，具唇。唇窄，高约 15 μm，伸达弓形脊处。孢壁表面饰锥刺，锥刺在远极面高 15–20 μm，基部直径 10–15 μm，在近极较小且较分散。锥刺沿接触区外缘呈线状排列成弓形脊，而且多密集分布在射线和弓形脊交汇处的远极面上。

比较 描述的孢子以锥刺主要密集分布在远极区，在近极仅微弱发育区别于 *Echitriletes* 属的已知种。

产地层位 哈 1 井、塔河 1 井，克拉玛依组上部。

刺面大孢（未定种 3）*Echitriletes* sp. 3

（图版 29，图 2）

描述 极面轮廓亚圆形，赤道直径 625 μm（1 粒标本）。三缝，射线直，具唇。唇薄，不规则齿状，在近极顶处高 75 μm，向赤道渐低。弓形脊微弱发育，只见一些类似于近、远极表面的纹饰作线状排列；近极和远极表面均饰扁平的尖刺，刺高 50–60 μm、宽 40–50 μm，部分以低矮的脊纹彼此相连。

比较 本孢型与 *Echitriletes* 属其他种的区别是前者个体较大，表面饰有部分连接的扁刺状突起物。

产地层位 轮南 56 井，克拉玛依组上部。

刺面大孢（未定种 4）*Echitriletes* sp. 4

（图版 29，图 3，4）

描述 赤道轮廓圆三角形，直径 375 μm 和 410 μm（2 粒侧面标本）。三缝，射线具窄唇，高 40–50 μm，末端与弓形脊相连。弓形脊高约 30 μm，基部宽约 5 μm，垂直方向具宽约 6–10 μm 的梳状肋纹，顶缘有少量小锥刺。远极表面饰密集的尖刺，刺高 12–20 μm，基部通常相连成 5–10 μm 宽的狭窄脊纹，显示紧密蠕虫状外貌。近极纹饰较弱，包括颗粒和小锥刺。

比较 描述的孢子以远极表面具紧密蠕虫状、顶部具小尖刺的狭窄脊纹为特征。

产地层位 哈 1 井，俄霍布拉克组。

刺面大孢（未定种 5）*Echitriletes* sp. 5

（图版 30，图 1）

描述 极面轮廓亚圆形，直径 315 μm（1 粒标本）。射线（?）四辐射状，呈直至微弯曲的窄脊，末端近达赤道。孢子表面饰密集的锥刺和尖刺，基部球根状，高约 10–25 μm，基部直径 20–25 μm。

比较 已记录了很多三缝和单缝的孢子，这是唯一见到的四缝（?）大孢子。

产地层位 塔中 3 井，俄霍布拉克组。

刺面大孢（未定种 6） *Echitriletes* sp. 6

(图版 30，图 2)

描述 三缝大孢子，赤道轮廓亚圆形，直径 340 μm（1 粒标本）。射线直，具唇。唇由高约 40 μm、呈线性紧密排列的刺或棒构成。孢子表面饰均匀分布（间距约 10–15 μm）的锥刺和尖刺。刺高约 10–30 μm，顶端尖，基部肿胀，直径约 20 μm。远极纹饰比近极纹饰发育得更好，勾勒出明显的接触区。

比较 描述的孢子以其纹饰分布非常均匀区别于 *Echitriletes* 属的其他种。

产地层位 哈 1 井，俄霍布拉克组。

毛发大孢属 *Capillisporites* Kozur, 1973

1973 *Capillisporites* Kozur, p. 6.
1977 *Capillisporites*, Jansonius and Hills, p. 3310.

模式种 *Capillisporites germanicus* Kozur, 1973。

属征 三缝大孢子，赤道轮廓亚圆形至亚三角形，射线不清楚。外壁遍布条带状的毛刺，尤其赤道区的纹饰最长且最密集，但不构成赤道环。

评论 这个单型大孢子属的特点是孢子表面完全地被长条带状的毛刺覆盖以致无法识别其三射线之所在，孢子的远、近极面通常难以确定。虽然属的特征写明赤道区的毛发状饰物最长且最浓密，但标本压扁的方位仍然很难断定。

分布时代 中国（新疆），早侏罗世；德国、波兰，中三叠世。

德国毛发大孢 *Capillisporites germanicus* Kozur, 1973

(图版 33，图 7)

1973 *Capillisporites germanicus* Kozur, p. 7, pl. 1, fig. 6a–b.
1974 *Capillisporites germanicus*, Kozur, p. 41.
1983 *Capillisporites germanicus*, Marcinkiewicz, p. 16, pl. 4, figs. 2–4；pl. 5, figs. 1, 2a–b.
1989 *Capillisporites germanicus*, Kovach and Batten, p. 257, text-fig. 4F；p. 271, text-fig. 5B.
1990 *Capillisporites germanicus*, Batten and Kovach, p. 51.

描述 一粒无明显三裂缝痕迹的孢子，直径 330 μm。孢壁表面饰长的突起物。一些突起物呈板片条带状，另一些则呈圆柱状和毛发状，其中有些纹饰彼此间可部分相连。这些突起物基部宽 10–20 μm，高达 80 μm，一般向上渐显窄细，顶部尖或浑圆。

比较 Kozur（1973）把 *Capillisporites* 属与 *Dijkstraisporites* 属（其模式种是早白垩世孢子）比较，其实混淆这两个属的可能性很小，后者与 *Flabellisporites* Marcinkiewicz, 1978 和 *Henrisporites* 属的一些具毛发状纹饰的类型如 *H. capillatus* (Fuglewicz, 1977a) Marcinkiewicz, 1992a 更为相似。无论如何，*Dijkstraisporites*、*Flabellisporites* 和 *Henrisporites* 都是具明显膜状赤道环的孢子。

产地层位 群克 1 井，阳霞组。

休斯大孢属 *Hughesisporites* Potonié, 1956

1956 *Hughesisporites* Potonié, p. 71.
1976 *Hughesisporites*, Jansonius and Hills, p. 1271.

模式种 *Hughesisporites galericulatus* (Dijkstra, 1951) Potonié, 1956。

属征 三缝大孢子。模式种大小 300–400 μm。射线长近达赤道。极面轮廓圆形。弓形脊微弱，窄细或完全缺失。孢壁表面光滑，但接触区内有块瘤、尖刺等饰物。

评论　依白垩纪的种 *Hughesisporites galericulatus* (Dijkstra, 1951) Potonié, 1956 的情况，Hughes（1955）把近极面向上高起的突出物描述为尖刺（spine）。该种的特点是这些刺的末端通常都在近极三射脊的顶点聚合在一起。随后归入这个属的其他孢型也有近极外壁突出物，其间差别则取决于突出物的数量、形态和射线被唇包卷的程度两方面，如同在下面描述中所提及的。的确，已归入到本属的大多数种还没有三裂缝被近极纹饰包卷的现象。按习惯用法，*Hughesisporites* 属的主要区别特征是近极具不同类型的纹饰，赤道和远极表面光滑。

分布时代　全球，中生代。

驼峰休斯大孢 *Hughesisporites gibbosus* (Reinhardt et Fricke, 1969) Kannegieser et Kozur, 1972

（图版 32，图 1–8）

1969 *Trileites*? *gibbosus* Reinhardt et Fricke, p. 401, pl. 3, fig. 5, text-fig. 2.
1971 *Hughesisporites*? *gibbosus* (Reinhardt et Fricke) Kozur, p. 122.（无基原异名的无效名称）
1972 *Hughesisporites*? *gibbosus* (Reinhardt et Fricke) Kannegieser et Kozur, p. 192, pl. 1, fig. 4; pl. 4, fig. 2a–b.
1978 *Hughesisporites gibbosus*, Marcinkiewicz, p. 74, pl. 8, figs. 1–3.
1979b *Hughesisporites gibbosus*, Marcinkiewicz, p. 212, pl. 72, fig. 6; pl. 73, figs. 3–6.
1982b *Hughesisporites junggarensis* Yang et Sun，杨基端、孙素英，378 页，图版 2，图 3.
1984 *Hughesisporites gibbosus*, Yang and Sun, p. 192.
1987 *Hughesisporites*? *gibbosus*，杨基端、孙素英，图版 3，图 3，4。
1989 *Hughesisporites gibbosus*, Kovach and Batten, p. 259, fig. 4H; p. 271, fig. 5B.
1990 *Hughesisporites limbate* Yang et Sun，杨基端、孙素英，173，174 页，图版 39，图 8，10。
1990 *Hughesisporites gibbosus*, Batten and Kovach, pp. 75, 76.
1997 *Hughesisporites gibbosus*, Wierer, pp. 94, 95, pl. 30, figs. 9–11; pl. 31, figs. 1–6.
2000 *Hughesisporites junggarensis*，王鑫甫，303 页，图版 3，图 7，8，10。
2004 *Hughesisporites gibbosus*，崔炜霞等，图版 1，图 4，5。
2015 *Hughesisporites gibbosus*，罗正江等，673 页，图 3-15。
2018 *Hughesisporites gibbosus*，崔炜霞等，333 页，图 4e–h。

描述　三缝大孢子，极面观微凸边三角形，直径 180（325）460 μm（103 粒标本）。射线长达赤道，具薄膜状、弯曲的唇，高 30–75 μm，或可凸显于赤道之外；在近极顶部，唇的顶缘一般都很不平整，呈破烂、褴褛状。弓形脊有时微弱发育。接触区常饰有两个粗大的、多少呈瘤状至棒状的突起物，突起物彼此分离或局部相连，高和最大直径均在 50–75 μm 之间。远极表面光滑。外壁厚 6–15 μm，呈紧密但具不规则空隙的颗粒结构。

评论　*Hughesisporites gibbosus* 以在近极表面具明显、粗壮的突起物为特征。Reinhardt 和 Fricke（1969）没有把他们建立的新种与其他任何大孢子分类群作比较。依 Kannegieser 和 Kozur（1972），它与 *H. ionthus* (Harris, 1935) Potonié, 1956 的区别是前者个体较大，接触区的纹饰较小，弓形脊微弱，但本书标本并不支持这种论点。他们没有拿 *H. gibbosus* 去和他们自己的种 *H. karnicus* 作比较，但前者确有更加粗壮的纹饰，在接触区内只有两个或三个纹饰单元，与 *H. karnicus* 具众多窄瘦、主要为棒状的纹饰的情况截然不同。*Hughesisporites orlowskae* 与本种不同的是在近极区赤道周边具有更多、更窄，通常呈指状的纹饰元素，这些纹饰基部可有低脊或更薄的凸缘相连。

杨基端和孙素英（1982b）为准噶尔盆地早侏罗世八道湾组的标本创建一新种：*H. junggarensis*。后来，他们（杨基端、孙素英，1990）认为 *H. junggarensis* 系 *H. gibbosus* 的晚出同义名，同时又据同盆地中、晚三叠世地层克拉玛依组的标本建立新种 *H. limbatus*，并称："*H. limbatus* 与 *H. gibbosus* (Reinhardt et Fricke) Kozur 极相似，不过它们之间的明显区别是前者具有厚的环带"。但 *H. limbatus* 中所谓"厚的环带"并没有比孢子在压扁后反映出的孢壁厚度更厚，这种现象同样能在他们鉴定为

H. gibbosus 的标本上看到（杨基端、孙素英，1990，图版 39，图 9，13）。所以，它所反映的仅仅是一种保存状态，而不是有分类价值的形态特征。因此，*H. limbatus* 同样也是 *H. gibbosus* 的晚出同义名。

产地层位 哈 1 井，克拉玛依组（下部？）；哈 1 井、库车河、轮南 56 井、塔河 1 井、乡 1 井、羊屋 1 井，克拉玛依组上部；哈 1 井、库车河、轮南 1 井、轮南 3 井、轮南 23 井、轮南 56 井、塔河 1 井，黄山街组；库车河，塔里奇克组；群克 1 井，阳霞组。

卡尼休斯大孢 *Hughesisporites karnicus* Kannegieser et Kozur, 1972

（图版 34，图 1–3）

1971 *Hughesisporites karnicus* Kozur, p. 122.（裸名）
1972 *Hughesisporites karnicus* Kannegieser et Kozur, p. 193, pl. 4, fig. 4a–b；pl. 5, fig. 3a–b.
1972 *Hughesisporites karnicus*, Kozur, pl. 2, fig. 3.
non 1978 ?*Hughesisporites karnicus*, Marcinkiewicz, p. 74, pl. 8, figs. 7a–b, 8a–b, 9a–b.
1989 *Hughesisporites karnicus*, Kovach and Batten, p. 259, text-fig. 4H；p. 271, text-fig. 5B.
1990 *Hughesisporites karnicus*，杨基端、孙素英，174 页，图版 41，图 3。
1990 *Aneuletes torchiformis* Yang et Sun，杨基端、孙素英，178 页，图版 42，图 4，7。
1990 *Hughesisporites karnicus*, Batten and Kovach, p. 76.
2015 *Hughesisporites karnicus*，罗正江等，673 页，图 3（16）。

描述 三缝孢子，极面观圆三角形，直径 277–400 μm（3 粒标本）。射线长，几乎达于赤道，具唇。唇呈薄膜状高起，高度沿其伸长而变化，最高达 50 μm，通常向近极顶部变得弯曲。接触区具高度不一（最高达 50 μm）、分离或部分在下半部相连的突起物，顶端或尖或钝。赤道和远极面光滑。外壁厚 7–10 μm。

评论 Kannegieser 和 Kozur（1972）认为 *Hughesisporites stillarus* Marcinkiewicz, 1960 和 *H. pustulatus* Marcinkiewicz, 1962 与 *H. karnicus* 的区别在于前二者近极面上的纹饰（块瘤）较低矮。Marcinkiewicz（1981a）存疑地把 *H. stillarus* 置于 *H. pustulatus* 的同义名表中，若接受它们是同义名，则 *H. stillarus* 该享有命名优先权（Batten and Kovach, 1990, p. 77）。Marcinkiewicz（1978）存疑地鉴定为 *H. karnicus* 的标本已被 Wierer（1997, p. 95, pl. 33, figs. 1–8）引入到他的新种 *H. tectus* 里。杨基端、孙素英（1990）命名为 *Aneuletes torchiformis* 的两个侧位压扁的准噶尔盆地标本在大小和一般形态上都与 *Hughesisporites karnicus* 极为相似，因此，这里把 *Aneuletes torchiformis* 当做 *Hughesisporites karnicus* 的晚出同义名处理。

产地层位 库车河，克拉玛依组上部；库车河、塔河 1 井，黄山街组。

奥洛斯卡休斯大孢 *Hughesisporites orlowskae* Kozur, 1973

（图版 33，图 5，6）

1973 *Hughesisporites orlowskae* Kozur, p. 8, pl. 3, fig. 2.
1974 *Hughesisporites orlowskae*, Kozur, p. 46.
1978 *Hughesisporites? orlowskae*, Marcinkiewicz, p. 74, pl. 8, figs. 4–6.
1979b *Hughesisporites? orlowskae*, Marcinkiewicz, p. 212, pl. 71, figs. 5, 6.
1986 *Hughesisporites? orlowskae*, Fuglewicz and Marcinkiewicz, p. 173, tab. 15, pl. 75, figs. 5, 6.
1989 *Hughesisporites orlowskae*, Kovach and Batten, p. 259, text-fig. 4H；p. 271, text-fig. 5B.
1990 *Hughesisporites orlowskae*, Batten and Kovach, p. 76.
1997 *Hughesisporites orlowskae*, Wierer, pp. 95, 96, pl. 31, figs. 8–10；pl. 32, figs. 1–10.

描述 三缝孢子，极面观圆角三角形，直径 300（340）400 μm（4 粒标本）。射线约 3/4 孢子半径长，具薄膜状、弯曲的唇，高达 50 μm，基部宽 8 μm，在近极顶部扭曲且末端膨胀。外壁厚约 10 μm，在接触区饰尖刺，刺高 20–40 μm，基部宽 15–20 μm，孤立或在基部相连。远极和赤道表面光滑。

比较　*Hughesisporites orlowskae* 在一般形态上与 *H. karnicus* Kannegieser et Kozur, 1972 相似，但后者的接触区纹饰主要为棒瘤。

产地层位　轮南 56 井，黄山街组。

网面休斯大孢（新种）*Hughesisporites reticulatus* sp. nov.

(图版 34，图 9–11)

词源　*reticulatus*，拉丁语，网状的，指其近极接触区内具网状纹饰。

正模　图 34，图 9，10。

特征　接触区具明显的网状纹饰，远极面光滑无饰物，弓形脊（或呈薄膜状的凸边）清晰。

描述　两粒侧向压扁的三缝大孢子，极面轮廓圆形至亚圆形，直径 360 μm 和 425 μm，极轴长 380 μm 和 400 μm。射线具唇，唇薄膜状，高 20–35 μm，基部宽约 14 μm，末端微膨胀并与弓形脊结合，弓形脊窄细，宽约 10 μm，呈低矮的薄膜状凸起。接触区饰不规则的网，网脊窄（4–7 μm），薄膜状，高度不一，以近射线处的网脊最高（达 40 μm）；网眼形状多变，最大直径约 30–40 μm。远极表面光滑。外壁较薄，或有褶皱。

比较　本孢型以在接触区内具明显的网状纹饰区别于本属的其他种。与本种比较相似的种有 Banerji 等（1978）描述自印度上三叠统 Tiki 组的 *Erlansonisporites triassicus*，但前者具有比较明显的弓形脊，并且在接触区有发育良好的网状纹饰。

产地层位　群克 1 井，阳霞组。

三叠休斯大孢（新联合）*Hughesisporites triassicus* (Banerji, Kumaran et Maheshwari, 1978) comb. nov.

1978　*Erlansonisporites triassicus* Banerji, Kumaran et Maheshwari, p. 11, pl. 6, figs. 42–47, text-fig. 9.
1989　*Erlansonisporites triassicus*, Kovach and Batten, p. 258, text-fig. 4G；p. 271, text-fig. 5B.
1990　*Erlansonisporites triassicus*, Batten and Kovach, p. 61.

评论　本种在塔里木盆地尚无记录，之所以包含其于本书内是因为它与 *Hughesisporites reticulatus* 的相似性。由于它的特征与 *Hughesisporites* 属具有更多的共同点，故而改变它属一级的归属。

多丘休斯大孢　*Hughesisporites tumulosus* Marcinkiewicz, 1976

(图版 32，图 9)

1973　*Hughesisporites inflatus* Fuglewicz, pp. 441, 442, pl. 30, fig. 2；non pl. 30, fig. 1.
1976　*Hughesisporites tumulosus* Marcinkiewicz, p. 197, pl. 29, fig. 7.
1979b　*Hughesisporites tumulosus*, Fuglewicz, pl. 4, fig. 5, text-fig. 1.
1980a　*Hughesisporites tumulosus*, Fuglewicz, pp. 422, 424, pl. 5, fig. 3.
1989　*Hughesisporites tumulosus*, Kovach and Batten, p. 260, text-fig. 4I；p. 270, text-fig. 5A.
1990　*Hughesisporites tumulosus*, Batten and Kovach, p. 77.
1992c　*Hughesisporites tumulosus*, Marcinkiewicz, pl. 7, figs. 3, 4.

描述　只有一粒侧位压扁的标本，轮廓椭圆形，赤道直径 238 μm，极轴 207 μm。三缝，射线伸达赤道，末端略显膨大，具唇。唇高约 50 μm，基部宽 20 μm，侧边不均匀脊状。弓形脊似可见（但不能排除是在孢子被压扁时产生的假象）。接触区饰大致呈辐射方向排列的脊状和肿瘤状纹饰。赤道和远极区外壁光滑。

比较　当前标本比 Marcinkiewicz（1976）描述的孢子要小些，而其三射线的唇似乎更不匀称，但在总体形态上仍可与模式材料相比较。

产地层位　塔中 3 井，俄霍布拉克组；哈 1 井，黄山街组。

单一休斯大孢（新种）*Hughesisporites unicus* sp. nov.

（图版 33，图 1–4）

2015 *Hughesisporites unicus* Li，罗正江等，673 页，图 3（17）。（裸名）

词源 *unicus*，拉丁语，单一的、唯一的，指近极每一辐间区内仅有单个的疣瘤状突起物。

正模 图版 33，图 1。

副模 图版 33，图 3。

特征 辐间区仅有一个疣瘤状突起物。

描述 三缝大孢子，轮廓圆三角形至亚圆形，直径 260（330）435 μm（22 粒标本）。射线长，伸达赤道，末端微显粗大。唇呈弯曲的翻边状，基部宽约 20 μm，高可达 50 μm，侧边和顶缘呈不均匀脊纹状。接触区边缘依稀可见。外壁光滑，但在辐间区中央有单一的半球形疣瘤状突起物，其基部直径 60–85 μm，高可达 50 μm。

比较 当前标本与 *Hughesisporites gibbosus* 相似，但后者接触区射线间均分布有两个孤立或连结的、粗大的瘤状或粗棒状纹饰。

产地层位 塔河 1 井、羊屋 1 井，克拉玛依组上部；塔河 1 井，黄山街组。

休斯大孢（未定种 1）*Hughesisporites* sp. 1

（图版 34，图 4–8）

描述 三缝大孢子，极面轮廓凸边三角形，直径 325 μm 和 415 μm（2 粒标本）。射线直，长约 3/4 孢子半径，具唇。唇窄，薄膜状，高约 10–15 μm，基部宽 10 μm。有时可见微弱的弓形脊。外壁厚约 5 μm，海绵状结构。接触区饰低平的新月形或 S 形条纹，条纹低矮或呈薄脊状高起，基部宽 5 μm，高可达 8 μm，赤道和远极区外壁光滑。

比较 本孢型以近极面上的新月形或 S 形条纹区别于 *Hughesisporites* 属的其他种。

产地层位 库车河，俄霍布拉克组、黄山街组。

休斯大孢（未定种 2）*Hughesisporites* sp. 2

（图版 32，图 10–12）

描述 三缝大孢子，赤道轮廓圆三角形至亚圆形，直径 240（260）280 μm（5 粒标本）。三射线脊状，宽 10–15 μm，高约 20 μm，长约 2/3 孢子半径，向近极顶部弯曲延伸，末端止于弓形脊处。弓形脊微弱，但发育良好。接触区，特别在近极顶部周围，或显或隐地饰有大致作辐射状排列的皱脊。赤道和远极区的外壁表面光滑。

比较 这些孢子与 *Hughesisporites tumulosus* Marcinkiewicz, 1976 和 *Maexisporites collinus* Marcinkiewicz, 1992a 有相似性。它们与 *H. tumulosus* 的区别是具有显著的弓形脊，与 *M. collinus* 的区别是在射线的侧边没有浅槽（grooves），在接触区没有粗糙不平的纹饰。

产地层位 满西 1 井、羊屋 1 井，克拉玛依组下部。

艾氏大孢属 *Erlansonisporites* Potonié, 1956

1956 *Erlansonisporites* Potonié, p. 46.
1976 *Erlansonisporites*, Jansonius and Hills, p. 964.

模式种 *Erlansonisporites erlansonii* (Miner, 1932) Potonié, 1956。

属征 模式种正模标本大小 890 μm（不包括网脊高）。赤道轮廓圆形。由于厚重的网状纹饰干扰，三射线不可见或仅略可辨。孢子表面饰网纹，网脊外延呈薄膜状，一般在近极面上更为发育。

评论 *Erlansonisporites* 属是根据格陵兰西部晚白垩世的孢子 *E. erlansonii* (Miner, 1932) Potonié, 1956 建立的，那些网面孢子具薄膜状的网脊，但三射线不易识别。自该属创建以来，已归入其中的大多数种也具有发育程度不一的薄膜状突起物并构成完全或不完全的网状纹饰。如果"所有具膜片状脊纹的大孢子都可以包含在这个属"的观点能被接受，正如 Batten（2012）为白垩纪的 *Kerhartisporites* Knobloch, 1984 所建议的那样，就没有必要再为那些需要用更精细的方法才能加以区分，或本来就与 *Erlansonisporites* 属难以区别的现有属里转移出的一些形态类型再建新属。

分布时代 全球，中生代。

杜瓦艾氏大孢（新种）*Erlansonisporites duwaensis* sp. nov.

（图版 35，图 1–12）

词源 Duwa，杜瓦，本种的正模标本产地，位于塔里木盆地的西南缘。

正模 图版 35，图 1–3。

副模 图版 35，图 11，12。

特征 接触区密集分布短皱脊或不规则分叉的低矮脊纹，赤道和远极区饰低矮、细密、不完全的网纹。

描述 三缝大孢子，极面轮廓亚圆形至圆三角形，直径 190（224）250 μm（20 粒标本）。射线直，具窄唇，高起约 15 μm，呈脊状，长为孢子半径的 2/3 至 3/4。近极接触区饰稠密的短皱脊或不规则分叉的矮脊纹。赤道和远极区饰低矮、细密的不完全网纹，网脊宽 1.5–2 μm，高约 2 μm。

比较 本种以近极分布低矮、紧密排列的蠕虫状或短脊状纹饰和接触区外分布低矮、细密、不完全网状纹饰区别于 *Erlansonisporites* 的其他已知种。置本种于 *Erlansonisporites* 属而非 *Horstisporites* 属是因其赤道和远极区内很不规整的纹饰。

产地层位 杜瓦，乌尊萨依组；哈1井、轮南8井、塔中1井、塔中3井，俄霍布拉克组；轮南56井，克拉玛依组下部。

内凹艾氏大孢 *Erlansonisporites excavatus* Marcinkiewicz, 1962

（图版 36，图 1，2）

1962 *Erlansonisporites excavatus* Marcinkiewicz, pp. 476, 493, pl. 11, figs. 3–6.
1964 *Erlansonisporites excavatus*, Marcinkiewicz, p. 59.
1967 *Erlansonisporites excavatus*, Stoermer and Wienholz, p. 566, pl. 10, fig. 8a–b.
1971a *Erlansonisporites excavatus*, Marcinkiewicz, p. 37, pl. 14, figs. 4–6；pl. 15, figs. 1–4.
1971b *Erlansonisporites excavatus*, Marcinkiewicz, p. 194.
1974 *Erlansonisporites excavatus*, Marcinkiewicz, p. 597.
1979 *Striatriletes excavatus* (Marcinkiewicz) Sweet, pp. 5, 14, pl. 1, figs. 5, 6.
1981a *Erlansonisporites excavatus*, Marcinkiewicz, p. 86, pl. 21, fig. 8；pl. 22, figs. 1, 2.
1985 *Erlansonisporites* cf. *excavatus*, Petros'yants, p. 96.
1988 *Erlansonisporites excavatus*, Marcinkiewicz, p. 68, pl. 21, fig. 8；pl. 22, figs. 1, 2.
1989 *Striatriletes excavatus*, Kovach and Batten, p. 266, text-fig. 4O；p. 272, text-fig. 5C.
1990 *Striatriletes excavatus*, Batten and Kovach, pp. 120, 121.
non 1992 *Striatriletes excavatus*, Munk and Granzow, p. 18, pl. 11, figs. 5, 6.

描述 三缝大孢子，极面轮廓亚圆形，直径 460 μm 和 480 μm（2 粒标本）。射线伸达赤道，具唇，唇高达 40 μm。孢子表面饰稠密、弯曲、膜片状的脊交集而成的不规则的网。网脊在远极面上高约 35 μm，通常向近极顶部渐次增高，最高可达 50 μm。

比较 *Erlansonisporites excavatus* 以较小、相对稠密且较均匀发育的纹饰区别于 *E. sparassis*。

产地层位 库车河，克孜勒努尔组。

完美艾氏大孢（新种）*Erlansonisporites exquisitus* sp. nov.

（图版 36，图 3–12）

词源 *exquisitus*，拉丁语，完美的，用以形容大孢子的整体面貌。

正模 图版 36，图 4。

副模 图版 36，图 6。

特征 孢子具网状纹饰，网脊薄膜状。近极表面的网脊相对较高，尤以射线两侧者为甚，形成向赤道辐射的不完整网纹。远极表面的网纹较细致，网脊低矮，网眼形状各异。

描述 三缝大孢子，极面轮廓凸边三角形至亚圆形或圆形，赤道直径 190–550 μm（16 粒标本），正模标本 435 μm。同一四孢体中的四个孢子的大小有时差异悬殊，250–525 μm（图版 36，图 12）。射线直或弯曲多变，2/3 至 3/4 孢子半径长，唇薄膜状，高起 25–30 μm，基部宽 10 μm。射线唇的形状多变，大致完整，但顶缘常有明显的撕裂，而且未必与侧边相邻的纹饰有明显分异。外壁具网状纹饰，网脊膜状。近极纹饰明显粗大，呈不完全网状，网脊常作辐射状拉伸，脊高达 15–60 μm，与射线侧边相邻的网脊最高。远极网纹较细，网眼形状不规则，直径 15–30 μm，网脊窄细、低矮，高度小于 12 μm。

比较 本种以其远极表面低矮、细密的网纹及近极表面呈辐射状拉长的粗大网纹区别于本属的其他种。

产地层位 轮南 23 井、羊屋 1 井，克拉玛依组下部；群克 1 井，阳霞组；杜瓦煤矿、黑孜苇煤矿，杨叶组；库车河，克孜勒努尔组。

地衣艾氏大孢 *Erlansonisporites licheniformis* Fuglewicz, 1977

（图版 37，图 1–6）

1977a *Erlansonisporites licheniformis* Fuglewicz, p. 419, pl. 37, figs. 2, 3, 4a–b.
1977b *Erlansonisporites licheniformis*, Fuglewicz, p. 476, pl. 2, fig. 5.
1979b *Erlansonisporites licheniformis*, Fuglewicz, pl. 3, fig. 4, text-fig. 1.
1980a *Erlansonisporites licheniformis*, Fuglewicz, p. 42.
1986 *Erlansonisporites licheniformis*, Fuglewicz and Marcinkiewicz, p. 173, tab. 14, pl. 98, figs. 4, 5.
1989 *Erlansonisporites licheniformis*, Kovach and Batten, p. 257, text-fig. 4F；p. 270, text-fig. 5A.
1990 *Erlansonisporites licheniformis*, Batten and Kovach, p. 58.
1997 *Erlansonisporites licheniformis*, Wierer, p. 94, pl. 29, fig. 8；pl. 30, figs. 1–8.

描述 三缝大孢子，极面轮廓圆形至亚圆形，直径 370–425 μm（3 粒标本）。射线直，长度大于 3/4 孢子半径，或达赤道，具唇。唇高起很不规则，参差不齐，高达 40–75 μm。孢子表面不规则网状，网眼的形状、大小多变，网脊薄膜状，网脊交汇处有 20–30 μm 高的锥刺状或棒状延伸物。

比较 描述的标本与正模标本可以比较，它们都有相似的、不均衡发育的网状纹饰，即如其名称所喻的"地衣状纹饰"，这种纹饰可把 *E. licheniformis* 与属内的其他种区分开。

产地层位 杜瓦，乌尊萨依组；塔中 1 井、塔中 3 井，俄霍布拉克组。

极美艾氏大孢（新种）*Erlansonisporites perbellus* sp. nov.

（图版 38，图 1–6；图版 39，图 1–10）

词源 *perbellus*，拉丁语，极美的，指其表面复杂、细致、精美的纹饰。

正模 图版 38，图 1–3。

副模 图版 39，图 6。

特征 赤道和远极区密布弯曲、向上变尖、长短不一的突起状纹饰，突起物基部相连，形成细密的不完全网纹；接触区纹饰向射线方向增高。

描述 三缝大孢子，极面轮廓圆三角形至亚圆形，赤道直径 306–500 μm（12 粒标本），正模 458 μm，副模 400 μm。射线直，几乎伸达赤道，唇高约 30–75 μm，基部 18–36 μm 宽。弓形脊通常缺失，但在一些标本上或隐约可见。孢子表面分布易弯曲、向上变尖的刺状纹饰，纹饰长度不一，通常 25–35 μm 高，基部宽 4–6 μm，纹饰基部相连，组成细密的不完全网纹（图版 38，图 3；图版 39，图 7）。近极接触区纹饰向射线方向增高。

比较 本种与 *Echitriletes prerussus* Fuglewicz，1977a 在某些方面有些相似，但前者纹饰顶端变尖且基部相连呈不完全网状纹饰。本种虽然与 *Echitriletes* 属的一些种颇相类似，将其归于 *Erlansonisporites* 属是因为其具有与该属一些种的共同特征：基本呈网状且带刺的外壁，以及在射线附近变得粗强的纹饰。

产地层位 杜瓦，乌尊萨依组；轮南 8 井、满西 1 井、塔中 1 井、塔中 3 井，俄霍布拉克组；轮南 1 井，克拉玛依组上部；杜瓦煤矿，杨叶组。

破碎艾氏大孢 *Erlansonisporites sparassis* (Murray, 1939) Potonié, 1956

（图版 40，图 1–6）

1988 年以前的全部同义名，参见 Batten 和 Kovach（1990，p. 60, 61）。

1939 *Triletes sparassis* Murray, p. 480, figs. 3, 4.
1956 *Erlansonisporites sparassis* (Murray) Potonié, p. 47.
1960 *Erlansonisporites tegimentus* Marcinkiewicz, p. 721, pl. 6, figs. 1, 2.
1989 *Erlansonisporites sparassis*, Kovach and Batten, p. 258, text-fig. 4G；p. 272, text-fig. 5C.
1990 *Erlansonisporites sparassis*, Batten and Kovach, pp. 60, 61.
1992 *Erlansonisporites sparassis*, Munk and Granzow, p. 11, pl. 4, figs. 5, 6.
1992 *Erlansonisporites sparassis*, Koppelhus and Batten, p. 20, pl. 5, figs. 1, 2；pl. 20, figs. 9, 10.
2004 *Erlansonisporites sparassis*，崔炜霞等，图版 3，图 1，2。
2008 *Erlansonisporites sparassis*, Villar de Seoane and Archangelsky, p. 360, fig. 5A–B.
2016 *Erlansonisporites sparassis*, Morris and Batten, figs. 7.7, 7.8.

描述 三缝大孢子，极面轮廓圆形至亚圆形，直径 265–462 μm（4 粒标本）。射线长约 3/4 孢子半径或达赤道。具不均匀弯曲、薄膜状的唇，唇高达 40 μm。孢子的全部表面饰以稠密、复杂纠缠的网脊，其基部厚约 5 μm，向上变薄，高 20–60 μm，在邻近射线处最高，达 90 μm。排列很不规则的网脊构成不完全的网状纹饰，网眼直径为 20–30 μm 或更大。在一些标本上，射线的唇与薄片状的纹饰不易区分。

评论 如同义名表所列示，*E. sparassis* 是最广泛报道的中生代大孢子之一。

产地层位 哈 1 井，俄霍布拉克组；塔河 1 井，克拉玛依组；轮南 23 井，克拉玛依组下部；群克 1 井，阳霞组；杜瓦煤矿，杨叶组；库车河，克孜勒努尔组。

蛛网艾氏大孢（新种）*Erlansonisporites textilis* sp. nov.

（图版 42，图 1–6；图版 43，图 1）

2004 *Araneisporites* sp.，张师本等，69 页。（裸名）

词源 *textilis*，拉丁语，编织的，形容其状如蛛网的孢壁外观。

正模 图版 42，图 6。

副模 图版 42，图 3，4。

特征 孢子表面饰短棒状和刺状纹饰，从棒、刺基部辐射出许多细脉状条纹并与相邻的棒、刺相连，形成不规则的细密网纹图案。

描述 极面轮廓亚圆形至凸边三角形，直径 337–500 μm（5 粒标本），正模 337 μm，副模 425 μm。三缝，射线长，伸达赤道，具唇。唇膜状，高起 40–50 μm，常褶皱或弯曲。表面饰短棒和刺状纹饰，从纹饰基部向外辐射出若干细脉状条纹并与相邻棒、刺的脉状条纹相连接，形成细密、不规则的网状图案（图版42，图5）。棒状和刺状纹饰的高度通常小于20 μm，基部宽5–11 μm，向顶端变尖。

比较 本种易于识别，因其表面饰细密蛛网状纹饰。

产地层位 杜瓦，乌尊萨依组；哈1井、轮南8井，俄霍布拉克组。

艾氏大孢（未定种1）*Erlansonisporites* sp. 1

（图版37，图7–9）

描述 赤道轮廓圆三角形，直径300 μm（1粒标本）。射线具窄细而微微弯曲的唇，长约为3/4孢子半径。孢子表面饰片状突起物，突起物互相连接，形成短的、向上呈脊状、局部开裂、分布疏密有致、高约20–30 μm（以赤道和远极区的纹饰较高）的脊（muri），并组建成不完全网状纹饰。

比较 本形态类型以高得多的纹饰分子区别于 *Erlansonisporites duwaensis*；以整齐端庄的面貌区别于 *E. licheniformis* Fuglewicz, 1977，后者的纹饰多变，显示出褴褛粗糙、参差不齐的外貌。本类型以其由较均匀分布的板片状突起物融合成脊而组建的不完全网状纹饰区别于本属的其他种。

产地层位 杜瓦，乌尊萨依组。

艾氏大孢（未定种2）*Erlansonisporites* sp. 2

（图版40，图7，8）

描述 三缝大孢子，极面轮廓凸边三角形，直径310 μm（一粒侧位压扁的标本）。射线长达赤道，具唇。唇薄膜状，在近极顶部高约50 μm，其上有许多毛发状纹饰，毛刺长可达20 μm，直径2 μm。孢子表面饰网状纹饰，网脊薄，高低不一，最高可达10 μm，其上也有毛发状物伸出，网眼小，直径达10 μm。

比较 除在三射线的唇上具有许多毛发状纹饰外，本形态类型与 *E. licheniformis* Fuglewicz, 1977 较相似。以在射线的唇和高低不平的网脊上均具毛发状饰物，本形态类型可与本属的其他种相区别。

产地层位 轮南8井，俄霍布拉克组；哈1井，克拉玛依组上部。

艾氏大孢（未定种3）*Erlansonisporites* sp. 3

（图版43，图2–6）

描述 三缝大孢子，极面轮廓亚圆形，直径320（383）420 μm（4粒标本）。射线长，几乎达到赤道，具唇，唇高30–45 μm。孢子表面饰很多细而短，向不同方向伸展的凸脊。在凸脊的交汇点上有结疣，结疣直径约5 μm，间距3–10 μm。在接触区的一些结疣更高，可高达15–25 μm。

比较 这些孢子和 *Erlansonisporites textilis* 有类似的纹饰，但前者的纹饰更细密，在接触区有较高大的结疣状饰物。

产地层位 杜瓦，乌尊萨依组；塔中1井，俄霍布拉克组；轮南56井，克拉玛依组上部。

艾氏大孢（未定种4）*Erlansonisporites* sp. 4

（图版41，图1–9）

描述 三缝大孢子，极面轮廓凸边三角形至亚圆形，直径230（340）400 μm（6粒标本）。射线直至微弯曲，末端近达赤道，具呈膜状高起的唇，高约30 μm。孢子表面饰不规则的网，网脊窄，网脊交汇处外延呈肋状突起物，高30–45 μm、宽3–15 μm，末端常不规则或叉裂。突起物之间的网脊上具高约10 μm的细毛或小刺（图版41，图8）。在高倍放大时网眼基底呈不规则蜂窝状，反映纹饰下面外壁表面的网状结构。

比较 描述的形态类型与 *E. licheniformis* 的区别在于其网脊更高，且具有细小的毛发和小刺。在网脊上具细小毛刺方面，当前孢子在一定程度上与 *E. fimbriatus* Wierer, 1997 相似，但后者的网比较粗大。

产地层位　杜瓦，乌尊萨依组；哈1井、塔中1井，俄霍布拉克组。

辐纹大孢属 *Striatriletes* van der Hammen, 1954 ex Potonié, 1956

1954　*Striatriletes* van der Hammen, p. 14.（裸名）
1956　*Striatriletes* van der Hammen ex Potonié, p. 42.
1976　*Striatriletes*, Jansonius and Hills, p. 2782.

模式种　*Striatriletes sulcatus* (Dijkstra, 1951) Potonié, 1956。

属征　三缝大孢子，赤道轮廓圆形。射线粗壮，伸长近达赤道，无赤道环。近极区接触面上饰不规则的疣瘤状和辐射状脊纹，在正模标本上，这种脊纹可以延展一段距离到达远极面，并向远极点聚合。

评论　这是又一个在白垩纪大孢子 *Striatriletes sulcatus* (Dijkstra, 1951) Potonié, 1956 的形态基础上建立的属。该种近极面上的辐射状脊纹很有特色，足以与那些在别的方面相似，但在近极缺乏辐射状脊纹的孢子相区别。然而，也有一些孢子近极面上具有低矮、薄膜状的凸起而非粗脊，并呈类似于辐射的方向排列（如前面描述的 *Erlansonisporites exquisitus* sp. nov.），致使属之间的严格区分成了问题。

分布时代　北半球，晚三叠世至白垩纪。

模糊辐纹大孢（新种）　*Striatriletes inconspicuus* sp. nov.

（图版44，图1–9）

词源　*inconspicuus*，拉丁语，不明显的，指接触区内的纹饰呈不明显的条纹状。

正模　图版44，图4，5。
副模　图版44，图6。

特征　近极接触区紧密排列不规则瘤状纹饰和较长的蠕虫状纹饰，纹饰相连形成不规则脊条，脊条从近极顶向外大致呈辐射状排列。

描述　极面圆三角形至亚圆形，赤道直径266（365）600 μm（6粒标本），正模直径400 μm。三缝，射线直或蛇曲状，呈膜状或粗强的脊状高起（可达25 μm），顶缘呈波状或锯齿状，延伸达于弓形脊。弓形脊通常不明显，高约15–25 μm、宽10–20 μm，由密集的瘤块线状连接而成。接触区内饰瘤状和蠕虫状纹饰，瘤高3–8 μm，基部直径5–15 μm，纹饰连接成不规则辐射状脊纹。赤道区与远极表面散布低矮的锥刺和瘤纹，瘤纹高5–10 μm，基部直径5–20 μm。

比较　本种主要以远极和赤道区具分散的锥刺和瘤状纹饰区别于本属的其他已知种。就接触区纹饰而论，本种孢子与 *Hughesisporites variabilis* Dettmann, 1961 相似，但后者的赤道和远极区没有明显纹饰。

产地层位　库车河、塔河1井，克拉玛依组上部；轮南1井，黄山街组；库车河、群克1井，阳霞组。

穴网大孢属 *Horstisporites* Potonié, 1956

1956　*Horstisporites* Potonié, p. 44.
1976　*Horstisporites*, Jansonius and Hills, p. 1268.

模式种　*Horstisporites reticuliferus* (Dijkstra, 1951) Potonié, 1956。

属征　三缝大孢子。赤道轮廓圆形至略显亚三角形。三射线长约1/2孢子半径或更长。弓形脊不可见或微弱可见。外壁表面饰肺泡状至网状纹饰。

评论　这个属的模式种 *Horstisporites reticuliferus* (Dijkstra, 1951) Potonié, 1956 产于白垩系，具简单、明晰的形态特征，纹饰呈"蜂窝状至网状"。其实，外壁具网纹是许多中生代大孢子的普遍特点。其结果是，此前超过25种大孢子已归到 *Horstisporites* 属，下面再描述几个新种加入其中。

分布时代　全球，中生代。

复式穴网大孢（新种）*Horstisporites compositus* sp. nov.

（图版 45，图 1–9）

1996 *Horstisporites compositus*，陈金华等，26 页。（裸名）
2001 *Horstisporites compositus*，黎文本等，210，212 页。（裸名）
2004 *Horstisporites compositus*，张师本等，69 页。（裸名）

词源 *compositus*，拉丁语，复合的，指其表面分布复式网状纹饰。

正模 图版 45，图 1，2。

副模 图版 45，图 9。

特征 外壁具复式网状纹饰。

描述 极面轮廓三角形至亚圆形，直径 240（510）800 μm（24 粒标本）。三缝，射线高起呈薄膜状，高 10–15 μm，顶缘常呈锯齿状，长约 4/5 孢子半径，延伸至弓形脊。弓形脊窄细，由网脊排列形成。外壁两层，内层厚约 2 μm，相对致密；外层厚约 50 μm，由孢粉素线体连接而成的三维网状格架构成。外壁表面具粗大网纹，网眼呈不规则多角形，直径 10–25 μm，网脊窄，高约 5 μm、宽约 2 μm。大网穴基底现次级微细网纹（图版 45，图 4）。

比较 该新种以复式网纹结构为特征与其他种区分。

产地层位 哈 1 井，俄霍布拉克组、克拉玛依组、黄山街组；轮南 1 井、英买 1 井，克拉玛依组上部。

齿状穴网大孢（新种）*Horstisporites denticulatus* sp. nov.

（图版 47，图 3，4）

词源 *denticulatus*，拉丁语，具细齿的，指顶缘呈锯齿状的射线唇边。

正模 图版 47，图 4。

特征 三缝大孢子，近极面光滑，远极面和赤道具网状纹饰。

描述 三缝大孢子，极面轮廓亚圆形，直径 240 μm 和 340 μm（2 粒标本）。射线直，具窄唇，唇高约 30 μm，长约 3/4 孢子半径，顶缘齿状。远极和赤道区饰不规则的网状纹饰，远极大部分表面的网纹都粗糙无序，但在近极接触区外侧的网脊则指向近极顶延伸，网脊窄，高可达 15 μm。接触区表面近乎光滑。

比较 本形态类型以在远极强烈发育的网状纹饰与 *Horstisporites nidzicensis* Fuglewicz, 1977 相区别。

产地层位 轮南 8 井，俄霍布拉克组。

尼孜克穴网大孢 *Horstisporites nidzicensis* Fuglewicz, 1977

（图版 46，图 1，2）

1977a *Horstisporites nidzicensis* Fuglewicz, pp. 418, 419, pl. 36, fig. 2a–d.
1986 *Horstisporites nidzicensis*, Fuglewicz and Marcinkiewicz, p. 172, pl. 98, fig. 2a–b.
1989 *Horstisporites nidzicensis*, Kovach and Batten, p. 259, text-fig. 4H；p. 271, text-fig. 5B.
1990 *Horstisporites nidzicensis*, Batten and Kovach, p. 73.
1996 *Horstisporites nidzicensis*, Beutler et al., pl. 3, fig. 9.

描述 三缝大孢子，极面轮廓亚圆形，直径 310 μm 和 450 μm（2 粒标本）。射线直，伸达赤道，具窄唇，唇高 30–40 μm。近极面的接触区虽不平坦，但基本上光滑。接触区边缘由大致排列整齐的小网眼和由网脊组成的脊所界定。远极面上网纹清晰，网脊窄，高约 15 μm，网眼形状不规则，直径约 4–12 μm。

比较 据 Fuglewicz（1977a），本种与 *Horstisporites bertelsenii* Fuglewicz, 1977a 的区别在其个体较

小，没有弓形脊，具凹陷的接触区和较短的射线。其中只有前两项或有些许分类学意义。他认为，这两个种都有近乎光滑的接触区，但在 *H. bertelsenii* 的一个图示标本（Fuglewicz, 1977a, pl. 37, fig. 1）上可清楚看出在近极面饰有颗粒。*H. nidzicensis* 与 *H. denticulatus* sp. nov. 的区别是远极和赤道表面的网脊顶缘平滑，而不是褴褛破烂样；与 *H. subtilis* sp. nov. 的区别是具有光滑，而不是细网状的接触区。

产地层位　轮南 8 井，俄霍布拉克组。

细致穴网大孢（新种）*Horstisporites subtilis* sp. nov.

（图版 46，图 3–5）

词源　*subtilis*，拉丁语，细致的，指近极接触区细致的网状纹饰。

正模　图版 46，图 4。

特征　接触区具细微网状纹饰。

描述　三缝大孢子，极面轮廓亚圆形，直径 215–275 μm（3 粒标本）。射线具唇，唇直或微弯曲，高约 15 μm，几乎伸达赤道。远极和赤道区饰粗糙且不完全的网，网眼形状不规则，直径约 15–30 μm，网脊薄膜状，高 10–15 μm。接触区细网状，网脊低矮，宽约 1 μm，网眼直径 1–2 μm。

比较　本新种以在接触区具细网状纹饰区别于 *Horstisporites denticulatus* sp. nov. 和 *H. nidzicensis* Fuglewicz, 1977a。

产地层位　库车河，克孜勒努尔组。

塔里木穴网大孢（新种）*Horstisporites tarimensis* sp. nov.

（图版 46，图 6–11）

词源　Tarim，塔里木，盆地名，正模标本产地。

正模　图版 46，图 9。

副模　图版 46，图 8。

特征　三射线和弓形脊明显。

描述　极面轮廓圆三角形，直径 330（375）400 μm（5 粒标本）。三缝，射线直，唇膜状，高起约 40 μm，基部宽 5–8 μm，顶缘平滑，伸达弓形脊。弓形脊清晰，宽 20–30 μm。外壁饰不规则网纹，近极网纹较细，网眼直径 12–30 μm，网脊宽约 5 μm，高可达 20 μm；远极网纹粗大，网眼直径 15–75 μm，网脊高低不一，最高可达 40 μm。

比较　本种以其较高网脊的纹饰与 *Erlansonisporites* 属的某些种相似，但本种具明显的射线和弓形脊，近极纹饰比远极纹饰弱。*Horstisporites irregularis* 具不规则网纹，网脊高可达 35 μm，但无弓形脊。*H. bertelsenii* 虽具弓形脊，但接触区表面无明显纹饰或为颗粒状，远极纹饰的网脊也较低，仅 15–18 μm。

产地层位　轮南 1 井，克拉玛依组上部；库车河，克孜勒努尔组。

穴网大孢（未定种 1）*Horstisporites* sp. 1

（图版 47，图 1, 2）

描述　三缝大孢子，极面轮廓亚圆形，直径 360 μm 和 450 μm（2 粒标本）。射线具唇，高达 25 μm，长近达赤道。远极和赤道区饰网状纹饰，网眼形状不规则，直径 30–80 μm，网脊薄膜状，高约 20 μm。接触区基本上光滑无饰物。

比较　本形态类型和 *Horstisporites subtilis* sp. nov. 的接触区表面都光滑无纹饰，但前者远极的网纹要细密得多，网脊更加破碎。

产地层位　轮南 23 井，克拉玛依组下部；库车河，克孜勒努尔组。

穴网大孢（未定种 2）*Horstisporites* sp. 2

（图版 48，图 1）

描述 一粒侧位压扁的标本，极面轮廓亚圆形，直径 250 μm。弓形脊窄细，但发育完整而清晰。三缝，射线具唇，唇呈鳍状，高达 35 μm，顶缘凹凸呈锯齿状，末端与弓形脊融合。近极和远极表面都饰以不规则、薄膜状的脊纹，宽 1.5–2 μm、高 2–3 μm，间或连接构成不规则网纹，网眼直径 2–5 μm。

比较 本形态类型与 *Horstisporites* 属的其他种不同在于具一种极不规则且不完全网状的纹饰。*Horstisporites bertelsenii* Fuglewicz, 1977a 的个体较大（460–580 μm），有平滑或颗粒状的接触区和具不规则网状纹饰的远极面，且在网脊交汇处有附属物延伸。*Horstisporites sulcatus* Fuglewicz, 1973 与当前描述的 *H.* sp. 2 的纹饰相似，但前者的接触区强烈膨胀。

产地层位 轮南 1 井，黄山街组。

蒂氏大孢属 *Dijkstraisporites* Potonié, 1956 emend. Batten et Koppelhus, 1993

1956 *Dijkstraisporites* Potonié, p. 74.

1993 *Dijkstraisporites* Potonié emend. Batten et Koppelhus, p. 36.

模式种 *Dijkstraisporites helios* (Dijkstra, 1951) Potonié, 1956。

属征 三缝大孢子，赤道轮廓圆形至凸边三角形。射线具薄膜状的唇，唇的外缘或呈大小不一的凸缘状，或"撕裂"成长短不一、彼此部分相连的条带。外壁表面光滑至粗糙，通常饰有颗粒或网纹。赤道具膜环或冠环；赤道环与射线唇的形态相同，其外缘由部分粘连的条带组成。

评论 *Dijkstraisporites* 属的模式种是描述自南英格兰下白垩统的 *D. helios* (Dijkstra, 1951) Potonié, 1956，它的三裂缝具有显著的唇（唇的上部常撕裂，呈薄膜状突起），赤道环宽阔[也有撕裂现象，向外伸展形成冠环（corona）]，近极和远极表面具有清晰网状纹饰。不管怎样，已归入到这个属里的一些种的赤道环还具有波状或肋状结构，在极面观时孢子轮廓常显示为完整的圆形或亚圆形。经过 Batten 和 Koppelhus（1993）修订的 *Dijkstraisporites* 属正是以其特征的三射线和宽阔完整的赤道环与 *Tenellisporites* Potonié, 1956 emend. Batten et Koppelhus, 1993 区分开，后者具构造相似的三射线唇边，但赤道环由狭窄的环形凸边及其外延的裂片状突起物组成。

分布时代 全球，中生代。

波特勒蒂氏大孢 *Dijkstraisporites beutleri* Reinhardt, 1963

（图版 47，图 5–7）

1963 *Dijkstraisporites beutleri* Reinhardt, pp. 120, 121, pl. 2, fig. 6.

1969 *Macrosporites beutleri* (Reinhardt) Reinhardt et Fricke, p. 408, pl. 2, figs. 4, 5, text-fig. 5.

1971 *Dijkstraisporites beutleri*, Kozur, p. 122, pl. 1, fig. 3.

1972 *Dijkstraisporites beutleri*, Kannegieser and Kozur, pl. 8, fig. 7.

1972 *Triletes plotnikovi* Varyukhina, p. 91, pl. 3, fig. 3.（Marcinkiewicz, 1978 中的同义名；Wierer, 1997 对此存疑）

non 1973 *Dijkstraisporites beutleri*, Fuglewicz, p. 440, pl. 26, fig. 3a–b.（见 Marcinkiewicz, 1978 和 Wierer, 1997）

1974 *Dijkstraisporites beutleri*, Kozur, pp. 36, 37, 40, 41, 46.

1975 *Dijkstraisporites beutleri*, Movshovich and Kozur, p. 111.

1976 *Dijkstraisporites beutleri*, Beutler, p. 126.

1976 *Dijkstraisporites beutleri*, Kozur, p. 101.

1976 *Dijkstraisporites beutleri*, Kozur and Movshovich, p. 54, pl. 2, fig. 2.

non 1976 *Dijkstraisporites beutleri*, Kozur and Movshovich, p. 54, pl. 2, fig. 1a–b.（见 Wierer, 1997）

1978 *Dijkstraisporites beutleri*, Gajewska, p. 14.

1978 *Dijkstraisporites beutleri*, Marcinkiewicz, p. 74, pl. 9, figs. 1–4, 5a–b；pl. 10, figs. 1–6.

1979a *Dijkstraisporites beutleri*, Marcinkiewicz, p. 213, pl. 71, figs. 2–4.

non 1979b　*Dijkstraisporites beutleri*, Fuglewicz, text-fig. 1.（见 Wierer, 1997）

non 1980a　*Dijkstraisporites beutleri*, Fuglewicz, pp. 422, 430, 438, pl. 8, figs. 1, 2.（见 Wierer, 1997）

1984　*Dijkstraisporites beutleri*, Yang and Sun, p. 192.

1986　*Dijkstraisporites beutleri*, Fuglewicz and Marcinkiewicz, p. 174, pl. 75, figs. 2–4.

1989　*Dijkstraisporites beutleri*, Kovach and Batten, p. 257, text-fig. 4F；p. 270, text-fig. 5A.

1990　*Dijkstraisporites beutleri*, Batten and Kovach, pp. 53, 54.

1990　*Dijkstraisporites beutleri*，杨基端、孙素英，175 页，图版 38，图 5，8，9。

1992a　*Dijkstraisporites beutleri*, Marcinkiewicz, pp. 37–39, tabs. 1, 2, pl. 11, figs. 1–3.

1993　*Dijkstraisporites beutleri*, Batten and Koppelhus, pp. 23, 24.

1996　*Dijkstraisporites beutleri*, Beutler et al., p. 136, fig. 6.3, pl. 2, fig. 12；pl. 5, fig. 3.

描述　具膜环的三缝大孢子。中央体极面轮廓亚圆形，直径 270–280 μm（3 粒标本）。三缝，具唇，直达赤道环之上；赤道环宽，125–180 μm，薄膜状，具多少不一的辐射状条纹。外壁厚约 5 μm。中央体表面饰稀疏分布的棒状或刺状突起物，高 85–100 μm，横切直径 5–10 μm。

比较　*Dijkstraisporites beutleri* 的模式材料的赤道环相对较窄，其宽度只有中央体半径的一半左右，在中央体的表面还有完全或不完全的网状纹饰。当前描述的孢子似乎更接近于 Marcinkiewicz（1978, pls. 9, 10）及其他作者归到同一种的孢子。除一些未给种名的标本（参见 Batten and Kovach, 1990）和一个原鉴定为 *Dijkstraisporites capillatus* Fuglewicz, 1977a，后又被 Marcinkiewicz（1992a）移转到 *Henrisporites* 属的种外，此前还没有 *Dijkstraisporites* 属孢子在三叠纪或侏罗纪的记录。在白垩纪有几个种，最常见的是 *D. helios* (Dijkstra, 1951) Potonié, 1956，但没有一个种是与 *D. beutleri* 很相似的。

产地层位　塔河 1 井，黄山街组。

尖桩大孢属　*Flabellisporites* Marcinkiewicz, 1978

1978　*Flabellisporites* Marcinkiewicz, p. 82.

模式种　*Flabellisporites crinitus* Marcinkiewicz, 1978。

属征　三缝大孢子，孢子轮廓圆形至椭圆形。三射线上具单独或基部相连的纹饰。无弓形脊。外壁表面的纹饰形状各异，有尖的、叉状的和顶端作扇状张开的。最长的纹饰出现在赤道的膜环处，但不会构成明显的冠环。

评论　*Flabellisporites* 属的模式种 *F. crinitus* Marcinkiewicz, 1978（源自波兰上三叠统）被描述为：三射裂缝两侧具基部相连或不相连的突起物；纹饰由不同形状的突起物组成，突起物顶端或尖，或叉裂，或增粗；最长的突起物分布在赤道上。据称，孢子缺失弓形脊，但如 Jansonius（见 Jansonius and Hills, 1981）指出，接触区是明显可辨的，因为其中细小且稀散纹饰的分布明显受弓形脊和三射线所限定。Marcinkiewicz（1978）指出，*Capillisporites* Kozur, 1973 与 *Flabellisporites* 的不同之处在于前者的三裂缝模糊难以辨识。*Flabellisporites* 以其赤道上的纹饰不构成冠环（corona）有别于 *Dijkstraisporites* Potonié, 1956（仍如 Marcinkiewicz, 1978 所提及）和 *Tenellisporites* Potonié, 1956 emend. Batten et Koppelhus, 1993。

分布时代　中国，三叠纪（新疆）、早白垩世（内蒙古）；波兰，中三叠世。

毛发尖桩大孢　*Flabellisporites crinitus* Marcinkiewicz, 1978

（图版 48，图 2–11）

1972　*Dijkstraisporites beutleri*, Kozur, p. 440, pl. 1, fig. 1.（见 Wierer, 1997, p. 99）

1976　*Dijkstraisporites beutleri*, Kozur and Movshovich, p. 54, pl. 2, fig. 1a–b.（见 Wierer, 1997, p. 99）

1978　*Flabellisporites crinitus* Marcinkiewicz, pp. 75, 79, 82, 83, pl. 11, figs. 1a–b, 2–7；pl. 12, figs. 1–3.

1979b　*Flabellisporites crinitus*, Marcinkiewicz, pp. 212, 213, pl. 70, figs. 5–7；pl. 71, fig. 1.

1983　*Flabellisporites crinitus*, Marcinkiewicz, p. 17, pl. 6, figs. 1–4.

1986　*Flabellisporites crinitus*, Fuglewicz and Marcinkiewicz, p. 174, pl. 74, figs. 5–7；pl. 75, fig. 1.

1989　*Flabellisporites crinitus*, Kovach and Batten, p. 258, text-fig. 4G；p. 271, text-fig. 5B.

1990　*Flabellisporites crinitus*, Batten and Kovach, p. 62.

1992a　*Flabellisporites crinitus*, Marcinkiewicz, p. 37, tabs. 1, 2, pl. 12, figs. 4, 5.

1992c　*Flabellisporites crinitus*, Marcinkiewicz, pl. 6, figs. 5, 6.

1997　*Flabellisporites crinitus*, Wierer, pp. 99, 100, pl. 35, figs. 1–7.

描述　三缝大孢子，极面轮廓圆三角形，本体直径 300（450）620 μm（30 粒标本）。射线长，达于赤道，具唇。唇向上伸展形成低矮的凸缘，从凸缘再向上延伸出许多不等长度的片状突起。孢子外壁表面饰不完全网状纹饰，从网脊上也延伸出许多片状突起物，其长度一般在 50–80 μm，但沿射线和赤道一带突起更长，达 80–140 μm，顶端尖锐，钝截，叉裂或呈扇状。围绕赤道的较长突起物下部常常连接在一起形成不完全、宽 50–160 μm 的膜环（zona）。

比较　塔里木的标本在纹饰特征方面与波兰模式产地的标本很相似。Li 等（1987）鉴定为 *Flabellisporites* sp. 的一个白垩纪标本的毛发状纹饰更加稀疏而与 *F. crinitus* 有别。相较于 *F. crinitus* 的纹饰，Lupia（2004）名为 aff. *F.* sp. 的两粒标本纹饰不仅更稀疏，而且更柔弱。除此，*Flabellisporites* 属下还没有更多种的记录。

产地层位　轮南 1 井、羊屋 1 井，俄霍布拉克组；轮南 8 井、羊屋 1 井，克拉玛依组下部；哈 1 井，克拉玛依组上部。

亨氏大孢属 *Henrisporites* Potonié, 1956 emend. Binda et Srivastava, 1968

1956　*Henrisporites* Potonié, p. 68.

1968　*Henrisporites* Potonié emend. Binda et Srivastava, p. 106.

模式种　*Henrisporites affinis* (Dijkstra, 1951) Potonié, 1956。

属征　三缝大孢子，赤道轮廓亚三角形至三角形，具膜环。射线长达于赤道环的外缘。射线唇的高度大于宽度，有时非常高。远、近极外壁皆饰以粒状至刺状纹饰。

评论　*Henrisporites* 属的模式种是描述自荷兰下白垩统的 *H. affinis* (Dijkstra, 1951) Potonié, 1956，其总体面貌与经由 Batten 和 Koppelhus（1993）修订过的 *Minerisporites* 属相似，但其表面装饰的是毛发状物，且在大部分情况下都没有网状纹饰出现。除了被 Batten 和 Koppelhus（1993）转移至 *Minerisporites* 属的一个表面基本光滑的种外，其他归入到 *Henrisporites* 属的种都不具有皱脊状或网状的外表，而代之以颗粒、块瘤、锥刺、尖刺或毛刺等饰物。

分布时代　中国（新疆、内蒙古）、欧洲，中生代；南、北美洲，白垩纪。

毛刺亨氏大孢 *Henrisporites capillatus* (Fuglewicz, 1977) Marcinkiewicz, 1992

（图版 49，图 1–13）

1977a　*Dijkstraisporites capillatus* Fuglewicz, pp. 421, 422, pl. 38, fig. 3；pl. 39, fig. 1a–b；pl. 40, fig. 3.

1978　*Henrisporites delicatus* Marcinkiewicz, pp. 75, 79, 83, pl. 12, fig. 7；pl. 13, figs. 1a–b, 3a–b；pl. 14, figs. 1–4.

1983　*Henrisporites delicatus*, Marcinkiewicz, pp. 16, 17, pl. 7, figs. 3, 4a–b；pl. 8, figs. 1, 2, 3a–b, 4；pl. 9, figs. 1–3, 4a–b.

1986　*Dijkstraisporites capillatus*, Fuglewicz and Marcinkiewicz, p. 174, tab. 14, pl. 100, figs. 4, 7.

1989　*Dijkstraisporites capillatus*, Kovach and Batten, p. 257, text-fig. 4F；p. 271, text-fig. 5B.

1989　*Henrisporites delicatus*, Kovach and Batten, p. 258, text-fig. 4G；p. 271, text-fig. 5B.

1990　*Dijkstraisporites capillatus*, Batten and Kovach, p. 53.

1990　*Henrisporites delicatus*, Batten and Kovach, p. 67.

1992a　*Henrisporites capillatus* (Fuglewicz) Marcinkiewicz, pp. 37, 41, tabs. 1, 2, pl. 12, fig. 3；pl. 13, fig. 4.

1993　*Henrisporites capillatus*, Batten and Koppelhus, pp. 27, 28, fig. 2.

1996 *Dijkstraisporites capillatus*, Beutler et al., fig. 6.2.

1996 *Henrisporites capillatus*, Beutler et al., pl. 3, fig. 11.

1997 *Henrisporites capillatus*, Wierer, pp. 104, 105, pl. 40, figs. 6–10；pl. 41, figs. 1–4.

描述 赤道轮廓三角形，直径 315（565）800 μm（11 粒标本）。三缝，射线具唇，唇高 60–80 μm，直达赤道环上，顶缘锯齿状或尖齿状。赤道环宽约 45–140 μm，边缘不规则，有时明显向内凹入。孢子近极和远极表面都饰有许多细而长（30–50 μm）的毛刺和尖刺，均匀，有时密集分布。纹饰通常在基部相连，或可构成一个不规则、不完全的网饰。在一些标本上，远极的纹饰比近极纹饰更长，分布更稠密。

比较 塔里木的标本与描述自波兰拉丁期的标本相似，但前者个体较大，后者直径为 300–400 μm。Wierer（1997, pl. 40, figs. 6–10；pl. 41, figs. 1–4）图示标本的纹饰大部分都按比例加长增宽，很少在基部相连。

产地层位 草湖 1 井、哈 1 井、轮南 8 井、满西 1 井、塔河 1 井、乡 1 井，俄霍布拉克组；草湖 1 井、哈 1 井、满西 1 井、塔河 1 井、乡 1 井、羊屋 1 井，克拉玛依组下部；哈 1 井、塔河 1 井、乡 1 井，克拉玛依组上部；哈 1 井，黄山街组。

扁刺亨氏大孢（新联合）*Henrisporites latispinosus* (Fuglewicz, 1977) comb. nov.

（图版 50，图 1–8；图版 51，图 1–5）

1977a *Echitriletes latispinosus* Fuglewicz, p. 417, pl. 17, figs. 1, 2.

1986 *Echitriletes latispinosus*, Fuglewicz and Marcinkiewicz, p. 170, pl. 94, figs. 1–4.

1989 *Echitriletes latispinosus*, Kovach and Batten, p. 257, text-fig. 4F；p. 271, text-fig. 5B.

1990 *Echitriletes latispinosus*, Batten and Kovach, p. 56.

描述 极面轮廓亚三角形至亚圆形，直径 456（570）720 μm（47 粒标本）。三缝，射线高 10–20 μm，基部宽 5–8 μm，伸达本体边缘。赤道具膜环，环宽 35–100 μm，边缘不均匀齿状。本体及赤道环表面均饰锥状或舌状纹饰，高 5–30 μm，基部宽 10–20 μm，顶端尖或钝圆或呈截锥状，赤道环上的纹饰发育较差。本体外壁两层，内层致密，厚约 5 μm；外层较疏松，呈海绵状。

比较 Fuglewicz（1977a）将本种归入 *Echitriletes* 属，描述为具宽阔（28–40 μm）弓形脊的刺面孢子。从正模标本及 Fuglewicz 和 Marcinkiewicz（1986）出示的另几个标本图影看，所谓"弓形脊"应是自赤道外延的膜状环。当前标本在大小、形态上与波兰的标本都很可比较，且同时均具有刺状纹饰，这里将本种转移至 *Henrisporites* 属中。本文描述的大孢子的总体形态与模式产地标本相似，但大多数均较 Fuglewicz 描述的标本个体大，且表面纹饰的大小和比例也不完全一致，还有一些差异则可能是在埋藏过程中降解程度不同导致的。

Henrisporites 属中另外一个在三叠纪出现的种为 *H. triassicus*。本书标本符合 Kozur（1973）和 Marcinkiewicz（1978）对德国东部和波兰 *H. triassicus* 大小的描述，且远极纹饰也很相似，但后者的标本中近极颗粒和瘤状纹饰较小。除 *H. latispinosus*、*H. triassicus* 以及下面新描述的 *H. longibaculiformis* sp. nov. 外，*Henrisporites* 属中其他已鉴定到种的大孢子均产自白垩纪。

产地层位 满西 1 井，克拉玛依组下部；库车河，克拉玛依组上部、塔里奇克组、阳霞组。

长棒亨氏大孢（新种）*Henrisporites longibaculiformis* sp. nov.

（图版 51，图 6–11；图版 52，图 1–4）

词源 *longus* + *baculum* + *forma*，拉丁语，长的 + 棒、杆 + 形状，指其表面分布相对较长的棒状纹饰。

正模 图 51，图 6，7。

特征 远极面饰较长且壮实的尖刺和棒纹。

描述 轮廓亚圆形，直径 345–440 μm（7 粒标本）。三射线直，唇呈薄膜状突起，高 35–55 μm，伸入薄膜状的赤道环。环宽 50–60 μm，边缘流苏状。外壁表面密布颗粒和空心的管状小刺和小棒（图版 51，图 9）。远极面纹饰较粗大，高 20–65 μm，基部宽 10–30 μm；近极面纹饰明显较小，刺、棒高度一般小于 40 μm，基部宽约 15 μm。

比较 Henrisporites longibaculiformis 与 Wierer（1997, pl. 17, figs. 1, 6）鉴定为 Radosporites planus 的部分标本有些相似之处，或可相比较。

产地层位 塔河 1 井，俄霍布拉克组；轮南 1 井、塔河 1 井，克拉玛依组上部。

米氏大孢属 Minerisporites Potonié, 1956 emend. Batten et Koppelhus, 1993

1956　Minerisporites Potonié, p. 67.
1993　Minerisporites Potonié emend. Batten et Koppelhus, pp. 37–38.

模式种 Minerisporites mirabilis (Miner, 1935) Potonié, 1956。

属征 三缝大孢子，孢子本体的赤道轮廓圆形至圆三角形。射线具膜状的唇，唇末端完好，或略显不规则，有时被掩覆在短毛发状的突起物之下。孢壁表面光滑至粗糙，皱脊状或网状。赤道具膜环，环宽度大体均一，或在射线末端变宽而形成小三角形至裂瓣状的耳形角。

评论 Minerisporites 属是根据一个新生代早期古新世的种 Selaginellites mirabilis Miner, 1935 建立的。它具有饰网状纹饰的近极和远极表面，且具有薄膜状的三辐射唇和赤道环。现在已有很多种被归到 Minerisporites 属下。有几个种只有微弱网状的外壁，或有皱脊状纹饰，或外壁表面基本上是光滑至粗糙的。另一方面，也有几个种发育有较好的网纹，网脊变得很高，网脊交汇处往往形成长条状突起物，主要分布在射线两侧，有时也布及整个近极面。一些已知种的赤道环在射线唇的末端处显得特别宽阔。这种容貌，加上近极面上网脊的延展，增加了区分 Minerisporites 与 Paxillitriletes Hall et Nicolson, 1973 的难度。为了让在研大孢子的归属处理能更容易一些，Batten 和 Koppelhus（1993）修订了 Paxillitriletes 和 Minerisporites 两个属的属征。依他们的修订，Minerisporites 的三射线的唇是完整的，至多也只是在其顶缘有时会伸出一些短的、毛发状的附属物。而在三射线附近却缺乏有意义的装饰物，赤道环大致等宽或在射线唇的末端扩大而形成小小的三角形至叶片状结构。描述自俄罗斯二叠系空谷阶（Kungurian）的 Pavlovisporites uralicus Kozur, 1979 比 Minerisporites 属的大多数种都要大得多，但在其他方面还是可以和这个具网状纹饰属的代表分子进行形态比较的（Batten and Koppelhus, 1993）。Wang 和 Chen（2001, pl. 8, figs. 5–9）图示出自二叠系最上部，鉴定为 Triangulatisporites-type 的大孢子或许也该归入到 Minerisporites 属。

分布时代 全球，晚二叠世（?）、中生代至新生代。

柔弱米氏大孢（比较种）Minerisporites sp. cf. M. delicatus Gunther et Hills, 1972

（图版 52，图 6，7）

1972　Minerisporites delicatus Gunther et Hills, p. 42, pl. 5, figs. 2, 3.
1989　Minerisporites delicatus, Kovach and Batten, p. 261, fig. 4J；p. 276, fig. 5G.
1990　Minerisporites delicatus, Batten and Kovach, p. 88.
2017　Minerisporites delicatus, Kutluk and Hills, pl. 1, figs. 14–16.

描述 赤道轮廓亚圆形，中央体直径 190 μm（1 粒标本）。三缝，射线具唇，唇略有褶皱，达于赤道环上。环在辐间区宽约 25 μm，在辐射区宽约 55 μm。纹饰不清晰，远极面呈微弱网状。

比较 当前标本与描述自加拿大艾伯塔省坎潘阶的 Minerisporites delicatus 相似，可以比较。

产地层位 轮南 1 井，黄山街组。

塔里木米氏大孢（新种）Minerisporites tarimensis sp. nov.

（图版 54，图 1–10）

2004　Minerisporites tarimensis，张师本等，69 页。（裸名）

词源　Tarim，塔里木，地名，正模标本产地。

正模　图版 54，图 1，2。

副模　图版 54，图 5。

特征　孢壁表面饰微细的网纹，赤道环于孢子角部强烈向外伸展呈箱状。

描述　极面轮廓凸边三角形，直径 220–485 μm（9 粒标本），正模 425 μm，副模 485 μm。三缝，射线高起约 30–60 μm，一直伸至赤道环的边缘。三裂缝具唇，在保存较好的标本上，顶缘上有板片状的突起物。赤道环清晰，在辐间区颇窄，宽仅 30–40 μm，于辐射区急剧外延呈箱状，宽达 50–140 μm。远极和近极表面皆饰细密、微弱的网状纹饰，网脊宽 1–3 μm、高约 4 μm，网穴直径 2–8 μm。

比较　本种与 *Minerisporites delicatus* Gunther et Hills, 1972、*M. deltoides* Gunther et Hills, 1972 和 *Minerisporites* 属的其他一些种都有某些类似，主要以具细密网状的外壁纹饰与之区别。*M. tarimensis* 与 *Paxillitriletes pogonites* (Gunther et Hills, 1972) Hall et Nicolson, 1973 都具细微网状的远极表面、强烈发育的三射线唇边和在孢子角部强烈外延的赤道环，不同的是，后者的接触区有长圆柱状的刺。

产地层位　羊塔 6 井，卡普沙良群舒善河组。

三角米氏大孢（新种）*Minerisporites triangularis* sp. nov.

（图版 53，图 1–12）

词源　*triangularis*，拉丁语，三角形的，喻其端正的三角形赤道轮廓。

正模　图版 53，图 1。

副模　图版 53，图 10，11。

特征　赤道轮廓三角形，边或微凸，角部尖出。近极面网纹粗大，网脊向射线方向变高。

描述　极面轮廓三角形，三边直或微凸，角部尖锐，赤道直径 200（220）380 μm（33 粒标本）。三射线隆起高约 50 μm，顶缘平滑或偶具细齿，达于带环之上。带环在辐间区较窄，宽约 10 μm，在辐射区明显增宽，达 50–75 μm，与高起的射线唇末端结合形成孢子角部突出的尖角。外壁厚约 5 μm，表面饰网纹，网脊基部宽约 2 μm，网穴呈不规则多边形。远极面网眼直径 5–20 μm，在网脊交汇处伸出刺或棒状突起，高 10–15 μm。近极面网眼直径 20–40 μm，射线侧边的网脊较高，可达 40–50 μm，或与射线的唇边相连。

比较　本种以射线附近的网脊特高与 *Minerisporites* 属的其他种区别，以三角形的极面轮廓和近极面上粗大的网状纹饰与 *Paxillitriletes phyllicus* 区分。

产地层位　库车河，克拉玛依组上部、克孜勒努尔组；库车河、群克 1 井，阳霞组。

飞羽米氏大孢 *Minerisporites volucris* Marcinkiewicz, 1960

（图版 56，图 5–7）

1960　*Minerisporites volucris* Marcinkiewicz, p. 723, pl. 7, figs. 1–3.

1961　*Triletes datura* Harris, p. 55, text-fig. 16a–h.

1969　*Minerisporites volucris*, Gry, pp. 80, 84, 85, text-fig. 6.10.

1971a　*Minerisporites volucris*, Marcinkiewicz, p. 39, pl. 19, figs. 1–6；pl. 20, figs. 1–5；pl. 21, figs. 1, 2.

1971b　*Minerisporites volucris*, Marcinkiewicz, p. 194.

1973　*Triletes datura*, Brzozowska, p. 647.

1981a　*Minerisporites volucris*, Marcinkiewicz, p. 88, pl. 22, figs. 3, 4, 8；pl. 23, figs. 1, 2.

1985　*Minerisporites datura* (Harris) Marcinkiewicz [sic], Petros'yants, p. 97.

1985　*Minerisporites* cf. *volucris*, Petros'yants, p. 97.

1989　*Minerisporites volucris*, Kovach and Batten, p. 262, text-fig. 4K；p. 272, text-fig. 5C.

1990　*Minerisporites volucris*, Batten and Kovach, p. 93.

1992　*Minerisporites volucris*, Koppelhus and Batten, p. 25, pl. 13, figs. 2–5, 7, 8；pl. 21, fig. 6.

2016　*Minerisporites volucris*, Morris and Batten, figs. 7.15, 7.16.

描述　一粒侧位压扁的标本，赤道直径 225 μm。三缝，具唇，唇高约 50 μm，顶缘呈不均匀齿状，延伸至赤道环上，环宽在角部约 45–50 μm，在辐间区 15–20 μm。本体表面网状，网眼呈不规则多角形，直径 10–15 μm。网脊窄，基部宽约 2 μm，高 3–5 μm，但在网脊交汇处形成的突起物要高大得多，其长约 20–60 μm，宽可达 15 μm。在近极面上，以射线两侧的纹饰最长。

比较　本种与 *Minerisporites* 属其他种的区别在于其网脊交汇处延伸出较长的棒状和刺状突起物。

产地层位　库车河，克孜勒努尔组。

米氏大孢（未定种 1）*Minerisporites* sp. 1

（图版 52，图 5）

描述　三缝大孢子，极面轮廓圆形，中央体直径 300 μm（1 粒标本）。射线具唇，唇在近极顶部高约 50 μm，末端达于膜状的赤道环上，环宽约 50 μm。接触区饰不规则、极不完全的网状纹饰，网脊宽小于 3 μm，网眼最大直径约 25 μm。网脊在交汇处增高，形成约 15–30 μm 高的锥刺或尖刺。

比较　本标本以其接触区上由纹饰基部组构的模糊网纹区别于 *Minerisporites* 属的所有已知种。

产地层位　哈 1 井，克拉玛依组上部。

那氏大孢属 *Nathorstisporites* Jung, 1958

1958　*Nathorstisporites* Jung, p. 121.
1976　*Nathorstisporites*, Jansonius and Hills, p. 1749.

模式种　*Nathorstisporites hopliticus* Jung, 1958。

属征　三缝大孢子，射线长小于孢子半径。在射线的唇上有刚毛状和凸缘状纹饰。无赤道环，但具明显且完整的弓形脊。孢壁整个表面饰稀散的尖或钝的锥瘤。

分布时代　全球，晚三叠世—中侏罗世（主要在早侏罗世）。

焉耆那氏大孢 *Nathorstisporites yanqiensis* Cui et al., 2004

（图版 55，图 1–5）

?1982b　*Echitriletes hispidus*，杨基端、孙素英，374 页，图版 1，图 8。
1987　*Nathorstisporites hopliticus*，杨基端、孙素英，315 页，图版 49，图 3，4。
2004　*Nathorstisporites yanqiensis* Cui et al., 崔炜霞等，299，302 页，图版 2，图 1–6。

描述　四粒保存欠佳或残缺的标本，呈侧位或倾斜状态压扁，赤道直径 325–395 μm。孢子三缝，射线直，伸达赤道，侧边镶以薄膜状、高起、带毛刺的唇，有些毛刺的上部分叉。弓形脊模糊，但可辨（图版 55，图 5）。近极接触区饰毛刺，刺稀疏分布，直或作弧形弯曲，向上渐细，顶端尖锐，有时可分叉（图版 55，图 2），高 30–65 μm，基部宽 12–18 μm，向远离射线的部位刺饰变短。远极表面饰稀疏分布的锥刺，刺高 12–15 μm，基部宽约 15 μm，罕见有毛刺延伸（图版 55，图 1）。高倍镜下，外壁表面呈细微网状，反映部分壁层的海绵状结构。

比较　这里描述的标本与 *Narkisporites yanqiensis* 的原产地标本相似，但弓形脊不如后者的清楚。本种以其毛刺状纹饰遍布于接触区与 *N. hopliticus* Jung, 1958 相区别，后者纹饰主要分布在射线唇边及其两侧。

产地层位　库车河，阿合组。

那氏大孢？（未定种 1）*Nathorstisporites*? sp. 1

（图版 55，图 6–9）

描述　三缝大孢子，赤道轮廓凸边三角形，直径 385 μm 和 460 μm（2 粒标本）。射线具唇，唇薄膜状，高 30–40 μm，近达赤道。接触区由微弱发育的弓形脊所界定，饰以顶端具小尖刺的块瘤和锥刺，纹饰基部直径 15–20 μm，高 30–45 μm，射线附近的纹饰更高些，相邻纹饰或在基部彼此相连呈短皱脊。孢子其余表面的纹饰相似，但较小。

比较 据近极纹饰明显较远极纹饰粗大的特点暂且存疑地将当前孢子归入 Nathorstisporites 属。

产地层位 塔中 1 井，俄霍布拉克组。

扇裂大孢属 *Paxillitriletes* Hall et Nicolson, 1973 emend. Batten et Koppelhus, 1993

1973　*Paxillitriletes* Hall et Nicolson, p. 319.

1993　*Paxillitriletes* Hall et Nicolson emend. Batten et Koppelhus, p. 38.

模式种　*Paxillitriletes reticulatus* (Mädler, 1954) Hall et Nicolson, 1973。

属征　三缝大孢子，赤道轮廓圆形至圆三角形。射线具膜状的唇，唇上具扁、长的纹饰。孢壁表面纹饰多变，包括颗粒、块瘤、皱瘤、毛刺、尖刺和/或网饰，靠近射线的纹饰变得更粗长。孢子赤道具膜环，环在辐间区一般较窄，但在辐射区与射线唇膜结合处总是扩展呈耳状。

评论　Mädler（1954）认为本属的模式种 *P. reticulatus* (Mädler, 1954) Hall et Nicolson, 1973（描述自德国下白垩统）的特征是：沿三射线的唇或在紧邻唇的旁边具毛刺，唇伸达或越过狭窄的赤道环。射线唇附近的毛刺是由孢子近极面上不规则的网状纹饰延伸出来的，远极表面也饰网状纹饰。前已述及，为便于把标本作出属的归类，Batten 和 Koppelhus（1993）修订了 *Paxillitriletes* 和 *Minerisporites* 两个属的特征。经修正的 *Paxillitriletes* 的特征是：紧邻三射线的纹饰变得更长，赤道环在辐间区一般都很窄，而在孢子角部与唇相融合处则总是扩张成耳状。

分布时代　全球，晚三叠世—白垩纪（主要在白垩纪）。

展翅扇裂大孢 *Paxillitriletes ales* (Harris, 1935) Batten et Koppelhus, 1993

（图版 56，图 1–4）

1935　*Triletes ales* Harris, p. 163, pl. 25, figs. 2, 8, 9, 11, text-fig. 53a.

1956　*Minerisporites ales* (Harris) Potonié, pp. 67, 68.

1960　*Minerisporites ales*, Jung, pl. 38, figs. 39–41；pl. 39, fig. 43.

1962　*Minerisporites ales*, Marcinkiewicz, p. 477, pl. 3, figs. 6, 7.

1964　*Minerisporites ales*, Marcinkiewicz, p. 57.

1969　*Minerisporites ales*, Marcinkiewicz, p. 109.

1970　*Minerisporites ales*, Bertelsen and Michelsen, pp. 32, 33, pl. 9, figs. 1–6；pl. 10, figs. 1, 2.

1971　*Minerisporites ales*, Kozur, p. 122.

1971a　*Minerisporites ales*, Marcinkiewicz, p. 38, pl. 17, figs. 2–5.

1971b　*Minerisporites ales*, Marcinkiewicz, p. 194.

1974　*Minerisporites ales*, Marcinkiewicz, p. 597.

1976　*Minerisporites ales*, Beutler, p. 123.

1979b　*Minerisporites ales*, Marcinkiewicz, p. 214, pl. 78, figs. 3–5.

1981　*Minerisporites ales*，杨基端、王若姗，图版 1，图 15。

1982　*Minerisporites* cf. *ales*, Candilier et al., pl. 1, fig. 21.

1984　*Triletes ales*，张璐瑾，图版 11，图 4。

1989　*Minerisporites ales*, Kovach and Batten, p. 261, text-fig. 4J；p. 272, text-fig. 5C.

1990　*Minerisporites ales*, Batten and Kovach, pp. 86, 87.

1993　*Paxillitriletes ales* (Harris) Batten et Koppelhus, p. 38.

描述　三缝大孢子，本体赤道轮廓亚圆形，直径 250 μm（一粒标本）。射线具唇，唇高 140 μm，达于赤道环上，环薄膜状，在辐间区宽约 20 μm，在孢子角部宽达 100–120 μm。外壁厚约 5 μm。孢子本体表面网状，网眼呈不规则多角形，直径 10–15 μm。网脊窄，基部宽约 2 μm，高 3–5 μm，在网脊交汇处增高，形成 20–40 μm 高、3–6 μm 宽的突起物。在近极面上，大多数的突起物出现在临近三射线唇的区域，有些高可达 35–50 μm，宽达 10–15 μm。

比较 描述的孢子在具高大、膜状的三射线唇边，其末端与赤道环融合并在孢子角部强烈突出，辐间区的赤道环很窄，射线侧边具粗长突起物等方面可与 Harris（1935）描述的模式产地（东格陵兰，瑞替期？/赫塘期）标本比较，但后者的孢壁表面只有小刺，没有网饰。这里描述的标本与下面描述的 P. phyllicus 也很相似，但三射线唇更高，赤道环在孢子角部更突出。

产地层位 库车河，阳霞组；杜瓦煤矿，杨叶组。

叶状扇裂大孢 *Paxillitriletes phyllicus* (Murray, 1939) Hall et Nicolson, 1973

（图版 57，图 1–12）

1939	*Triletes phyllicus* Murray, pp. 482, 485, figs. 7, 8.	
1955	cf. *Lycostrobus scotti* Nathorst, Znosko, pl. 6, figs. 11–15；pl. 7, figs. 19, 20.	
1955	*Triletes ales* Harris, Znosko, pp. 134, 136, 139, 142, 144, pl. 6, figs. 8, 9, 18–20.	
1955	*Lycostrobus scotti*, Znosko, pp. 134, 136, 139, 142, 144, 145, pl. 6, figs. 1–6；pl. 7, figs. 1–4, 16–18.	
1956	*Thomsonia phyllicus* (Murray) Potonié, p. 72.	
1957	*Triletes phyllicus*, Marcinkiewicz, p. 300.	
1960	*Thomsonia* (*Triletes*) *phyllicus* (Murry) Potonié, Marcinkiewicz, p. 724, pl. 8, figs. 1–5.	
1960	*Thomsonia* (*Triletes*) *phyllicus*, Marcinkiewicz et al., pp. 388, 389, pl. 3, figs. 8–10.	
1961	*Triletes phyllicus*, Harris, p. 48, text-figs. 13i–j, 14a–j.	
1961	*Triletes phyllicus* (giant form), Harris, pp. 50, 52, text-fig. 14k.	
1962	*Thomsonia* (*Triletes*) *phyllicus*, Marcinkiewicz, p. 478, pl. 13, figs. 1–5.	
1964	*Thomsonia phyllicus*, Marcinkiewicz, p. 59.	
1964	*Thomsonia phyllicus*, Singh, p. 156, pl. 23, fig. 7.	
1967	*Thomsonia phyllicus*, Stoermer and Wienholz, p. 566, pl. 10, fig. 88.	
1969	*Thomsonia phyllica*, Gry, pp. 71, 78, 80, 82, 84, 85, text-fig. 6.13.	
1971a	*Thomsonia phyllica*, Marcinkiewicz, p. 40, pl. 21, figs. 3–8.	
1971b	*Thomsonia phyllicus*, Marcinkiewicz, pp. 194, 196.	
1972	*Thomsonia phyllicus*, Kisneryus and Saydakovskiy, p. 97.	
1973	*Paxillitriletes phyllicus* (Murray) Hall et Nicolson, p. 320.	
1974	*Thomsonia phyllicus*, Marcinkiewicz, p. 597.	
1975	*Paxillitriletes phyllicus*, Filatoff, p. 55, pl. 8, figs. 8, 9.	
1980	*Paxillitriletes phyllicus*, Marcinkiewicz, p. 54, pl. 13, figs. 1–9；pl. 14, figs. 1a–b, 2, 3.	
1981a	*Paxillitriletes phyllicus*, Marcinkiewicz, pp. 86, 87, pl. 23, figs. 6, 7.	
1981	*Paxillitriletes? phyllicus*, Niemczycka and Marcinkiewicz, pl. 2, fig. 3；pl. 3, figs. 3, 6.	
1981	?*Paxillitriletes phyllicus*, Ware and Windle, p. 418.	
1982b	*Paxillitriletes phyllicus*，杨基端、孙素英，375 页，图版 2，图 11。	
1985	*Paxillitriletes* cf. *phyllicus*, Petros'yants, p. 97.	
1987	*Paxillitriletes phyllicus*，杨基端、孙素英，图版 3，图 9。	
1988	*Paxillitriletes phyllicus*, Lund and Ecke, p. 356, pl. 3, fig. 13.	
1989	*Paxillitriletes phyllicus*, Kovach and Batten, p. 263, text-fig. 4L；p. 272, text-fig. 5C.	
1990	*Paxillitriletes phyllicus*, Batten and Kovach, pp. 102, 103.	
1992	*Paxillitriletes phyllicus*, Koppelhus and Batten, p. 26, pl. 16, figs. 2–4；pl. 21, figs. 9, 13.	
1992	*Paxillitriletes phyllicus*, Munk and Granzow, p. 17, pl. 10, figs. 2, 4.	
?2000	*Paxillitriletes phyllicus*，王鑫甫，303，304 页，图版 3，图 3，4。	
2004	*Paxillitriletes phyllicus*，崔炜霞等，图版 3，图 4，6，7。	

2016 *Paxillitriletes phyllicus*, Slater and Wellman, fig. 6H, I.
2016 *Paxillitriletes phyllicus*, Morris and Batten, figs. 7.9, 7.10.

描述 三缝大孢子，中央本体极面轮廓圆三角形至亚圆形，直径 175（225）280 μm（10 粒标本）。射线具唇，唇具纵向肋纹，顶缘波状起伏，褶皱弯曲，高 50–70 μm，达于赤道环上。赤道环在辐间区宽 8–12 μm，在辐射区明显增宽，达 60–70 μm。外壁厚约 10 μm，表面呈网状，网穴不规则多角形，直径 10–20 μm。网脊基部宽 1.5 μm，高 3–5 μm，薄膜状，顶缘不规则，在射线附近的网脊交汇处的网脊向上延伸物最高，形成大致与射线的唇等高的突起物，突起物基部的大部分或可相连。

比较 *Paxillitriletes phyllicus* 是 *Paxillitriletes* 属唯一在侏罗纪沉积中得到广泛报道的种。自首次描述以来，*P. arcticus* (Bose, 1961) Batten et Kovach, 1990 的唯一一次记录是在挪威安多亚（Andoya）的侏罗系，而被 Gry（1969）鉴定为 *Thomsonia* cf. *pseudotenella*（此种现在已转归于 *Paxillitriletes* 属下）的标本归属也被 Kovach 和 Batten（1989）认为是可疑的。在 Koppelhus 和 Batten（1992）看来，Gry 鉴定的无论是中侏罗世，还是白垩纪最早期（贝里阿斯期）标本，没有一个能很好地与 *P. pseudotenellus* 作比较的。Singh（1964）所记录的阿普特期和中阿尔布期的 *P. phyllicus* 也很可能要归到另一个种里。虽然把本书侏罗纪的标本归到 *P. phyllicus* 没有多大问题，但形态上与一些白垩纪早期的种的确也很近似。

产地层位 库车河、群克 1 井，阳霞组；杜瓦煤矿，杨叶组；库车河，克孜勒努尔组。

塔里木大孢属（新属） *Tarimispora* gen. nov.

1996 *Tarimispora*，陈金华等，26 页。（裸名）
2001 *Tarimispora*，黎文本等，224，225 页。（裸名）
2004 *Tarimispora*，张师本等，61 页。（裸名）

词源 Tarim，塔里木，地名，本属孢子首次发现于此。
模式种 *Tarimispora perfecta* gen. et sp. nov.。
属征 三缝大孢子，极面轮廓亚三角形。射线高起，伸达赤道环。环在孢子角部较宽，与射线的唇膜结合外突呈耳状，在辐间区环不规则，一般较窄，甚或阙如，表面饰瘤状或皱脊状纹饰。
比较 本属与具膜环的大孢子属以纹饰不同可以区别：*Henrisporites* 的表面具刺状纹饰；*Minerisporites* 的纹饰呈网状；*Triangulatisporites* 的远极具网纹，近极平滑或颗粒状。
分布时代 中国（新疆），晚三叠世。

耳角塔里木大孢（新属、新种） *Tarimispora auriculata* gen. et sp. nov.

（图版 59，图 1–6）

1996 *Tarimispora auriculata*，陈金华等，26 页。（裸名）
2001 *Tarimispora auriculata*，黎文本等，210，211，225 页。（裸名）
2004 *Tarimispora auriculata*，张师本等，69 页。（裸名）

词源 auricula，拉丁语，耳状的，指在孢子角部凸出呈耳状的赤道环。
正模 图版 59，图 1，5。
副模 图版 59，图 2。
特征 赤道环在孢子角部外凸呈耳状，在辐间区发育微弱。
描述 本体极面轮廓凸边三角形至三角形，直径 240（290）380 μm（35 粒标本）。三射线直，隆起可达 40–50 μm，基部宽 10 μm，延伸至赤道环。赤道环膜状，在角部宽 30–40 μm，呈耳状，在辐间区微弱发育。近极饰紧密排列的瘤状纹饰，高约 5 μm，基部直径约 10 μm。远极分布弯曲的、紧密排列的脊条，脊条基部宽约 5 μm，高 3–5 μm。
比较 本种的赤道环主要在孢子角部发育，以此可与具完整赤道环的 *Tarimispora perfecta* 相区别。

产地层位 库车河、轮南 1 井、轮南 8 井，克拉玛依组上部；哈 1 井，黄山街组。

全环塔里木大孢（新属、新种）*Tarimispora perfecta* gen. et sp. nov.

（图版 58，图 1–11）

1996 *Tarimispora auriculata*，陈金华等，26 页。（裸名）
2001 *Tarimispora perfecta*，黎文本等，210，211，225 页。（裸名）
2004 *Tarimispora perfecta*，张师本等，69 页。（裸名）

词源 *perfectus*，拉丁语，完全的，指其赤道环完整。
正模 图版 58，图 1–3。
副模 图版 58，图 7。
特征 具完整且普遍发育的赤道环。
描述 本体极面轮廓微凸边三角形至圆三角形，直径 180（285）305 μm（7 粒标本）。三缝，射线直或微弯曲，顶部高起达 40 μm，基部宽约 10 μm，伸达赤道环上。赤道环膜状，角部宽 30–50 μm，辐间区环宽 20–40 μm。外壁厚约 5 μm。近极纹饰在边缘区呈断续脊状，脊状纹饰延展可达 60 μm，基部宽 5–10 μm，大致作放射状排列，向极部间断增加，纹饰渐变成瘤状，瘤高可达 10 μm，基部宽 5–15 μm。远极表面饰脊状纹饰，隆脊宽约 5 μm，高 3–5 μm，扭曲延伸，排列紧密。
比较 本种以具较完整的赤道环区别于 *Tarimispora auriculata*，后者的赤道环主要发育于孢子的角部，突出呈耳状。
产地层位 库车河、轮南 1 井，克拉玛依组上部；哈 1 井，黄山街组。

库车孢形体属 *Kuqaia* Li, 1993

1993 *Kuqaia* Li，黎文本，72 页。

模式种 *Kuqaia quadrata* Li, 1993。
属征 两侧对称的有机微体化石。对称的两侧于背脊处相连，腹部开裂。壳壁单层，内表面光滑无饰物，外表面具同心状及辐射状脊纹。同心脊的中心在腹部一侧，辐射脊方向大致与同心脊直交，壳壁于腹部稍薄，在尾部呈尖刺状。
评论 *Kuqaia* 属是一类亲缘关系尚不明了的孢形体化石。为了方便，我们假定标本张开的一面为腹面，相反的一面为背面，具刺的一端为尾部，相反的一端为前端。本书收录这类化石于此是因为这类化石常与大孢子一起大量出现在特定的组合带中，在生物地层学上具有标志意义。
分布时代 中国、挪威、英国，早、中侏罗世。

同心库车孢形体 *Kuqaia concentrica* Li, 1993

（图版 60，图 1–5）

1993 *Kuqaia concentrica* Li，黎文本，75 页，图版 2，图 1–4。
2003 *Kuqaia concentrica*，罗正江等，图版 1，图 7。
2003 *Kuqaia quadrata*，罗正江等，图版 1，图 10。
2004 *Kuqaia concentrica*，崔炜霞等，图版 4，图 7–10。
2014 *Kuqaia concentrica*，阎存凤等，图 3（左起第一个标本）。

描述 孢形体背-腹视长椭圆形，长 370–425 μm、宽 165–195 μm。体壁厚约 3 μm，两侧各饰约 15–20 条粗强的同心脊，脊纹宽 5–8 μm。辐射脊宽约 1 μm，在两侧表面微弱发育，在同心脊之间不规则出现。在腹缘及后腹缘上可见细弱的同心脊，但无辐射脊。后腹缘向外翻卷呈衣领状，宽 30–50 μm，尾刺长约 40 μm，末端尖锐。
评论 本种以其表面的同心脊发育良好，而辐射脊欠发达为主要特征。
产地层位 江格沙依，康苏组/杨叶组；库车河、轮南 1 井、齐格勒克、群克 1 井、维马 1 井，阳霞组；普鲁，杨叶组。

方格库车孢形体 *Kuqaia quadrata* Li, 1993

（图版 59，图 7–11）

1993 *Kuqaia quadrata* Li，黎文本，74 页，图版 1，图 1–9。
2000 *Kuqaia quadrata*，王鑫甫，302 页，图版 3，图 9；图版 4，图 3，4，6。
2003 *Kuqaia concentrica*，罗正江等，图版 1，图 1–4，7。
2004 *Kuqaia quadrata*，崔炜霞等，图版 3，图 9–11。
2009 *Kuqaia quadrata*, Morris et al., p. 173.
2014 *Kuqaia concentrica*，阎存凤等，图 3（左起第二个标本）。
2014 *Kuqaia quadrata*，阎存凤等，图 3（左起第三个标本）。

描述 孢形体背-腹视呈梭形，长 365–490 μm、宽 140–250 μm、高 150–200 μm。体壁两侧各饰同心脊 18–25 条，辐射脊 35–55 条，脊纹规则排列，互相交织，呈梯形、正方形的网格状。腹缘与后腹缘上只有微弱发育的同心脊。后腹缘宽 35–40 μm，闭合或翻卷呈衣领状。尾部具尾刺，长约 20 μm。

评论 本种以壁层表面由同心脊与辐射脊大致直交成明显的网格状装饰为特征。Morris 等（2009，p. 173）在挪威滨海 Urd 油田下侏罗统 Åre 组中采获 600 余粒 *Kuqaia* 属的标本。据他们观察，标本表面的同心脊纹与放射脊纹的突显程度随标本的压扁程度和方位，以及保存状况不同而多有变化，难以确定哪一类脊纹更显强势而作出种的划分，但一些未被压扁且保存完好的标本在形态上与黎文本（1993）描述的 *K. quadrata* 标本更为接近。而从他们的几个图示标本（Morris et al., 2009, pl. 2, figs. 14, 15; pl. 3, figs. 1, 2）看，似乎更接近于当前描述的 *K. radiata*。

产地层位 东河 1 井、库车河、齐格勒克、群克 1 井，阳霞组；江格沙依，康苏组/杨叶组；喀拉吉里岗，康苏组。

辐射库车孢形体 *Kuqaia radiata* Li, 1993

（图版 60，图 7–10）

1993 *Kuqaia radiata* Li，黎文本，75 页，图版 2，图 5–10。
2000 *Kuqaia radiata*，王鑫甫，303 页，图版 4，图 2。
2004 *Kuqaia radiata*，崔炜霞等，图版 4，图 1–5。
2009 *Kuqaia quadrata*, Morris et al., pl. 2, figs. 14, 15; pl. 3, figs. 1, 2.
2014 *Kuqaia radiata*，阎存凤等，图 3（右起第一个标本）。
2016 *Kuqaia radiata*, Morris and Batten, p. 169, fig. 16.

描述 孢形体纺缍形，背脊凹陷，长 340–415 μm、宽 160–180 μm、高 165–185 μm。体壁表面饰辐射脊，脊宽约 10 μm，紧密排列。在一些标本的腹缘上或可见微弱的同心脊。尾刺长 25–38 μm。

评论 本种以壳壁表面的辐射脊粗强而同心脊微弱发育为主要特征。

产地层位 东河 1 井、库车河、齐格勒克、群克 1 井，阳霞组；齐格勒克、江格沙依、喀拉吉里岗，康苏组；普鲁，杨叶组。

杨氏库车孢形体 *Kuqaia yangii* Cui et al., 2004

（图版 60，图 6）

2003 *Kuqaia radiata*，罗正江等，图版 1，图 8。
2004 *Kuqaia yangii* Cui et al.，崔炜霞等，303 页，图版 2，图 7，8。

描述 一粒不完整的标本，侧视呈橘瓣状，长约 400 μm、高 210 μm。背部饰同心状脊纹，两侧具辐射脊，脊宽和间距均约 3 μm。腹缘可见微弱的同心脊。

评论 本种以背部具同心脊，两侧具辐射脊区别于本属的其他种。

产地层位 东河 1 井，阳霞组。

焉耆库车孢形体 *Kuqaia yanqiensis* Cui et al., 2004

（图版 59，图 12）

2004 *Kuqaia yanqiensis* Cui et al.，崔炜霞等，303 页，图版 3，图 8；图版 4，图 6。

描述 一粒不完整的标本，侧视呈橘瓣状，长 350 μm、高 150 μm。背脊凹陷。壳壁表面平滑或具极微弱的辐射纹。

评论 本种以表面无明显纹饰区别于本属的其他种。

产地层位 江格沙依，康苏组/杨叶组；轮南 1 井，阳霞组。

参 考 文 献
References

Antonescu E, Taugourdeau-Lantz J. 1973. Considérations sur des mégaspores et microspores du Trias inférieur et moyen de Roumanie. Palaeontographica B, 144: 1–10, 6 pls

Bai Yunhong, Lu Mengning, Chen Leyao, Long Ruihua. 1983. Mesozoic spore-pollen. In: Chengdu Institute of Geology and Mineral Resources (ed). Paleontological Atlas of Southwest China. Volume of Microfossils. Beijing: Geological Publishing House. 520–653, pls. 117–150 (in Chinese)［白云洪, 卢孟凝, 陈乐尧, 龙瑞华. 1983. 中生代孢子花粉. 见: 成都地质矿产研究所主编. 西南地区古生物图册 微体古生物分册. 北京: 地质出版社. 520–653, 图版 117–150］

Banerji J, Kumaran K P N, Maheshwari H K. 1978. Upper Triassic sporae dispersae from the Tiki Formation: megaspores from the Janar Nala section, South Rewa Gondwana Basin. The Palaeobotanist, 25 (for 1976): 1–26

Batten D J. 1988. Revision of S. J. Dijkstra's Late Cretaceous megaspores and other plant microfossils from Limburg, the Netherlands. Mededelingen Rijks Geologische Dienst, 41-3: 55 pp

Batten D J. 1995. Megaspores from lowermost Aptian beds in northern Germany. Geologisches Jahrbuch A, 141: 403–443

Batten D J. 2012. Taxonomic implications of exospore structure in selected Mesozoic lycopsid megaspores. Palynology, 36 (Supplement 1): 144–160

Batten D J, Koppelhus E B. 1993. Morphological reassessment of some zonate and coronate megaspore genera of mainly post-Palaeozoic age. Review of Palaeobotany and Palynology, 78: 19–40

Batten D J, Kovach W L. 1990. Catalog of Mesozoic and Tertiary megaspores. American Association of Stratigraphic Palynologists, Contributions Series, 24: ii + 227 pp

Bertelsen F, Michelsen O. 1970. Megaspores and ostracods from the Rhaeto-Liassic section in the boring Rødby No. 1, southern Denmark. Danmarks Geologiske Undersøgelse, II Række, 94: 60 pp, 17 pls

Beutler G. 1976. Zur Ausbildung und Gliederung des Keupers in NE-Mecklenburg. Jahrbuch für Geologie, 7/8 (for 1971–72): 119–126

Beutler G, Heunisch C, Luppold F W, Rettig B, Röhling H-G. 1996. Muschelkalk, Keuper und Lias am Mittellandkanal bei Sehnde (Niedersachsen) und die regionale Stellung des Keupers. Geologisches Jahrbuch A, 145: 67–197

Bharadwaj D C, Tiwari R S. 1970. Lower Gondwana megaspores—a monograph. Palaeontographica B, 129: 1–70, 15 pls

Binda P L, Srivastava S K. 1968. Silicified megaspores from Upper Cretaceous beds of southern Alberta, Canada. Micropaleontology, 14: 105–113

Bose M M. 1961. Leaf-cuticle and other plant microfossils from the Mesozoic rocks of Andøya, Norway. The Palaeobotanist, 8(for 1959): 1–7, 2 pls

Brzozowska M. 1973. Megaspory jury środkowej z otworu wiertniczego Siercza-1. Kwartalnik Geologiczny, 17: 647–648

Candilier A M, Coquel R, Decommer H. 1982. Étude palynologique du Lias dans le Boulonnais (Nord de la France). Revue de Micropaléontologie, 25: 17–25

Cao Zhengyao, Li Wenben, Liu Zhaosheng, Chen Jinhua, Cao Meizhen, Xiao Shuhai. 2001. Jurassic. In: Zhou Zhiyi (ed). Stratigraphy of the Tarim Basin. Beijing: Science Press. 236–260 (in Chinese with English summary)［曹正尧, 黎文本, 刘兆生, 陈金华, 曹美珍, 肖书海. 2001. 侏罗系. 见: 周志毅主编. 塔里木盆地各纪地层. 北京: 科学出版社. 236–260］

Chen Jinhua. 1990. Geological development of Tarim during the Mesozoic and Cenozoic. In: Zhou Zhiyi, Chen Peiji (eds). Biostratigraphy and Geological volution of Tarim. Beijing: Science Press. 339–363 (in Chinese) [陈金华. 1990. 塔里木中、新生代地质发展史. 见: 周志毅, 陈丕基主编. 塔里木生物地层和地质演化. 北京: 科学出版社. 339–363]

Chen Jinhua. 1992. Geological development of Tarim during the Mesozoic and Cenozoic. In: Zhou Zhiyi, Chen Peiji (eds). Biostratigraphy and Geological Evolution of Tarim. Beijing: Science Press. 371–396

Chen Jinhua, Li Wenben, Cao Meizhen, Cao Zhengyao, Liu Zhaosheng, Xiao Shuhai. 1996. New advances on the study of Triassic and Jurassic biostratigraphy in Tarim Basin. In: Tong Xiaoguang, Liang Digang, Jia Chengzao (eds). Advance of Petrogeological Studies of Tarim Basin. Beijing: Science Press. 26–33 (in Chinese with English abstract)［陈金华，黎文本，曹美珍，曹正尧，刘兆生，肖书海. 1996. 塔里木盆地三叠纪和侏罗纪生物地层研究新进展. 见：童晓光，梁狄刚，贾承造主编. 塔里木盆地石油地质研究新进展. 北京：科学出版社. 26–33］

Chen Jinhua, Li Wenben, Cao Meizhen, Cao Zhengyao, Liu Zhaosheng, Xiao Shuhai. 2001. Non-marine Cretaceous. In: Zhou Zhiyi (ed). Stratigraphy of the Tarim Basin. Beijing: Science Press. 261–279 (in Chinese with English summary)［陈金华，黎文本，曹美珍，曹正尧，刘兆生，肖书海. 2001. 非海相白垩系. 见：周志毅主编. 塔里木盆地各纪地层. 北京：科学出版社. 261–279］

Chen Peiji, McKenzie K G, Zhou Hanzhong. 1996. A further research into Late Triassic Kazacharthra Fauna from Xinjiang Uygur Autonomous Region, NW China. Acta Palaeontologica Sinica, 35(3): 272–291 (in English with Chinese abstract)［陈丕基，McKenzie K G，周汉忠. 1996. 新疆晚三叠世哈萨克虫动物群的进一步研究. 古生物学报, 35(3): 272–291］

Cui Weixia, Zeng Guangyan, Zhu Hongwei, Li Wenben. 2004. Early Jurassic megaspores and palynomorphs from the Bohu Depression, Yanqi Basin, Xinjiang NW China. Acta Micropalaeontologica Sinica, 21: 292–308 (in Chinese with English abstract)［崔炜霞，曾光艳，朱红卫，黎文本. 2004. 新疆焉耆盆地博湖拗陷早侏罗世大孢子及孢型体化石. 微体古生物学报, 21: 292–308］

Cui Weixia, Weng Xia, Nan Kewei, Zhu Hongwei, Zeng Guangyan, Tu Li, Zhang Fan. 2018. Late Triassic megaspores from the Yichuan Basin in Henan Province, China. Acta Micropalaeontologica Sinica, 35(3): 329–334 (in Chinese with English abstract)［崔炜霞，翁霞，南科为，朱红卫，曾光艳，涂黎，张帆. 2018. 河南伊川盆地晚三叠世大孢子化石. 微体古生物学报, 35(3): 329–334］

Danzé J, Laveine J P. 1963. Étude palynologique d'une argile provenant de la limite Lias-Dogger, dans un sondage à Boulogne-sur-Mer. Annales de la Société Géologique du Nord, 83: 79–90, 4 pls

Dettmann M E. 1961. Lower Mesozoic megaspores from Tasmania and South Australia. Micropaleontology, 7: 71–86

Dijkstra S J. 1949. Megaspores and some other fossils from the Aachenian (Senonian) in south Limburg, Netherlands. Mededelingen van de Geologische Stichting, Nieuwe Serie, 3: 19–32, pls 1, 2

Dijkstra S J. 1951. Wealden megaspores and their stratigraphical value. Mededelingen van de Geologische Stichting, Nieuwe Serie, 5: 7–22, pls 2, 3

Erdtman G. 1947. Suggestions for the classification of fossil and recent pollen grains and spores. Svensk Botanisk Tidskrift, 41: 104–114

Faddeeva I Z. 1960. Megaspores from the Jurassic of western Kazakhstan. Paleontologicheskiy Zhurnal, 1960/4: 125–128, 1 pl (in Russian)

Faddeeva I Z. 1965. Palynological basis for the stratigraphic subdivision of the lower Mesozoic coal-bearing deposits of the Or'-Ilek region. Akademiya Nauk SSSR, Vsesoyuzniy Nauchno-Issledovatel'skiy Geologichesky Institut, Izdatel'stvo 'Nauka', Moskva-Leningrad. 119 pp, 8 pls (in Russian)

Filatoff J. 1975. Jurassic palynology of the Perth Basin, Western Australia. Palaeontographica B, 154: 1–113, 30 pls

Fuglewicz R. 1973. Megaspores of Polish Buntersandstein and their stratigraphical significance. Acta Palaeontologica Polonica, 18: 401–453, 14 pls

Fuglewicz R. 1977a. New species of megaspores from the Trias of Poland. Acta Palaeontologica Polonica, 22: 405–431, 14 pls

Fuglewicz R. 1977b. Stratygrafia pstrego piaskowca na południowozachadnim brzegu monokliny przedsudeckiej. Acta Geologica Polonica, 27: 471–479, 2 pls (English summary)

Fuglewicz R. 1979a. Megaspores found in the earliest Triassic deposits of the Tatra Mountains. Annales de la Société Géologique de Pologne, 49: 271–275

Fuglewicz R. 1979b. Stratygrafia pstrego piaskowca w wierceniv Otyń IG-1 (monoklina przedsudecka). Annales de la Société Géologique de Pologne, 49: 277–286, 4 pls (English summary)

Fuglewicz R. 1980a. Stratigraphy and palaeogeography of Lower Triassic in Poland on the basis of megaspores. Acta Geologica Polonica, 30: 417–470

Fuglewicz R. 1980b. Some new megaspore species of the Triassic of Poland. Acta Palaeontologica Polonica, 25: 233–241, 4 pls (Polish abstract)

Fuglewicz R, Marcinkiewicz T. 1986. Megaspores. In: Malinowska L (ed). Geology of Poland. Atlas of Guide and Characteristic Fossils, Mesozoic, Triassic. Wydawnictwa Geologiczne, Warsaw, 3(2a): 155–176, 30 pls (Updated and modified English translation of Marcinkiewicz, 1979b)

Fuglewicz R, Śnieżek P. 1980. Megaspory górnego Triasu z Lipia Śląskiego Koło Lublinca. Przegląd Geologiczny, 1980/8: 459–461

Gajewska I. 1973. Charakterystyka osadów piaskowca trzcinowego na Nizu Polskim. Kwartalnik Geologiczny, 17: 507–514

Gajewska I. 1978. Stratygrafia i rozwój kajpru w północno-zachodniej Polsce. Prace Instytutu Geologicznego, 87: 5–59, 2 pls (Russian and English summaries)

Gajewska I, Marcinkiewicz T. 1978. O megasporach i litostratygrafii pstrego piaskowca SW obszaru monokliny przedsudeckiej. Acta Geologica Polonica, 28: 517–523 (English summary)

Germar E F. 1852. *Sigillaria sternbergi* Münster aus dem bunter Sandstein. Zeitschrift der Deutschen Geologischen Gesellschaft, 4: 183–189, 1 pl

Glasspool I J. 2000. Megaspores from the Late Permian, Lower Whybrow coal seam, Sydney Basin, Australia. Review of Palaeobotany and Palynology, 110: 209–227

Glasspool I J. 2003. A review of Permian Gondwana megaspores with particular emphasis on material collected from coals of the Witbank Basin of South Africa and the Sydney Basin of Australia. Review of Palaeobotany and Palynology, 124: 227–296

Grauvogel-Stamm L, Lugardon B. 2004. The spores of the Triassic lycopsid *Pleuromeia sternbergii* (Münster) Corda: morphology, ultrastructure, phylogenetic implications, and chronostratigraphic inferences. International Journal of Plant Sciences, 165: 631–650

Gry H. 1969. Megaspores from the Jurassic of the island of Bornholm, Denmark. Meddelelser fra Dansk Geologiske Forening, København, 19: 69–89

Gunther P R, Hills L V. 1972. Megaspores and other palynomorphs of the Brazeau Formation (Upper Cretaceous), Nordegg area, Alberta. Geoscience and Man, 4: 29–48, 8 pls

Hall J W, Nicolson D H. 1973. *Paxillitriletes*, a new name for fossil megaspores hitherto invalidly named *Thomsonia*. Taxon, 22: 319–320

Harris T M. 1935. The fossil flora of Scoresby Sound, East Greenland. Part 4: Ginkgoales, Coniferales, Lycopodiales and isolated fructifications. Meddelelser om Grønland, 112(1): 176 pp, 29 pls

Harris T M. 1961. The Yorkshire Jurassic Flora I. Thallophyta–Pteridophyta. London: British Museum (Natural History), ix + 212 pp

Hemsley A R, Scott A C. 1989. The ultrastructure of four Australian Triassic megaspores. Pollen et Spores, 31: 133–154

Høeg O A, Bose M N, Manum S. 1955. On the double walls in fossil megaspores, with description of *Duosporites congoensis* n. gen., n. sp. Nytt Magasin for Botanik, 4: 101–106

Huang Zhibin, Wu Shaozu, Zhao Zhixin, Li Meng, Tan Zejin, Du Pingde. 2002. The composite regional stratigraphic classification in Tarim Basin and its circumferences. Xinjiang Petroleum Geology, 23(1): 13–17 (in Chinese with English abstract)[黄智斌, 吴绍祖, 赵治信, 李猛, 谭泽金, 杜品德. 2002. 塔里木盆地及周边综合地层区划. 新疆石油地质, 23(1): 13–17]

Hughes N F. 1955. Wealden plant microfossils. Geological Magazine, 92: 201–217, pls 10–12

Ibrahim A C. 1933. Sporenformen der Ägirhorizontes des Ruhrreviers. Würzburg. Konrad Triltsch, Technische Hochschule

Berlin: Dissertation, 48 pp

Jansonius J, Hills L V. 1976. Genera File of Fossil Spores. Special Publication, Department of Geology, University of Calgary, T2N IN4, Canada. 1–3287

Jansonius J, Hills L V. 1977. Genera File of Fossil Spores. Supplement I. Special Publication, Department of Geology, University of Calgary, T2N IN4, Canada. 3288–3431

Jansonius J, Hills L V. 1978. Genera File of Fossil Spores. Supplement II. Special Publication, Department of Geology, University of Calgary, T2N IN4, Canada. 3432–3520

Jansonius J, Hills L V. 1979. Genera File of Fossil Spores. Supplement III. Special Publication, Department of Geology, University of Calgary, T2N IN4, Canada. 3521–3628

Jansonius J, Hills L V. 1980. Genera File of Fossil Spores. Supplement IV. Special Publication, Department of Geology, University of Calgary, T2N IN4, Canada. 3629–3800

Jansonius J, Hills L V. 1981. Genera File of Fossil Spores. Supplement V. Special Publication, Department of Geology, University of Calgary, T2N IN4, Canada. 3801–3932

Jansonius J, Hills L V. 1982. Genera File of Fossil Spores. Supplement VI. Special Publication, Department of Geology, University of Calgary, T2N IN4, Canada. 3933–4056

Jansonius J, Hills L V. 1983. Genera File of Fossil Spores. Supplement VII. Special Publication, Department of Geology, University of Calgary, T2N IN4, Canada. 4057–4188

Jansonius J, Hills L V. 1985. Genera File of Fossil Spores. Supplement VIII. Special Publication, Department of Geology, University of Calgary, T2N IN4, Canada. 4189–4360

Jansonius J, Hills L V. 1987. Genera File of Fossil Spores. Supplement IX. Special Publication, Department of Geology, University of Calgary, T2N IN4, Canada. 4361–4575

Jansonius J, Hills L V. 1990. Genera File of Fossil Spores. Supplement X. Special Publication, Department of Geology, University of Calgary, T2N IN4, Canada. 4576–4811

Jansonius J, Hills L V. 1992. Genera File of Fossil Spores. Supplement XI. Special Publication, Department of Geology, University of Calgary, T2N IN4, Canada. 4812–5002

Jansonius J, Hills L V, Hartkopf-Fröder C. 1998. Genera File of Fossil Spores. Supplement XII. Special Publication, Department of Geology, University of Calgary, T2N IN4, Canada. 5003–5300

Jiang Dexin, He Zhuosheng, Dong Kailin. 1988. Early Cretaceous palynofloras from Tarim Basin, Xinjiang. Acta Botanica Sinica, 30(4): 430–440 (in Chinese with English abstract)[江德昕, 何卓生, 董凯林. 1988. 新疆塔里木盆地早白垩世孢粉组合. 植物学报, 30(4): 430–440]

Jiang Dexin, Wang Yongdong, Wei Jiang. 2007a. Palynofloras and their environmental significance of the Early Cretaceous in Wuqia, Xinjiang Autonomous Region. Journal of Palaeogeography, 9(2): 185–196 (in Chinese with English abstract)[江德昕, 王永栋, 魏江. 2007a. 新疆乌恰早白垩世孢粉植物群及其环境意义. 古地理学报, 9(2): 185–196]

Jiang Dexin, Wang Yongdong, He Zhuosheng, Dong Kailin. 2007b. Early Cretaceous sporopollen assemblages from the Shushanhe Formation in Baicheng area of the Tarim Basin, Xinjiang. Acta Micropalaeontologica Sinica, 24(3): 247–260 (in Chinese with English abstract)[江德昕, 王永栋, 何卓生, 董凯林. 2007b. 新疆塔里木拜城地区早白垩世舒善河组孢粉组合. 微体古生物学报, 24(3): 247–260]

Jiang Dexin, Wang Yongdong, Wei Jiang. 2008. Palynoflora in Baicheng, Xinjiang Autonomous Region. Journal of Palaeogeography, 10(1): 77–86 (in China with English abstract)[江德昕, 王永栋, 魏江. 2008. 新疆拜城早白垩世孢粉植物群及其环境意义. 古地理学报, 10(1): 77–86]

Jung W. 1958. Zur Biologie und Morphologie einiger disperser Megasporen, vergleichbar mit solchen von *Lycostrobus scotti*, aus dem Rhät–Lias Frankens. Geologische Blätter für Nordost-Bayern, 8: 114–130, 1 pl

Jung W. 1960. Die dispersen Megasporen der fränkischen Rhät–Lias-Grenzschichten. Palaeontographica B, 107: 127–170, 4 pls

Kannegieser E, Kozur H. 1972. Zur Mikropaläontologie des Schilfsandsteins (Karn). Geologie, 21(2): 185–215

Kar R K. 1968. Palynology of the Barren Measure Sequence from Jharia Coalfield, Bihar, India. 3. Studies on the megaspores. Palaeobotanist, 16: 292–330

Karasev E, Turnau E. 2015. Earliest Triassic (Induan) megaspores from Moscow Syneclise, Russia: taxonomy and stratigraphy. Annales Societatis Geologorum Poloniae, 85: 271–284

Kisneryus Y L, Saydakovskiy L R. 1972. Stratigraphy of the Triassic deposits of the west and south-west part of the East-European Platform. Upravlyenie Geologii pri Sovyete Ministrov Litovskoy SSR, Litovskiy Nauchno-Issledovatel'skiy Geologorazvedochnyy Institut, Trudy, 16: 124 pp (in Russian with German and Lithuanian summaries)

Knobloch E. 1984. Megasporen aus der Kreide von Mitteleuropa. Sborník Geologických Věd, Paleontologie, 26: 157–195, 12 pls

Koppelhus E B, Batten D J. 1992. Megaspore assemblages from the Jurassic and lowermost Cretaceous of Bornholm, Denmark. Danmarks Geologiske Undersøgelse Serie A, 32: 81 pp

Kovach W L, Batten D J. 1989. World-wide stratigraphic occurrences of Mesozoic and Tertiary megaspores. Palynology, 13: 247–277

Kozur H. 1971. Zur Verwertbarkeit von Conodonten, Ostracoden und ökologisch-fazielle Untersuchungen in der Trias. Geologicky Zborník, Geologica Carpathica, 22: 105–130 (Russian summary)

Kozur H. 1972. Die Bedeutung der Megasporen und Characeen-Oogonien für stratigraphische und ökologisch-fazielle Untersuchungen in der Trias. Mitteilungen der Gesellschaft für Geologie Bergbaustud, Innsbruck, 21: 437–454, 3 pls

Kozur H. 1973. Neue Megasporen aus dem Karn des Ilek-Beckens. Geologische und Paläontologische Mitteilungen Innsbruck, 3: 1–12, 3 pls

Kozur H. 1974. Biostratigraphie der germanischen Mitteltrias, Teil II. Freiberger Forschungshefte, C280 Paläontologie, 71 pp.

Kozur H. 1976. Ökologisch-fazielle Probleme bei der stratigraphischen Gliederung und Korrelation der germanischen Trias und faziell ähnlicher Triasablagerungen. Jahrbuch für Geologie, 7/8 (for 1971–72): 87–108

Kozur H. 1979. *Pavlovisporites uralicus* n. gen. n. sp., eine neue Megaspore aus dem Kungurian (Leonardian) des Vorurals. Geologisch Paläonotologische Mitteilungen Innsbruck, 9: 175–177

Kozur H, Movshovich E V. 1976. Megaspores from the Triassic Hemmanellae layers of the southwest part of the North Caspian Depression and their stratigraphic significance. Isvestiya Academiya Nauk SSSR, Seriya Geologicheskaya, 1976/3: 53–60 (in Russian)

Kutluk H, Hills L V. 2017. Megaspores from the Upper Cretaceous (Campanian) Horseshoe Canyon Formation of south-central Alberta, Canada, with a review of the genera *Costatheca* and *Spermatites*. Palynology, 41: 31–71

Lei Zuoqi. 1978. The sporo-pollen assemblage of Shezhe Formation of Yipinglang Coal Series in Luquan of Yunnan and its stratigraphical significance. Acta Botanica Sinica, 20: 229–236, 361–372, 4 pls (in Chinese with English abstract)［雷作淇. 1978. 云南禄劝大根村一平浪煤系舍资组孢粉组合及其意义. 植物学报, 20: 229–236, 361–372, 4 图版］

Li Boqin, Yao Jianxin, Hou Jingpeng. 2007. Discovery of Triassic sporopollen assemblage in the Sailiyakedaban Area, southern Yecheng County, Xinjiang. Acta Geologica Sinica, 81(6): 721–724［李博秦, 姚建新, 侯静鹏. 2007. 新疆叶城县南部赛力亚克达坂一带三叠纪孢粉组合的发现. 地质学报, 81(6): 721–724］

Li Hui, Yu Jianxin, Huang Qisheng, Shi Xiao, Huang Cheng. 2014. Geological significance of the lycopod megaspores from the Early Triassic Kayitou Formation of the western Guizhou Province and eastern Yunnan region. Journal of Lanzhou University (Natural Sciences), 50: 168–179 (in Chinese with English abstract)［李慧, 喻建新, 黄其胜, 史骁, 黄程. 2014. 黔西滇东早三叠世卡以头组石松类大孢子的地质意义. 兰州大学学报(自然科学版), 50: 168–179］

Li Wenben. 1974. Triassic palynomorphs. In: Nanjing Institute of Geology and Palaeontology, Academia Sinica (ed). Handbook of Stratigraphy and Palaeontology in Southwest China. Beijing: Science Press. 362–370, 2 pls (in Chinese)［黎文本. 1974. 三叠纪孢粉. 见: 中国科学院南京地质古生物研究所编著. 西南地区地层古生物手册. 北京: 科学出版社. 362–370, 2 图版］

Li Wenben. 1993. *Kuqaia*—a new palynomorph taxon. Acta Micropalaeontologica Sinica, 10: 71–76, 2 pls (in Chinese)［黎文本. 1993. *Kuqaia*——一孢型体新类群. 微体古生物学报, 10: 71–76］

Li Wenben. 2000a. The fossil megaspore *Tricristatispora tricristata* (Li, 1974) comb. nov. Acta Micropalaeontologica Sinica, 17: 451–455, 1 pl. (in Chinese with English summary)［黎文本. 2000a. 化石大孢子 *Tricristatispora tricristata* (Li, 1974) comb. nov. 微体古生物学报, 17: 451–455, 1 图版］

Li Wenben. 2000b. Early Cretaceous palynoflora from northern Tarim Basin. Acta Palaeontologica Sinica, 39(1): 28–45 (in Chinese with English summary)［黎文本. 2000b. 塔里木盆地北部早白垩世孢粉组合. 古生物学报, 39(1): 28–45］

Li Wenben, He Chengquan. 1996. Early Triassic acritarchs of Tarim and their palaeoenvironmental significance. Acta Palaeontologica Sinica, 35(Supplement): 18–36, 2 pls (in Chinese with English summary)［黎文本, 何承全. 1996. 塔里木盆地早三叠世疑源类化石及其环境意义. 古生物学报, 35(增刊): 18–36, 2 图版］

Li Wenben, Batten D J, Zhang Dahua, Zhang Liangde. 1987. Early Cretaceous megaspores from the Jalainor Group of northeast Inner Mongolia, P. R. China. Palaeontographica B, 206: 117–135, 9 pls

Li Wenben, Chen Jinhua, Cao Zhengyao, Xiao Shuhai, Cao Meizhen. 2001. Triassic. In: Zhou Zhiyi (ed). Stratigraphy of the Tarim Basin. Beijing: Science Press. 208–235 (in Chinese with English summary)［黎文本, 陈金华, 曹正尧, 肖书海, 曹美珍. 2001. 三叠系. 见: 周志毅主编. 塔里木盆地各纪地层. 北京: 科学出版社. 208–235］

Liu Feng, Zhu Huaicheng, Ouyang Shu. 2011. Taxonomy and biostratigraphy of Pennsylvanian to Late Permian megaspores from Shanxi, North China. Review of Palaeobotany and Palynology, 165: 135–153

Liu Gesheng, Wei Ling. 2007. Triassic palynological assemblages from Yuqi, Tarim Basin. Geology and Mineral Resources of South China, 2007(4): 56–63 (in Chinese with English abstract)［刘格升, 魏玲. 2007. 塔里木盆地于奇地区三叠纪孢粉组合. 华南地质与矿产, 2007(4): 56–63］

Liu Hongfu, Che Zicheng, Yin Fengjuan, Luo Jinhai. 1995. Discovery of the Middle Jurassic in Pulu of Yutian, Xinjiang and features of the palynological assemblage. Journal of Stratigraphy, 19(3): 199–203 (in Chinese with English abstract)［刘洪福, 车自成, 尹凤娟, 罗金海. 1995. 新疆于田普鲁地区中侏罗世地层的发现及其孢粉组合面貌. 地层学杂志, 19(3): 199–203］

Liu Zhaosheng. 1996. Biota and environment of Early Triassic in Duwa area of Tarim Basin. Xinjiang Petroleum Geology, 17(3): 242–254 (in Chinese with English abstract)［刘兆生. 1996. 塔里木盆地杜瓦地区早三叠世地层、生物群与环境. 新疆石油地质, 17(3): 242–254］

Liu Zhaosheng. 1999. Palynological assemblage of the Late Triassic Tariqike Formation and Triassic-Jurassic Boundary on the northern margin of the Tarim Basin, Xinjiang. Journal of Stratigraphy, 23(2): 96–106 (in Chinese with English abstract)［刘兆生. 1999. 塔里木盆地北缘晚三叠世孢粉组合及三叠系-侏罗系界线. 地层学杂志, 23(2): 96–106］

Liu Zhaosheng. 2003. Triassic and Jurassic sporopollen assemblages from the Kuqa Depression, Tarim Basin of Xinjiang, NW China. Palaeontologia Sinica, New Series A, No. 14 (Whole no. 190). Beijing: Science Press. 1–244 (in Chinese with English abstract)［刘兆生. 2003. 塔里木盆地库车凹陷三叠纪和侏罗纪孢粉组合. 中国古生物志, 总号第190册, 新甲种第14号. 北京: 科学出版社. 1–244］

Liu Zhaosheng, Shang Yuke, Li Wenben. 1981. Triassic and Jurassic sporo-pollen assemblages from some localities of Shaanxi and Gansu, north-west China. Bulletin of the Nanjing Institute of Geology and Palaeontology, Academia Sinica, 3: 131–210, 20 pls (in Chinese with English summary)［刘兆生, 尚玉珂, 黎文本. 1981. 陕西甘肃一些地区三叠纪和侏罗纪的孢粉组合. 中国科学院南京地质古生物研究所丛刊, 3: 131–210, 20 图版］

Liu Zhaosheng, Zheng Shuying. 1990. Jurassic. In: Zhou Zhiyi, Chen Peiji (eds). Biostratigraphy and Geological Evolution of Tarim. Beijing: Science Press. 267–287 (in Chinese)［刘兆生, 郑淑英. 1990. 侏罗系. 见: 周志毅, 陈丕基主编. 塔里木生物地层和地质演化. 北京: 科学出版社. 267–287］

Liu Zhaosheng, Zheng Shuying. 1992. Jurassic of Tarim. In: Zhou Zhiyi, Chen Peiji (eds). Biostratigraphy and Geological Evolution of Tarim. Beijing: Science Press. 293–314

Looy C V, Collinson M E, van Konijnenburg-van Cittert J H A, Visscher H, Brain A P R. 2005. The ultrastructure and botanical affinity of end-Permian spore tetrads. International Journal of Plant Sciences, 166(5): 875–887

Lu Huinan, Luo Qixin. 1990. Fossil charophytes from the Tarim Basin, Xinjiang. Beijing: Scientific and Technical

Documentation Press. 1–261, 48 pls (in Chinese with English abstract) [卢辉楠, 罗其鑫. 1990. 塔里木盆地轮藻化石. 北京: 科学技术文献出版社. 1–261，48 图版]

Lugardon B, Grauvogel-Stamm L, Dobruskina I. 2000. Comparative ultrastructure of the megaspores of the Triassic lycopsid *Pleuromeia rossica* Neuberg. Comptes Rendus de l'Académie des Sciences, Paris, Sciences de la Terre et des Planètes, 330: 501–508

Lund J J, Ecke H-H. 1988. Dinoflagellate cyst stratigraphy applied to the Middle to Late Jurassic of the Regensburg-Passau area, Bavaria. Bulletin des Centres de Recherches Exploration-Production Elf-Aquitaine, 12: 345–359

Luo Zhengjiang, Wu Xinying, Wang Rui, Aliya. 2003. New understanding of *Kuqaia* sporomorph. Xinjiang Petroleum Geology, 24(5): 424–426 (in Chinese with English abstract) [罗正江, 吴新莹, 王睿, 阿丽亚. 2003. 库车孢型体 *Kuqaia* 研究的新认识. 新疆石油地质, 24(5): 424–426]

Luo Zhengjiang, Wang Rui, Zhao Jianhua, Aliya. 2007. Late Permian–Middle Jurassic megaspore assemblages in the north-west area of Junggar Basin. Xinjiang Geology, 25(3): 243–247 (in Chinese with English abstract) [罗正江, 王睿, 赵建华, 阿丽亚. 2007. 准噶尔盆地西北缘晚二叠世—侏罗纪大孢子组合. 新疆地质, 25(3): 243–247]

Luo Zhengjiang, Cheng Xiansheng, Wang Rui, Aliya, Luo Ling. 2008. Jurassic megaspore assemblages in hinterland of Junggar Basin. Xinjiang Petroleum Geology, 29(4): 488–491 (in Chinese with English abstract) [罗正江, 程显胜, 王睿, 阿丽亚, 罗玲. 2008. 准噶尔盆地腹地侏罗纪大孢子化石组合特征. 新疆石油地质, 29(4): 488–491]

Luo Zhengjiang, Shi Tianming, Tang Peng, Huang Pin, Zheng Daran, Wan Mingli, Wang Xu, Yin Yong. 2015. Restudy on the age of Karamay Formation in northwestern margin of Junggar Basin. Xinjiang Petroleum Geology, 36(6): 668–681 (in Chinese with English abstract) [罗正江, 师天明, 唐鹏, 黄嫔, 郑大燃, 万明礼, 王旭, 殷勇. 2015. 准噶尔盆地西北缘克拉玛依组时代再认识. 新疆石油地质, 36(6): 668–681]

Lupia R. 2004. Megaspores and palynomorphs from the Lower Potomac Group of Maryland, U.S.A. International Journal of Plant Sciences, 165: 651–670

Mädler K. 1954. *Azolla* aus dem Quartär und Tertiär sowie ihre Bedeutung für die Taxionomie älterer Sporen. Geologisches Jahrbuch, 70: 143–157

Marcinkiewicz T. 1957. Liasowe megaspory z Praszki, Zawiercia i Gór Świętokrzyskich. Kwartalnik Geologiczny, 1: 209–302 (English summary)

Marcinkiewicz T. 1960. Analiza megasporowa osadów jurajskich okolic Gorzowa Śląskiego-Praszki. Kwartalnik Geologiczny, 4: 713–733, 8 pls (English and Russian summaries)

Marcinkiewicz T. 1962. Megaspory retyku i liasu z wiercenia Mechowo koło Kamienia Pomorskiego i ich wartość stratygraficzna. Instytut Geologiczny, Prace, 30: 469–493, 13 pls (Russian and English summaries)

Marcinkiewicz T. 1964. Stratygrafia dolnej Jury w wierceniu Mechowo 1G I na podstawie badań megasporowych. Instytut Geologiczny, Biuletyn, 189: 57–60

Marcinkiewicz T. 1969. Granica między retykiem i liasem w Polsce pozakarpackiej na podstawie badań florystycznych. Kwartalnik Geologiczny, 13: 100–114 (Russian and English summaries)

Marcinkiewicz T. 1971a. Stratygrafia retyku i liasu w Polsce na podstawie badań megasporowych. Instytut Geologiczny, Prace, 65: 58 pp, 2 pls (Russian and English summaries)

Marcinkiewicz T. 1971b. Importance of megaspores in stratigraphy of epicontinental Rhaetic and Liassic deposits in Poland. Mémoires du Bureau de Recherches Géologiques et Minières, 75: 193–198 (French summary)

Marcinkiewicz T. 1974. Występowanie megaspor w obrębie zaburzonych warstw retyku i liasu w profilu Koszalina. Kwartalnik Geologiczny, 18: 595–601 (Russian and English summaries)

Marcinkiewicz T. 1976. Distribution of megaspore assemblages in Middle Bundsandstein of Poland. Acta Palaeontologica Polonica, 21: 191–200, 4 pls (Polish and Russian summaries)

Marcinkiewicz T. 1978. Zespoły megasporowe w kajprze Polski. Prace Instytutu Geologicznego, 87: 61–84, 14 pls (Russian and English summaries)

Marcinkiewicz T. 1979a. Fungi-like forms on Jurassic megaspores. Acta Palaeobotanica, 20: 123–128

Marcinkiewicz T. 1979b. Megaspory. In: Malinowska L, Bielecka W, Rogalska M (eds). Budowa geologiczna Polski, Atlas skamieniałości przewodnich i charakterystycznych, Mezozoik, Trias. Wydawnictwa Geologiczne, Warszawa, 3(2a): 201–214, 6 pls

Marcinkiewicz T. 1980. Jurassic megaspores from Grojec near Kraków. Acta Palaeobotanica, 21: 37–60, 14 pls

Marcinkiewicz T. 1981a. Megaspory [Jura Dolna, Flora]. In: Malinowska L, Bielecka W, Rogalska M (eds). Budowa geologiczna Polski, Atlas skamieniałości przewodnich i charakterystycznych, Mezozoik, Jura. Wydawnictwa Geologiczne, Warszawa, 3(2b for 1980): 79–97, 6 pls

Marcinkiewicz T. 1981b. W sprawie megaspor z Lipia Śląskiego kolo Lublińca. Przegląd Geologiczny, 1981/8: 419–420

Marcinkiewicz T. 1983. Megaspores of the upper Muschelkalk from the Kościerzyna IG-1 Borehole (N. Poland). Acta Palaeobotanica, 23: 13–19, 9 pls

Marcinkiewicz T. 1988. Megaspores [Lower Jurassic, Flora]. In: Malinowska L (ed). Geology of Poland. Atlas of guide and characteristic fossils, Mesozoic, Jurassic. Wydawnictwa Geologiczne, Warsaw, 3(2b): 64–81

Marcinkiewicz T. 1992a. The megaspore assemblage of *Capillisporites germanicus* from the Middle Triassic of Poland. Geological Quarterly [Kwartalnik Geologiczny], 36(1): 33–74

Marcinkiewicz T. 1992b. Remarks to the discussion on distribution of smooth spherules on Mesozoic megaspores with particular references to the species *Verrutriletes utilis* (Marcinkiewicz) Marcinkiewicz. Geological Quarterly, 36: 421–433

Marcinkiewicz T. 1992c. Megasporowy schemat stratygraficzny osadów pstrego piaskowca w Polsce. Biuletyn Państwowego Instytutu Geologicznego, 368: 65–96, 7 pls

Marcinkiewicz T, Zhelezkova E V. 1992. A comparison between the dispersed megaspores *Trileites polonicus* and megaspores of *Pleuromeia rossica* (Lycopsida, Pleuromeiaceae) from the Lower Triassic. Botanicheskiy Zhurnal, 77: 37–39, 3 pls (in Russian)

Marcinkiewicz T, Orłowska T, Rogalska M. 1960. Age of the upper Helenow beds (Lias) in view of mega- and microspore investigations (geological section Gorzow Slaski—Praszka). Kwartalnik Geologiczny, 4: 386–398, 3 pls (in Polish, with Russian and English summaries)

Marcinkiewicz T, Fijałkowska-Mader A, Pieńkowski G. 2014. Poziomy megasporowe epikontynentalnych utworów Triasu i Jury w Polsce-Podsumowanie. Biuletyn Państwowego Instytutu Geologicznego, 457: 15–42

Miner E L. 1932. Megaspores ascribed to *Selaginellites*, from the Upper Cretaceous coals of western Greenland. Journal of the Washington Academy of Sciences, 22: 497–506

Miner E L. 1935. Paleobotanical examinations of Cretaceous and Tertiary coals II. Cretaceous-Tertiary coals from Montana. American Midland Naturalist, 16: 616–625

Morbelli M A, Rowley J R, El-Ghazaly G. 2003a. Wall structure during stages in development of *Selaginella pulcherrima* and *S. haematodes* megaspores. Taiwania, 48(2): 77–86

Morbelli M A, Rowley J R, El-Ghazaly G. 2003b. Stages in development of *Selaginella diffusa* megaspores. Journal of Plant Research, 116: 57–64

Morris P H, Batten D J. 2016. Megaspores and associated palynofloras of Middle Jurassic fluvio-deltaic sequences in North Yorkshire and the northern North Sea: a biofacies-based approach to palaeoenvironmental analysis and modelling. Journal of Micropalaeontology, 35: 151–172

Morris P H, Cullum A, Pearce M A, Batten D J. 2009. Megaspore assemblages from the Åre Formation (Rhaetian–Pliensbachian) offshore mid-Norway, and their value as field and regional stratigraphic markers. Journal of Micropalaeontology, 28: 161–181

Movshovich E V, Kozur H. 1975. On the principal problems of the stratigraphy of Triassic deposits of the north Caspian depression. Izvestiya Akademiya Nauk SSSR, Seriya Geologicheskaya, 1975/10: 106–112 (in Russian)

Münster G. 1839. Beiträge zur Petrefactenkunde, 1, 2. Bayreuth, 124 pp

Münster G. 1842. Beiträge zur Petrefactenkunde, 5. Bayreuth, 131 pp

Munk C, Granzow W. 1992. Foraminiferen und Megasporen aus dem oberen Eisensandstein (Troschenreuther Bolushorizont, oberes Aalenium) der östlichen Frankenalb. Erlanger Geologische Abhandlungen, 121: 1–55

Murray N. 1939. The microflora of the Upper and Lower Estuarine Series of the East Midlands. Geological Magazine, 76: 478–489

Nathorst A G. 1908. Paläobotanische Mitteilungen 3. *Lycostrobus scotti*, eine grosse Sporophyllähre aus den rätischen Ablagerungen Schonens. Kungliga Svenska Vetenskapsakademiens Handlinger, 43(3): 15 pp

Neuburg M F. 1960. *Pleuromeia corda* from Lower Triassic deposits of the Russian Platform. Akademiya Nauk SSSR, Trudy Geologicheskogo Instituta, 43: 65–95, 4 pls (in Russian)

Niemczycka T, Marcinkiewicz T. 1981. Wiek terygenicznych osadów jurajskich Lubelszczyzny a występowanie niektórych gatunków megaspor. Kwartalnik Geologiczny, 25: 93–110

Pant D D, Basu N. 1979. On some megaspores from the Triassic of Nidhpuri, India. Review of Palaeobotany and Palynology, 28: 203–221

Pant D D, Mishra S N. 1986. On Lower Gondwana megaspores from India. Palaeontographica B, 198: 13–73

Pant D D, Srivastava G K. 1961. Structural studies on Lower Gondwana megaspores. Part 1. Specimens from Talchir Coalfield of India. Palaeontographica B, 109: 45–61

Pant D D, Srivastava G K. 1962. Structural studies on Lower Gondwana megaspores. Part 2. Specimens from Brazil and Mhukuru Coalfield, Tanganyika. Palaeontographica B, 111: 97–110

Peng Jungang, Li Jianguo, Li Wenben, Slater S M, Zhu Huaicheng, Vajda V. 2018. The Triassic to Early Jurassic palynological record of the Tarim Basin, China. Palaeobiodiversity and Palaeoenvironments, 98: 7–28

Petros'yants M A. 1985. Jurassic megaspores from the southern USSR. In: Il'ina V D, Lipatova V V (eds). Stratigraphic Investigations on Natural Reservoirs of Oil and Gas. Ministerstvo Geologii SSSR, Vsesoyuznyy Nauchno-Issledovatel'skiy Geologorazvedochnyy Neftyanoy Institut (VNIGNI), Trudy: 95–104, 3 pls (in Russian)

Piérart P. 1961. Les megaspores du houiller du Kaiping (Chine). Mededelingen van de Geologische Stichting. Nieuwe Serie, 13: 39–44, 8 pls

Potonié R. 1956. Synopsis der Gattungen der *Sporae dispersae* I. Teil: Sporites. Beihefte zum Geologischen Jahrbuch, 23: 103 pp, 11 pls

Potonié R, Kremp G O W. 1954. Die Gattungen der palaeozoischen *Sporae dispersae* und ihre Stratigraphie. Geologisches Jahrbuch, 69: 111–194, 17 pls

Qu Lifan. 1980. Triassic spores and pollen. In: Institute of Geology, Chinese Academy of Geological Sciences. Mesozoic Stratigraphy and Palaeontology of the Shaanxi-Gansu-Ningxia Basin (1). Beijing: Geological Publishing House. 115–143 (in Chinese)［曲立范. 1980. 三叠纪孢子花粉. 见: 中国地质科学院地质研究所. 陕甘宁盆地中生代地层古生物, 上册. 北京: 地质出版社. 115–143］

Qu Lifan, Wang Zhi. 1986. Triassic sporopollen. In: Institute of Geology, Chinese Academy of Geological Sciences, Institute of Geology, Xinjiang Bureau of Geology and Mineral Resources. Permian and Triassic Strata and Palaeobiota in the Dalongkou Area of Jimsar, Xinjiang. Beijing: Geological Publishing House. 111–173 (in Chinese with English abstract) ［曲立范, 王智. 1986. 三叠纪孢子花粉. 见: 中国地质科学院地质研究所, 新疆地质矿产局地质科学研究所. 新疆吉木萨尔大龙口二叠、三叠纪地层及古生物群. 北京: 地质出版社. 111–173］

Reinhardt P. 1963. Megasporen aus dem Keuper Thüringens. Freiberger Forschungshefte C, 164: 115–128

Reinhardt P, Fricke D. 1969. Megasporen aus dem unteren und mittleren Keuper Mecklenburgs. Monatsbericht der Deutschen Akademie der Wissenschaften zu Berlin, 11: 399–411

Schopf J M. 1938. Spores from the Herrin (No. 6) coal bed in Illinois. Illinois State Geological Survey. Report of Investigations, 50: 73 pp

Schopf J M, Wilson L R, Bentall R. 1944. An annotated synopsis of Paleozoic fossil spores and the definition of generic groups.

Illinois State Geological Survey. Report of Investigations, 91: 73 pp, 3 pls

Scott A C, Playford G. 1985. Early Triassic megaspores from the Rewan Group, Bowen Basin. Queensland. Alcheringa, 9: 297–323

Shang Yuke, Li Wenben. 1992. Triassic and Jurassic spore-pollen assemblages from northwestern Sichuan. Bulletin of the Nanjing Institute of Geology and Palaeontology, Academia Sinica, 13: 138–208, 16 pls (in Chinese with English abstract) [尚玉珂, 黎文本. 1992. 川西北三叠纪、侏罗纪孢粉组合. 中国科学院南京地质古生物研究所丛刊, 13: 138–208, 16 图版]

Singh P. 1953. Part 1–Megaspores from Pindra coal seam. In: Surange K R, Singh L, Srivastava P N. Megaspores from the West Boraro coalfield (Lower Gondwanas) of Bihar. Palaeobotanist, 2: 10–13, 2pls

Singh C. 1964. Microflora of the Lower Cretaceous Mannville Group, east-central Alberta. Bulletin of the Research Council of Alberta, 15: viii + 239 pp

Slater B J, McLoughlin S, Hilton J. 2011. Guadalupian (Middle Permian) megaspores from a permineralised peat in the Bainmedart Coal Measures, Prince Charles Mountains, Antarctica. Review of Palaeobotany and Palynology, 167: 140–155

Slater S M, Wellman C H. 2016. Middle Jurassic vegetation dynamics based on quantitative analysis of spore/pollen assemblages from the Ravenscar Group, North Yorkshire, UK. Palaeontology, 59: 305–328

Stoermer N, Wienholz E. 1967. Microbiostratigraphie an der Lias/Dogger-Grenze in Bohrungen nördlich der Mitteldeutschen Hauptscholle. Jahrbuch für Geologie, 1(for 1965): 533–591

Sweet A R. 1979. Jurassic and Cretaceous megaspores. American Association of Stratigraphic Palynologists, Contributions Series, 5B: 1–30

Taugourdeau-Lantz J. 1983. Associations palynologiques définies dans le Trias languedocien (France): interprétation stratigraphique. Cahiers de Micropaléontologie, 1983/3: 20 pp, 7 pls

Taugourdeau-Lantz J. 1984. Les associations palynologiques du Trias languedocien dans leur cadre européen: influence du milieu (sols de végétation-milieu sédimentaire). Géologie de la France, 1984/1–2: 23–28

Tang Tianfu, Yang Hengren, Lan Xiu, Yu Congliu, Xue Yaosong, Zhang Yiyong, Wei Jingming, Hu Lanying, Zhong Shilan. 1989. Marine Late Cretaceous and early Tertiary stratigraphy and petroleum geology in western Tarim Basin, China. Beijing: Science Press. 1–155, 32 pls (in Chinese with English summary) [唐天福, 杨恒仁, 蓝琇, 俞从流, 薛耀松, 张一勇, 魏景明, 胡兰英, 钟石兰. 1989. 新疆塔里木盆地西部白垩纪至早第三纪海相地层及含油性. 北京: 科学出版社. 1–155, 32 图版]

Taylor W A. 1994. Recognition and characterization of inner exospore wall layers in modern and fossil lycopsids—the mesospore. Grana, 33: 44–48

Tewari R, Maheshwari H K. 1992. Megaspores from Early Permian India. Geophytology, 21: 1–19

Traverse A. 2007. Paleopalynology, second edition. Dordrecht: Springer. 1–813

Trevisan L. 1971. *Dicheiropollis*, a pollen type from Lower Cretaceous sediments of southern Tuscany (Italy). Pollen et Spores, 13(4): 561–596.

van der Hammen T H. 1954. El Desarrollo de la Flora Colombiana en los Periodos Geologicos I: Maestrichtiano hasta Terciario mas inferior. Una investigación Palinológica de la formación de Guaduas y equivalentes. Boletín Geológico, 2(1): 49–106, 21 pls

Varyukhina L M. 1972. Triassic megaspores from the southern coast of Cheshskaya Guba ('Czech Bay'). In: Molin V A (ed). Stratigraphy and Palaeontology of the Permian and Triassic of the North European part of the USSR. Trudy Instituta Geologii Komi Filiala Akademii Nauk SSSR, 19: 85–97, 3 pls (in Russian)

Villar de Seoane L, Archangelsky S. 2008. Taxonomy and biostratigraphy of Cretaceous megaspores from Patagonia, Argentina. Cretaceous Research, 29: 354–372

Wang Xinfu. 2000. Microfloras of the type section of the Sangonghe Formation in the Junggar Basin. Acta Micropalaeontologica Sinica, 17: 299–306, 4 pls (in Chinese with English abstract) [王鑫甫. 2000. 准噶尔盆地三工河组标准剖面孢粉植物群.

微体古生物学报, 17: 299–306, 4 图版］

Wang Ziqiang, Chen Anshu. 2001. Traces of arborescent lycopsids and dieback of the forest vegetation in relation to the terminal Permian mass extinction in North China. Review of Palaeobotany and Palynology, 117: 217–243

Ware M, Windle T M F. 1981. Micropalaeontological evidence for land near Cirencester, England, in Forest Marble (Bathonian) times: a preliminary account. Geological Magazine, 118: 415–420

Wicher C A. 1957. Die mikropaläontologische Gliederung des nichtmarinen Keuper. Erdöl und Kohle, 10: 3–7

Wicher C A, Bartenstein H. 1962. Trias (Ausgewählte Beispiele aus dem norddeutschen Keuper). In: Bartenstein et al. Leitfossilien der Mikropaläontologie. Berlin: Gebrüder Borntraeger. 67–72, 2 pls

Wierer J F. 1997. Vergleichende Untersuchungen an Megasporenvergesellschaftungen der alpinen und germanischen Mittel- und Obertrias. Münchner Geowissenschaftliche Abhandlungen, Reihe A, Geologie und Paläontologie, 35: 1–175

Wu Shunqing, Chen Peiji. 1990. Triassic System. In: Zhou Zhiyi, Chen Peiji (eds). Biostratigraphy and Geological Evolution of Tarim. Beijing: Science Press. 255–266 (in Chinese) [吴舜卿, 陈丕基. 1990. 三叠系. 见: 周志毅, 陈丕基主编. 塔里木生物地层和地质演化. 北京: 科学出版社. 255–266]

Wu Shunqing, Chen Peiji. 1992. Non-marine Triassic of Tarim. In: Zhou Zhiyi, Chen Peiji (eds). Biostratigraphy and geological evolution of Tarim. Beijing: Science Press. 278–292

Xu Yulin, Yang Guodong, Zhao Yiyong. 1996. Triassic palynology and division of sequence stratigraphy from northern Tarim Basin. Geoscience—Journal of Graduate School, China University of Geosciences, 10(4): 437–447 (in Chinese with English abstract)［徐钰林, 杨国栋, 赵义勇. 1996. 塔里木盆地北部三叠纪孢粉植物群及层序地层的划分. 现代地质——中国地质大学研究生院学报: 10(4): 437–447］

Yan Cunfeng, Yuan Jianying, Tian Guangrong, Wang Pu, Zhang Zhenggang, Huang Chenggang. 2014. The discovery of *Kuqaia* palynomorph and the recognition on stratigraphic age of well Lengke 1 in Qaidam Basin. Journal of Stratigraphy, 38: 439–448 (in Chinese with English abstract)［阎存凤, 袁剑英, 田光荣, 王朴, 张正刚, 黄成刚. 2014. *Kuqaia*孢型体在柴达木盆地的发现及对冷科1井地层时代再认识. 地层学杂志, 38: 439–448］

Yang Jiduan, Sun Suying. 1982a. Fossil Megaspores. In: Yichang Institute of Geology and Mineral Resources, Geological Academy of Sciences (ed). Biostratigraphy of the Yangtze Gorge Area (4), Triassic and Jurassic. Beijing: Geological Publishing House. 310–315, pls 48–51 (in Chinese with English abstract)［杨基端, 孙素英. 1982a. 大孢子. 见: 地质矿产部宜昌地质矿产研究所主编. 长江三峡地区生物地层学 (4), 三叠纪—侏罗纪分册. 北京: 地质出版社. 310–315, 图版 48–51］

Yang Jiduan, Sun Suying. 1982b. The discovery of Early and Middle Jurassic megaspores from the Junggar Basin, Xinjiang, and their stratigraphic significance. Acta Geologica Sinica, 1982(4): 373–380, 2 pls (in Chinese with English summary)［杨基端, 孙素英. 1982b. 新疆准噶尔盆地早、中侏罗世大孢子的发现及其意义. 地质学报, 1982(4): 373–380, 2 图版］

Yang Jiduan, Sun Suying. 1984. Triassic megaspores from the Junggar Basin, Xinjiang, China. Abstracts, 6th International Palynological Conference, Calgary, p. 192

Yang Jiduan, Sun Suying. 1986. Megaspores. In: Institute of Geology, Chinese Academy of Geological Sciences, Institute of Geology, Xinjiang Bureau of Geology and Mineral Resources. Permian and Triassic Strata and Palaeobiota in the Dalongku Area of Jimsar, Xinjiang. Beijing: Geological Publishing House. 174–196, pls 41–54 (in Chinese)［杨基端, 孙素英. 1986. 大孢子. 见: 中国地质科学院地质研究所, 新疆地矿局地质科学研究所. 新疆吉木萨尔大龙口二叠、三叠纪地层及古生物群. 北京: 地质出版社. 174–196, 图版 41–54］

Yang Jiduan, Sun Suying. 1987. Recent advances of megaspore studies in China. Professional Papers of Stratigraphy and Palaeontology, 17: 56–71 (in Chinese)［杨基端, 孙素英. 1987. 我国大孢子研究及其进展. 地层古生物论文集, 17: 56–71］

Yang Jiduan, Sun Suying. 1989. Characteristics of late Permian–Early Triassic fossil assemblages-Megaspore. In: Institute of Geology and Mineral, Xinjiang Bureau of Geology and Mineral Resources, Institute of Geology, Chinese Academy of Geological Science (eds). Research on the Boundary between Permian and Triassic in Tianshan Mountain of China. Beijing:

China Ocean Press. 40–42 (in Chinese with English Summary)［杨基端, 孙素英. 1989. 晚二叠世—早三叠世大孢子组合特征. 见: 新疆地质矿产局地质矿产研究所, 中国地质科学院地质研究所. 中国天山二叠-三叠系界线的研究. 北京: 海洋出版社. 40–42］

Yang Jiduan, Sun Suying. 1990. Triassic and Jurassic megaspore assemblages from Junggar Basin, Xinjiang. In: Institute of Geology, Chinese Academy of Geological Sciences and Research Institute of Petroleum Exploration and Development, Xinjiang Petroleum Administration. Permian to Tertiary Strata and Palynological Assemblages in the North of Xinjiang. Beijing: China Environmental Science Press. 152–179, pls 36–44 (in Chinese)［杨基端, 孙素英. 1990. 新疆北部准噶尔盆地三叠纪和侏罗纪大孢子组合. 见: 中国地质科学院地质研究所, 新疆石油管理局勘探开发研究院. 新疆北部二叠纪至第三纪地层及孢粉组合. 北京: 中国环境科学出版社. 152–179, 图版 36–44］

Yang Jiduan, Wang Ruoshan. 1981. On Late Triassic megaspores from the Xujiahe area, Guangyuan County, Sichuan Province. Geological Review, 27: 285–291, 2 pls (in Chinese with English abstract)［杨基端, 王若姗. 1981. 四川广元县须家河地区晚三叠世大孢子. 地质论评, 27: 285–291, 2 图版］

Yong Tianshou, Song Lixun, Yu Yuede, Yu Xinqi. 1990. The Mesozoic stratum of the well Lunnan-1 in Tarim Basin. Xinjiang Petroleum Geology, 11(2): 132–135 (in Chinese with English abstract)［雍天寿, 宋立勋, 俞月德, 余新启. 1990. 塔里木盆地轮南 1 井中生代地层探讨. 新疆石油地质: 11(2): 132–135］

Zavialova N, Karasev E. 2017. The use of the scanning electron microscope (SEM) to reconstruct the ultrastructure of sporoderm. Palynology, 41: 89–100

Zhan Jiazhen. 1991. The Mesozoic stratigraphic divisions from the well Lunnan no. 1 and its fossil evidences. Xinjiang Petroleum Geology, 12(4): 293–300 (in Chinese with English abstract)［詹家祯. 1991. 轮南 1 井中生代地层划分及其化石依据. 新疆石油地质, 12(4): 293–300］

Zhang Lujin. 1980. Palynological contribution to the chronology and stratigraphy of Xinjiang (part I). Paper for the International Palynological Conference, London. 7 pp., 3 pls. Printed by Nanjing Institute of Geology and Palaeontology, Academia Sinica.

Zhang Lujin. 1983. On the age of Badaowan Formation in the northern Xinjiang. Scientia Sinica, Ser. B, 26(7): 774–784.

Zhang Lujin. 1983. On the age of Badaowan Formation in the northern Xinjiang. Scientia Sinica, Ser. B, (4): 366–374 (in Chinese) [张璐瑾. 1983. 新疆北部八道湾组地层的时代问题. 中国科学, B 辑, (4): 366–374]

Zhang Lujin. 1984. Late Triassic Spores and Pollen from Central Sichuan. Palaeontologia Sinica, New Series A, No. 8 (Whole no. 167). Beijing: Science Press. 1–100, 27 pls (in Chinese with English summary)［张璐瑾. 1984. 川中晚三叠世孢粉. 中国古生物志, 总号第 167 册, 新甲种第 8 号. 北京: 科学出版社. 1–100, 27 图版］

Zhang Shiben, Huang Zhibin, Zhu Huaicheng, et al. 2004. Phanerozoic Subsurface Stratigraphy of the Tarim Basin. Beijing: Petroleum Industry Press. 1–300 (in Chinese) [张师本, 黄智斌, 朱怀诚, 等. 2004. 塔里木盆地覆盖区显生宙地层. 北京: 石油工业出版社. 1–300]

Zhang Wangping. 1990. Jurassic Spore-Pollen Assemblage in Junggar Basin of Xinjiang. In: Institute of Geology, Chinese Academy of Geological Sciences, Research Institute of Petroleum Exploration and Development, Xinjiang Petroleum Administration. Permian to Tertiary Strata and Palynological Assemblages in the North of Xinjiang. Beijing: China Environmental Science Press. 57–69［张望平. 1990. 新疆准噶尔盆地侏罗纪孢粉组合. 见: 中国地质科学研究院地质研究所, 新疆石油管理局勘探开发研究院. 新疆北部二叠纪至第三纪地层及孢粉组合. 北京: 中国环境科学出版社. 57–69］

Zhang Wangping, Li Yong'an. 1990. Sporopollen assemblage of Ahe, Yengisar and Kezilenur formations in Beicheng County, Xinjiang. Xinjiang Geology, 8(3): 256–271［张望平, 李永安. 1990. 新疆拜城阿合组、阳霞组及克孜勒努尔组的孢粉组合. 新疆地质, 8(3): 256–271］

Zhang Zhili, Cao Lijun. 2001. Carboniferous–Early Triassic megaspore assemblages in the Awati-Bachu area, Tarim Basin. Regional Geology of China, 20: 252–258, 3 pls (in Chinese with English abstract)［张智礼, 曹立君. 2001. 塔里木盆地阿瓦提-巴楚地区石炭纪—早三叠世化石大孢子组合. 中国区域地质, 20: 252–258, 3 图版］

Zhang Zuhui, Fu Zhiyan, Luo Kunquan, Geng Guocang. 1982. Mesozoic sporo-pollen assemblage from the southern Shaan-Gan-Ning Basin. In: Palynological Society of China (ed). Selected Papers from the First Symposium of the Palynological Society of China. Beijing: Science Press. 116–124, 3 pls (in Chinese) [张祖辉, 傅智雁, 罗坤泉, 耿国仓. 1982. 陕甘宁盆地南部中生界孢粉组合. 见: 中国孢粉学会编辑. 中国孢粉学会第一届学术会议论文选集. 北京: 科学出版社. 116–124, 13 图版]

Znosko J. 1955. Retyk i Lias między Krakowem a Wieluniem. Instytut Geologiczny, Prace 14: 1–146, 7 pls (Russian and English summaries)

Zhou Zhiyi. 2001. Stratigraphy of the Tarim Basin. Beijing: Science Press. 1–359 (in Chinese with English summary) [周志毅. 2001. 塔里木盆地各纪地层. 北京: 科学出版社. 1–359]

Zhou Zhiyi, Chen Peiji. 1990. Biostratigraphy and Geological Evolution of Tarim. Beijing: Science Press. 1–366, 8 pls (in Chinese) [周志毅, 陈丕基. 1990. 塔里木生物地层和地质演化. 北京: 科学出版社. 1–366, 8 图版]

Zhou Zhiyi, Chen Peiji. 1992. Biostratigraphy and Geological Evolution of Tarim. Beijing: Science Press. 1–399, 8 pls

中-拉属种索引
Index of genera and species in Chinese-Latin

中文名称 (Chinese)	拉丁名称 (Latin)	图版（图） [Pl. (fig.)]	页 (Page)
艾氏大孢（未定种1）	*Erlansonisporites* sp. 1	37（7–9）	94, 211
艾氏大孢（未定种2）	*Erlansonisporites* sp. 2	40（7–8）	94, 211
艾氏大孢（未定种3）	*Erlansonisporites* sp. 3	43（2–6）	94, 211
艾氏大孢（未定种4）	*Erlansonisporites* sp. 4	41（1–9）	94, 211
艾氏大孢属	*Erlansonisporites*		90, 207
奥洛斯卡休斯大孢	*Hughesisporites orlowskae*	33（5, 6）	88, 204
奥汀大孢（未定种1）	*Otynisporites* sp. 1	20（5, 6）	78, 192
奥汀大孢属	*Otynisporites*		77, 190
班克斯大孢属	*Banksisporites*		63, 173
棒纹大孢（未定种1）	*Bacutriletes* sp. 1	9（10–12）	71, 183
棒纹大孢（未定种2）	*Bacutriletes* sp. 2	10（1–4）	72, 183
棒纹大孢（未定种3）	*Bacutriletes* sp. 3	11（5–6）	72, 184
棒纹大孢属	*Bacutriletes*		70, 181
扁刺亨氏大孢	*Henrisporites latispinosus*	50（1–8）；51（1–5）	100, 219
扁平辐饰大孢	*Radosporites planus*	30（3, 4）；31（1–6）	83, 198
波兰光面三缝大孢	*Trileites polonicus*	3（1, 2）	60, 170
波特勒蒂氏大孢	*Dijkstraisporites beutleri*	47（5–7）	98, 216
长棒亨氏大孢	*Henrisporites longibaculiformis*	51（6–11）；52（1–4）	100, 220
常见光面三缝大孢（比较种）	*Trileites* sp. cf. *T. solitus*	3（7, 8）	60, 170
齿状穴网大孢	*Horstisporites denticulatus*	47（3, 4）	96, 213
刺面大孢（未定种1）	*Echitriletes* sp. 1	29（5, 6）	85, 200
刺面大孢（未定种2）	*Echitriletes* sp. 2	29（1）	85, 200
刺面大孢（未定种3）	*Echitriletes* sp. 3	29（2）	85, 200
刺面大孢（未定种4）	*Echitriletes* sp. 4	29（3, 4）	85, 200
刺面大孢（未定种5）	*Echitriletes* sp. 5	30（1）	85, 201
刺面大孢（未定种6）	*Echitriletes* sp. 6	30（2）	86, 201
刺面大孢属	*Echitriletes*		84, 199
脆弱瘤纹大孢	*Verrutriletes fragilis*	17（4）	75, 188
单一休斯大孢	*Hughesisporites unicus*	33（1–4）	90, 206
德国毛发大孢	*Capillisporites germanicus*	33（7）	86, 202
地衣艾氏大孢	*Erlansonisporites licheniformis*	37（1–6）	92, 209
蒂氏大孢属	*Dijkstraisporites*		98, 216
杜瓦艾氏大孢	*Erlansonisporites duwaensis*	35（1–12）	91, 207

中文名	学名	图版	页码
短刺那克大孢	*Narkisporites brevispinosus*	21（1–6）；22（1，2）	79，193
多丘休斯大孢	*Hughesisporites tumulosus*	32（9）	89，205
鲕状细粒面大孢	*Maexisporites ooliticus*	8（2–5）	68，180
耳角塔里木大孢	*Tarimispora auriculata*	59（1–6）	107，227
方格库车孢形体	*Kuqaia quadrata*	59（7–11）	109，229
飞羽米氏大孢	*Minerisporites volucris*	56（5–7）	103，222
肥厚班克斯大孢（比较种）	*Banksisporites* sp. cf. *B. pinguis*	5（1，2）	64，174
辐射库车孢形体	*Kuqaia radiata*	60（7–10）	109，229
辐饰大孢属	*Radosporites*		83，198
辐纹大孢属	*Striatriletes*		95，212
复式穴网大孢	*Horstisporites compositus*	45（1–9）	96，213
光滑光面三缝大孢	*Trileites levis*	2（8–11）	59，169
光面轮台大孢	*Luntaispora laevigata*	1（6–12）；2（1–3）	58，168
光面三缝大孢（未定种1）	*Trileites* sp. 1	4（6，8，9）	62，172
光面三缝大孢（未定种2）	*Trileites* sp. 2	3（5，6）	62，172
光面三缝大孢属	*Trileites*		59，168
哈里士那克大孢	*Narkisporites harrisii*	27（1–7）	81，195
亨氏大孢属	*Henrisporites*		100，218
极美艾氏大孢	*Erlansonisporites perbellus*	38（1–6）；39（1–10）	92，209
吉木萨尔瘤纹大孢	*Verrutriletes jimsarensis*	17（10）	75，188
尖桩大孢属	*Flabellisporites*		99，217
坚实星棒大孢	*Stellibacutriletes solidus*	16（1–6）	74，186
角锥细粒面大孢	*Maexisporites pyramidalis*	4（4，7）	69，180
结节奥汀大孢	*Otynisporites tuberculatus*	19（1–6）	78，191
具缘水泡大孢	*Pusulosporites marginatus*	5（6–14）	66，177
卡尼休斯大孢	*Hughesisporites karnicus*	34（1–3）	88，203
柯祖尔棒纹大孢	*Bacutriletes kozurii*	10（5–12）；11（1–4）	71，183
库车孢形体属	*Kuqaia*		108，228
肋刺棒纹大孢	*Bacutriletes costatispinosus*	8（6–8）	70，182
瘤纹大孢（未定种1）	*Verrutriletes* sp. 1	17（12）	77，190
瘤纹大孢属	*Verrutriletes*		75，187
轮台大孢属	*Luntaispora*		58，167
玛格丽特大孢（未定种1）	*Margaritatisporites* sp. 1	5（4）	62，173
玛格丽特大孢（未定种2）	*Margaritatisporites* sp. 2	5（5）	63，173
玛格丽特大孢属	*Margaritatisporites*		62，172
麦纽秋细粒面大孢	*Maexisporites magnuszewensis*	8（1）	67，178
毛刺亨氏大孢	*Henrisporites capillatus*	49（1–13）	100，219
毛刺星棒大孢	*Stellibacutriletes capillaris*	12（1–8）；13（1–4）	72，184
毛发大孢属	*Capillisporites*		86，201
毛发尖桩大孢	*Flabellisporites crinitus*	48（2–11）	99，218
米氏大孢（未定种1）	*Minerisporites* sp. 1	52（5）	104，223
米氏大孢属	*Minerisporites*		102，220
密棒那克大孢	*Narkisporites densibaculatus*	25（1–9）	80，194
密锥那克大孢	*Narkisporites densiconicus*	26（1–7）	80，194

模糊辐纹大孢	*Striatriletes inconspicuus*	44（1—9）	95，212
那克大孢（未定种 1）	*Narkisporites* sp. 1	26（8，9）	82，197
那克大孢（未定种 2）	*Narkisporites* sp. 2	25（10，11）	83，197
那克大孢（未定种 3）	*Narkisporites* sp. 3	27（8—10）	83，198
那克大孢属	*Narkisporites*		79，192
那氏大孢？（未定种 1）	*Nathorstisporites*? sp. 1	55（6—9）	104，224
那氏大孢属	*Nathorstisporites*		104，223
内凹艾氏大孢	*Erlansonisporites excavatus*	36（1，2）	91，207
尼孜克穴网大孢	*Horstisporites nidzicensis*	46（1，2）	96，214
膨胀水泡大孢	*Pusulosporites inflatus*	5（3）	66，177
破碎艾氏大孢	*Erlansonisporites sparassis*	40（1—6）	93，210
普通光面三缝大孢	*Trileites vulgaris*	4（1—3，5）	61，171
全环塔里木大孢	*Tarimispora perfecta*	58（1—11）	108，227
柔弱光面三缝大孢	*Trileites tenellus*	3（3，4）	61，171
柔弱米氏大孢（比较种）	*Minerisporites* sp. cf. *M. delicatus*	52（6，7）	102，221
三瓣三冠大孢	*Tricristatispora trilobata*	7（1—6）	65，176
三叠休斯大孢	*Hughesisporites triassicus*		89，205
三冠大孢属	*Tricristatispora*		64，175
三冠三冠大孢	*Tricristatispora tricristata*	6（1—10）	64，175
三角米氏大孢	*Minerisporites triangularis*	53（1—12）	103，222
扇裂大孢属	*Paxillitriletes*		105，224
水泡大孢属	*Pusulosporites*		66，176
塔里木奥汀大孢	*Otynisporites tarimensis*	19（7）；20（1—4）	78，191
塔里木大孢属	*Tarimispora*		107，226
塔里木米氏大孢	*Minerisporites tarimensis*	54（1—10）	102，221
塔里木那克大孢	*Narkisporites tarimensis*	22（3—6）	82，196
塔里木穴网大孢	*Horstisporites tarimensis*	46（6—11）	97，215
同心库车孢形体	*Kuqaia concentrica*	60（1—5）	108，228
驼峰休斯大孢	*Hughesisporites gibbosus*	32（1—8）	87，202
完美艾氏大孢	*Erlansonisporites exquisitus*	36（3—12）	92，208
网面休斯大孢	*Hughesisporites reticulatus*	34（9—11）	89，205
无缝大孢属	*Aneuletes*		56，165
稀饰星棒大孢	*Stellibacutriletes rarus*	15（1—6）	73，186
细粒面大孢（未定种 1）	*Maexisporites* sp. 1	7（7，8）	69，180
细粒面大孢（未定种 2）	*Maexisporites* sp. 2	7（10，11）	69，181
细粒面大孢属	*Maexisporites*		67，178
细致穴网大孢	*Horstisporites subtilis*	46（3—5）	97，214
小瘤纹大孢	*Verrutriletes minor*	17（5，11）	76，188
小那克大孢	*Narkisporites micros*	28（1—8）	81，196
星棒大孢（未定种 1）	*Stellibacutriletes* sp. 1	17（1—3）	74，187
星棒大孢（未定种 2）	*Stellibacutriletes* sp. 2	30（3，4）	74，187
星棒大孢属	*Stellibacutriletes*		72，184
休斯大孢（未定种 1）	*Hughesisporites* sp. 1	34（4—8）	90，206
休斯大孢（未定种 2）	*Hughesisporites* sp. 2	32（10—12）	90，206

休斯大孢属	*Hughesisporites*		86，202
修饰瘤纹大孢（比较种）	*Verrutriletes* sp. cf. *V. ornatus*	17（6—9）	76，189
修长星棒大孢	*Stellibacutriletes gracilis*	13（5—8）；14（1—6）	73，185
穴网大孢（未定种1）	*Horstisporites* sp. 1	47（1，2）	97，215
穴网大孢（未定种2）	*Horstisporites* sp. 2	48（1）	98，215
穴网大孢属	*Horstisporites*		95，213
焉耆库车孢形体	*Kuqaia yanqiensis*	59（12）	110，230
焉耆那氏大孢	*Nathorstisporites yanqiensis*	55（1—5）	104，223
杨氏库车孢形体	*Kuqaia yangii*	60（6）	109，230
叶状扇裂大孢	*Paxillitriletes phyllicus*	57（1—12）	106，225
英买力三冠大孢	*Tricristatispora yingmailensis*	6（11—16）	65，176
圆形无缝大孢	*Aneuletes rotundus*	1（1—5）	56，166
早三叠奥汀大孢	*Otynisporites eotriassicus*	18（1—6）	77，190
泽西班克斯大孢	*Banksisporites dejerseyi*	4（10—12）	63，174
展翅扇裂大孢	*Paxillitriletes ales*	56（1—4）	105，224
褶皱光面三缝大孢	*Trileites plicatilis*	2（4—7）	60，169
指形棒纹大孢	*Bacutriletes digitiformis*	9（1—9）	70，182
中厚脊细粒面大孢	*Maexisporites meditectatus*	7（9）	68，179
蛛网艾氏大孢	*Erlansonisporites textilis*	42（1—6）；43（1）	93，210
锥刺那克大孢	*Narkisporites conicus*	23（1—7）；24（1—10）	79，193

拉-中属种索引
Index of genera and species in Latin-Chinese

拉丁名称 (Latin)	中文名称 (Chinese)	图版（图） [Pl. (fig.)]	页 (Page)
Aneuletes	无缝大孢属		56, 165
Aneuletes rotundus	圆形无缝大孢	1 (1–5)	56, 166
Bacutriletes	棒纹大孢属		70, 181
Bacutriletes costatispinosus	肋刺棒纹大孢	8 (6–8)	70, 182
Bacutriletes digitiformis	指形棒纹大孢	9 (1–9)	70, 182
Bacutriletes kozurii	柯祖尔棒纹大孢	10 (5–12); 11 (1–4)	71, 183
Bacutriletes sp. 1	棒纹大孢（未定种 1）	9 (10–12)	71, 183
Bacutriletes sp. 2	棒纹大孢（未定种 2）	10 (1–4)	72, 183
Bacutriletes sp. 3	棒纹大孢（未定种 3）	11 (5–6)	72, 184
Banksisporites	班克斯大孢属		63, 173
Banksisporites dejerseyi	泽西班克斯大孢	4 (10–12)	63, 174
Banksisporites sp. cf. *B. pinguis*	肥厚班克斯大孢（比较种）	5 (1, 2)	64, 174
Capillisporites	毛发大孢属		86, 201
Capillisporites germanicus	德国毛发大孢	33 (7)	86, 202
Dijkstraisporites	蒂氏大孢属		98, 216
Dijkstraisporites beutleri	波特勒蒂氏大孢	47 (5–7)	98, 216
Echitriletes	刺面大孢属		84, 199
Echitriletes sp. 1	刺面大孢（未定种 1）	29 (5, 6)	85, 200
Echitriletes sp. 2	刺面大孢（未定种 2）	29 (1)	85, 200
Echitriletes sp. 3	刺面大孢（未定种 3）	29 (2)	85, 200
Echitriletes sp. 4	刺面大孢（未定种 4）	29 (3, 4)	85, 200
Echitriletes sp. 5	刺面大孢（未定种 5）	30 (1)	85, 201
Echitriletes sp. 6	刺面大孢（未定种 6）	30 (2)	86, 201
Erlansonisporites	艾氏大孢属		90, 207
Erlansonisporites duwaensis	杜瓦艾氏大孢	35 (1–12)	91, 207
Erlansonisporites excavatus	内凹艾氏大孢	36 (1, 2)	91, 207
Erlansonisporites exquisitus	完美艾氏大孢	36 (3–12)	92, 208
Erlansonisporites licheniformis	地衣艾氏大孢	37 (1–6)	92, 209
Erlansonisporites perbellus	极美艾氏大孢	38 (1–6); 39 (1–10)	92, 209
Erlansonisporites sp. 1	艾氏大孢（未定种 1）	37 (7–9)	94, 211
Erlansonisporites sp. 2	艾氏大孢（未定种 2）	40 (7, 8)	94, 211
Erlansonisporites sp. 3	艾氏大孢（未定种 3）	43 (2–6)	94, 211
Erlansonisporites sp. 4	艾氏大孢（未定种 4）	41 (1–9)	94, 211

Erlansonisporites sparassis	破碎艾氏大孢	40（1–6）	93，210
Erlansonisporites textilis	蛛网艾氏大孢	42（1–6）；43（1）	93，210
Flabellisporites	尖桩大孢属		99，217
Flabellisporites crinitus	毛发尖桩大孢	48（2–11）	99，218
Henrisporites	亨氏大孢属		100，218
Henrisporites capillatus	毛刺亨氏大孢	49（1–13）	100，219
Henrisporites latispinosus	扁刺亨氏大孢	50（1–8）；51（1–5）	100，219
Henrisporites longibaculiformis	长棒亨氏大孢	51（6–11）；52（1–4）	100，220
Horstisporites	穴网大孢属		95，213
Horstisporites compositus	复式穴网大孢	45（1–9）	96，213
Horstisporites denticulatus	齿状穴网大孢	47（3，4）	96，213
Horstisporites nidzicensis	尼孜克穴网大孢	46（1，2）	96，214
Horstisporites sp. 1	穴网大孢（未定种1）	47（1，2）	97，215
Horstisporites sp. 2	穴网大孢（未定种2）	48（1）	98，215
Horstisporites subtilis	细致穴网大孢	46（3–5）	97，214
Horstisporites tarimensis	塔里木穴网大孢	46（6–11）	97，215
Hughesisporites	休斯大孢属		86，202
Hughesisporites gibbosus	驼峰休斯大孢	32（1–8）	87，202
Hughesisporites karnicus	卡尼休斯大孢	34（1–3）	88，203
Hughesisporites orlowskae	奥洛斯卡休斯大孢	33（5，6）	88，204
Hughesisporites reticulatus	网面休斯大孢	34（9–11）	89，205
Hughesisporites sp. 1	休斯大孢（未定种1）	34（4–8）	90，206
Hughesisporites sp. 2	休斯大孢（未定种2）	32（10–12）	90，206
Hughesisporites triassicus	三叠休斯大孢		89，205
Hughesisporites tumulosus	多丘休斯大孢	32（9）	89，205
Hughesisporites unicus	单一休斯大孢	33（1–4）	90，206
Kuqaia	库车孢形体属		108，228
Kuqaia concentrica	同心库车孢形体	60（1–5）	108，228
Kuqaia quadrata	方格库车孢形体	59（7–11）	109，229
Kuqaia radiata	辐射库车孢形体	60（7–10）	109，229
Kuqaia yangii	杨氏库车孢形体	60（6）	109，230
Kuqaia yanqiensis	焉耆库车孢形体	59（12）	110，230
Luntaispora	轮台大孢属		58，167
Luntaispora laevigata	光面轮台大孢	1（6–12）；2（1–3）	58，168
Maexisporites	细粒面大孢属		67，178
Maexisporites magnuszewensis	麦纽秋细粒面大孢	8（1）	68，178
Maexisporites meditectatus	中厚脊细粒面大孢	7（9）	68，179
Maexisporites ooliticus	鲕状细粒面大孢	8（2–5）	68，180
Maexisporites pyramidalis	角锥细粒面大孢	4（4，7）	69，180
Maexisporites sp. 1	细粒面大孢（未定种1）	7（7，8）	69，180
Maexisporites sp. 2	细粒面大孢（未定种2）	7（10，11）	69，181
Margaritatisporites	玛格丽特大孢属		62，172
Margaritatisporites sp. 1	玛格丽特大孢（未定种1）	5（4）	62，173
Margaritatisporites sp. 2	玛格丽特大孢（未定种2）	5（5）	63，173

Minerisporites	米氏大孢属		102，220
Minerisporites sp. 1	米氏大孢（未定种 1）	52（5）	104，223
Minerisporites sp. cf. *M. delicatus*	柔弱米氏大孢（比较种）	52（6，7）	102，221
Minerisporites tarimensis	塔里木米氏大孢	54（1–10）	102，221
Minerisporites triangularis	三角米氏大孢	53（1–12）	103，222
Minerisporites volucris	飞羽米氏大孢	56（5–7）	103，222
Narkisporites	那克大孢属		79，192
Narkisporites brevispinosus	短刺那克大孢	21（1–6）；22（1，2）	79，193
Narkisporites conicus	锥刺那克大孢	23（1–7）；24（1–10）	79，193
Narkisporites densibaculatus	密棒那克大孢	25（1–9）	80，194
Narkisporites densiconicus	密锥那克大孢	26（1–7）	80，194
Narkisporites harrisii	哈里士那克大孢	27（1–7）	81，195
Narkisporites micros	小那克大孢	28（1–8）	81，196
Narkisporites sp. 1	那克大孢（未定种 1）	26（8，9）	82，197
Narkisporites sp. 2	那克大孢（未定种 2）	25（10，11）	83，197
Narkisporites sp. 3	那克大孢（未定种 3）	27（8–10）	83，198
Narkisporites tarimensis	塔里木那克大孢	22（3–6）	82，196
Nathorstisporites	那氏大孢属		104，223
Nathorstisporites? sp. 1	那氏大孢？（未定种 1）	55（6–9）	104，224
Nathorstisporites yanqiensis	焉耆那氏大孢	55（1–5）	104，223
Otynisporites	奥汀大孢属		77，190
Otynisporites eotriassicus	早三叠奥汀大孢	18（1–6）	77，190
Otynisporites sp. 1	奥汀大孢（未定种 1）	20（5，6）	78，192
Otynisporites tarimensis	塔里木奥汀大孢	19（7）；20（1–4）	78，191
Otynisporites tuberculatus	结节奥汀大孢	19（1–6）	78，191
Paxillitriletes	扇裂大孢属		105，224
Paxillitriletes ales	展翅扇裂大孢	56（1–4）	105，224
Paxillitriletes phyllicus	叶状扇裂大孢	57（1–12）	106，225
Pusulosporites	水泡大孢属		66，176
Pusulosporites inflatus	膨胀水泡大孢	5（3）	66，177
Pusulosporites marginatus	具缘水泡大孢	5（6–14）	66，177
Radosporites	辐饰大孢属		83，198
Radosporites planus	扁平辐饰大孢	30（3，4）；31（1–6）	83，198
Stellibacutriletes	星棒大孢属		72，184
Stellibacutriletes capillaris	毛刺星棒大孢	12（1–8）；13（1–4）	72，184
Stellibacutriletes gracilis	修长星棒大孢	13（5–8）；14（1–6）	73，185
Stellibacutriletes rarus	稀饰星棒大孢	15（1–6）	73，186
Stellibacutriletes solidus	坚实星棒大孢	16（1–6）	74，186
Stellibacutriletes sp. 1	星棒大孢（未定种 1）	17（1–3）	74，187
Stellibacutriletes sp. 2	星棒大孢（未定种 2）	30（3，4）	74，187
Striatriletes	辐纹大孢属		95，212
Striatriletes inconspicuus	模糊辐纹大孢	44（1–9）	95，212
Tarimispora	塔里木大孢属		107，226
Tarimispora auriculata	耳角塔里木大孢	59（1–6）	107，227

Tarimispora perfecta	全环塔里木大孢	58（1–11）	108，227
Tricristatispora	三冠大孢属		64，175
Tricristatispora tricristata	三冠三冠大孢	6（1–10）	64，175
Tricristatispora trilobata	三瓣三冠大孢	7（1–6）	65，176
Tricristatispora yingmailensis	英买力三冠大孢	6（11–16）	65，176
Trileites	光面三缝大孢属		59，168
Trileites levis	光滑光面三缝大孢	2（8–11）	59，169
Trileites plicatilis	褶皱光面三缝大孢	2（4–7）	60，169
Trileites polonicus	波兰光面三缝大孢	3（1，2）	60，170
Trileites sp. 1	光面三缝大孢（未定种1）	4（6，8，9）	62，172
Trileites sp. 2	光面三缝大孢（未定种2）	3（5，6）	62，172
Trileites sp. cf. *T. solitus*	常见光面三缝大孢（比较种）	3（7，8）	60，170
Trileites tenellus	柔弱光面三缝大孢	3（3，4）	61，171
Trileites vulgaris	普通光面三缝大孢	4（1–3，5）	61，171
Verrutriletes	瘤纹大孢属		75，187
Verrutriletes fragilis	脆弱瘤纹大孢	17（4）	75，188
Verrutriletes jimsarensis	吉木萨尔瘤纹大孢	17（10）	75，188
Verrutriletes minor	小瘤纹大孢	17（5，11）	76，188
Verrutriletes sp. 1	瘤纹大孢（未定种1）	17（12）	77，190
Verrutriletes sp. cf. *V. ornatus*	修饰瘤纹大孢（比较种）	17（6–9）	76，189

PALAEONTOLOGIA SINICA

Whole Number 202, *New Series A, Number* 17

Edited by

Nanjing Institute of Geology and Palaeontology
Institute of Vertebrate Paleontology and Paleoanthropology

Chinese Academy of Sciences

Mesozoic Megaspores and Palynomorphs from Tarim Basin, Northwest China

by

Li Wenben　David J. Batten　Li Jianguo　Peng Jungang

With 60 Plates

SCIENCE PRESS
Beijing, 2021

LIST OF PUBLICATIONS "PALAEONTOLOGIA SINICA" NEW SERIES A

Whole Number 112, New Series A, No. 1, 1940
  A Miocene Flora from Shantung Province, China
  Part 1. Introduction and Systematic Considerations   By H. H. Hu and R. W. Chaney
  Part 2. Physical Conditions and Correlation   By R. W. Chaney and H. H. Hu

Whole Number 133, New Series A, No. 2, 1949
  Die Mesozoische Flora Aus Der Hsiangchi Kohlen Serie in Westhupeh   By H. C. Sze

Whole Number 135, New Series A, No. 3, 1952
  Jurassic Plants from Szechuan   By H. C. Sze and H. H. Lee

Whole Number 136, New Series A, No. 4, 1952
  Upper Devonian Plants from China   By H. C. Sze

Whole Number 139, New Series A, No. 5, 1956
  Older Mesozoic Plants from the Yenchang Formation, Northern Shensi   By H. C. Sze

Whole Number 148, New Series A, No. 6, 1963
  Fossil Plants of the Yuehmenkou Series, North China   By Lee Hsing-hsüeh

Whole Number 165, New Series A, No. 7, 1983
  Early Liassic Plants from Southwest Hunan, China   By Zhou Zhiyan

Whole Number 167, New Series A, No. 8, 1984
  Late Triassic Spores and Pollen from Central Sichuan   By Zhang Lujin

Whole Number 169, New Series A, No. 9, 1986
  Palynology of Upper Permian and Lower Triassic Strata of Fuyuan District, Eastern Yunnan   By Ouyang Shu

Whole Number 171, New Series A, No. 10, 1986
  Cretaceous and Early Tertiary Sporo-pollen Assemblages from the Sanshui Basin, Guangdong Province   By Song Zhichen, Li Manying and Zhong Lin

Whole Number 176, New Series A, No. 11, 1989
  Late Palaeozoic Plants from the Qingshuihe Region Inner Mongolia and the Hequ District of Northwestern Shanxi   By Si Xingjian (H. C. Sze)

Whole Number 185, New Series A, No. 12, 1995
  Early Ordovician Acritarchs from Hunjiang Region, Jilin and Yichang Region, Hubei, China   By Yin Leiming

Whole Number 187, New Series A, No. 13, 1999
  Early Certaceous Flora of Zhejiang   By Cao Zhengyao

Whole Number 190, New Series A, No. 14, 2003
  Triassic and Jurassic Sporopollen Assemblages from the Kuqa Depression, Tarim Basin of Xinjiang, NW China   By Liu Zhaosheng

Whole Number 194, New Series A, No. 15, 2008
  Triassic Sporopollen Assemblages from the Santanghu Basin of Xinjiang, NW China   By Huang Pin

Whole Number 196, New Series A, No. 16, 2011
  Late Triassic Palynology of Yunnan and Guizhou, China   By Shang Yuke

Mesozoic Megaspores and Palynomorphs from Tarim Basin, Northwest China

Li Wenben   David J. Batten   Li Jianguo   Peng Jungang

Contents

I. INTRODUCTION ··· 139
II. GEOLOGICAL SETTING AND STRATIGRAPHY ··· 140
III. MATERIAL AND METHODS ·· 142
IV. RECORDS OF MEGASPORES FROM THE STUDIED SECTIONS ··············· 143
V. MEGASPORE BIOSTRATIGRAPHY ·· 157
    (I) *Stellibacutriletes gracilis-Trileites* (ST) Assemblage Zone ····························· 157
    (II) *Henrisporites capillatus-Narkisporites* (HN) Assemblage Zone ···················· 158
    (III) *Hughesisporites gibbosus-Tricristatispora tricristata-Flabellisporites crinitus* (HTF)
        Assemblage Zone ··· 159
    (IV) *Hughesisporites gibbosus-Tricristatispora tricristata* (HT) Assemblage Zone ··········· 160
    (V) *Nathorstisporites yanqiensis* (Ny) Zone ··· 160
    (VI) *Bacutriletes digitiformis-Kuqaia* (BK) Assemblage Zone ······························ 161
    (VII) *Minerisporites volucris-Erlansonisporites exquisitus* (ME) Assemblage Zone ·········· 162
    (VIII) *Minerisporites tarimensis* (Mt) Zone ·· 163
VI. DISTRIBUTION AND STRATIGRAPHICAL SIGNIFICANCE OF SELECTED MEGASPORES
··· 163
VII. SYSTEMATIC PALAEONTOLOGY ·· 165
    Genus *Aneuletes* Harris, 1961 ·· 165
        Aneuletes rotundus Fuglewicz, 1973 ··· 166
    Genus *Luntaispora* gen. nov. ··· 167
        Luntaispora laevigata gen. et sp. nov. ·· 168
    Genus *Trileites* Erdtman, 1947 ex Potonié, 1956 ·· 168
        Trileites levis Fuglewicz, 1973 ·· 169
        Trileites plicatilis sp. nov. ··· 169
        Trileites polonicus Fuglewicz, 1973 ··· 170
        Trileites sp. cf. *T. solitus* Marcinkiewicz, 1960 ··· 170
        Trileites tenellus Fuglewicz, 1973 ·· 171
        Trileites vulgaris Fuglewicz, 1973 ··· 171
        Trileites sp. 1 ··· 172
        Trileites sp. 2 ··· 172

Genus *Margaritatisporites* Marcinkiewicz, 1962 ··· 172
    Margaritatisporites sp. 1 ··· 173
    Margaritatisporites sp. 2 ··· 173
Genus *Banksisporites* Dettmann, 1961 emend. Glasspool, 2003 ·· 173
    Banksisporites dejerseyi Scott et Playford, 1985 ··· 174
    Banksisporites sp. cf. *B. pinguis* (Harris, 1935) Dettmann, 1961 ·· 174
Genus *Tricristatispora* Liu in Liu et al., 1981 ··· 175
    Tricristatispora tricristata (Li, 1974) Li, 2000 ·· 175
    Tricristatispora trilobata sp. nov. ·· 176
    Tricristatispora yingmailensis sp. nov. ··· 176
Genus *Pusulosporites* Fuglewicz, 1973 ··· 176
    Pusulosporites inflatus Fuglewicz, 1973 ··· 177
    Pusulosporites marginatus Fuglewicz, 1973 ··· 177
Genus *Maexisporites* Potonié, 1956 ··· 178
    Maexisporites magnuszewensis Fuglewicz, 1977 ·· 178
    Maexisporites meditectatus (Reinhardt, 1963) Kannegieser et Kozur, 1972 ··· 179
    Maexisporites ooliticus Fuglewicz, 1977 ··· 180
    Maexisporites pyramidalis Fuglewicz, 1973 ··· 180
    Maexisporites sp. 1 ··· 180
    Maexisporites sp. 2 ··· 181
Genus *Bacutriletes* van der Hammen, 1954 ex Potonié, 1956 ··· 181
    Bacutriletes costatispinosus Fuglewicz, 1977 ··· 182
    Bacutriletes digitiformis (Faddeeva, 1960) comb. nov. ·· 182
    Bacutriletes kozurii Batten et Kovach, 1990 ··· 183
    Bacutriletes sp. 1 ·· 183
    Bacutriletes sp. 2 ·· 183
    Bacutriletes sp. 3 ·· 184
Genus *Stellibacutriletes* gen. nov. ··· 184
    Stellibacutriletes capillaris gen. et sp. nov. ··· 184
    Stellibacutriletes gracilis gen. et sp. nov. ·· 185
    Stellibacutriletes rarus gen. et sp. nov. ··· 186
    Stellibacutriletes solidus gen. et sp. nov. ·· 186
    Stellibacutriletes sp. 1 ·· 187
    Stellibacutriletes sp. 2 ·· 187
Genus *Verrutriletes* van der Hammen, 1954 ex Potonié, 1956 emend. Binda et Srivastava, 1968 ··········· 187
    Verrutriletes fragilis Fuglewicz, 1973 ··· 188
    Verrutriletes jimsarensis Yang et Sun, 1990 ··· 188
    Verrutriletes minor Kozur, 1973 ex Marcinkiewicz, 1978 ··· 188
    Verrutriletes sp. cf. *V. ornatus* Reinhardt et Fricke, 1969 ··· 189
    Verrutriletes sp. 1 ·· 190
Genus *Otynisporites* Fuglewicz, 1977 emend. Karasev et Turnau, 2015 ··· 190
    Otynisporites eotriassicus Fuglewicz, 1977 ·· 190
    Otynisporites tarimensis sp. nov. ·· 191
    Otynisporites tuberculatus Fuglewicz, 1977 ··· 191

Otynisporites sp. 1 ··· 192
Genus *Narkisporites* Kannegieser et Kozur, 1972 ··· 192
    Narkisporites brevispinosus Fuglewicz, 1973 ··· 193
    Narkisporites conicus sp. nov. ··· 193
    Narkisporites densibaculatus sp. nov. ··· 194
    Narkisporites densiconicus sp. nov. ··· 194
    Narkisporites harrisii (Reinhardt et Fricke, 1969) Kannegieser et Kozur, 1972 ··· 195
    Narkisporites micros (Fuglewicz, 1977) comb. nov. ··· 196
    Narkisporites tarimensis sp. nov. ··· 196
    Narkisporites sp. 1 ··· 197
    Narkisporites sp. 2 ··· 197
    Narkisporites sp. 3 ··· 198
Genus *Radosporites* Kannegieser et Kozur, 1972 ··· 198
    Radosporites planus (Reinhardt et Fricke, 1969) Kannegieser et Kozur, 1972 ··· 198
Genus *Echitriletes* van der Hammen, 1954 ex Potonié, 1956 ··· 199
    Echitriletes sp. 1 ··· 200
    Echitriletes sp. 2 ··· 200
    Echitriletes sp. 3 ··· 200
    Echitriletes sp. 4 ··· 200
    Echitriletes sp. 5 ··· 201
    Echitriletes sp. 6 ··· 201
Genus *Capillisporites* Kozur, 1973 ··· 201
    Capillisporites germanicus Kozur, 1973 ··· 202
Genus *Hughesisporites* Potonié, 1956 ··· 202
    Hughesisporites gibbosus (Reinhardt et Fricke, 1969) Kannegieser et Kozur, 1972 ··· 202
    Hughesisporites karnicus Kannegieser et Kozur, 1972 ··· 203
    Hughesisporites orlowskae Kozur, 1973 ··· 204
    Hughesisporites reticulatus sp. nov. ··· 205
    Hughesisporites triassicus (Banerji, Kumaran et Maheshwari) comb. nov. ··· 205
    Hughesisporites tumulosus Marcinkiewicz, 1976 ··· 205
    Hughesisporites unicus sp. nov. ··· 206
    Hughesisporites sp. 1 ··· 206
    Hughesisporites sp. 2 ··· 206
Genus *Erlansonisporites* Potonié, 1956 ··· 207
    Erlansonisporites duwaensis sp. nov. ··· 207
    Erlansonisporites excavatus Marcinkiewicz, 1962 ··· 207
    Erlansonisporites exquisitus sp. nov. ··· 208
    Erlansonisporites licheniformis Fuglewicz, 1977 ··· 209
    Erlansonisporites perbellus sp. nov. ··· 209
    Erlansonisporites sparassis (Murray, 1939) Potonié, 1956 ··· 210
    Erlansonisporites textilis sp. nov. ··· 210
    Erlansonisporites sp. 1 ··· 211
    Erlansonisporites sp. 2 ··· 211
    Erlansonisporites sp. 3 ··· 211

Erlansonisporites sp. 4 ······ 211
Genus *Striatriletes* van der Hammen, 1954 ex Potonié, 1956 ······ 212
    Striatriletes inconspicuus sp. nov. ······ 212
Genus *Horstisporites* Potonié, 1956 ······ 213
    Horstisporites compositus sp. nov. ······ 213
    Horstisporites denticulatus sp. nov. ······ 213
    Horstisporites nidzicensis Fuglewicz, 1977 ······ 214
    Horstisporites subtilis sp. nov. ······ 214
    Horstisporites tarimensis sp. nov. ······ 215
    Horstisporites sp. 1 ······ 215
    Horstisporites sp. 2 ······ 215
Genus *Dijkstraisporites* Potonié, 1956 emend. Batten et Koppelhus, 1993 ······ 216
    Dijkstraisporites beutleri Reinhardt, 1963 ······ 216
Genus *Flabellisporites* Marcinkiewicz, 1978 ······ 217
    Flabellisporites crinitus Marcinkiewicz, 1978 ······ 218
Genus *Henrisporites* Potonié, 1956 emend. Binda et Srivastava, 1968 ······ 218
    Henrisporites capillatus (Fuglewicz, 1977) Marcinkiewicz, 1992 ······ 219
    Henrisporites latispinosus (Fuglewicz, 1977) comb. nov. ······ 219
    Henrisporites longibaculiformis sp. nov. ······ 220
Genus *Minerisporites* Potonié, 1956 emend. Batten et Koppelhus, 1993 ······ 220
    Minerisporites sp. cf. *M. delicatus* Gunther et Hills, 1972 ······ 221
    Minerisporites tarimensis sp. nov. ······ 221
    Minerisporites triangularis sp. nov. ······ 222
    Minerisporites volucris Marcinkiewicz, 1960 ······ 222
    Minerisporites sp. 1 ······ 223
Genus *Nathorstisporites* Jung, 1958 ······ 223
    Nathorstisporites yanqiensis Cui et al., 2004 ······ 223
    Nathorstisporites? sp. 1 ······ 224
Genus *Paxillitriletes* Hall et Nicolson, 1973 emend. Batten et Koppelhus, 1993 ······ 224
    Paxillitriletes ales (Harris, 1935) Batten et Koppelhus, 1993 ······ 224
    Paxillitriletes phyllicus (Murray, 1939) Hall et Nicolson, 1973 ······ 225
Genus *Tarimispora* gen. nov. ······ 226
    Tarimispora auriculata gen. et sp. nov. ······ 227
    Tarimispora perfecta gen. et sp. nov. ······ 227
Genus *Kuqaia* Li, 1993 ······ 228
    Kuqaia concentrica Li, 1993 ······ 228
    Kuqaia quadrata Li, 1993 ······ 229
    Kuqaia radiata Li, 1993 ······ 229
    Kuqaia yangii Cui et al., 2004 ······ 230
    Kuqaia yanqiensis Cui et al., 2004 ······ 230

I. INTRODUCTION

The Tarim Basin, situated in the south of Xinjiang Uygur Autonomous Region, Northwest China, with an extension over 560,000 km^2, is well known for its rich petroleum resources (Figure 1).

During the period 1986–2000, a large number of state scientific and technical exploration projects were conducted in the Tarim oil field. These have generated large quantities of data and publications on a variety of subjects including those of Zhou and Chen (1992), Chen et al. (1996), Zhou (2001) and Zhang et al. (2004), which reflect the most important advances in palaeontology and stratigraphy (Table 1).

Palynological investigations have been carried out on the Mesozoic successions in outcrop and well sections within and surrounding the basin, with most being focused on miospores (e.g., Jiang et al., 1988; Yong et al., 1990; Zhan, 1991; Liu, 1996, 1999, 2003; Xu et al., 1996; Li et al., 2007; Liu and Wei, 2007; Peng et al., 2018). Only a few of these mentioned the Mesozoic megaspores of this area (Yang and Sun, 1989; Chen et al., 1996; Cao et al., 2001; Li et al., 2001; Zhang and Cao, 2001; Zhang et al., 2004). Most are very brief (Table 2), with detailed, quantitative and systematic analyses being lacking.

For several recent decades, one of the authors (Li Wenben) has participated in some of the exploration projects in the Tarim Basin. He has been to the basin more than ten times for geological surveying. During these periods he collected a large number of samples from the Mesozoic formations for palynological examination. The material includes rock samples from eight outcrop sections located in the surrounding mountains and cores and cuttings from 26 wells in the interior of the Taklamakan Desert part of the basin (Figure 1). A total of 231 samples proved to contain a variety of megaspores. This material not only provides a very large number of specimens for taxonomic analysis but also the opportunity for the first time to build a relatively complete, continuous megaspore sequence for the Mesozoic strata in the Tarim Basin. This in turn will aid understanding of the evolution of the vegetation and environment of the region during the Mesozoic Era.

Many thanks are given to the Headquarter of Tarim Petroleum Exploration and Development for its support and help in providing subsurface samples and related geological data. The authors are very grateful to Huang Fengbao, Zhao Ding, Ge Jun, He Cuiling, Mao Zhongfei for their assistance on the palynological preparations in the laboratories of Nanjing Institute of Geology and Palaeontology, Chinese Academy of Sciences (NIGPAS). Li Mao, Jiang Qingling, Mao Yongqiang, Yuan Liuping, Fan Xiaoyi, Wang Chunzhao, Fang Yan, Tang Jingjing and Li Dingyu are acknowledged for their help on photographing in the LM, RLM and SEM laboratories in NIGPAS. We also give many thanks to our colleagues for working together on geological survey and sample and fossil collections in the field on hills, gobi and desert of Tarim twenty years ago, and sharing the hard and happy life there. We thank the Strategic Priority Research Program (B) of the Chinese Academy of Sciences (XDB26000000), Special Research Program of Basic Science and Technology of the Ministry of Science and Technology (2013FY113000) and the National Natural Scientific Foundation of China (41688103) for financial support of the work. This work research material is successively supported by piled up since the State research projects in the duration of the seventh, eighth and ninth Five-Year Plans (1985–2000) for National Economic Development [Correlation of Phanerozoic strata in Tarim; Division and Correlation of the Mesozoic and Cenozoic of the Tarim Basin (85-101-01-02-06); Establishment and Correlation of the subsurface Mesozoic and Cenozoic Base Profiles of the Tarim Basin (96-111-01-01-09)]. We thank Academician Zhou Zhiyan and Professor Ouyang Shu and Professor Wang Weiming for their careful reviews and constructive advices on this manuscript.

For reading the text-figures and tables mentioned in text, please find them in the Chinese version above.

Before the manuscript was sent to press, Professor David J. Batten, one of the authors, unfortunately left us on February 14, 2019 due to illness. He has made many contributions to this monograph. We hereby express our deep gratitude and memory to the intimate friend.

II. GEOLOGICAL SETTING AND STRATIGRAPHY

Tarim as a terrestrial basin was formed in the Late Permian epoch when the Tarim Block collided with the Yining and Junggar blocks to the north and the Tethyan Sea withdrew to the west as a result of uplift associated with this event (Chen, 1992). Since then, the basin experienced very limited marine influence, either local in scale or short in time. Notable incursions occurred only in a narrow, longitudinal zone at the centre of the basin during the Early Triassic (Li and He, 996) and in the west during the Late Cretaceous–Paleogene (Tang et al., 1989). Hence, the predominance of non-marine/terrestrial rocks through the Mesozoic of the Tarim Basin.

These strata occur widely in the basin with the best exposures on its peripheries. Although a total of 11 stratigraphical units were recognized, two lithostratigraphical systems are applied to the nomenclature of these units, i.e. for the north-central and southwestern sub-regions respectively (Huang et al., 2002; Zhang et al., 2004). They are introduced here and correlated in Table 1. Overall, the Mesozoic succession is more complete in the north-central part of the basin than in the southern part. The major differences between the two sub-regions are the absence of Middle and Upper Triassic strata in the south-west and no Upper Cretaceous in the north-central. In addition, there is a hiatus at the top of Upper Jurassic in the south-west. Here we choose an outcrop section along the Kuqa River to introduce the Mesozoic sedimentary sequence of the basin. This section is situated some 50 km away to the north of Kuqa County where it comprises an almost complete Mesozoic sequence. The following descriptions are based on unpublished data provided by Ye Liusheng in 1986, which have been widely adopted since then by many authors (e.g., Zhou and Chen, 1992; Zhou, 2001; Zhang et al., 2004).

Overlying strata Paleogene (E)

    Kumugeliemu Group ($E_{1-2}km$)   Greyish limestone, marl, pebbly limestone and brown mudstone in the lower part; greyish brown sandy and granule conglomerates intercalated with brown mudstone and gypsum in the middle part; brown mudstone intercalated with sandstone and nodular gypsum in the upper part.   466.19 m

~~~~ Disconformity ~~~~

Lower Cretaceous (K_1)

    Bashijiqik Formation (K_1bs)   Brown conglomerate and red sandstone intercalated with red-brown mudstone   214.87 m

~~~~ Disconformity ~~~~

Kapushaliang Group (K_1kp)

    Baxigai Formation (K_1b)   Brown fine-grained sandstone intercalated with brown mudstone   180.63 m

    Shushanhe Formation (K_1s)   Interbedded grey-greyish purple-purplish red mudstone and muddy siltstone, with blue-grey and varicoloured, finely stratified muddy siltstone in the middle and upper parts. In Tielieke Section, this formation yields a diverse palynological assemblage mainly comprising *Cicatricosisporites*, *Schizaeoisporites*, *Lygodiumsporites*, *Converrucosisporites*, *Pilosisporites*, *Impardecispora*, *Classopollis* and *Dicheiropollis* (Li, 2000b)   1056.47 m

    Yageliemu Formation (K_1y)   Brown massive conglomerate with intercalations of brown mudstone   73.17 m

―――― Disconformity ――――

Upper Jurassic (J$_3$)

    Kalazha Formation (J$_3$k)   Dark brown and brown sandy conglomerate   20.07 m

    Qigu Formation (J$_3$q)   Dark brown and brown mudstone interbedded with sandstone, in the lower part with purple thin-bedded marls. Bivalves: *Pseudocardinia ovalis* (Cao et al., 2001). Charophytes: *Aclistochara abshirica, A. minima* and *A. sublaevis* (Cao et al., 2001). Ostracods: *Darwinula sarytirmenensis, D. magna, D. impudica, D. giganimpudica, D. subimpudica, D. lufengensis, D. paracontracta, Timiriasevia menglaensis, T. parva* and *T. mackerrowi* (Cao et al., 2001)   238.11 m

Middle Jurassic (J$_2$)

    Tikmak Formation (J$_2$q)   Bright green and yellowish green mudstone, siltstone and fine-grained sandstone with thin-bedded marls. Bivalves: *Pseudocardinia lanceolata* (Cao et al., 2001). Charophytes: *Aclistochara sublaevis* and *A. abshirica* (Cao et al., 2001). Conchostracans (Spinicaudatans): *Euestheria singkiangensis, E. manzhuangensis* and *Triglypta* sp. (Cao et al., 2001); Ostracods: *Darwinula impudica* and *Timiriasevia mackerrowi* (Cao et al., 2001); Plants: *Coniopteris* sp. (Cao et al., 2001). Pollen and spores: *Cyathidites-Classopollis* assemblage (Liu, 2003)   191 m

    Kezilenur Formation (J$_2$k)   Yellowish grey sandy conglomerate and conglomerate in the basal part; interbedded grey to dark grey mudstone, carbonaceous mudstone and shale and yellowish grey siltstone with coal beds in the lower part; interbedded yellowish grey sandstone and greyish green mudstone with thin coal beds in the middle and upper parts. Bivalves: *Pseudocardinia ovalis* and *Qiyangia* sp. (Cao et al., 2001). Ostracods: *Darwinula* sp. (Cao et al., 2001). Plants: *Cladophlebis magnifica, C.* sp., *Coniopteris hymenophylloides, C. burejensis, Czekanowskia* cf. *setacea, Desmiophyllum* sp., *Equisetites* cf. *Lateralis, Ginkgoites lepidus, Neocalamites* sp., *Phoenicopsis angustifolia* and *Pityophyllum longifolium* (Cao et al., 2001). Pollen and spores: *Cyathidites-Neoraistrickia*-Disacciatrileti assemblage (Liu, 2003). Megaspores: *Minerisporites vorucris-Erlansonisporites exquisitus* Assemblage Zone   927.76 m

Lower Jurassic (J$_1$)

    Yangxia Formation (J$_1$y)   Interbedded greenish grey mudstone and yellowish grey sandstone, with conglomerate and thin coal seams. Plants: *Cladophlebis suluktensis, Coniopteris*? sp., *Equisetites* sp., *Ginkgoites ferganensis, Neocalamites carrerei, N. nathorstii, Phoenicopsis angustifolia,* cf. *Storgaardis spectabilis* and *Todites princeps* (Cao et al., 2001). Pollen and spores: *Cyathidites-Cibotiumspora*-Disacciatrileti assemblage (Liu, 2003). Megaspores: *Bacutriletes digitiformis-Kuqaia* Assemblage Zone   329.61 m

    Ahe Formation (J$_1$a)   Grey and yellowish grey conglomerate, sandy conglomerate and sandstone with a little dark grey thin-bedded mudstone. Pollen and spores: Disacciatrileti-*Cyathidites* assemblage (Liu, 2003). Megaspores: *Nathorstisporites yanqiensis* Zone   306.48 m

―――― Disconformity ――――

Upper Triassic (T$_3$)

    Tariqik Formation (T$_3$t)   Grey sandstone and sandy conglomerate in the basal part; dark grey and greenish grey mudstone and shale with thin marls and siltstone beds in the middle and lower parts; grey and greenish-grey sandstone and sandy conglomerate, with grey mudstone, shale and coal beds in the upper part. Conchostracans (Spinicaudatans): *Palaeolimnadia* cf. *Chuanbeiensis* and *P.* spp. (Wu and Chen, 1992). Plants: *Cladophlebis* sp., *Clathropteris* sp. and *Neocalamites* sp. (Li et al., 2001). Pollen and spores: *Dictyophyllidites-Aratrisporites-Parataeniaesporites* assemblage (Liu, 2003). Megaspores: *Hughesisporites gibbosus-Tricristatispora tricristata* Assemblage Zone   836.96 m

~~~~~ Disconformity ~~~~~

Huangshanjie Formation (T$_3$h) Greyish green massive sandstone in the lower part; dark brown mudstone with thin siltstone and fine-grained sandstone, carbonaceous shale and thin coal beds in the upper part. Kazacharthrans: *Almatium gusevi* (Wu and Chen, 1992). Plants: *Neocalamites hoerensis* (Wu and Chen, 1992). Pollen and spores: *Dictyophyllidites-Aratrisporites-Parataeniaesporites* assemblage (Liu, 2003). Megaspores: *Hughesisporites gibbosus-Tricristatispora tricristata* Assemblage Zone   278.73 m

~~~~~ Disconformity ~~~~~

Middle-Upper Triassic (T$_{2-3}$)

Karamay Formation (T$_{2-3}$k) Brownish grey conglomerate at the base; interbedded grey and greenish brown sandstone and sandy conglomerate and brownish red mudstone and sandy mudstone. Plants: Over 20 species, including *Annularia* sp., *Todites shensiense*, *Drepanozamites schizophyllus*, *Kuqaopteris dictyodromus* (Wu and Chen, 1992). Pollen and spores: *Punctatisporites-Aratrisporites-Parataeniaesporites* assemblage in the lower part and *Aratrisporites-Parataeniaesporites* assemblage in the upper part (Liu, 2003). Megaspores: *Hughesisporites gibbosus-Tricristatispora tricristata-Flabellisporites crinitus* Assemblage Zone in the upper part; common *Pusulosporites marginatus* and *Trileites vulgaris*, and rare *Banksisporites* sp. cf. *B. pinguis* in the lower part   571.33 m

Lower Triassic (T$_1$)

Ehuobulak Formation (T$_1$e) Interbedded brown sandstone, sandy conglomerate, mudstone and sandy mudstone, with grey-green sandstone and mudstone, and calcareous mudstone in the uppermost part. Acritarchs: *Dorsennidium* cf. *cymosum*, *D. europaeum* subsp. *hexacanthum*, *D. irregulare*, *D. kuqaicum*, *D. riburgense*, *D. tetracanthum*, *D. xujiashanense*, *Tectitheca elongata*, *T. stallata*, *Unellium* sp. and *Micrhystridium* spp. (Li and He, 1996). Conchostracans (Spinicaudatans): *Palaeolimnadia pusilla*, *Cyclotunguzites* sp. and *Euestheria* sp. (Li et al., 2001). Plants: *Neocalamites* sp. (Li et al., 2001). Pollen and spores: *Taeniaesporites-Limatulasporites-Lundbladispora-Aratrisporites* assemblage (Liu, 2003). Megaspores: *Pusulosporites marginatus* and *Hughesisporites* sp. 1   291.37 m

~~~~~ Disconformity ~~~~~

Underlying strata Middle-Upper Permian (P$_{2-3}$)

Aqia Group (P$_{2-3}$aq)   Dark brown sandstone and conglomerate, and brown and grey-green mudstone   88.85 m

Differing from the Mesozoic stratigraphical sequence of the north-central region, e.g. the Kuqa River Section lacking the Upper Cretaceous horizons, the sequence of the southwestern region has a series of marine Upper Cretaceous while the Middle-Upper Triassic sediments are missing. In view of the differences in stratigraphy and lithology between the two regions, another stratigraphical classification system consisting of 11 formations for the southwestern region had been established (Huang et al., 2002; Zhang et al., 2004). The two systems and their correlative relationship are shown on Table 1.

Palaeontological investigations on the Mesozoic of the Tarim Basin have been intensively carried out during past decades, with numerous fossils being recovered from various localities or exploratory wells, as indication on Table 1 and Table 2. An integrated biostratigraphy attempted by Zhang et al. (2004) has provided an important basis and reference for the ages of our megaspore assemblages.

III. MATERIAL AND METHODS

All rock samples were treated following standard palynological processing techniques using hydrochloric and hydrofluoric acids (Traverse, 2007) in the palynological laboratory of the Nanjing Institute of Geology and Palaeontology, Chinese Academy of Sciences (NIGPAS). For most of the samples, a total of ~50 g was processed: they were broken into bean-sized pieces and subjected to hydrochloric (~10%) and hydrofluoric (~40%) acids to clear carbonates and silicates respectively. Washed residues were then heated in hydrochloric acid (36%) and sieved over a 150 μm mesh after neutralization. The residues were examined under a stereoscopic microscope so that the megaspores could be picked out. All residues from each sample were examined in this way and megaspore specimens were placed in slides individually for identification and statistical analysis. Identification, description and counting were mainly carried out under a stereoscopic microscope (WILD HEERBRUGG M8 or ZEISS STEREO DISCOVERY V20) and many were also examined under a scanning electron microscope (SEM). Specimens for the latter were coated with gold powder before being placed in a HITACHI SU3500 and/or LEO 1530 VP for observation and photomicrography. Specimens that were not thoroughly opaque were selected for observation under transmitted light microscope Olympus CX41. All specimens and slides are housed in the Nanjing Institute of Geology and Palaeontology, Chinese Academy of Sciences.

When describing the composition of a megaspore assemblage, we use rare, common and abundant to reflect the abundance of each species or genus. This is because in most cases the number of megaspore specimens recovered from a sample never amounted to 100 grains, which is normally the minimum requirement for statistical analysis in palynology. Commonly, the megaspore assemblage was found to be simple in composition, seldom comprising more than 10 taxa (genus and/or species). Hence, we use a three-point scale to indicate the abundance of each species/genus, representing fewer than 5, 5–9 and more than 9 grains respectively.

IV. RECORDS OF MEGASPORES FROM THE STUDIED SECTIONS

A total of 231 samples from 34 outcrop and well sections were found to be highly or moderately productive in megaspores. These include 48 rock samples from outcrops and 74 core samples (denoted by an asterisk [*] in the accompanying tables) from wells, the others are cuttings. Data on all of these samples and sections are compiled in Tables 3–12. Individual suites are recognized and divided for each of the sections based on the stratigraphical distribution of representative taxa and changes in major composition. They provide a basis for the integrated megaspore assemblage sequence in the next chapter. Below is a detailed introduction to all of these 34 megaspore sections alphabetically. Of these, the records from the eight best representatives are tabulated (figures 2–9).

1. Caohu-1 (C-1)

Suite 1/C-1

This megaspore suite was recorded from two samples (4725 m and 4597 m) belonging to the Ehuobulak Formation and the lower part of the Karamay Formation respectively, and consist of only rare *Henrisporites capillatus* (Table 3). Although they come from different lithological units, there is no reason to separate them into two megaspore suites as only *Henrisporites capillatus* occurred. It is also difficult to correlate this megaspore suite with those in other sections in that *H. capillatus* ranges through the Lower Triassic to lower Upper Triassic.

2. Donghe-1 (DH-1)

Suite 1/DH-1

The suite from one sample (5554.48 m) of the Yangxia Formation yields rare palynomorph *Kuqaia* only, and no any megaspore associated (Table 3). Its components include *Kuqaia quadrata*, *K. radiata* and *K. yangii*.

3. Duwa (DW)

Suite 1/DW

This suite is assembled from eight samples of the Wuzunsay Formation, which yield megaspores similar in composition (Table 3).

Horizon: Wuzunsay Formation.

Composition: Abundant *Luntaispora laevigata*, *Trileites levis*, *T. vulgaris*, *Pusulosporites marginatus*, *Stellibacutriletes capillaris* and *S. gracilis*; rare to common *Trileites plicatilis*, *T. tenellus*, *T.* sp. 1, *Margaritatisporites* sp. 1, *Banksisporites dejerseyi*, *B.* sp. cf. *B. pinguis*, *Pusulosporites inflatus*, *Maexisporites ooliticus*, *M.* sp. 1, *Bacutriletes* sp. 1, *Stellibacutriletes rarus*, *S.* sp. 1, *Otynisporites tuberculatus*, *Narkisporites conicus*, *Erlansonisporites duwaensis*, *E. licheniformis*, *E. perbellus*, *E. textilis*, *E.* sp. 1, *E.* sp. 3 and *E.* sp. 4.

Diagnosis: Occurrence of *Stellibacutriletes capillaris*, *S. gracilis*, *S. rarus* and *S.* sp. 1.

4. Duwa Coalmine (DWC)

Suite 1/DWC

The suite comes from two samples of the Yangye Formation which yield similar megaspores in composition (Table 3).

Horizon: Yangye Formation.

Composition: Abundant *Erlansonisporites exquisitus*, rare *E. perbellus*, *E. sparassis*, *Paxillitriletes ales* and *P. phyllicus*.

Diagnosis: Abundant *Erlansonisporites exquisitus* and the occurrence of *Paxillitriletes ales*, *P. phyllicus* and *Erlansonisporites sparassis*.

5. HA-1 (HA-1)

Twenty-six productive samples are from the Ehuobulak to Huangshanjie formations. Three suites are recognized (Figure 2; Table 4).

Suite 1/HA-1

Horizon: Ehuobulak Formation (5215.70–5271.00 m).

Composition: Abundant *Trileites vulgaris*, *Pusulosporites inflatus*, *Otynisporites tarimensis*, *Radosporites planus*, *Narkisporites brevispinosus* and *Henrisporites capillatus*, and rare to common *Aneuletes rotundus*, *Luntaispora laevigata*, *Trileites levis*, *Maexisporites* spp., *Stellibacutriletes capillaris*, *S. gracilis*, *Otynisporites eotriassicus*, *O. tuberculatus*, *Narkisporites conicus*, *N.* sp. 3, *Echitriletes* sp. 4, *E.* sp. 6, *Erlansonisporites duwaensis*, *E. sparassis*, *E. textilis*, *E.* sp. 4 and *Horstisporites compositus*.

Diagnosis: Occurrence of *Stellibacutriletes capillaris* and *S. gracilis*.

Suite 2/HA-1

Horizon: Lower part of the Karamay Formation (5199–5210 m).

Composition: *Trileites vulgaris*, *Narkisporites brevispinosus*, *N. conicus*, *Henrisporites capillatus*, *Radosporites planus* and *Hughesisporites gibbosus*.

Hughesisporites gibbosus is an indicator of Carnian and Norian strata worldwide (Kovach and Batten, 1989). However, its lowermost horizons have been logged in the lower part of the Karamay Formation in this well. This may be owing to lithostratigraphical inaccuracy or cavings because the two samples concerned are cuttings.

Suite 3/HA-1

Horizon: Upper part of the Karamay Formation (4915–4950 m).

Composition: Abundant *Trileites vulgaris*, *Radosporites planus*, *Hughesisporites gibbosus* and *Henrisporites capillatus*, and rare to common *Trileites levis*, *T. tenellus*, *Banksisporites* sp. cf. *B. pinguis*, *Pusulosporites inflatus*, *Otynisporites tarimensis*, *Narkisporites harrisii*, *Echitriletes* sp. 2, *Erlansonisporites* sp. 2, *Horstisporites compositus*, *Flabellisporites crinitus* and *Minerisporites* sp. 1.

Diagnosis: Abundant *Hughesisporites gibbosus* and *Henrisporites capillatus*, with rare *Flabellisporites crinitus*.

Suite 4/HA-1

Horizon: Huangshanjie Formation (4748–4838 m).

Composition: Abundant *Trileites vulgaris*, *Hughesisporites gibbosus* and *Tarimispora perfecta*, rare to common *Aneuletes rotundus*, *Trileites levis*, *Tricristatispora tricristata*, *Pusulosporites inflatus*, *Maexisporites* spp., *Narkisporites brevispinosus*, *N. conicus*, *N.* sp. 3, *Hughesisporites tumulosus*, *Horstisporites compositus*, *Henrisporites capillatus* and *Tarimispora auriculata*.

Diagnosis: Very abundant *Hughesisporites gibbosus*, and occurrence of *Tricristatispora tricristata*, *Tarimispora auriculata* and *T. perfecta*.

6. Heiziwei Coalmine (HZ)

Three samples from this section are productive. They are distinguished into two megaspore suites (Table 3).

Suite 1/HZ

Horizon: Kangsu Formation (sample KZ1a).
Composition: Rare *Trileites* sp. 2 and *Pusulosporites marginatus* only.

Suite 2/HZ

Horizon: Yangye Formation (samples SJ22 and SJ51).
Composition: Abundant *Erlansonisporites exquisitus* and rare *Trileites levis*.
Diagnosis: Abundant *Erlansonisporites exquisitus*.

7. Jianggeshay (JG)

Suite 1/JG

The suite based on three samples from the Kangsu (JG1b) and Yangye (JG11a and JG13) formations consists only of the species of *Kuqaia* (Table 3), with rare *Kuqaia concentrica*, *K. quadrata* and *K. radiata* in the Kangsu Formation and abundant *Kuqaia yanqiensis* and rare *K. radiata* in the lower part of the Yangye Formation.

8. Karajiligang (KR)

Suite 1/KR

This suite based one sample of the Kangsu Formation in Karajiligang Section contains rare *Kuqaia quadrata* and *K. radiata* only (Table 3).

9. Kuqa River (KQ)

This section yielded 27 productive samples in seven formations from the Lower Triassic through the Middle Jurassic (Table 5). Seven megaspore suites are recognized (Figure 3).

Suite 1/KQ

Horizon: Ehuobulak Formation (samples KQ1a, LWB107 and LWB109).
Composition: Only *Pusulosporites marginatus* and *Hughesisporites* sp. 1.
Diagnosis: A monotonous suite composed of laevigate trilete megaspores only.

Suite 2/KQ

Horizon: Lower part of the Karamay Formation (samples LWB111 and LWB113).
Composition: Common *Pusulosporites marginatus* and *Trileites vulgaris*, and rare *Banksisporites* sp. cf. *B. pinguis*.

Suite 3/KQ

Horizon: Upper part of the Karamay Formation (samples LWB115–LWB119).
Composition: Abundant *Trileites vulgaris*, *Pusulosporites marginatus*, *Narkisporites conicus* and *N. densibaculatus*, rare to common *Bacutriletes kozurii*, *Otynisporites* sp. 1, *Narkisporites harrisii*, *N. micros*, *N. tarimensis*, *N.* sp. 1, *Hughesisporites gibbosus*, *H. karnicus*, *Striatriletes inconspicuus*, *Henrisporites latispinosus*, *Minerisporites triangularis*, *Tarimispora auriculata* and *T. perfecta*.
Diagnosis: Abundant *Narkisporites conicus* and *N. dentibaculatus*, and the first occurrence of *Hughesisporites gibbosus*, *Tarimispora auriculata* and *T. perfecta*.

Hughesisporites gibbosus first occurs and plays a leading species in this suite. *Tarimispora auriculata* and *T. perfecta* are the species restricted to this suite.

Suite 4/KQ

Horizons: Huangshanjie and Tariqik formations (samples from SJ218 to LWB132).
Composition: Abundant *Narkisporites densibaculatus*, *Hughesisporites gibbosus* and *Henrisporites latispinosus*, and rare to common *Aneuletes rotundus*, *Trileites vulgaris*, *Tricristatispora tricristata*, *Maexisporites* sp. 1, *Bacutriletes kozurii*, *B.* sp. 3, *Verrutriletes jimsarensis*, *Narkisporites micros*, *Hughesisporites karnicus* and *H.* sp. 1.
Diagnosis: Abundant *Hughesisporites gibbosus* and occurrence of *Tricristatispora tricristata*.

Hughesisporites gibbosus is more abundant than in suite 3/KQ. *Tricristatispora tricristata* is also helpful in recognizing Suite 4/KQ. It only occurs in this suite.

Suite 5/KQ

Horizon: Ahe Formation (samples KQ21 and KQ22).

Composition: Rare *Verrutriletes jimsarensis*, *Maexisporites meditectatus*, *M.* sp. 1, *Verrutriletes* sp. 1 and *Nathorstisporites yanqiensis*.

Diagnosis: Occurrence of *Nathorstisporites yanqiensis*.

Nathorstisporites yanqiensis has a limited occurrence in this suite. This species has been known as a diagnostic taxon of the early Early Jurassic (Hettangian) megaspore flora (e.g., Cui et al., 2004).

Suite 6/KQ

Horizon: Yangxia Formation (samples SJ238 to KQ14).

Composition: Common *Bacutriletes digitiformis*, rare *Verrutriletes minor*, *Pusulosporites marginatus*, *Narkisporites conicus*, *N. densiconicus*, *Striatriletes inconspicuus*, *Henrisporites latispinosus*, *Minerisporites triangularis*, *Paxillitriletes ales*, *P. phyllicus*, *Kuqaia concentrica*, *K. quadrata* and *K. radiata*.

Diagnosis: Occurrence of *Bacutriletes digitiformis* and *Kuqaia concentrica*, *K. quadrata* and *K. radiata*.

Bacutriletes digitiformis occurs only in Suite 6/KQ in this section. *Kuqaia* is also present. In having the association of the two taxa, the suite 6 may be distinguished from suites 5/KQ and 7/KQ.

Suite 7/KQ

Horizon: Kezilenur Formation (samples from SJ250a to SJ259).

Composition: Abundant *Minerisporites triangularis*, common *Horstisporites tarimensis* and rare *Maexisporites magnuszewensis*, *Narkisporites densibaculatus*, *N. densiconicus*, *Erlansonisporites excavatus*, *E. exquisitus*, *E. sparassis*, *Horstisporites subtilis*, *H.* sp. 1, *Minerisporites volucris* and *Paxillitriletes phyllicus*.

Diagnosis: This suite is characterized by appearance of *Minerisporites volucris* associated with various *Erlansonisporites*, such as *E. sparassis*, *E. excavatus* and *E. exquisitus*, and more or less *Minerisporites triangularis*, *Horstisporites tarimensis*, *Erlansonisporites sparassis* and *Paxillitriletes phyllicus*. Differing from the Suite 6/KQ, the Suite 7/KQ contains the index species *Minerisporites volucris* and abundante *Minerisporites triangularis*.

10. Lunnan-1 (LN-1)

According to stratigraphical and palaeontological studies, the Mesozoic in Well LN-1 developed incompletely, lacking Upper Triassic Tariqik Formation, Lower Jurassic Ahe Formation and whole Middle and Upper Jurassic formations. Based on the acquisition from 15 productive samples ranging from the Ehuobulak to Yangxia formations, five megaspore suites can be recognized (Table 6; Figure 4) as described ascendingly below.

Suite 1/LN-1

Horizon: Ehuobulak Formation (five samples from an interval from 4890.00 m to 5043.94 m in the well).

Composition: Abundant *Stellibacutriletes capillaris*, common *Trileites* sp. 1 and rare *Trileites vulgaris*, *Otynisporites tuberculatus* and *Flabellisporites crinitus* in the upper, and rare *Pusulosporites marginatus*, *Maexisporites* sp. 2, and *Narkisporites conicus* in the lower horizon of Ehuobulak Formation.

Diagnosis: Occurrence of *Stellibacutriletes capillaris* associated with *Otynisporites tuberculatus*.

The boundary between the Ehuobulak and Karamay formations in the Well LN-1 was set at the depth about 4990 m (Li et al., 2001). According to the last appearance of *Stellibacutriletes capillaris*, it seems to be more likely to set the boundary at the depth between 4882.57 m and 4890.00 m, though the studies on miospores from the depths 4882.57–4948.00 m implied a Middle Triassic age (Zhan, 1991; Peng et al., 2018).

Suite 2/LN-1

Horizon: Lower part of Karamay Formation (one sample from depth 4882.57 m).
Composition: Abundant *Trileites vulgaris*, *Narkisporites conicus* and rare *Pusulosporites marginatus*.
Diagnosis: The suite appears in low diversity. Among the suite sequence of the section LN-1, this suite has the most abundant *Narkisporites conicus* but lacks the species of *Stellibacutriletes*.

Suite 3/LN-1

Horizon: Upper part of Karamay Formation (six samples from 4801.21 m to 4836.91 m in depth).
Composition: Abundant *Tarimispora auriculata*, *T. perfecta*, *Trileites vulgaris*, *Horstisporites compositus*, common *Henrisporites longibaculiformis* and rare *Trileites levis*, *T. tenellus*, *Tricristatispora tricristata*, *Pusulosporites marginatus*, *Narkisporites harrisii*, *Erlansonisporites perbellus* and *Horstisporites tarimensis*.
Diagnosis: Appearance of *Tarimispora auriculata*, *T. perfecta*, and first appearance of *Tricristatispora tricristata*.

Suite 4/LN-1

Horizon: The bottom of Huangshanjie Formation (two sample from 4775.50 m and 4784.12 m in depth).
Composition: Abundant *Hughesisporites gibbosus* and *Trileites* sp. 1, common *Tricristatispora tricristata* and rare *Trileites levis*, *T. vulgaris*, *Maexisporites* sp. 2, *Narkisporites conicus*, *Striatriletes inconspicuus*, *Horstisporites* sp. 2 and *Minerisporites* sp. cf. *M. delicatus*.
Diagnosis: First appearance of *Hughesisporites gibbosus*, continuous occurrence of *Tricristatispora tricristata* and lack of species of *Tarimispora*.

Suite 5/LN-1

Horizon: Yangxia Formation, one sample from depth 4641.09 m.
This suite shows low diversity which consists of only a few megaspore *Bacutriletes digitiformis* and palynomorphs *Kuqaia concentrica* and *K. yanqiensis*, all of which are diagnostic taxa of the suite.

11. Lunnan-3 (LN-3)

Suite 1/LN-3

Horizon: Huangshanjie Formation. Three samples (4733.42 m, 4735.69 m and 4736.02 m) yield similar megaspores in components (Table 7).
Composition: Abundant *Hughesisporites gibbosus*, rare *Tricristatispora trilobata* and *Pusulosporites marginatus*.
Diagnosis: Occurrence of *Tricristatispora trilobata* and abundant *Hughesisporites gibbosus*.

12. Lunnan-8 (LN-8)

12 samples from the Ehuobulak Formation and the Karamay Formation yielded many megaspores

(Table 8). Three megaspore suites are recognized (Figure 5).

Suite 1/LN-8

Horizon: Ehuobulak Formation (5010.49–5029.20 m).

Composition: Abundant *Aneuletes rotundus, Luntaispora laevigata, Trileites levis, T. vulgaris, T.* sp. 1, and *Pusulosporites marginatus*, and rare to common *Trileites plicatilis, Banksisporites* sp. cf. *B. pinguis, Pusulosporites inflatus, Stellibacutriletes capillaris, S. rarus, S. solidus, Narkisporites conicus, Echitriletes* sp. 1, *Erlansonisporites duwaensis, E. perbellus, E. textilis, E.* sp. 2, *Horstisporites denticulatus, H. nidzicensis* and *Henrisporites capillatus*.

Diagnosis: Occurrence of *Stellibacutriletes capillaris, S. rarus* and *S. solidus*.

Suite 2/LN-8

Horizon: Lower part of the Karamay Formation (4974.33 m).

Composition: Rare *Aneuletes rotundus, Trileites vulgaris, Pusulosporites marginatus* and *Flabellisporites crinitus*.

Diagnosis: This suite is composed of several Triassic taxa. It can be distinguished respectively from the suites 1/LN-8 and 3/LN-8 in having neither *Stellibacutriletes* nor *Tricristatispora tricristata, Tarimispora auriculata*.

Suite 3/LN-8

Horizon: Upper part of the Karamay Formation (4891.54–4897.68 m).

Composition: Abundant *Aneuletes rotundus* and *Trileites vulgaris*, and rare *T. levis, Tricristatispora tricristata, Verrutriletes* sp. cf. *V. ornatus, Narkisporites conicus* and *Tarimispora auriculata*.

Diagnosis: Occurrence of *Tricristatispora tricristata* and *Tarimispora auriculata*.

13. Lunnan-23 (LN-23)

The megaspores from the Well LN-23 may be grouped into two suites (Table 7).

Suite 1/LN-23

Horizon: Lower part of the Karamay Formation (one sample).

Composition: Abundant *Trileites levis, T. tenellus* and *Narkisporites conicus*, and rare *Trileites* sp. 1, *Bacutriletes costatispinosus, Erlansonisporites sparassis* and *Horstisporites* sp. 1.

Diagnosis: Abundant *Narkisporites conicus*.

Suite 2/LN-23

Horizon: Huangshanjie Formation (two samples).

Composition: Abundant *Hughesisporites gibbosus*, and rare *Luntaispora laevigata, Trileites tenellus, T.* sp. 1, *Pusulosporites marginatus, Bacutriletes* sp. 2 and *B.* sp. 3.

Diagnosis: Abundant *Hughesisporites gibbosus*.

14. Lunnan-53 (LN-53)

Suite 1/LN-53

Only one sample (4352.93 m) obtained from the Karamay Formation contains megaspores (Table 7).

Horizon: Lower part of the Karamay Formation.

Composition: Abundant *Trileites tenellus* and *Otynisporites eotriassicus*, and rare to common *Pusulosporites marginatus* and *Narkisporites brevispinosus*.

Diagnosis: Very abundant *Trileites tenellus* and *Otynisporites eotriassicus*.

15. Lunnan-56 (LN-56)

Four samples from the Karamay Formation and the Huangshanjie Formation are productive (Table 7). They are divided into three megaspore suites.

Suite 1/LN-56

Horizon: Lower part of the Karamay Formation (4440.28 m).

Composition: Abundant *Aneuletes rotundus*, and rare *Pusulosporites marginatus*, *Maexisporites* sp. 1, *Bacutriletes kozurii*, *Verrutriletes* sp. cf. *V. ornatus* and *Erlansonisporites duwaensis*.

Diagnosis: This suite is dominated by smooth trilete megaspores and all components of it have been found from Triassic in common, apart from *Aneuletes rotundus* which was known to be restricted within the upper Lower Triassic in Europe (Kovach and Batten, 1989). This suite differs from the Suite 2/LN-56 in having abundant smooth trilete types and lacking *Hughesisporites gibbosus*.

Suite 2/LN-56

Horizon: Upper part of the Karamay Formation (4324.94 m).

Composition: Abundant *Radosporites planus*, rare *Bacutriletes* sp. 2, *B.* sp. 3, *Narkisporites brevispinosus*, *N. conicus*, *Echitriletes* sp. 3, *Hughesisporites gibbosus* and *Erlansonisporites* sp. 3.

Diagnosis: This suite is composed mainly of ornamented taxa and characterized by appearence of *Hughesisporites gibbosus* and plenty of *Radosporites planus*.

Suite 3/LN-56

Horizon: Huangshanjie Formation (4205.20–4205.44 m).

Composition: Abundant *Hughesisporites gibbosus*, and rare *Bacutriletes kozurii*, *Narkisporites micros* and *Hughesisporites orlowskae*.

Diagnosis: *Hughesisporites gibbosus* plays as dominator of the suite.

An abrupt increase in numbers of *Hughesisporites gibbosus* distinguishes this suite from the Suite 2/LN-56.

16. Mancan-1 (MC-1)

Two megaspore suites may be recognized from seven productive samples of the Ehuobulak and Karamay formation (Table 3).

Suite 1/MC-1

Horizon: Ehuobulak Formation (3525 m).

Composition: Abundant *Trileites levis* and *Pusulosporites marginatus*, rare to common *Trileites vulgaris*, *T.* sp. 1 and *Banksisporites dejerseyi*.

Diagnosis: Abundant *Trileites levis* and *Pusulosporites marginatus*. This suite is characterized by the predominance of smooth-walled megaspores.

Suite 2/MC-1

Horizon: Lower part of the Karamay Formation (2786–2912 m).

Composition: Abundant *Trileites* sp. 1 and rare to common *T. tenellus*, *Pusulosporites marginatus*, *Maexisporites pyramidalis*, *M.* sp. 2, *Verrutriletes fragilis*, *Narkisporites conicus* and *N. harrisii*.

Diagnosis: Increase in sculptured morphotypes compared to Suite 1.

17. Manxi-1 (MX-1)

Two megaspore suites were recognized in 21 productive samples from the Ehuobulak and Karamay formations (Table 9; Figure 6).

Suite 1/MX-1

Horizon: Ehuobulak Formation (3454–3630 m).

Composition: Abundant *Trileites levis* and *T. vulgaris*, and rare to common *Luntaispora laevigata*, *Trileites tenellus*, *Banksisporites* sp. cf. *B. pinguis*, *Pusulosporites marginatus*, *Radosporites planus*, *Narkisporites densiconicus*, *Erlansonisporites perbellus* and *Henrisporites capillatus*.

Diagnosis: Abundant smooth-walled trilete megaspores.

This suite based upon ten productive samples is dominated by smooth trilete megaspores associated with only a few ornamented taxa.

Suite 2/MX-1

Horizon: Lower part of the Karamay Formation (3014–3212 m).

Composition: Abundant *Trileites levis*, *T. vulgaris* and *Radosporites planus*, rare to common *Pusulosporites marginatus*, *Otynisporites eotriassicus*, *O. tarimensis*, *O. tuberculatus*, *Narkisporites brevispinosus*, *N. conicus*, *N. harrisii*, *N. tarimensis*, *Hughesisporites* sp. 2, *Henrisporites capillatus* and *H. latispinosus*.

Diagnosis: Distinct increase in abundance of *Trileites levis*, *T. vulgaris* and *Radosporites planus*, and diversification of ornamented taxa.

18. Puhui-1 (PH-1)

Suite 1/PH-1

Only one sample (3444 m) from the Yangxia Formation yields a few specimens of *Bacutriletes digitiformis* (Table 3).

19. Pulu (PL)

Suite 1/PL

Only one sample (PL14) from the lower part of Yangye Formation yields a large number of specimens of *Kuqaia concentrica* and *K. radiata* (Table 3).

20. Qigelek (QG)

Suite 1/QG

Three samples (QF45, QF47 and PJ2F9) from the Kangsu Formation yield similar fossil components

(Table 3), including abundant *Kuqaia quadrata* and *K. radiata*, and rare *Bacutriletes digitiformis* and *Kuqaia concentrica*.

21. Qunke-1 (QK-1)

Suite 1/QK-1

Horizon: Yangxia Formation. Seven samples (2463.86–2544.16 m) yield megaspores and palynomorphs (Table 3) which are assembled into one suite.

Composition: Abundant *Kuqaia quadrata*, and rare to common *Trileites tenellus*, *Radosporites planus*, *Erlansonisporites exquisitus*, *E. sparassis*, *Striatriletes inconspicuus*, *Minerisporites triangularis*, *Paxillitriletes phyllicus*, *Capillisporites germanicus*, *Hughesisporites gibbosus*, *H. reticulatus*, *Kuqaia concentrica* and *K. radiata*.

Diagnosis: Occurrence of abundant *Kuqaia*, associated with *Paxillitriletes phyllicus* and *Erlansonisporites sparassis*.

22. Tahe-1 (TH-1)

19 samples from the Ehuobulak Formation to the Huangshanjie Formation were productive. Four megaspore suites are recognized (Table 10; Figure 7).

Suite 1/TH-1

Horizon: Ehuobulak Formation (4470–4505 m).

Composition: Abundant *Narkisporites brevispinosus* and rare to common *Luntaispora laevigata*, *Trileites polonicus*, *T. tenellus*, *Banksisporites* sp. cf. *B. pinguis*, *Pusulosporites inflatus*, *P. marginatus*, *Maexisporites* sp. 1, *Radosporites planus*, *Narkisporites* sp. 2, *Henrisporites capillatus* and *H. longibaculiformis*.

Diagnosis: Abundant *Narkisporites brevispinosus*.

Suite 2/TH-1

Horizon: Lower part of the Karamay Formation (4360–4390 m).

Composition: Abundant *Henrisporites capillatus*, rare *Trileites polonicus*, *T. tenellus*, *Narkisporites brevispinosus*, *N.* sp. 2 and *Erlansonisporites sparassis*.

Diagnosis: Abundant *Henrisporites capillatus*.

This suite is less diverse and *Narkisporites brevispinosus* is much less common than in Suite 1/TH-1.

Suite 3/TH-1

Horizon: Upper part of Karamay Formation (nine samples from 4125 m to 4300 m in depth).

Composition: Rare to common *Aneuletes rotundus*, *Luntaispora laevigata*, *Trileites plicatilis*, *T. polonicus*, *T. tenellus*, *T.* sp. cf. *T. solitus*, *T.* sp. 2, *Pusulosporites inflatus*, *P. marginatus*, *Verrutriletes minor*, *V.* sp. cf. *V. ornatus*, *V.* sp. 1, *Radosporites planus*, *Narkisporites brevispinosus*, *N. conicus*, *N.* sp. 2, *Echitriletes* sp. 2, *Hughesisporites gibbosus*, *H. unicus*, *Erlansonisporites sparassis*, *Striatriletes inconspicuus*, *Henrisporites capillatus* and *H. longibaculiformis*.

Diagnosis: Occurrence of *Hughesisporites gibbosus*.

Suite 4/TH-1

Horizon: Huangshanjie Formation (3980–4055 m).

Composition: Abundant *Verrutriletes minor* and rare to common *Trileites plicatilis*, *T. polonicus*, *Banksisporites* sp. cf. *B. pinguis*, *Maexisporites* sp. 1, *Verrutriletes* sp. 1, *Radosporites planus*, *Hughesisporites gibbosus*, *H. karnicus*, *H. unicus* and *Dijkstraisporites beutleri*.

Diagnosis: Abundant *Verrutriletes minor* and rare *Dijkstraisporites beutleri*, *Hughesisporites karnicus* and *H. gibbosus*.

In the Tarim Basin, *Dijkstraisporites beutleri* is unique to this suite. All componenets of this suite also occur in the underlying horizon (3/TH-1) apart from *Dijkstraisporites beutleri* and *Hughesisporites karnicus*.

23. Tazhong-1 (TZ-1)

Suite 1/TZ-1

Three productive samples (2457.06 m, 2498.10 m and 2703.66 m) from the Ehuobulak Formation yield similar megaspores in composition (Table 7).

Horizon: Ehuobulak Formation.

Composition: Abundant *Aneuletes rotundus*, *Trileites levis*, *Stellibacutriletes rarus*, *S.* sp. 1 and *Pusulosporites marginatus*, and rare to common *Luntaispora laevigata*, *Trileites polonicus*, *T. vulgaris*, *T.* sp. cf. *T. solitus*, *T.* sp. 1, *T.* sp. 2, *Maexisporites ooliticus*, *M.* sp. 1, *Stellibacutriletes capillaris*, *S. gracilis*, *S. solidus*, *S.* sp. 2, *Otynisporites tuberculatus*, *Erlansonisporites duwaensis*, *E. licheniformis*, *E. perbellus*, *E.* sp. 3, *E.* sp. 4 and *Nathorstisporites*? sp.

Diagnosis: Occurrence of *Stellibacutriletes capillaris*, *S. gracilis*, *S. rarus*, *S. solidus*, *S.* sp. 1 and *S.* sp. 2. This suite is characterized by plenty of smooth trilete megaspores, especially the species *Trileites levis* and *Pusulosporites marginatus*.

24. Tazhong-3 (TZ-3)

Suite 1/TZ-3

One megaspore suite is represented by four samples (2570.72 m, 2571.36 m, 2598.74 m and 2599.31 m) from the Ehuobulak Formation (Table 7).

Horizon: Ehuobulak Formation.

Composition: Abundant *Trileites levis*, *Pusulosporites marginatus*, *Maexisporites* sp. 1 and *Stellibacutriletes capillaris*, and rare to common *Luntaispora laevigata*, *Trileites polonicus*, *T.* sp. 1, *T.* sp. 2, *Stellibacutriletes gracilis*, *S. solidus*, *Echitriletes* sp. 5, *Hughesisporites tumulosus*, *Erlansonisporites duwaensis*, *E. licheniformis* and *E. perbellus*.

Diagnosis: Occurrence of *Stellibacutriletes capillaris*, *S. gracilis* and *S. solidus*. Smooth trilete forms (*Trileites levis* and *Pusulosporites marginatus*) dominate this suite.

25. Tazhong-6 (TZ-6)

Suite 1/TZ-6

One megaspore suite is represented by four productive samples (2516 m, 2534 m, 2546 m and 2562 m) from the Ehuobulak Formation (Table 7).

Horizon: Ehuobulak Formation.

Composition: Rare to common *Trileites levis*, *Pusulosporites marginatus*, *Maexisporites* sp. 1, *Stellibacutriletes gracilis* and *S. rarus*.

Diagnosis: Occurrence of *Stellibacutriletes gracilis* and *S. rarus*.

26. Tazhong-9 (TZ-9)

Suite 1/TZ-9

Two samples (2470 m and 2535 m) from the Ehuobulak Formation yield similar megaspores in composition (Table 7).

Horizon: Ehuobulak Formation (2470–2535 m).

Composition: Common *Trileites levis*, rare *Pusulosporites marginatus* and *Stellibacutriletes capillaris*.

Diagnosis: Occurrence of *Stellibacutriletes capillaris*.

27. Tazhong-28 (TZ-28)

Suite 1/TZ-28

Horizon: Ehuobulak Formation.

One sample (2526 m) only yields a few *Stellibacutriletes capillaris* (Table 7).

28. Weima-1 (WM-1)

Suite 1/WM-1

Horizon: Yangxia Formation.

One sample (1970.31 m) only yields a few *Kuqaia concentrica* (Table 3).

29. Xiang-1 (X-1)

12 samples from the Ehuobulak and Karamay formations yield megaspores (Table 11). Three suites are recognized (Figure 8).

Suite 1/X-1

Horizon: Ehuobulak Formation. Four samples (4629–4694 m) contain rare megaspores.

Composition: Rare *Trileites plicatilis*, *T. tenellus*, *Radosporites planus*, *Narkisporites* sp. 2 and *Henrisporites capillatus*.

Diagnosis: This suite is composed by some common species of Mesozoic and may be distinguished from Suite 2/X-1 in having obviously lesser specimens of *Henrisporites capillatus*.

Suite 2/X-1

Horizon: Lower part of the Karamay Formation (4440–4616 m).

Composition: Abundant *Henrisporites capillatus*, common *Trileites tenellus*, rare *Pusulosporites marginatus* and *Otynisporites eotriassicus*.

Diagnosis: Abundant *Henrisporites capillatus*, and the appearance of *Otynisporites eotriassicus*.

Suite 3/X-1

Horizon: Upper part of the Karamay Formation. Four samples (4350–4419 m).

Composition: Rare to common *Trileites levis*, *T. plicatilis*, *T. tenellus*, *Maexisporites meditectatus*,

Narkisporites sp. 2, *Hughesisporites gibbosus* and *Henrisporites capillatus*.

Diagnosis: Occurrence of *Hughesisporites gibbosus*.

This suite distinguishes from Suite 2/X-1 in inception of *Hughesisporites gibbosus*, though in low numbers.

30. Yingmai-1 (YM-1)

Three suites are recognized based on the megaspores from six productive samples (Table 7).

Suite 1/YM-1

Horizon: Ehuobulak Formation.

Composition: Rare *Trileites levis*, *T.* sp. cf. *T. solitus*, *Pusulosporites marginatus*, *Maexisporites ooliticus* and *Stellibacutriletes capillaris*.

Diagnosis: Occurrence of *Stellibacutriletes capillaris*.

Suite 2/YM-1

Horizon: Upper part of the Karamay Formation.

Composition: Abundant *Trileites* sp. 1, *Tricristatispora trilobata* and *T. yingmailensis*, and rare *Aneuletes rotundus*, *Luntaispora laevigata*, *Trileites levis*, *T. polonicus*, *T. vulgaris*, *Margaritatisporites* sp. 2, *Tricristatispora tricristata*, *Pusulosporites marginatus*, *Maexisporites pyramidalis*, *Narkisporites conicus* and *Horstisporites compositus*.

Diagnosis: Occurrence of *Tricristatispora tricristata*, abundant *T. trilobata* and *T. yingmailensis*.

Suite 3/YM-1

Horizon: Huangshanjie Formation.

Composition: Abundant *Trileites* sp. 1 and rare to common *Trileites levis* and *T. vulgaris*.

Diagnosis: This suite consists of only several species of *Trileites*, all of which bear little stratigraphical significance due to their long-life range.

31. Yingmai-2 (YM-2)

Suite 1/YM-2

Horizon: Ehuobulak Formation. Seven samples from 4552 m to 4735 m in depth (Table 7).

Composition: Abundant *Trileites levis* and *T. vulgaris*, rare to common *Luntaispora laevigata*, *Trileites* sp. 1 and *Stellibacutriletes capillaris*.

Diagnosis: Occurrence of *Stellibacutriletes capillaris*, abundant *Trileites vulgaris* and *T. levis*.

32. Yingmai-31 (YM-31)

Suite 1/YM-31

This suite is very impoverished and presented only by one grain of *Maexisporites pyramidalis* from the sample (4750 m) of the upper part of Ehuobulak Formation (Table 7).

Maexisporites pyramidalis was known from Lower Triassic (Olenekian) in Europe (Kovach and Batten, 1989). In the Tarim Basin, it seems to last for a longer time, appearing not only in the Lower Triassic Ehuobulak Formation (Well YM-31) but also the Middle-Upper Triassic Karamay Formation (wells YM-1 and MC-1).

33. Yangta-6 (YT-6)

Suite 1/YT-6

This suite is based on the data from four samples (5581.15–5582.4 m in depth) of the Shushanhe Formation of Kapushaliang Group and contains abundant *Minerisporites tarimensis*, without any other species associated (Table 3).

It is one and only representative of the Early Cretaceous megaspore zone in the Tarim Basin. From the same horizon a miospore assemblage with *Dicheiropollis etruscus* was recorded (Li, 2000b).

The Kapushaliang Group consists of a series of terrestrial clastic sediments mainly in red colour, ascendingly including the Yageliemu, Shushanhe, and Baxigai formations, with a total thickness over 1400 meters in the stratotype section outcropping along the east of Capushaliang River in Tielieke Town, Baicheng County. It has been known that the Shushanhe Formation yields a miospore assemblage containing *Dicheiropollis etruscus* (Li, 2000b; Jiang et al., 2007b, 2008), but other formations are barren in pollen and spores. According to the current situation, the present beds yielding *Minerisporites tarimensis* and *Dicheiropollis etruscus* are conservatively assigned to the Shushanhe Formation.

34. Yangwu-1 (YW-1)

The megaspores are recorded from 16 samples (Table 12) and may be grouped into four suites (Figure 9) as follows.

Suite 1/YW-1

Horizon: Ehuobulak Formation. Four samples (4258–4323 m in depth) yield a small number of megaspores.

Composition: Rare occurrence of *Trileites polonicus*, *T. vulgaris*, *T.* sp. 2, *Pusulosporites inflatus*, *P. marginatus*, *Maexisporites* sp. 1, *Narkisporites conicus*, *N. harrisii* and *Flabellisporites crinitus*.

Diagnosis: All are common Triassic species. However the suite is dominated by laevigate triradiate and associated with rare ornamented and zonate species.

Suite 2/YW-1

Horizon: Lower part of the Karamay Formation. Nine samples (3891–4064 m).

Components: Abundant *Trileites tenellus* and rare to common *Trileites levis*, *T. plicatilis*, *Maexisporites meditectatus*, *M.* sp. 1, *Verrutriletes* sp. cf. *V. ornatus*, *Otynisporites eotriassicus*, *Radosporites planus*, *Narkisporites brevispinosus*, *N. harrisii*, *N. tarimensis*, *N.* sp. 2, *Hughesisporites* sp. 2, *Erlansonisporites exquisitus*, *Flabellisporites crinitus* and *Henrisporites capillatus*.

Diagnosis: Appearance of *Otynisporites eotriassicus* and common occurrence of *Henrisporites capillatus*. This suite is characterized by plenty of laevigate triradiate forms such as *Trileites tenellus* and appearance of *Otynisporites eotriassicus* and *Henrisporites capillatus*. Also, its ornamented forms get higher variety and abundance than in the Suite 1/YW-1.

Suite 3/YW-1

Horizon: Upper part of the Karamay Formation. Two samples (3876 m and 3887 m).

Composition: Rare *Trileites plicatilis*, *T. tenellus*, *Pusulosporites marginatus*, *Maexisporites* sp. 1,

Verrutriletes sp. 1, *Hughesisporites gibbosus* and *H. unicus*.

Diagnosis: First occurrence of *Hughesisporites gibbosus* and *H. unicus*.

Suite 4/YW-1

Horizon: Huangshanjie Formation.

One sample (3781 m) only yields a few megaspores: *Trileites levis*, *Pusulosporites marginatus* and *Hughesisporites gibbosus*. The latter indicates a close relationship between the present suites 4/YW-1 and 3/YW-1.

V. MEGASPORE BIOSTRATIGRAPHY

The spores in usual sense are produced by bryophytes and pteridophytes, while plants which produce megaspores occupy only a small part of pteridophytes, mainly Lycopodiopsida, Marsileales and Salviniales. Thus, in taxa, megaspores are much lesser than miospores; let alone plants producing megaspores also produce miospores. In addition, heterosporophytes live generally in swamps, wetlands and other relatively limited ecological conditions, and most of them are preserved within sediments in situ or adjacent area, so that even minor ecological changes will affect the diversity and prosperity of megaspores.

In preceding chapter, the megaspore suites from each outcrop or well section in Tarim Basin and their main characteristics are introduced in detail. These data show that Mesozoic megaspore florule has obvious changes in both vertical evolution and lateral differentiation. In this chapter, we try based on these data to find out the clues about vertical evolution of megaspore flora from relatively complete sections and laterally the common feature between the related megaspore suites from different sections (Table 13) so as to establish an integrated megaspore sequence/zonation of the Tarim Basin (Table 14). Except for the marine Upper Cretaceous, in the seven formations from the upper part of Middle Jurassic to Lower Cretaceous, megaspores have been only found from the Shushanhe Formation of Kapushaliang Group and none has so far been recorded from other six formations. Therefore, the Mesozoic megaspore assemblage sequence/zonation of the Tarim Basin described below in ascending order is still incomplete.

(I) *Stellibacutriletes gracilis-Trileites* (ST) Assemblage Zone

The *Stellibacutriletes gracilis-Trileites* Assemblage Zone is established based on the megaspore data from the Ehuobulak Formation/Wuzunsay Formation scattered in 19 sections (Table 15). The species composition is as follows: *Aneuletes rotundus*, *Luntaispora laevigata*, *Trileites levis*, *T. plicatilis*, *T. polonicus*, *T. tenellus*, *T. vulgaris*, *T.* sp. cf. *T. solitus*, *T.* sp. 1, *T.* sp. 2, *Margaritatisporites* sp. 1, *Banksisporites dejerseyi*, *B.* sp. cf. *B. pinguis*, *Pusulosporites inflatus*, *P. marginatus*, *Maexisporites ooliticus*, *M. pyramidalis*, *M.* sp. 1, *M.* sp. 2, *M.* spp., *Bacutriletes* sp. 1, *Stellibacutriletes capillaris*, *S. gracilis*, *S. rarus*, *S. solidus*, *S.* sp. 1, *S.* sp. 2, *Otynisporites eotriassicus*, *O. tarimensis*, *O. tuberculatus*, *Radosporites planus*, *Narkisporites brevispinosus*, *N. conicus*, *N. densiconicus*, *N. harrisii*, *N.* sp. 2, *N.* sp. 3, *Echitriletes* sp. 1, *E.* sp. 4, *E.* sp. 5, *E.* sp. 6, *Hughesisporites tumulosus*, *H.* sp. 1, *Erlansonisporites duwaensis*, *E. licheniformis*, *E. perbellus*, *E. sparassis*, *E. textilis*, *E.* sp. 1, *E.* sp. 2, *E.* sp. 3, *E.* sp. 4, *Horstisporites compositus*, *H. denticulatus*, *H. nidzicensis*, *Flabellisporites crinitus*, *Henrisporites capillatus*, *H. longibaculiformis* and *Nathorstisporites*? sp.

The assemblage zone is characterized by the appearance of *Stellibacutriletes gracilis*, *S. rarus*, *S. solidus* and abundant trilete and laevigate megaspores represented by *Trileites* and *Pusulosporites*. The species sporadically occurring in and restricted to the zone are *Banksisporites dejerseyi*, *Margaritatisporites* sp. 1, *Maexisporites ooliticus*, *Bacutriletes* sp. 1, *Echitriletes* sp. 1, *E.* sp. 4, *E.* sp. 5, *E.* sp. 6, *Erlansonisporites licheniformis*, *E. textilis*, *E.* sp. 1, *E.* sp. 4, *Horstisporites denticulatus*, *H. nidzicensis* and *Nathorstisporites*? sp.

Stellibacutriletes is a genus newly established. Almost all of its known species were met in this assemblage zone and reasonably, the genus can be taken as the marker of the zone. The only exception is that *Stellibacutriletes capillaris* can continue upward to the original lower part of Karamay Formation in Well LN-1 (samples 4890.00 m to 4948.00 m in depth). According to the study of miospore fossils, the fossiliferous interval in LN-1 has been suggested to be Middle Triassic in age (Zhan, 1991; Peng et al., 2018). Whether this phenomenon means that some species of *Stellibacutriletes*, such as *S. capillaris*, which originated in the Early Triassic, can extend to the Middle Triassic requires more data to confirm. In view of this, we select the species *Stellibacutriletes gracilis* rather than the genus *Stellibacutriletes* to act as leading taxon of the assemblage. Anyway, in this paper, the beds bearing *Stellibacutriletes capillaris* in Well LN-1 section are still treated as the current assemblage zone.

Laevigate and sub-laevigate trilete megaspores have been found in strata of different periods since Devonian. Due to their simple morphology and lack of obvious characteristics for identification, they are generally of few chronological significance. We take them as one of the diagnostic taxa of this assemblage zone because they occupy a prominent position in the megaspore florule due to their relatively high diversity and abundance.

The evidences from fossil miospores, conchostracans and charophytes show an Early Triassic age for the Ehuobulak/Wuzunsay Formation in the Tarim Basin (Table 1). In terms of megaspore fossils, the present *Stellibacutriletes gracilis-Trileites* Assemblage Zone can be generally compared with the middle Early Triassic *Trileites polonicus-Pusulosporites populosus* zone of Poland (Fuglewicz, 1980a) due to their sharing abundant laevigate trilete forms and *Stellibacutriletes capillaris*, *S. solidus*, *Hughesisporites tumulosus*, *Pusulosporites inflatus*, *P. marginatus*, *Trileites polonicus* and *T. vulgaris*, etc., although the latter has *Trileites sinuosus*, *Pusulosporites populosus*, *Echitriletes echinatus*, *Horstisporites sulcatus*, *Hughesisporites calvescens* and *H. variabilis*.

(II) *Henrisporites capillatus-Narkisporites* (HN) Assemblage Zone

Henrisporites capillatus-Narkisporites Assemblage Zone is suggested mainly on the megaspores obtained from the lower part of Karamay Formation in 13 sections (Table 16), with components as follows: *Aneuletes rotundus*, *Trileites levis*, *T. plicatilis*, *T. polonicus*, *T. tenellus*, *T. vulgaris*, *T.* sp. 1, *Banksisporites* sp. cf. *B. pinguis*, *Pusulosporites marginatus*, *Maexisporites meditectatus*, *M. pyramidalis*, *M.* sp. 1, *M.* sp. 2, *Bacutriletes costatispinosus*, *B. kozurii*, *Verrutriletes fragilis*, *V.* sp. cf. *V. ornatus*, *Otynisporites eotriassicus*, *O. tarimensis*, *O. tuberculatus*, *Radosporites planus*, *Narkisporites brevispinosus*, *N. conicus*, *N. harrisii*, *N. tarimensis*, *N.* sp. 2, *Hughesisporites gibbosus* (?), *H.* sp. 2, *Erlansonisporites duwaensis*, *E. exquisitus*, *E. sparassis*, *Horstisporites* sp. 1, *Flabellisporites crinitus*, *Henrisporites capillatus* and *H. latispinosus*.

This assemblage zone is characterized mainly by relative abundance of *Henrisporites capillatus* and *Narkisporites*, and continuative appearance of *Erlansonisporites duwaensis*, *Otynisporites eotriassicus* and *O. tuberculatus*. Laevigate *Trileites* and *Pusulosporites* still occur in common and diversity. The species of *Stellibacutriletes* has basically disappeared. The species only found in this zone are *Bacutriletes costatispinosus*, *Verrutriletes fragilis* and *Hughesisporites* sp. 2.

Hughesisporites gibbosus is a Late Triassic index form in Europe (Kovach and Batten, 1989). In the Tarim Basin, it appears in large numbers in the overlying *Hughesisporites gibbosus-Tricristata tricristata-Flabellisporites crinitus* Assemblage from the upper part of the Karamay Formation (see below). The *H.*

gibbosus recorded in this assemblage was only found in two cutting samples at the bottom of Karamay Formation in Well HA-1; thus, we are not sure at the moment whether the fossiliferous interval belongs to the lower or upper part of Karamay Formation, in other words, HN or HTF zone.

The megaspore components of this zone are generally found in adjacent zones, and can not precisely indicate the age of the zone. Anyway, we assign the zone to Middle Triassic based on the microspore evidence from the same horizon (Liu, 2003; Peng et al., 2018) and its position in stratigraphical sequence.

Two Latinian megaspore assemblages, i.e. *Capillisporites germanicus* and *Dijkstraisporites beutleri* assemblages (Marcikiewicz, 1992a and 1978 respectively) were recorded from Poland. Besides their respective named taxa, these two assemblages contain *Flabellisporites crinitus* and *Henrisporites capillatus*, which were previously known to be confined to the Latinian Period. However, in the Tarim Basin, *Dijkstraisporites beutleri* and *Capillisporites germanicus* do not appear in HN assemblage but in the Late Triassic HT and Early Jurassic BK assemblages, respectively and the species *Flabellisporites crinitus* and *Henrisporites capillatus* were encountered in almost every Triassic horozon. These facts indicate that the vertical continuation and lateral expansion of megaspore plants are strictly related to the growth environment, and there may be obvious differences between the megaspore floras living in different regions even in the same period.

(III) *Hughesisporites gibbosus-Tricristatispora tricristata-Flabellisporites crinitus* (HTF) Assemblage Zone

This assemblage zone is established on the nine megaspore suites from the upper part of the Karamay Formation, with the suites 3/KQ and 2/YM-1 as representatives (Table 17). Its components are as follows: *Aneuletes rotundus, Luntaispora laevigata, Trileites levis, T. plicatilis, T. polonicus, T. tenellus, T. vulgaris, T.* sp. cf. *T. solitus, T.* sp. 1, *T.* sp. 2, *Margaritatisporites* sp. 2, *Banksisporites* sp. cf. *B. pinguis, Tricristatispora tricristata, T. trilobata, T. yingmailensis, Pusulosporites inflatus, P. marginatus, Maexisporites meditectatus, M. pyramidalis, M.* sp. 1, *Bacutriletes kozurii, B.* sp. 2, *B.* sp. 3, *Verrutriletes minor, V.* sp. cf. *V. ornatus, V.* sp. 1, *Otynisporites tarimensis, O.* sp. 1, *Radosporites planus, Narkisporites brevispinosus, Narkisporites conicus, N. densibaculatus, N. harrisii, N. micros, N. tarimensis, N.* sp. 1, *N.* sp. 2, *Echitriletes* sp. 2, *E.* sp. 3, *Hughesisporites gibbosus, H. karnicus, H. unicus, Erlansonisporites perbellus, E. sparassis, E.* sp. 2, *E.* sp. 3, *Striatriletes inconspicuus, Horstisporites compositus, H. tarimensis, Flabellisporites crinitus, Henrisporites capillatus, H. latispinosus, H. longibaculiformis, Minerisporites triangularis, M.* sp. 1, *Tarimispora auriculata* and *T. perfecta*.

The assemblage zone is characterized by the first appearance of such taxa as *Hughesisporites gibbosus*, species of *Tarimispora, Tricristatispora tricristata* and *T. trilobata*, and last appearance of *Flabellisporites crinitus*. The species *Tricristatispora yingmailensis, Echitriletes* sp. 2, *E.* sp. 3, *Margaritatisporites* sp. 2, *Otynisporites* sp. 1, *Narkisporites* sp. 1 and *Minerisporites* sp. 1 are peculiar to the zone. *Trileites* sp. cf. *solitus, Margaritatisporites* sp. 2, *Tricristatispora yingmailensis, Maexisporites pyramidalis, Verrutriletes* sp. cf. *V. ornatus, Otynisporites tarimensis, O.* sp. 1, *Narkisporites tarimensis, N. harrisii, N.* sp. 1, *N.* sp. 2, *Echitriletes* sp. 2, *E.* sp. 3, *Erlansonisporites* sp. 2, *E.* sp. 3, *Flabellisporites crinitus, Henrisporites longibaculiformis* and *Minerisporites* sp. 1 disappeared at the top of zone. *Bacutriletes* sp. 2, *B.* sp. 3, *Verrutriletes minor, V.* sp. 1, *Narkisporites densibaculatus, N. micros, Hughesisporites karnicus, H. unicus, Horstisporites tarimensis, Striatriletes inconspicuus* and *Minerisporites triangularis* appeared first in this zone but might extend up to upper zones.

Hughesisporites gibbosus has been considered to be an index species of the Carnian to Norian age in Europe (Kovach and Batten, 1989; Marcinkiewicz et al., 2014). In China, it has been recorded from the upper part of Karamay Formation (Late Triassic) to Badaowan Formation (Early Jurassic) in the Junggar Basin and

Yanqi Basin in Xinjiang (Yang and Sun, 1990; Cui et al., 2004; Luo et al., 2015) and also from the Late Triassic Chunshuyao and Tanzhuang formations in Yichuan Basin, Henan (Cui et al., 2018). *Tricristatispora* was reported only in China so far, and its type species *T. tricristata* has been found from the upper Triassic in western China, such as in the Yanchang Formation of Ordos (formerly Shaanxi-Gansu-Ningxia) Basin, the Xujiahe Formation of Sichuan, the Huobachong Formation of Guizhou and the Shezi Formation of Yunnan (Li, 1974, 2000a; Lei, 1978; Yang and Wang, 1981; Bai et al., 1983; Zhang, 1984). In view of the fact that *Hughesisporites gibbosus* associated with *Tricristatispora tricristata* first appeared in this HTF zone, it is reasonable to date the zone as early Late Triassic (Carnian). Accordingly, in Tarim Basin the boundary of Middle and Upper Triassic is placed between HN and HTF megaspore assemblage zones, though lithostratigraphically and practically it is still an unclear line.

According to Liu (2003) and Peng et al. (2018), the miospore assemblage from the upper part of Karamay Formation is more likely to be of late Middle Triassic, while the possibility that its top is of early Late Triassic can't be excluded. This conclusion is consistent at least partially with the age assignment based on megaspore study.

(IV) *Hughesisporites gibbosus-Tricristatispora tricristata* (HT) Assemblage Zone

This zone established on the megaspore data from the Huangshanjie and Tariqik formations in nine sections, with suites 4/HA-1, 4/LN-1 and 4/KQ as representatives (Table 18). Its components include: *Aneuletes rotundus, Luntaispora laevigata, Trileites levis, T. plicatilis, T. polonicus, T. tenellus, T. vulgaris, T.* sp. 1, *Banksisporites* sp. cf. *B. pinguis, Tricristatispora tricristata, T. trilobata, Pusulosporites inflatus, P. marginatus, Maexisporites* sp. 1, *M.* sp. 2, *M.* spp., *Bacutriletes kozurii, B.* sp. 2, *B.* sp. 3, *Verrutriletes jimsarensis, V. minor, V.* sp. 1, *Radosporites planus, Narkisporites brevispinosus, N. conicus, N. densibaculatus, N. micros, N.* sp. 3, *Hughesisporites gibbosus, H. karnicus, H. orlowskae, H. tumulosus, H. unicus, H.* sp. 1, *Striatriletes inconspicuus, Horstisporites compositus, H.* sp. 2, *Dijkstraisporites beutleri, Henrisporites capillatus, H. latispinosus, Minerisporites* sp. cf. *M. delicatus, Tarimispora auriculata* and *T. perfecta*.

Most of the megaspore taxa in this assemblage zone can be traced to the underlying HTF assemblage zone. This zone is characterized by the extreme prosperity of *Hughesisporites gibbosus* and the obvious decline of *Tarimispora* and *Tricristatispora*. In this zone, *Verrutriletes jimsarensis* first appeared. *Dijkstraisporites beutleri, Horstisporites* sp. 2, *Hughesisporites orlowskae* and *Minerisporites* sp. cf. *M. delicatus* are the particular species of the zone.

In the present megaspore assemblage zone, there are still a few remains of *Hughesisporites gibbosus*, *Tricristatispora tricristata* and *T. trilobata* which are continuations of the lower HTF zone. It belongs certainly to Late Triassic in age. Since the HTF zone has been assigned to Carnian, accordingly, we put this HT zone into the Norian to Rhaetian. The fossils including miospores (Liu, 2003; Peng et al., 2018), Kazacharthrans (Chen et al., 1996; Zhang et al., 2004) and conchostracans (Wu and Chen, 1990) from the same horizons of Kuqa River Section and Well LN-1 also indicate a Late Triassic age.

(V) *Nathorstisporites yanqiensis* (Ny) Zone

The *Nathorstisporites yanqiensis* Zone is established based only on the Suite 5/KQ found from two samples of the Ahe Formation in the Kuqa River Section (Figure 3). The zone shows very low diversity, in addition to *Nathorstisporites yanqiensis*, which is a diagnostic species and taken as representative of the zone, and *Maexisporites meditectatus, Verrutriletes jimsarensis, V.* sp. 1 as well.

Nathorstisporites yanqiensis is a species established on specimens from the Badaowan Formation in

Yanqi Basin, Xinjiang, It appeared with abundant *Hughesisporites gibbosus* and various palynomorphs such as *Kuqaia quadrata*, *K. concentrica*, *K. radiata*, *K. yangii* and *K. yanqiensis* (Cui et al., 2004). Thus, the Ahe Formation in Tarim Basin may be correlated with the Badaowan Formation in Yanqi Basin in sharing *N. yanqiensis*.

The miospore assemblages from either the Badaowan Formation in Yanqi and Junggar basins or Ahe Formation in the Tarim Basin are all associated with a few taxa mainly developing in Triassic, such as the species of *Aratrisporites*, *Taeniaesporites*, *Protohaploxypinus* and *Vittatina*. These conditions have led researchers to come up with a variety of ideas about their age: Early Jurassic (Liu, 1999, 2003), Late Triassic (?) to Early Jurassic (Zhang, 1990; Zhang and Li, 1990) and Late Triassic (Zhang, 1980).

Similar to the miospore assemblage, the megaspore assemblage of Badaowan Formation includes both the typical Jurassic palynomorph *Kuqaia* and mainly Triassic megaspore *Hughesisporites gibbosus* (Yang and Sun, 1990; Luo et al., 2003; Cui et al., 2004) and shows a Triassic-Jurassic transitional aspect. However, in the Tarim Basin, both *H. gibbosus* mainly originated in the late Triassic, especially in the HT megaspore assemblage zone and *Kuqaia* appeared first in the late Early Jurassic BK megaspore assemblage zone (see below) have so far been recorded in the Ahe Formation besides a few specimens of *H. gibbosus* have been found from the early Middle Jurassic Yangye Formation in the Well QK-1.

The megaspores from Ahe Formation are of little stratigraphical significance, but *Nathorstisporites yanqiensis* can clearly indicate a correlation between the Ahe and Badaowan formations. In view of the uncertainty of the present fossil age, we assign temporarily the present zone containing *Nathorstisporites yanqiensis* to Early Jurassic in age as suggested by Zhang et al. (2004) and Cui et al. (2004).

(VI) *Bacutriletes digitiformis-Kuqaia* (BK) Assemblage Zone

The *Bacutriletes digitiformis-Kuqaia* (BK) Assemblage Zone is erected on the data from the Yangxia/Kangsu and Yangye Formation in 11 sections, with Suite 6/KQ from the Yangxia Formation in Kuqa River Section as its representative (Table 19). Its components are as follows: *Trileites tenellus*, *T.* sp. 2, *Pusulosporites marginatus*, *Radosporites planus*, *Bacutriletes digitiformis*, *Verrutriletes minor*, *Narkisporites conicus*, *N. densiconicus*, *Capillisporites germanicus*, *Hughesisporites gibbosus*, *H. reticulatus*, *Erlansonisporites exquisitus*, *E. sparassis*, *Striatriletes inconspicuus*, *Henrisporites latispinosus*, *Minerisporites triangularis*, *Paxillitriletes ales*, *P. phyllicus*, *Kuqaia concentrica*, *K. quadrata*, *K. radiata*, *K. yangii* and *K. yanqiensis*.

The zone is characterized by the appearance of *Bacutriletes digitiformis* and various *Kuqaia* with first appearance of *Paxillitriletes ales*, *P. phyllicus*. The species derived from the earlier assemblage zones, such as *Trileites* sp. 2, *Pusulosporites marginatus*, *Narkisporites conicus*, *N. densiconicus*, *Striatriletes inconspicuus*, *Henrisporites latispinosus*, *Hughesisporites gibbosus* and *Minerisporites triangularis*, occur occasionally.

Bacutriletes digitiformis (Faddeeva, 1960) comb. nov. [junior synonym: *B. corynactis* (Harris, 1961) Marcinkiewicz, 1971] is a common and highly characteristic species (Faddeeva, 1960; Kovach and Batten, 1989) of late Early to early Middle Jurassic in Europe and Asia. In China it was recorded from the late Early Jurassic Sangonghe Formation in Yanqi Basin (Cui et al., 2004). In the Tarim Basin, it was found only from the Yangxia Formation in Kuqa River, Well LN-1, Well PH-1 and the Kangsu Formation in Qigelek, and taken as the marker for the zone.

Paxillitriletes ales and *P. phyllicus* appear first in this assemblage zone. It is known that the former occurs at the Triassic-Jurassic intersection and the latter arisen in the early Jurassic and continued into the early Early Cretaceous (Kovach and Batten, 1989). In the Junggar Basin, *P. phyllicus* was found in the late

Early Jurassic Sangonghe Formation (Wang, 2000; Cui et al., 2004) to early Middle Jurassic Xishanyao Formation (Yang and Sun, 1990).

Recent years, the palynomorph *Kuqaia* has been found in the middle and lower Jurassic horizons in Hubei, Xinjiang and Qinghai, China (Yang and Sun, 1987; Li, 1993; Luo et al., 2003; Cui et al., 2004, Wang, 2000; Yan et al., 2014). According to Luo et al. (2003), in the Junggar Basin, *Kuqaia* originated in the Badaowan Formation (early Early Jurassic), flourished in the Sangonghe Formation (late Early Jurassic) and declined in the lower part of Xishanyao Formation (early Middle Jurassic).

In the complete Jurassic section exposed along the Kuqa River in northern Tarim Basin, *Kuqaia* appears only in the Yangxia Formation, while either the overlying Kezilenur Formation or the underlying Ahe Formation, though producing megaspores, reliable *Kuqaia* has not been found so far. Therefore, the genus *Kuqaia* is the representative fossil of this assemblage zone in the basin. As the main horizon yielding *Kuqaia*, the Yangxia Formation in Tarim Basin can be compared with the Sangonghe Formation in Junggar Basin. In Norway, *Kuqaia* also appeared in the early Jurassic (late Hettangian to early Pliensbachian) strata and the *Kuqaia quadrata* biozone was established (Morris et al., 2009).

The distribution of the major taxa and the comparison between the related megaspore assemblages as mentioned above indicate that the BK assemblage zone is of late Early Jurassic in age.

In the southern Tarim, *Kuqaia* occurs in the Kangsu Formation and Yangye Formation as well and has been found in two sites: Jianggeshay, Qiemo County and Pulu, Yutian County (Cao et al., 2001).

The Jurassic section in Jianggeshay is well and completely developed but the boundaries between the formations are not clearly recognized because of severe weathering. Where we have found a small amount of *Kuqaia*, including *Kuqaia concentrica*, *K. quadrata* and *K. radiata* from the Kangsu Formation and numerous *Kuqaia yanqiensis* and a few *K. radiata*, *K. concentrica* from the lower part of Yangye Formation.

The Pulu Section is merely an outcrop about 10 m thick exposed in a riverbed full of huge pebbles, yielding various species of bivalves *Pseudocardinia* and palynomorphs *Kuqaia*. The bivalves include over ten species, such as *Pseudocardinia submagna* Martinson, *P. angulata* Kolesnykov, *P. carinata* Martinson, *P. ovalis* Martinson, *P. busimensis* (Lebedev), *P. minuta* (Chernyshev), *P. sibirensis* Martinson and *P. hubehensis* (Grabau) and show that the section can be correlated with the lower part of Yangye Formation in Heiziwei, western Tarim and the Dongyuemiao Member of Ziliujing Formation in Sichuan Basin, southwestern China, and dated as late Early Jurassic (Cao et al., 2001).

In consideration of that the *Kuqaia* is confined to the Yangxia Formation of whole Jurassic sequence in the Kuqa River Section in northern and the Kangsu Formation to at least the lower part of Yangye Formation in western and southern Tarim are comparable with each other. Thus, we assign the formations containing *Kuqaia* to the present *Bacutriletes digitiformis-Kuqaia* (BK) assemblage zone.

(VII) *Minerisporites volucris-Erlansonisporites exquisitus* (ME) Assemblage Zone

The zone is based on the suites from the Kezilenur and upper part of Yangye Formation in three sections, taking the Suite 7/KQ from Kuqa River Section as representative (Table 20). Its components include: *Trileites levis, Maexisporites magnuszewensis, Narkisporites densibaculatus, N. densiconicus, Erlansonisporites excavatus, E. exquisitus, E. perbellus, E. sparassis, Horstisporites subtilis, H. tarimensis, H.* sp. 1, *Minerisporites volucris, M. triangularis, Paxillitriletes ales* and *P. phyllicus*.

Minerisporites volucris and *Erlansonisporites excavatus* [=*Striatriletes excavatus* (Marcinkiewicz, 1962) Sweet, 1979] are characteristic species in this assemblage zone and have been known respectively from Toarcian to Bathonian and Pliensbachian to Bajocian horizons (Kovach and Batten, 1989). *Paxillitriletes phyllicus* and *Erlansonisporites sparassis* are common Jurassic to Cretaceous species in

Europe and North America (Batten and Kovach, 1990) and were recorded from the late Early Jurassic Sangonghe Formation and Middle Jurassic Xishanyao and Toutunhe formations (Yang and Sun, 1982b; Cui et al., 2004). According to the fossil evidence from the Kuqa River Section, namely miospore *Cyathidites-Neoraistrickia*-Disacciatrileti Assemblage (Liu, 2003), bivalves *Pseudocardinia ovalis* Martinson (Cao et al., 2001) and charophytes *Aclistochara abshirica-A. stellerides-A. sublaevis* Assemblage (Lu and Luo, 1990), the Kezilenur Formation has been dated as early Middle Jurassic; the present megaspore *Minerisporites volucris-Erlansonisporites exquisitus* (ME) Assemblage supports the age assignment.

(VIII) *Minerisporites tarimensis* (Mt) Zone

Minerisporites tarimensis Zone was established only on the basis of the megaspores from four samples of the Kapushaliang Group in the Well YT-6. The megaspores are abundant, but monotonic in species, only *M. tarimensis*. This species is identified as new and has been so far found only in the Suite 1/YT-6. Associated with *M. tarimensis* is a miospore assemblage containing a large amount (60%–85% in content) of *Dicheiropollis etruscus* Trevisan (Li, 2000b), which obviously indicates the Mt Zone to be of early Early Cretaceous.

VI. DISTRIBUTION AND STRATIGRAPHICAL SIGNIFICANCE OF SELECTED MEGASPORES

Megaspores are useful for stratigraphical subdivision and correlation especially in continental basins where other fossils are scarce, as in the Mesozoic strata of the Tarim Basin. Our work encompasses a large amount of material from both outcrops and wells enabling a relatively complete record of the megaspore floras in the basin. These data, together with those previously accumulated provide more understandings stratigraphical significance of certain taxa.

1. *Stellibacutriletes*

Stellibacutriletes gen. nov. includes four species (*S. capillaris*, *S. gracilis*, *S. solidus* and *S. rarus*) and two indeterminable species (*S.* sp. 1 and *S.* sp. 2). In the Tarim Basin, all species appear restrictively in the Lower Triassic Ehuobulak and Wuzunsay formations (ST Assemblage Zone). Also, some specimens of *Stellibacutriletes solidus* or *S. capillaris* were recorded from the Lower Triassic of Poland (Fuglewicz and Marcinkiewicz, 1986, pl. 91, fig. 5; Marcinkiewicz, 1992c, pl. 6, figs. 1, 2). Based on the current data, *Stellibacutriletes* may play as a typical Lower Triassic taxon for stratigraphic correlation between Asia and Europe.

The genus has a wide distribution in the Tarim Basin. It has been encountered in many sites from the north (1/HA-1, 1/LN-1, 1/LN-8, 1/TZ-1, 1/TZ-3, 1/TZ-6, 1/TZ-9, 1/TZ-28, 1/YM-1 and 1/YM-2) to the south (1/DW) but is absent in the low-recovery Suite 1 of the Kuqa River Section. This absence must reflect different local habitats and source of material.

2. *Tricristatispora*

Tricristatispora, a group of laevigate trilete megaspores with three flap-like appendages at proximal apex, has so far been known from the Upper Triassic in western China only, i.e. the Yanchang Formation in Gansu (Liu et al., 1981), Xujiahe Formation in Sichuan (Li, 1974; Yang and Wang, 1981; Bai et al., 1983; Zhang, 1984; Shang and Li, 1992), Huobachong Formation in Guizhou (Bai et al., 1983) and Shezi Formatrion in Yunnan (Lei,1978; Bai et al., 1983). In the Tarim Basin, we also meet *Tricristatispora trilobata*, *T. yingmalensis* as well as *T. tricristata* in Upper Triassic ranging from the upper part of Karamay to Tariqik formations. Because of its restrict stratigraphical range and simple and characteristic morphology, the genus *Tricristatispora* is actually a significant index taxon of Upper Triassic.

3. *Tarimispora*

This is a new genus comprising two species, namely *T. auriculata* and *T. perfecta*. Both of these occur only in Upper Triassic HTF and HT assemblage zones, or the upper part of the Karamay and Huangshanjie formations respectively, making them useful indicators for this interval of strata. It is interesting that, as in the Well LN-1, the genus tends to decline sharply in abundance or even disappear from HTF or HN Assemblage Zone to HT Assemblage Zone. It is more widely encountered in the earlier assemblage in the basin (HA-1, Kuqa River, LN-1 and LN-8), but only in HA-1 for HT Assemblage Zone. Besides these, *T. perfecta* has been found from the upper Karamay Formation in Well H85849 of the Junggar Basin (unpublished data). Accordingly, the genus *Tarimispora* might be an useful Upper Triassic marker for regional stratigraphical correlation.

4. *Kuqaia*

Kuqaia is a morphologically distinct palynomorph type of unknown affinity. This genus was proposed in 1993 by Li Wenben based on his material from the Yangxia Formation in the Tarim Basin, although it had been already recovered from Hubei by Yang and Sun (1987) as *Aneuletes cucuma*. According to Li (1993), three species are distinguishable based on their concentric or radial ridge-like ornament: *K. concentrica*, *K. quadrata* and *K. radiata*. Later, two other species, i.e., *K. yangii* and *K. yanqiensis* were described by Cui et al. (2004).

Li (1993) considered the genus (including the three species *K. concentrica*, *K. quadrata* and *K. radiata*) to be a marker for the upper Lower Jurassic based on continuous sampling and analysis of the Triassic to Jurassic succession in Kuqa, in the Tarim Basin. However, later findings from the Junggar, Qaidam, Turpan-Hami and Yanqi basins have confirmed a longer range for this genus from the lower Lower Jurassic to Lower Middle Jurassic (Luo et al., 2003; Cui et al., 2004; Yan et al., 2014). Here it ranges from the upper Lower Jurassic to the Middle Jurassic. Therefore, the geological range of this genus from lower Lower Jurassic to Middle Jurassic is indicated.

Some researchers had thought that *Kuqaia* was most abundant in the upper Lower Jurassic (Luo et al., 2003; Cui et al., 2004), but this has not been supported by the data in this study.

Outside China, this genus has been encountered from the Lower Jurassic Sinemurian to Pliensbachian in offshore Norway (Morris et al., 2009) and Aalenian Broom Formation of northern North Sea, UK (Morris and Batten, 2016). This discovery not only confirms its stratigraphical significance, but also brings us a biogeographical link between China and Europe by this morphologically distinct palynomorph, which in turn is important for understanding Jurassic biogeography.

5. *Minerisporites tarimensis*

This species is newly proposed in this study based on samples from Well YT-6. It has not been recovered anywhere else. The samples of the Well YT-6 yield *M. tarimensis* without any other megaspores associated. This makes these samples very special and distinct from any other coeval assemblages. They are grouped as Mt Zone to represent the Early Cretaceous megaspore flora of the Tarim Basin. The fact that it is Early Cretaceous is supported by conchostracans, ostracods, charophytes, and miospore biostratigraphical data (Table 1; Lu and Luo, 1990; Chen et al., 2001; Zhang et al., 2004).

VII. SYSTEMATIC PALAEONTOLOGY

When faced with the prospect of describing a large number of species of megaspores from rocks representing deposition through the whole of one geological period and much of another, identification problems quickly become apparent which are not easily resolved. Some of the forms encountered are not referable to any taxa and must, therefore, be described as new. Describing new forms is not the main problem, however; rather it is to what genera they should be referred. Unfortunately, many Mesozoic megaspore genera were erected based on single species that were often inadequately described even by the standards of the time. Ranges of morphological variation were seldom taken into account, and comparisons with other, similar genera and species were inadequate. As a result, many genera are too narrowly defined to the extent that other genera, and equally narrowly defined, have been erected in an attempt to cover the differences between them, rendering it increasingly difficult to place new forms that have some of the characters of one genus and some of another.

There are some 700 species of the extant heterosporous plant *Selaginella*. Based solely on the morphology of the megaspores of this genus, it would be possible to attribute them to several different fossil megaspore genera. This suggests that it is easier to work with species of a single large genus than with a host of different genera comprising relatively few species. Overlapping characters of such genera lead to difficulties in trying to decide which of these serve to differentiate them. In this monograph, we do not introduce any radical changes to the recognition of genera but some of the decisions we have taken are in response to the need to clarify their differentiation.

In addition, for the forms that have been referred to previously described species, we have taken the opportunity to update the data presented by Batten and Kovach (1990) in their catalogue of Mesozoic and Tertiary megaspores by providing full synonymies. Although most of the information for records up to near the end of 1989 remains unchanged, a few, mostly Chinese, publications were unknown or unavailable at the time of compilation and are now taken into account. Authors' names and year of publication are included with each entry in a standardized format. It is also necessary to point out that despite the attributions to species made by some authors, their identifications are not necessarily correct. When more than one publication by an author or authors appeared in a single year and these are also cited in Batten and Kovach (1990), for consistency our use of the suffixes 'a', 'b' etc. conforms to the entries in their catalogue.

Even now papers are published in which many of the determinations are highly questionable. This is particularly the case with respect to the identifications of Li et al. (2014), which are based on impressions: the characters of the specimens illustrated are very difficult, if not impossible, to see.

The "diagnosis" of the known genera recorded bellow is based on the description by namers or revisers and their provenance are not specially noted in the text.

Genus *Aneuletes* Harris, 1961

1961 *Aneuletes* Harris, p. 69
1973 *Semiornatisporites* Kozur, p. 8.

Type species   *Aneuletes patera* Harris, 1961.

Diagnosis   Hollow sac of more than 200 μm diameter, without any contact furrows or germinal cracks.

Remarks   *Aneuletes* was erected by Harris (1961) to accommodate bodies he encountered in Jurassic deposits of Yorkshire, England, that he regarded as being similar to megaspores in size and structure but which lacked any evidence of contact areas or a means of germination. Since then rather a large number of species have been described and attributed to the genus, some of which are synonyms and some are difficult to differentiate: see discussion below.

Distribution and age   China (Xinjiang), Permian–Middle Jurassic; Europe, Triassic–Middle Jurassic.

Aneuletes rotundus Fuglewicz, 1973

(Pl. 1, figs. 1–5)

1973   *Aneuletes rotundus* Fuglewicz, p. 443, pl. 19, figs. 2, 5a, 5b; pl. 31, fig. 4.
1977b *Aneuletes rotundus*, Fuglewicz, p. 476.
1980a *Aneuletes rotundus*, Fuglewicz, p. 430, pl. 8, fig. 5.
1989   *Aneuletes rotundus*, Kovach and Batten, p. 252, text-fig. 4A; p. 270, text-fig. 5A.
1990   *Aneuletes rotundus*, Batten and Kovach, p. 9.
1992c *Aneuletes rotundus*, Marcinkiewicz, tabs. 1, 4.
?2014 *Aneuletes rotundus*, Li et al., p. 177, pl. 2, fig. 10.

Description   Amb subcircular, diameter 250 (338) 410 μm (8 specimens). No clearly recognizable aperture. Proximal contact areas coarsely rugulate; rugulae up 40 μm high and 15–30 μm wide at base, irregularly or more or less radially distributed. Equatorial and distal surfaces essentially smooth.

Remarks   *Aneuletes rotundus* was originally described from subsurface Lower Triassic (Bunter, Olenekian) deposits in Poland. It was distinguished from *Aneuletes patera* Harris, 1961 on the grounds of being smaller and lacking "knobs" in the proximal "concavity" and small pits on the spore surface, and from "specimens described by Marcinkiewicz (1971a)" again in lacking "knobs" in the "concavity" (Fuglewicz, 1973, p. 443). Marcinkiewicz's specimens were in fact attributed to *Aneuletes patera*, and to judge from the single illustration (Marcinkiewicz, 1971a, pl. 22, fig. 10), they do seem to be appropriately placed in that species; indeed the figure compares favourably with the SEM micrograph of a specimen of *A. patera* of probable Toarcian age from a borehole on the island of Anholt in the Kattegat, mid-way between Denmark and Sweden (Koppelhus and Batten 1992, pl. 1, fig. 1); both show that the wall is not smooth and that the sculpture of the proximal polar area consists of verrucate–rugulate elements ("swellings"). However, a close-up of the proximal, sub-equatorial surface also reveals pitting. Such a feature is not unusual in megaspores and is a reflection of the construction of the wall (see TEM section of the wall of *A. patera* in Batten, 2012, pl. 1, figs. 2, 3). Harris (1961, p. 69) described the surface of *A. patera* as being "smooth apart from innumerable minute pits 2 μm wide", so this invalidates one of the characters used by Fuglewicz to distinguish *A. rotundus* from *A. patera*.

Size is often an unreliable criterion upon which to differentiate morphological species, and separation of *A. rotundus* from *A. patera* on that basis is not as clear-cut as implied by Fuglewicz, because their size ranges overlap (respectively 220–450 μm as opposed to extremes of 330 μm and 850 μm with a mean diameter of 600 μm reported by Harris). As a result, Koppelhus and Batten (1992) were rather dismissive of these differences, placing greater emphasis on the character of the proximal sculpture as the means by which to distinguish between the two species. We think that the combination of a generally smaller size and a tendency for the sculpture of the proximal polar area to be predominantly, if not exclusively, rugulate is a reasonable basis for separating most specimens of these similar species.

In their *Catalog of Mesozoic and Tertiary megaspores* Batten and Kovach (1990) documented six other species of *Aneuletes*, only one of which had been reported again following their original diagnoses, namely *A. potoniei* (Danzé et Laveine, 1963) Candilier, Coquel et Decommer, 1982, and this is doubtfully separated from *A. patera* on the basis of minor sculptural differences (see Koppelhus and Batten, 1992, p. 18 for further discussion). However, Batten and Kovach were unaware of some Chinese publications in which several more species had been described as new. Yang and Sun (1982a) recorded *A. cucuma* from Early Jurassic deposits in western Hubei, although this has been regarded as a species of *Kuqaia* Li, 1993 (Cui et al., 2004). Four years later Yang and Sun (1986) described three species from a Late Permian–Early Triassic succession in the Dalongkou area of northern Xinjiang, namely *A. microspinosus*, *A. spongiosus* and *A. microvermiculatus*, their differentiation being based on the morphological features implied by their specific epithets. They also recorded *A. acrochordonodes* Fuglewicz, 1977a, which in addition to three other species erected by Fuglewicz (1977a, 1980b), was originally reported from Middle Triassic (Ladinian) deposits in Poland. All four were based on sculptural differences: *A. acrochordonodes* Fuglewicz, 1977a, "warts", larger on distal than on proximal face; *A. clavatus* Fuglewicz, 1977a, whole surface of spore body covered by clavate appendages that fuse together to form elongate elements; *A. pomeranus* Fuglewicz, 1977a, irregular tubercles and ridges on the proximal surface and a reticulum distally; and *A. porosus* Fuglewicz, 1980b, an exine surface that is described as being covered by numerous pores. Apart from *A. clavatus* (see below) none of these has been reported again subsequently by other authors. In a further paper, Yang and Sun (1990) described as new again (!), *A. microvermiculatus*, as well as two other species, *A. torchiformis* and *A. variabilis*: all are of doubtful value, although *A. spongiosus* has been reported by Liu et al. (2011).

In addition, Batten and Kovach (1990, p. 119) noted that *Semiornatisporites mesotriassicus* Kozur, 1973 would be better placed in *Aneuletes*, but this transfer did not take place until Marcinkiewicz (1992a, p. 42, pl. 13, figs. 1–3) provided a brief description and illustrations: tubercles on the concave area were said to be the diagnostic feature. The differentiation of this species from *Aneuletes rotundus* is certainly not clear, although Wierer (1997, pp. 105, 106, pl. 41, figs. 7, 8) maintained their separation. He also erected another species, *A. karnicus* and placed a specimen recorded as *Aneuletes* sp. by Marcinkiewicz (1978, pl. 14, fig. 7) in synonymy with it. It differs from *A. rotundus* in being more weakly sculptured with low verrucate to rugulate elements and fine granules in between.

In 1992, Marcinkiewicz erected another genus, *Sexaneuletes*, selecting *A. clavatus* as the type species, the grounds for this being that the polar area is framed by a hexagon of ridges. She suggested that *A. acrochordonodes* could be transferred to this genus, though she did not do this. She also erected the genus to accommodate specimens in which a ring of closely spaced tubercles is a diagnostic feature, and suggested that *A. pomeranus* could be referred to it. This was subsequently done by Wierer (1997) who recorded *Polaneuletes* cf. *pomeranus*, *Sexaneuletes clavatus*, *S.* cf. *clavatus*, a new species *S. nudus*, as well as five other species of *Aneuletes* in open nomenclature, none of which is similar to *A. rotundus*.

Aneuletes discus Koppelhus et Batten, 1992, is rather different from all of the above but was referred to *Aneuletes* because Harris' (1961) diagnosis was deemed sufficiently broadly based to accommodate it. Other specimens purported to be referable to *Aneuletes* but not identified to species including those of Zhang and Cao (2001, pl. 2, figs. 14, 15, 17, 18).

Locality and horizon　Ha-1, LN-8 and TZ-1, Ehuobulak Formation; LN-8 and LN-56, lower part of the Karamay Formation; LN-8, TH-1 and YM-1, upper part of the Karamay Formation; Ha-1 and KQ, Huangshanjie Formation.

Genus *Luntaispora* gen. nov.

1996　*Luntaispora*, Chen et al., pp. 26, 28. (nom. nud.)
2001　*Luntaispora*, Li et al., pp. 214, 217, 220, 222. (nom. nud.)
2004　*Luntaispora*, Zhang et al., p. 69. (nom. nud.)

Derivation of name　After Luntai, a county in the north of the Tarim Basin, where the holotype of the type species was found.

Type species *Luntaispora laevigata* gen. et sp. nov.

Diagnosis Spore monolete, amb elliptical to fusiform, exine surface essentially smooth.

Comparison There is no megaspore genus currently available for such monolete spores. *Laevigatosporites* Ibrahim, 1933 is morphologically comparable but is much smaller (a miospore).

Distribution and age China (Xinjiang), Triassic.

Luntaispora laevigata gen. et sp. nov.

(Pl 1, figs. 6–12; Pl. 2, figs. 1–3)

1996 *Luntaispora laevigata*, Chen et al., pp. 26, 28. (nom. nud.)
2001 *Luntaispora laevigata*, Li et al., pp. 214, 217, 220, 222. (nom. nud.)
2001 *Pusulosporites inflatus* Fuglewicz, Zhang and Cao, pl. 1, figs. 5, 8, 11, non. 2, 10, 17.
2004 *Luntaispora laevigata*, Zhang et al., p. 69. (nom. nud.)

Derivation of name *laevigatus*, L., smooth, with reference to the essentially smooth surface of the spore wall.

Holotype Pl. 1, fig. 11.

Paratype Pl. 1, fig. 9.

Diagnosis As for genus.

Description Monolete, amb elliptical to fusiform, ranging in size from 230 μm×165 μm to 300 μm × 270 μm (18 specimens); holotype 280 μm×200 μm. Tetragonal-tetrad contact area delineated by a depression in the wall towards the equator where an arcuate ridge may be developed. Distal face strongly rounded. Laesurae raised to form a straight or slightly sinuous ridge with an undulating top 15–20 μm high, extending the entire length of the long axis of the spore. Exine surface essentially smooth but under the SEM commonly appears uneven to vaguely ridged in part.

Comparison *Luntaispora laevigata* differs from all known species of smooth-walled, monolete spores on account of its larger size. Some spores identified by Zhang and Cao (2001, pl. 1, figs. 5, 8, 11) as *Pusulosporites inflatus* Fuglewicz, 1973 are comparable to *L. laevigata* in having a monolete aperture and a smooth wall.

Locality and horizon Duwa, Wuzunsay Formation; HA-1, LN-8, MX-1, TH-1, TZ-1, TZ-3 and YM-2, Ehuobulak Formation; TH-1 and YM-1, upper part of the Karamay Formation; LN-23, Huangshanjie Formation.

Genus *Trileites* Erdtman, 1947 ex Potonié, 1956

1956 *Trileites* Erdtman, 1947 ex Potonié, p. 23.
1976 *Trileites*, Jansonius and Hills, p. 3008.

Type species *Trileites spurius* (Dijkstra, 1951) Potonié, 1956.

Diagnosis Holotype type species ca. 1140 μm. Trilete megaspores, equator ±circular, in many species rather subtriangular, trilete rays at least so long that the curvaturae—if visible—lie nearly against the equator. However, not in all forms curvaturae are present. Exine smooth to finely granulate or weakly wrinkled.

Remarks Considering that *Trileites* is a smooth-walled megaspore genus with few characters upon which to distinguish morphotypes, it is surprising how many species have been erected to accommodate them. Whereas some, such as *Trileites candoris* Marcinkiewicz, 1960, *T. murrayi* (Harris, 1961) Marcinkiewicz, 1971 and *T. persimilis* (Harris, 1935) Potonié, 1956 along with another smooth-walled taxon, *Banksisporites pinguis* (Harris, 1935) Dettmann, 1961, have been reported on numerous occasions since they were first described, and a few others, such as *T. sinuosus* (Dettmann, 1961) Fuglewicz, 1973 and *T. spurius*

(Dijkstra, 1951) Potonié, 1956, have respectable records, many have not. Although such limited subsequent documentation may partly reflect a lack of further research involving megaspores from some stratigraphical levels, it is also an indication of the difficulty of differentiating them from other, very similar forms. A further complication has centred on the presence or absence of some surface features (of controversial origin according to Marcinkiewicz, 1992b) that may be removed during sample processing.

Fuglewicz (1973, 1977a, 1980b) erected nine species, few of which were clearly differentiated from other species and have rarely, if ever, been reported by other authors. Other species described by, for example, Marcinkiewicz (1960) and Kozur (1973) fall into this category. More recently Wierer (1997) erected two more species from Triassic deposits and we add another herein. On the other hand, apart from attributing a few of the smooth-walled forms that we have encountered to species that were originally described from strata of similar age we refrain in general from naming others, preferring merely to record them in open nomenclature.

Distribution and age   Global, Mesozoic.

Trileites levis Fuglewicz, 1973

(Pl. 2, figs. 8–11)

1973   *Trileites levis* Fuglewicz, p. 418, pl. 19, fig. 8.
1980a   *Trileites levis*, Fuglewicz, p. 430.
1986   *Trileites levis*, Fuglewicz and Marcinkiewicz, p. 163, pl. 83, figs. 3, 4.
1989   *Trileites levis*, Kovach and Batten, p. 267, text-fig. 4P; p. 270, text-fig. 5A.
1990   *Trileites levis*, Batten and Kovach, p. 130.
?2014   *Trileites levis*, Li et al., p. 174, pl. 1, figs. 4–7.

Description   Trilete megaspores, amb circular, 313–405 μm in diameter (7 specimens). Laesurae straight, within ridges that extend to three-quarters–four-fifths radius of spore, 15–20 μm high, 13–20 μm wide at base. The margin of the contact area is sometimes vaguely delineated but curvaturae are not developed. Surface of exine smooth, occasionally folded.

Comparison   In common with other smooth-walled trilete spores, this species has few characters and its identification here has little real value. The description provided by Fuglewicz (1973) is not unique to *T. levis*: it could almost equally well apply to other species to which he failed to provide adequate comparisons. It appears to differ from *T. grandis* Fuglewicz, 1973 only in being smaller (230–400 μm); the size range for *T. grandis* was given as 638–1040 μm but usually 750–800 μm. It supposedly differs from *T. tenellus* Fuglewicz, 1973 in having a smoother surface and a thicker exine; *T. tenellus* was reported to have a microgranulate wall.

Locality and horizon   Duwa, Wuzunsay Formation; HA-1, LN-8, MX-1, MC-1, TZ-1, TZ-3, TZ-6, TZ-9, YM-1 and YM-2, Ehuobulak Formation; LN-23, MX-1 and YW-1, lower part of the Karamay Formation; HA-1, LN-1, LN-8, X-1 and YM-1, upper part of the Karamay Formation; HA-1, LN-1, YM-1 and YW-1, Huangshanjie Formation; HZ, Yangye Formation.

Trileites plicatilis sp. nov.

(Pl. 2, figs. 4–7)

Derivation of name   *plicatilis*, L., plicate, with reference to the thin exine, which is easily crumpled and folded.

Holotype   Pl. 2, fig. 6.
Paratype   Pl. 2, figs. 4, 5.

Diagnosis Laevigate megaspores with a thin and folded exine.

Description Triradiate spore, rounded triangular to subcircular in polar view, 340–360 μm in diameter (5 specimens); holotype 350 μm. Laesurae straight, extend almost to equator, bordered by narrow lips up to 25 μm high at proximal pole. Exine smooth, 3–5 μm thick, usually crumpled and folded, the crumples giving the wall an irregularly plicate appearance.

Comparison *Triletes plicatilis* differs from other species of *Trileites* in having thin exine that is particularly susceptible to crumpling and folding.

Locality and horizon Duwa, Wuzunsay Formation; LN-8 and X-1, Ehuobulak Formation; YW-1, lower part of the Karamay Formation; TH-1, X-1 and YW-1, upper part of the Karamay Formation; TH-1, Huangshanjie Formation.

Trileites polonicus Fuglewicz, 1973

(Pl. 3, figs. 1, 2)

1973   *Trileites polonicus* Fuglewicz, pp. 418, 419, pl. 20, figs. 3, 5, 6.
1976   *Trileites polonicus*, Marcinkiewicz, p. 195, pl. 29, figs. 1–5.
1979a   *Trileites polonicus*, Fuglewicz, pl. 1, figs. 6, 7.
1980a   *Trileites polonicus*, Fuglewicz, pp. 424, 426, 427, 429, 430, pl. 3, fig. 1.
1983   *Trileites polonicus*, Taugourdeau-Lantz, p. 13, pl. 2, figs. 22, 23.
1984   *Trileites polonicus*, Taugourdeau-Lantz, p. 25.
1989   *Trileites polonicus*, Kovach and Batten, p. 267, text-fig. 4P; p. 270, text-fig. 5A.
1990   *Trileites polonicus*, Batten and Kovach, p. 132.
1992c   *Trileites polonicus*, Marcinkiewicz, p. 82, pl. 1, fig. 4.
1992   *Trileites polonicus*, Marcinkiewicz and Zhelezkova, pl. 1, figs. 1–5; pl. 2, figs. 2, 4; pl. 3, fig. 2.

Description Amb rounded triangular to subcircular, 354–451 μm in equatorial diameter (5 specimens). Trilete, laesurae within ribbed ridges, 35–50 μm high that are straight to slightly sinuous and extend almost to equator where they may merge with weakly defined arcuate ridges that delineate the contact area. Ribs of triradiate ridges c. 12–15 μm wide and densely arranged; surface of exine punctate.

Comparison Fuglewicz (1973) considered *Trileites polonicus* to resemble the megaspores of *Pleuromeia sternbergii* (Münster, 1842) Corda in Germar, 1852. Grauvogel-Stamm and Lugardon (2004) agreed that, based only on external morphological features, this comparison is reasonable. Marcinkiewicz and Zhelezkova (1992), and later Lugardon et al. (2000), also correlated *T. polonicus* with the megaspores of *Pleuromeia rossica* Neuburg, 1960.

Locality and horizon TH-1, TZ-1, TZ-3 and YW-1, Ehuobulak Formation; TH-1, lower part of the Karamay Formation; TH-1 and YM-1, upper part of the Karamay Formation; TH-1, Huangshanjie Formation.

Trileites sp. cf. *T. solitus* Marcinkiewicz, 1960

(Pl. 3, figs. 7, 8)

1960   *Trileites solitus* Marcinkiewicz, p. 717, pl. 1, fig. 5.
1989   *Trileites solitus*, Kovach and Batten, p. 267, text-fig. 4P; p. 272, text-fig. 5C.
1990   *Trileites solitus*, Batten and Kovach, p. 132.

Description Two laterally compressed specimens are illustrated. Proximal face pyramidal, distal face hemispherical, 335 μm and 345 μm in equatorial diameter respectively. Trilete, laesurae straight and within ridges that extend almost to the equator and are up to c. 25 μm high at the proximal pole; extent of the contact area is clearly indicated by curvaturae formed by transversely arranged and closely spaced striations.

Surface of contact areas sculptured with irregularly and closely spaced wormlike wrinkles c. 8 μm wide; distal surface finely granulate.

Comparison The specimen of *Triletes solitus* that was illustrated by is flattened in polar view, whereas the spores illustrated here are compressed in equatorial view. As a result, they look rather different. However, the species is apparently similar to *Trileites candoris* Marcinkiewicz, 1960, apart from being much smaller. The single illustration of *T. candoris* in her paper shows the holotype with its distinct arcuate ridges in oblique equatorial view. *Trileites pyramidalis* Marcinkiewicz, 1960 has shorter laesurae.

Locality and horizon TZ-1 and YM-1, Ehuobulak Formation; TH-1, upper part of the Karamay Formation.

Trileites tenellus Fuglewicz, 1973

(Pl. 3, figs. 3, 4)

1973 *Trileites tenellus* Fuglewicz, p. 420, pl. 19, fig. 4.
1980a *Trileites tenellus*, Fuglewicz, p. 426, pl. 5, fig. 1.
1986 *Trileites tenellus*, Fuglewicz and Marcinkiewicz, p. 164, pl. 85, figs. 7, 8.
1989 *Trileites tenellus*, Kovach and Batten, p. 267, text-fig. 4P; p. 270, text-fig. 5A.
1990 *Trileites tenellus*, Batten and Kovach, p. 134.
1992c *Trileites tenellus*, Marcinkiewicz, pl. 1, fig. 1.
2004 *Trileites tenellus*, Cui et al., pl. 1, fig. 6.

Description Trilete megaspore, subcircular in polar view, 225–330 μm in diameter (25 specimens). Laesurae straight or slightly sinuous, extend to c. three-quarters radius of spore, delineated by a narrow ridge up to 20 μm high at apex and tapering toward extremities. Weakly developed curvaturae occasionally visible; surface of exine essentially smooth.

Comparison The specimens encountered are very similar to those described from Poland by Fuglewicz (1973, 1980a), although according to him those collected from the type locality are ornamented with fine granules. However, there is no obvious ornament visible on the SEM micrographs (Fuglewicz, 1980a; Fuglewicz and Marcinkiewicz, 1986). The specimen illustrated by Marcinkiewicz (1992c) looks rather different, perhaps partly because the lips of the triradiate suture have parted. *Trileites vulgaris* Fuglewicz, 1973 appears to be similar to *T. tenellus*, but Fuglewicz did not differentiate them.

Locality and horizon Duwa, Wuzunsay Formation; MX-1, TH-1 and X-1, Ehuobulak Formation; LN-23, LN-53, MC-1, TH-1, X-1 and YW-1, lower part of the Karamay Formation; HA-1, LN-1, TH-1, X-1 and YW-1, upper part of the Karamay Formation; LN-23, Huangshanjie Formation; QK-1, Yangxia Formation.

Trileites vulgaris Fuglewicz, 1973

(Pl. 4, figs. 1–3, 5)

1973 *Trileites vulgaris* Fuglewicz, p. 421, pl. 20, figs. 1, 2, 7, 8; pl. 31, figs. 2, 8.
1976 *Trileites vulgaris*, Marcinkiewicz, p. 195, pl. 30, figs. 5, 6.
1979b *Trileites vulgaris*, Fuglewicz, text-fig. 1.
1980a *Trileites vulgaris*, Fuglewicz, pp. 422, 424–430, pl. 2, fig. 5.
1983 *Trileites vulgaris*, Taugourdeau-Lantz, p. 13, pl. 2, figs. 19, 21, 24.
1984 *Trileites vulgaris*, Taugourdeau-Lantz, p. 25.
1984 *Trileites vulgaris*, Yang and Sun, p. 192.
1989 *Trileites vulgaris*, Kovach and Batten, p. 267, text-fig. 4P; p. 270, text-fig. 5A.

1990 *Trileites vulgaris*, Batten and Kovach, p. 135.
1992c *Trileites vulgaris*, Marcinkiewicz, pl. 1, fig. 2.
2001 *Trileites vulgaris*, Zhang and Cao, pl. 1, figs. 7, 9, 12–14.
?2014 *Trileites vulgaris*, Li et al., pp. 173, 174, pl. 1, figs. 1–3.

Description Trilete megaspores, subcircular to circular in polar view, 168 (220) 288 μm in diameter (51 specimens). Laesurae straight, within ridges that become narrower upwards and reach equator, 15–20 μm high, 6–10 μm wide at base. Exine 7–10 μm thick, outer surface essentially smooth, cleared (oxidized) specimens are brown under a transmitted light microscope and reveal a granular texture that reflects the structure of the wall (pl. 4, fig. 5).

Comparison The specimens illustrated are similar to those described by Fuglewicz (1973) from Early Triassic Bunter deposits in Poland in morphology except for their smaller size: Fuglewicz indicated 230–640 μm for the type material.

Locality and horizon Duwa, Wuzunsay Formation; HA-1, LN-1, LN-8, MX-1, MC-1, TZ-1, YM-2 and YW-1, Ehuobulak Formation; HA-1, KQ, LN-1, LN-8 and MX-1, lower part of the Karamay Formation; HA-1, KQ, LN-1, LN-8 and YM-1, upper part of the Karamay Formation; HA-1, KQ, LN-1 and YM-1, Huangshanjie Formation.

Trileites sp. 1
(Pl. 4, figs. 6, 8, 9)

Description Amb triangular with slightly convex sides, 230–285 μm in equatorial diameter (20 specimens). Trilete, laesurae within ridges 33–46 μm high, reaching equator where they are broadest; ridges usually ribbed creating an undulating or irregularly denticulate structure towards apex (pl. 4, fig. 8); exine surface elsewhere smooth.

Comparison This species bears some resemblance to *Breviornatisporites asper* Wierer, 1997, which differs however in that the proximal surface or sometimes only the triradate ridge is sculptured with granules.

Locality and horizon Duwa, Wuzunsay Formation; LN-1, LN-8, MC-1, TZ-1, TZ-3 and YM-2, Ehuobulak Formation; LN-23 and MC-1, lower part of the Karamay Formation; YM-1, upper part of the Karamay Formation; LN-1, LN-23 and YM-1, Huangshanjie Formation.

Trileites sp. 2
(Pl. 3, figs. 5, 6)

Description Amb rounded triangular to sub-circular, 354–451 μm in diameter (4 specimens). Trilete, laesurae within straight or meandering ridges 40–50 μm high, extending from three-quarters of radius to equator of spore; contact area may be weakly or strongly delineated by arcuate ridges; exine surface punctate.

Locality and horizon TZ-1, TZ-3 and YW-1, Ehuobulak Formation; TH-1, upper part of the Karamay Formation; HZ, Kangsu Formation.

Genus *Margaritatisporites* Marcinkiewicz, 1962

1962 *Margaritatisporites* Marcinkiewicz, pp. 473, 491.

Type species *Margaritatisporites regalis* Marcinkiewicz, 1962.

Diagnosis The genus embrace spores with a smooth exospore with distinct tetrad scar and faintly outlined arcuate lists covered with granules of different size.

Remarks This genus is based on a single large (960 μm in diameter) specimen of *M. regalis*

Marcinkiewicz, 1962 from the Lower Jurassic of Poland. It is used to accommodate essentially smooth-walled spores that have curvaturae delineated by grana or other small sculptural elements, although these may also be scattered over the exine elsewhere. The separation of essentially smooth-walled forms, such as those described by Harris (1961) as *Triletes turbanaeformis* [subsequently regarded by Marcinkiewicz (1981a) as a synonym of *Trileites candoris* Marcinkiewicz, 1960], which are otherwise morphologically closely comparable in having relatively short triradiate ridges and very prominent curvaturae seems unnecessary but is maintained here to accommodate the few specimens encountered that can be placed in this genus.

Distribution and age   China (Xinjiang), Triassic; Poland, Early Jurassic.

Margaritatisporites sp. 1
(Pl. 5, fig. 4)

Description   Trilete megaspore, subcircular in polar view, 750 μm in diameter (one specimen only), proximal face pyramidal, distal face hemispherical. Trilete sutures within ridges up to 63 μm high, straight, terminate where meet the arcuate ridges. Surface of exine in proximal contact area smooth; sculptured elsewhere with rugulae of low elevation (10–15 μm). A few baculate appendages 20 μm wide and 75–100 μm high present in the vicinity of the junction between the triradiate and arcuate ridges.

Comparison   The described specimen in having baculate appendages on the vicinity of the junction between the triradiate and arcuate ridges differs from *M.* sp. 2 described below which has scattered grana or small spines on outer side of arcuate ridges.

Locality and horizon   Duwa, Wuzunsay Formation.

Margaritatisporites sp. 2
(Pl. 5, fig. 5)

Description   Trilete megaspore broadly elliptical in lateral view; equatorial diameter 550 μm, polar axis 590 μm in length (one specimen only). Laesurae reach equator, bordered by membranous lips up to c. 60 μm high. Exine surface smooth to scabrate except for scattered grana or small spines present on outer side of weakly developed.

Locality and horizon   YM-1, upper part of the Karamay Formation.

Genus *Banksisporites* Dettmann, 1961 emend. Glasspool, 2003

1961   *Banksisporites* Dettmann, pp. 73–74.
1961   *Talchirella* Pant et Srivastava, pp. 49–52.
1962   *Carruthersiella* Pant et Srivastava, p. 103.
1968   *Pantiasporites* Kar, pp. 292–293.
1968   *Trilaevipellitis* Kar, pp. 294–295.
1970   *Bokarosporites* Bharadwaj et Tiwari, pp. 19–20.
1970   *Srivastavaesporites* Bharadwaj et Tiwari, pp. 22–23.
1970   *Talchirella* Pant et Srivastava emend. Bharadwaj et Tiwari, p. 28.
1970   *Trilaevipellitis* Kar emend. Bharadwaj et Tiwari, p. 21.
1978   *Banksisporites* Dettmann emend. Banerji et al., pp. 4–5.
1986   *Shahdolia* Pant et Mishra, p. 54.
1986   *Srivastavaesporites* Bharadwaj et Tiwari emend. Pant et Mishra, pp. 23–24.
1992   *Talchirella* Pant et Srivastava emend. Tewari et Maheshwari, p. 3.
2003   *Banksisporites* Dettmann emend. Glasspool, pp. 233–234.

Type species *Banksisporites pinguis* (Harris, 1935) Dettmann, 1961.

Diagnosis Amb of megaspores circular to subtriangular. Trilete rays straight or sinuous, not extending beyond contact boundaries, elevated or with little relief, arcuate ridges pronounced to indistinct. Exine smooth to granulate/verrucate.

Remarks This genus was erected to accommodate smooth walled spores that have a cavate exine. Such spores cannot usually be differentiated readily from *Trileites* in reflected or transmitted light because the exine is too opaque; they need to be cleared by oxidative or other treatment first. The presence of a freely separating inner wall layer or mesospore has been considered to be of taxonomic significance by Høeg et al. (1955), Dettmann (1961) and others, but this has been called into question by several authors (e.g. Morbelli et al., 2003a, b). Taylor (1994, p. 47) considered it inadvisable to use "a true mesospore to delimit a taxon." Glasspool (2003, p. 233) emended *Banksisporites* and regarded seven other genera to be junior synonyms on the grounds that the "inner body/basal lamina" should not be used as a taxonomic feature in Permian megaspores based on transmitted light studies. His comment also applies to younger megaspores that have been referred to this genus.

Distribution and age Global, Triassic; Morocco and Germany, Early Jurassic; Europe and India, Early Cretaceous; Brazil, Early Permian.

Banksisporites dejerseyi Scott et Playford, 1985

(Pl. 4, figs. 10–12)

1985 *Banksisporites dejerseyi* Scott et Playford, p. 308, figs. 7, 8.
1989 *Banksisporites dejerseyi*, Hemsley and Scott, p. 139, fig. 2, pl. 2.
1989 *Banksisporites dejerseyi*, Kovach and Batten, p. 256, text-fig. 4F; p. 270, text-fig. 5A.
1990 *Banksisporites dejerseyi*, Batten and Kovach, p. 44.

Description Trilete megaspores, subcircular to rounded triangular in polar view, 260 (350) 420 μm in diameter (9 specimens). Laesurae straight, bordered by membranous, slightly sinuous lips up to 25 μm high. Exine unsculptured but usually somewhat crumpled or folded, two layered; inner layer <1 μm thick, attaching to or occasionally separating from outer layer which is c. 3 μm thick.

Comparison The specimens are comparable to those described as *B. dejerseyi* by Scott and Playford (1985) from Australia. These authors noted that both *B. pinguis* (Harris, 1935) Dettmann, 1961 and *B. sinuosus* Dettmann, 1961 have a much thicker "exoexine" from which the "intexine" is more distinctly separated; and in addition to having a thicker "exoexine" *B. viriosus* Scott et Playford, 1985 also has a sinuous triradiate flange and distinct contact areas that are delimited by curvaturae.

Locality and horizon Duwa, Wuzunsay Formation; MC-1, Ehuobulak Formation.

Banksisporites sp. cf. *B. pinguis* (Harris, 1935) Dettmann, 1961

(Pl. 5, figs. 1, 2)

1935 *Triletes pinguis* Harris, p. 166, pl. 25, fig. 3, text-fig. 52A–D.
1956 *Trileites pinguis* (Harris) Potonié, p. 24.
1961 *Banksisporites pinguis* (Harris) Dettmann, p. 74, pl. 1, figs. 1–8; text-fig. 1a.

For a complete synonymy for *Banksisporites pinguis* up to 1988, see Batten and Kovach (1990).

Description Trilete megaspore, amb triangular with convex sides, 235 (300) 400 μm in diameter (4 specimens). Laesurae narrow, elevating slightly and reaching equator. Intexine thin, separating from exoexine and forming a cavity c. 30–65 μm in width. Exoexine thin, c. 1μm thick, with a smooth surface.

Comparison Although resembling *Banksisporites pinguis*, the outer wall is significantly thinner than that of the type material.

Locality and horizon Duwa, Wuzunsay Formation; LN-8, MX-1 and TH-1, Ehuobulak Formation; KQ, lower part of the Karamay Formation; HA-1, upper part of the Karamay Formation; TH-1, Huangshanjie Formation.

Genus *Tricristatispora* Liu in Liu et al., 1981

1981 *Tricristatispora* Liu in Liu et al., p. 166.
1984 *Viburamegaspora* Zhang, pp. 41, 92.
2000a *Tricristatispora*, Li, pp. 451, 454.

Type species *Tricristatispora tricristata* (Li, 1974) Li, 2000.

Reworded diagnosis Megaspores trilete, amb subcircular, type species 140–330 μm (10 specimens) in equatorial diameter. Laesurae thick, straight or slightly sinuous, extending to about one-half of spore radius in length. Exine surface laevigate but three small, flap-like appendages are situated interradially at the proximal pole.

Comparison *Tricristatispora* is similar to *Calamospora* Schopf, Wilson et Bentall, 1944 and *Calamocystes* Piérart, 1961, but both of these lack flap-like appendages around the proximal pole. These structures, at least in the case of the type species, superficially resemble the three abortive spores that are typically preserved at the apex of the large, elongate Late Devonian megaspore *Cystosporites* Schopf, 1938.

Distribution and age China (Xinjiang, Gansu, Sichuan, Guizhou and Yunnan), Late Triassic.

Tricristatispora tricristata (Li, 1974) Li, 2000

(Pl. 6, figs. 1–10)

1974 *Calamospora tricristata* Li, p. 362, pl. 195, fig. 22.
1978 *Calamospora tricristata*, Lei, pl. 1, figs. 18–20.
1981 *Calamospora tricristata*, Yang and Wang, p. 290, pl. 1, figs. 6, 7.
1981 *Tricristatispora aphela* Liu in Liu et al., p. 166, pl. 15, figs. 14, 15.
1982 *Calamospora tricristata*, Zhang et al., pl. 2, fig. 26.
1983 *Calamospora tricristata*, Bai et al., p. 523, pl. 124, fig. 32.
1984 *Viburamegaspora orientalis* Zhang, pp. 41, 42, 92, pl. 11, figs. 1–3, 5–7, 11, 12.
1989 *Calamospora tricristata*, Kovach and Batten, p. 257, text-fig. 4F; p. 272, text-fig. 5C.
1990 *Calamospora tricristata*, Batten and Kovach, p. 51.
1992 *Calamospora tricristata*, Shang and Li, pl. 6, fig. 18a–b.
2000a *Tricristatispora tricristata* (Li, 1974) Li, p. 452, 455, pl. 1, figs. 1–9.
2001 *Calamospora tricristata*, Li et al., p. 217.
2004 *Tricristatispora tricristata*, Zhang et al., p. 69.

Description Amb subcircular in polar view, 140 (180) 330 μm (20 specimens) in equatorial diameter. Trilete, laesurae about one-third spore radius in length, within ridges up to c. 17 μm high and c. 5 μm wide at base. Exine 2–8 μm thick, commonly folded; surface laevigate but with three flap-like appendages situated interradially at the proximal pole. Each appendage subcircular to subtriangular or wedge-shaped in polar view, 25–40 μm in maximum diameter, typically lobate with smaller verrucate to rugulate surface elements; more or less connected apically each by a single lobe.

Comparison *Tricristatispora tricristata* differs from *T. trilobata* sp. nov. and *T. yingmailensis* sp. nov. in having much smaller flap-like appendages at the proximal pole.

Locality and horizon LN-1, LN-8 and YM-1, upper part of the Karamay Formation; HA-1 and LN-1, Huangshanjie Formation; KQ, Tariqik Formation.

Tricristatispora trilobata sp. nov.

(Pl. 7, figs. 1–6)

Derivation of name *tri-*, L., thrice, and *lobus*, lobe, with reference to the three-lobed appendages at the proximal pole.

Holotype Pl. 7, fig. 3.

Paratype Pl. 7, figs. 1, 2.

Diagnosis A *Tricristatispora* with comparatively large, weakly ornamented, flap-like appendages at the proximal pole.

Description Amb circular in polar view, 215–269 μm (6 specimens) in equatorial diameter; holotype 269 μm, paratype 215 μm. In lateral view, spores oval or subcircular with a pyramidal proximal face and a convex distal face; polar axis 252–269 μm in length. Trilete, laesurae within ridges that almost reach the equator. The appendages at the proximal pole are flap-like and connected apically to form three leaf-like elements that extend up to one-half of the radius of the spore. Spore surface essentially smooth apart from the apical appendages, which have a weakly reticulate to rugulate surface.

Comparison *Tricristatispora trilobata* differs from *T. tricristata* in having relatively larger and more weakly ornamented appendages at the proximal pole. *T. yingmailensis* has distinctly corrugated proximal appendages.

Locality and horizon YM-1, upper part of the Karamay Formation; LN-3, Huangshanjie Formation.

Tricristatispora yingmailensis sp. nov.

(Pl. 6, figs. 11–16)

Derivation of name After Yingmaili, the locality in the Tarim Basin where yielded the holotype.

Holotype Pl. 6, figs. 14, 15.

Paratype Pl. 6, fig. 16.

Diagnosis A *Tricristatispora* with comparatively large, distinctly corrugate appendages at the proximal pole.

Description Amb circular in polar view, 308 μm and 323 μm (2 specimens) in equatorial diameter. In lateral view, spores oval or subcircular with a pyramidal proximal face and a convex distal face; polar axis 330 μm in length. Trilete, laesurae within ridges that almost reach equator. The appendages at the proximal pole are flap-like, subtriangular to triangular in polar view, connected apically by a rugulate lobe, and densely corrugated; most corrugations 4–6 μm in diameter but may be as much as 10–15 μm in maximum dimension, especially on the lobe connecting the flaps at the proximal pole. Exine two-layered: inner layer thin, c. 0.5 μm, dense and homogeneous; outer layer c. 10 μm thick with a granular structure; outer surface appears essentially smooth at low magnifications.

Comparison *Tricristatispora yingmailensis* differs from *T. tricristata* in having larger flap-like appendages at the proximal pole and from *T. trilobata* in that the appendages are distinctly corrugated.

Locality and horizon YM-1, upper part of the Karamay Formation.

Genus *Pusulosporites* Fuglewicz, 1973

1973 *Pusulosporites* Fuglewicz, p. 424.

Type species *Pusulosporites populosus* Fuglewicz, 1973.

Reworded diagnosis Megaspore, amb rounded or round, more rarely subtriangular. Trilete rays very well developed. Curvature usually lacking. The whole surface covered with numerous, short, very small, glassy appendages with rounded apexes, more rarely sharp.

Remarks The genus *Pusulosporites* was erected to accommodate triradiate spores sculptured with many small "glassy appendages with rounded apexes, more rarely sharp" (Fuglewicz, 1973, p. 424), supposedly differentiating it from such genera as *Maexisporites* Potonié, 1956 and *Verrutriletes* van der Hammen, 1954 ex Potonié, 1956. Unfortunately, the six species attributed to the genus, all described by Fuglewicz, are insufficiently detailed to be of much value and have rarely been recorded. Two of these, *P. populosus* Fuglewicz, 1973, and *P. inflatus* Fuglewicz, 1973 were considered to be synonymous with *Talchirella daciae* Antonescu et Taugourdeau-Lantz, 1973 by Marcinkiewicz (1992c), who also placed *P. marginatus* in partial synonymy with. However, Fuglewicz's paper was published three months before that of Antonescu and Taugourdeau-Lantz. As a result, the name *Pusulosporites* has priority over *Talchirella*. Some of our specimens are potentially attributed to *Pusulosporites* because they seem to fit the descriptions of the type material, although surface granules are scarce.

Distribution and age China (Xinjiang), Triassic–Early Jurassic; Poland and Romania, Early Triassic.

Pusulosporites inflatus Fuglewicz, 1973

(Pl. 5, fig. 3)

1973 *Pusulosporites inflatus* Fuglewicz, p. 426, pl. 19, figs. 1, 3, 7; pl. 31, figs. 1, 3.
1980a *Pusulosporites inflatus*, Fuglewicz, pl. 4, figs. 2–4.
1986 *Pusulosporites inflatus*, Yang and Sun, p. 188, pl. 50, figs. 4, 6; pl. 53, fig. 4.
1989 *Pusulosporites inflatus*, Kovach and Batten, p. 263, text-fig. 4L; p. 270, text-fig. 5A.
1990 *Pusulosporites inflatus*, Batten and Kovach, p. 106.
2001 *Pusulosporites inflatus*, Zhang and Cao, pl. 1, figs. 2, 5, 8, 10, 11, 17.

Description Amb triangular with convex sides, 315 μm in diameter (one specimen only). Trilete, laesurae long, within a raised ridge up to 25 μm high that reaches equator. Spore surface of exine smooth. Contact areas slightly elevated, surrounded by a thick "cingulum" which is about 25 μm wide. Exine two-layered, inner wall separated from outer layer to form a central body 215 μm in diameter.

Comparison According to Fuglewicz (1973), *Pusulosporites inflatus* is mainly characterized by its swollen contact areas and numerous verrucae associated with the triradiate ridges to which a mesospore is attached. It is apparently impossible to detect such verrucae in opaque specimens. Except for the two spores illustrated by Fuglewicz (1973, pl. 31, figs. 1, 3), verrucae are invisible in almost all specimens that have been assigned to *P. inflatus* subsequently. Thus, it seems that *P. inflatus* can be distinguished from *P. marginatus* only by its swollen contact areas.

Locality and horizon Duwa, Wuzunsay Formation; HA-1, LN-8 and TH-1, Ehuobulak Formation; HA-1 and TH-1, upper part of the Karamay Formation; HA-1, Huangshanjie Formation.

Pusulosporites marginatus Fuglewicz, 1973

(Pl. 5, figs. 6–14)

1973 *Pusulosporites marginatus* Fuglewicz, p. 426, pl. 19, fig. 6.
1979b *Pusulosporites marginatus*, Fuglewicz, pl. 1, fig. 3, text-fig. 1.
1980a *Pusulosporites marginatus*, Fuglewicz, pp. 422, 424–427, pl. 4, figs. 1, 5.
1989 *Pusulosporites marginatus*, Kovach and Batten, p. 263, text-fig. 4L; p. 270, text-fig. 5A.
1990 *Pusulosporites marginatus*, Batten and Kovach, p. 106.

2004 *Pusulosporites marginatus*, Cui et al., pl. 1, fig. 1.

Description Amb triangular with convex sides, 156 (220) 276 μm in diameter (120 specimens). Trilete, laesurae straight, reaching almost to equator, within a ridge 15–25 μm high and 8 μm wide at base, tapering upward. Arcuate ridges weakly developed. Usually, a "cingulum" 30–45 μm wide is present beyond the slightly depressed contact areas. Exine comprises two main layers: intexine compact, 1–2 μm thick; exoexine c. 7 μm thick, loosely structured but densely compacted toward the outer surface, which is smooth apart from bearing scattered small granules.

Comparison The specimens from the type locality in Poland are larger (380–540 μm) but otherwise similar.

Locality and horizon Duwa, Wuzunsay Formation; KQ, LN-1, LN-8, MX-1, MC-1, TH-1, TZ-1, TZ-3, TZ-6, TZ-9, YM-1 and YW-1, Ehuobulak Formation; KQ, LN-1, LN-8, LN-53, LN-56, MC-1, MX-1 and X-1, lower part of the Karamay Formation; KQ, LN-1, TH-1, YM-1 and YW-1, upper part of the Karamay Formation; LN-3, LN-23 and YW-1, Huangshanjie Formation; HZ, Kangsu Formation; KQ, Yangxia Formation.

Genus *Maexisporites* Potonié, 1956

1956 *Maexisporites* Potonié, p. 25.
1976 *Maexisporites*, Jansonius and Hills, p. 1572.

Holotype *Maexisporites soldanellus* (Dijkstra, 1951) Potonié, 1956.

Diagnosis Holotype type species c. 380 μm. Trilete megaspores, equatorial outline subtriangular with convex sides and ± rounded, often somewhat ogival corners. Trilete rays 3/4 radius in length or as long as the radius. Contact area hardly visible or not at all discernible, or present. Curvaturae hardly or not discernible, or rather distinct. Exine indistinctly granulate, grana maybe 2 μm, or nearly smooth to very finely granulate.

Remarks *Maexisporites* was erected based on the Cretaceous species *M. soldanellus* (Dijkstra, 1951) Potonié, 1956 and is used to accommodate spores of simple morphology that are sculptured with granules (grana) although differentiation of granulate species from those that bear other small sculptural elements is not always straightforward.

Distribution and age Asia, Europe and North America, Mesozoic.

Maexisporites magnuszewensis Fuglewicz, 1977

(Pl. 8, fig. 1)

1977a *Maexisporites magnuszewensis* Fuglewicz, p. 409, pl. 28, figs. 6, 7.
1986   *Maexisporites magnuszewensis*, Fuglewicz and Marcinkiewicz, p. 164, pl. 85, figs. 4–6.
1989   *Maexisporites magnuszewensis*, Kovach and Batten, p. 260, text-fig. 4I; p. 271, text-fig. 5B.
1990   *Maexisporites magnuszewensis*, Batten and Kovach, p. 81.
1990   *Maexisporites magnuszewensis*, Yang and Sun, pp. 169, 170, pl. 37, fig. 10.

Description Trilete megaspore, amb circular in polar view, 260 μm in diameter (one specimen only). Laesurae straight, within ridges c. 12 μm high, extending to about two-thirds radius of spore. Exine surface irregularly and incompletely reticulate; the muri are low and narrow, and surround variously shaped lumina, up to c. 20 μm in diameter. Proximal surface essentially smooth.

Comparison In common with many of the species described by Fuglewicz, the diagnosis of *Maexisporites magnuszewensis* does not distinguish it from other species.

The contact areas are described as being almost smooth, the distal surface "granulated", and there are no curvaturae. Despite this diagnosis, the SEM micrograph of the holotype (Fuglewicz, 1977a, pl. 28, fig. 7; also figured in Fuglewicz and Marcinkiewicz, 1986, pl. 85, fig. 5) shows that the sculpture is not granulate but consists of fine, closely spaced, irregular rugulae that form an incomplete reticulation on distal surface. The specimen illustrated here is comparable to the holotype in basic morphology and size, although the degree of reticulation is rather more pronounced. This microrugulate, irregularly microreticulate character means that attribution to *Maexisporites* is not entirely appropriate because the genus is only supposed to accommodate megaspores that are sculptured with granules.

Locality and horizon   KQ, Kezilenur Formation.

Maexisporites meditectatus (Reinhardt, 1963) Kannegieser et Kozur, 1972

(Pl. 7, fig. 9)

1957	Megaspore 846 Wicher, pl. 3, fig. 12.
1957	Megaspore 856 Wicher, pl. 3, fig. 14.
1962	M. sp. 846 Wicher et Bartenstein, pl. 8, fig. 12.
1962	M. sp. 856 Wicher et Bartenstein, pl. 8, fig. 14.
1963	*Duosporites meditectatus* Reinhardt, p. 119, pl. 1, figs. 1–5; pl. 2, fig. 1.
1969	*Trileites meditectatus* (Reinhardt) Reinhardt et Fricke, p. 400.
1969	*Maexisporites wicheri* Reinhardt et Fricke, pp. 401, 402, pl. 1, fig. 5.
1971	*Maexisporites meditectatus* (Reinhardt) Kozur, p. 122, pl. 1, fig. 2. (invalid combination, no basionym)
1972	*Maexisporites meditectatus* (Reinhardt) Kannegieser et Kozur, p. 187, pl. 8, figs. 1–6.
1972	*Maexisporites meditectatus*, Kozur, p. 440, pl. 1, fig. 3.
1973	*Maexisporites meditectatus*, Kozur, p. 4.
1974	*Maexisporites meditectatus*, Kozur, pp. 41, 46.
1975	*Maexisporites meditectatus*, Movshovich and Kozur, p. 111.
1976	*Duosporites meditectatus*, Beutler, p. 126.
1976	*Maexisporites meditectatus*, Kozur, p. 101.
1976	*Maexisporites meditectatus*, Kozur and Movshovich, p. 54, pl. 2, fig. 3a–b.
1978	*Maexisporites meditectatus*, Gajewska, p. 14
1978	*Maexisporites meditectatus*, Marcinkiewicz, pp. 71, 78, 81, pl. 1, figs. 1–6.
1979b	*Maexisporites meditectatus*, Marcinkiewicz, p. 207, pl. 69, figs. 1–3.
1986	*Maexisporites meditectatus*, Fuglewicz and Marcinkiewicz, pp. 164, 165, pl. 73, figs. 1–3.
1989	*Maexisporites meditectatus*, Kovach and Batten, p. 260, text-fig. 4I; p. 271, text-fig. 5B.
1990	*Maexisporites meditectatus*, Batten and Kovach, pp. 81, 82.
1992a	*Maexisporites meditectatus*, Marcinkiewicz, tab. 2, pl. 2, fig. 3.
1997	*Maexisporites meditectatus*, Wierer, pp. 68, 69, pl. 3, figs. 7–15; pl. 4, figs. 1–10.

Description   Trilete spore, subcircular in polar view, 555 μm in diameter (1 specimen only). Triradiate ridge, 15 μm wide and up to 25 μm high, extends to over three-quarters of the radius of the spore, the ends commonly terminating where they connect with narrow curvaturae which is high as triradiate ridges. Entire surface of spore wall sculptured with small granules and cones c. 5 μm in diameter.

Comparison   First identified more than 50 years ago, though not known initially as *Maexisporites meditectatus*, the various specimens that have been referred to it have not often been well illustrated and do not seem to present a consistent morphotype that can be readily recognized, but the finely granulate surface is typical of most specimens.

Locality and horizon   YW-1, lower part of the Karamay Formation; X-1, upper part of the Karamay Formation; KQ, Ahe Formation.

Maexisporites ooliticus Fuglewicz, 1977

(Pl. 8, figs. 2–5)

1977a *Maexisporites ooliticus* Fuglewicz, p. 410, pl. 29, figs. 4, 5.
1980a *Maexisporites ooliticus*, Fuglewicz, pp. 422, 424–427, 430, pl. 2, fig. 7.
1986   *Maexisporites ooliticus*, Fuglewicz and Marcinkiewicz, p. 165, pl. 86, figs. 5, 6.
1989   *Maexisporites ooliticus*, Kovach and Batten, p. 260, text-fig. 4I; p. 270, text-fig. 5A.
1990   *Maexisporites ooliticus*, Batten and Kovach, p. 82.
1992c *Maexisporites ooliticus*, Marcinkiewicz, pl. 1, fig. 5.

Description Trilete mesospore, circular to rounded triangular in polar view, 300–440 μm (3 specimens) in diameter. Triradiate ridge prominent, straight or slightly meandering. Curvaturae weakly developed. Sculpture appears to be very finely granulate to micropapillate under low magnifications, but more obviously micropapillate under high power.

Comparison According to Fuglewicz (1977a), this species differs from *Maexisporites rotundus* Fuglewicz, 1973 in having higher triradiate ridges and weakly developed curvaturae. The holotype of *M. ooliticus* certainly shows weak curvaturae, but they are almost invisible in another specimen illustrated alongside it (Fuglewicz, 1977a, pl. 29, fig. 4; both spores are figured again in Fuglewicz and Marcinkiewicz, 1986, pl. 86, fig. 5, 6). Although the holotype of *M. rotundus* clearly lacks curvaturae, other differences from *M. ooliticus* are trivial, as further exemplified by a later illustration of another representative of this species (Fuglewicz and Marcinkiewicz, 1986, pl. 86, fig. 1). Hence it is commonly difficult to differentiate them because their morphological characters are so similar.

Locality and horizon Duwa, Wuzunsay Formation; TZ-1 and YM-1, Ehuobulak Formation.

Maexisporites pyramidalis Fuglewicz, 1973

(Pl. 4, figs. 4, 7)

1973   *Maexisporites pyramidalis* Fuglewicz, p. 422, pl. 21, figs. 2a–b; pl. 31, fig. 6.
1980a *Maexisporites pyramidalis*, Fuglewicz, pl. 7, fig. 4.
1986   *Maexisporites pyramidalis*, Fuglewicz and Marcinkiewicz, p. 165, pl. 85, figs. 2, 3.
1989   *Maexisporites pyramidalis*, Kovach and Batten, p. 260, text-fig. 4I; p. 270, text-fig. 5A.
1990   *Maexisporites pyramidalis*, Batten and Kovach, p. 83

Description Trilete megaspores, amb triangular with slightly convex sides, 270 μm and 320 μm (2 specimens) in diameter. Laesurae straight, reaching equator; triradiate ridge prominent, up to c. 30 μm in height. Curvaturae invisible. Proximal face elevated into a cone. Spore surface uneven to weakly granular.

Comparison Our spores are comparable with those from the type locality in size and in having a pyramidal contact area, but differ in having an uneven to weakly granular surface.

Locality and horizon YM-31, Ehuobulak Formation; MC-1, lower part of the Karamay Formation; YM-1, upper part of the Karamay Formation.

Maexisporites sp. 1

(Pl. 7, figs. 7, 8)

Description Trilete, subcircular in polar view, 220 μm and 350 μm in equatorial diameter (2 specimens). Laesurae within ridges up to 25 μm high and 15 μm wide in basal width, reaching almost to equator. Arcuate ridge weakly clearly visible. Contact area sculptured with scattered granules c. 8 μm in diameter; equatorial and distal surfaces with closely-packed, narrow (c. 3 μm), meandering, worm-like rugulae up to c. 30 μm in length.

Comparison Given the plethora of generic names that are available, it is somewhat ironic that there is no genus to accommodate spores of relatively simple gross morphology that are sculptured predominantly by rugulae. *Rugotriletes* van der Hammen, 1954 ex Potonié, 1956 has a rugulate sculpture but in addition has a pronounced "neck" (originally described as a gula) around the triradiate suture, which is different from present specimens.

The specimen described and illustrated here is placed in *Maexisporites*, despite the fact that this genus was intended for spores with a granulate sculpture. In common with *Maexisporites magnuszewensis* it does not fall strictly within the circumscription of the genus but the fact that virtually the whole of the spore is covered by small vermiform rugulae renders it morphologically close to more typical species of the genus.

Locality and horizon Duwa, Wuzunsay Formation; TH-1, TZ-1, TZ-3, TZ-6 and YW-1, Ehuobulak Formation; LN-56 and YW-1, lower part of the Karamay Formation; YW-1, upper part of the Karamay Formation; TH-1, Huangshanjie Formation; KQ, Tariqik Formation.

Maexisporites sp. 2

(Pl. 7, figs. 10, 11)

Description Trilete megaspore, convexly triangular in polar view, 245 μm and 295 μm in diameter (two specimens) and with distinct arcuate ridges delineating the contact area. Laesurae straight, within a pronounced triradiate flange, which is 50–60 μm high at the proximal pole but becomes gradually lower towards the point at which the rays meet the arcuate ridges; the sides and top of the triradiate flange are sculptured with rugulae and coni giving it an uneven appearance. Exine elsewhere sculptured with meandering rugulae c. 3–5 μm wide and up to 5 μm high, tending to be orientated subparallel to each other at right-angles to the equator.

Comparison As for *M.* sp. 1, this species has characters that render it attributable to *Maexisporites* only in a broad sense and is placed in this genus for the sake of convenience of reference because insufficient specimens have been recovered for it to be fully described and attributed elsewhere. *Srivastavaesporites triassicus* Pant et Basu, 1979 bears some resemblance but is larger and essentially verrucate; *S. major* Pant et Basu, 1979 is very weakly verrucate or faintly rugulate and much larger (900 μm).

Locality and horizon LN-1, Ehuobulak Formation; MC-1, lower part of the Karamay Formation; LN-1, Huangshanjie Formation.

Genus *Bacutriletes* van der Hammen, 1954 ex Potonié, 1956

1954 *Bacutriletes* van der Hammen, p. 14. (nom. nud.)
1956 *Bacutriletes* van der Hammen ex Potonié, p. 35.
1976 *Bacutriletes*, Jansonius and Hills, p. 229.

Type species *Bacutriletes tylotus* (Harris, 1935) Potonié, 1956

Diagnosis Genus for megaspores. Type specimen without bacula c. 400 μm, trilete, equator and meridian circular; tecta of the trilete rays strongly developed, from 1/3 to more than 1/2 radius in length. No contact area or curvaturae discernible. Exine on all sides covered with truncated or rounded bacula, that in part may appear vermiculate ('worm-shaped').

Remarks *Bacutriletes* is based on the species *Bacutriletes tylotus* (Harris, 1935) Potonié, 1956, which was described from Rhaetian deposits in West Greenland. It is a sub-spherical spore with a sculpture that is essentially baculate but may appear vermiculate in part. In common with other megaspores of uncomplicated gross morphology, specimens can be readily placed in the genus if they are clearly baculate, but attribution difficulties arise when the sculpture is less typical and becomes more similar to that of other genera.

Distribution and age   Global, Mesozoic.

Bacutriletes costatispinosus Fuglewicz, 1977

(Pl. 8, figs. 6–8)

1977a   *Bacutriletes costatispinosus* Fuglewicz, pp. 413, 414, pl. 31, figs. 4, 5.
1980a   *Bacutriletes costatispinosus*, Fuglewicz, p. 430, pl. 7, fig. 3.
1986   *Bacutriletes costatispinosus*, Fuglewicz and Marcinkiewicz, p. 168, tab. 14; pl. 91, figs. 2, 3; pl. 92, fig. 1.
1989   *Bacutriletes costatispinosus*, Kovach and Batten, p. 255, text-fig. 4D; p. 270, text-fig. 5A.
1990   *Bacutriletes costatispinosus*, Batten and Kovach, p. 36.
1997   *Bacutriletes costatispinosus*, Wierer, pp. 79, 80, pl. 15, figs. 3–6.

Description   Trilete megaspore, circular to subcircular in polar view, 335 μm in diameter (one specimen only). Laesurae obscured by sculpture, which consists of densely distributed spinose to mostly baculate elements wide at base, commonly narrowing to 4–7 μm wide at tips, which may sometimes be recurved; 2–5 elements often linked along much of their length creating larger appendages that have a ridged appearance and very uneven tips.

Comparison   The specimen described appears to be similar to the type material (Fuglewicz, 1977a) except for its higher sculptural elements.

Locality and horizon   LN-23, lower part of the Karamay Formation.

Bacutriletes digitiformis (Faddeeva, 1960) comb. nov.

(Pl. 9, figs. 1–9)

1960   *Triletes digitiformis* Faddeeva, p. 127, pl. 12, fig. 5.
1961   *Triletes corynactis* Harris, p. 52, text-fig. 15a–i.
1962   *Bacutriletes hamatus* Marcinkiewicz, pp. 475, 492, pl. 10, figs. 3–5.
1965   *Triletes digitiformis*, Faddeeva, p. 98, pl. 6, fig. 37a–b.
1969   *Bacutriletes corynactis*, Gry, pp. 82, 84, text-fig. 6.9. (not formally transferred; no basionym)
1971a   *Bacutriletes corynactis* (Harris) Marcinkiewicz, p. 35, pl. 9, figs. 4–7.
1985   *Bacutriletes hamatus*, Petros'yants, p. 97.
1985   *Bacutriletes* cf. *corynactis*, Petros'yants, p. 97.
1989   *Bacutriletes corynactis*, Kovach and Batten, p. 255, text-fig. 4D; p. 272, text-fig. 5C.
1990   *Bacutriletes corynactis*, Batten and Kovach, p. 36.
1992   *Bacutriletes corynactis*, Koppelhus and Batten, pp. 18, 19, pl. 3, figs. 1–5; pl. 20, fig. 4.
1992   *Bacutriletes corynactis*, Munk and Granzow, p. 10, pl. 3, figs. 3, 4.
2004   *Bacutriletes corynactis*, Cui et al., pl. 1, fig. 10.

Description   Trilete spore, triangular with convex sides to subcircular in polar view, 210 (250) 300 μm in diameter (11 specimens). Laesurae extend almost to equator within membranous lips up to 20 μm high. Body of spore sculptured with coni, short spines and bacula on the contact face; densely sculptured in equatorial regions and on the distal face with straight or curved, long, baculate appendages 40–60 μm high and 6–12 μm in basal width, some with slightly swollen tips; exine 5–7 μm thick.

Comparison   This species *digitiformis* was originally described based on megaspores recovered from Early Jurassic deposits in western Kazakhstan and placed in the genus *Triletes* by Faddeeva in 1960. The holotype of her species was illustrated again by Faddeeva in 1965 (see synonymy above). Subsequently Marcinkiewicz (1971a) placed it in synonymy with *Triletes corynactis* Harris, 1961. The Tarim specimens are similar to the type material but a little smaller and differ from *Bacutriletes corynactiformis* Fuglewicz, 1977, which has smooth contact areas.

Locality and horizon KQ, LN-1 and PH-1, Yangxia Formation; QG, Kangsu Formation.

Bacutriletes kozurii **Batten et Kovach, 1990**

(Pl. 10, figs. 5–12; Pl. 11, figs. 1–4)

1976 *Bacutriletes minimus* Kozur in Kozur et Movshovich, p. 57, pl. 1, fig. 3a–b.
1989 *Bacutriletes kozurii* Batten et Kovach, p. 255, text-fig. 4D; p. 271, text-fig. 5B. (nom. nud.)
1990 *Bacutriletes kozurii* Batten et Kovach, pp. 6, 37.
1992a *Bacutriletes minimus*, Marcinkiewicz, pp. 37, 40, tabs. 1, 2, pl. 3, fig. 5; pl. 4, figs. 3, 4; pl. 5, figs. 1, 2; pl. 6, figs, 4, 5.
1997 *Bacutriletes kozurii*, Wierer, p. 81, pl. 16, figs. 3, 4.

Description Trilete spore, circular to rounded triangular in polar view, 245 (315) 455 μm in diameter (10 specimens), Laesurae extend almost to equator, within membranous lips up to 15 μm high, with undulate to denticulate edge. Curvaturae distinct, with same morphology as the triradiate lips. The equatorial and distal surfaces of spore are sculptured with baculate appendages commonly 35μm long and 10 μm wide, with truncate or pointed apex, isolate spaced, partially linked at bases. The sculptural elements on contact area are similar to those elsewhere, but smaller and shorter.

Remarks See discussion under *Narkisporites micros* below.

Locality and horizon LN-56, lower part of the Karamay Formation; KQ, upper part of the Karamay Formation; KQ and LN-56, Huangshanjie Formation.

Bacutriletes **sp. 1**

(Pl. 9, figs. 10–12)

Description Trilete megaspores, amb triangular with convex sides, 370 μm and 385 μm in diameter (2 specimens). Laesurae within membranous lips of varying elevation up to c. 50 μm high, extending two-thirds or more of distance to equator where they may connect with arcuate ridges. Spore surface sculptured with spinose and baculate elements 30–40 μm high and 15–20 μm wide at base, connected to adjacent elements basally forming a reticulate pattern. The sculpture on the contact areas is clearly less well developed.

Comparison The reticulate pattern formed by linking of adjacent sculptural appendages basally distinguishes this species from other representatives of the genus.

Locality and horizon Duwa, Wuzunsay Formation.

Bacutriletes **sp. 2**

(Pl. 10, figs. 1–4)

Description Trilete megaspores, amb triangular with convex sides, 500–550 μm in diameter (11 specimens). Laesurae within membranous lips of varying elevation up to c. 50 μm high, reach equator where they may connect with weakly defined arcuate ridges/flanges. Outer layer of exine consists of a three-dimensional network of sporopollenin threads (pl. 10, fig. 4) that give it a spongious appearance. Spore surface sculptured with large spinose and baculate elements 30–70 μm high and 30–40 μm wide at base.

Comparison These spores differ from other species of *Bacutriletes* in their larger size and varying sculptural elements.

Locality and horizon LN-56, upper part of the Karamay Formation; LN-23, Huangshanjie Formation.

Bacutriletes sp. 3
(Pl. 11, figs. 5, 6)

Description   Trilete megaspore, amb subcircular, 375 μm in diameter (one specimen only). Laesurae within weakly developed lips c. 10 μm high that extend to about three quarters of the distance to the equator. No arcuate ridges visible. Whole surface of spore is sculptured with baculae, spinae and coni which are various from 12 μm to 30 μm in height, 12–15 μm in width at base, and with sharp or truncate tips. Adjacent sculptural elements may be linked each other at base by very thin (c. 5 μm) muri and form an incomplete reticulate pattern.

Comparison   This spore is essentially similar to *B. kozurii*, but differs perhaps in its shorter sculptural elements and lack of arcuate ridges.

Locality and horizon   LN-56, upper part of the Karamay Formation; LN-23, Huangshanjie Formation; KQ, Huangshanjie Formation.

Genus *Stellibacutriletes* gen. nov.

1996   *Harpisporites*, Chen et al., p. 28. (nom. nud.)
2001   *Harpisporites*, Li et al., p. 223. (nom. nud.)
2004   *Harpisporites*, Zhang et al., p. 68. (nom. nud.)

Derivation of name   *stella*, L., star, and *baculum*, stick, rod, with reference to the sculpture of bacula that have star-shaped tips.

Type species   *Stellibacutriletes gracilis* gen. et sp. nov.

Diagnosis   Megaspore trilete, amb rounded triangular to subcircular. Trilete suture within membranous, elevated flange, extend to equator. Exine two-layered: intexine thin, comparatively homogeneous; exoexine consists of a relatively dense inner zone, a thicker and more loosely constructed middle zone and a foveolate, relatively dense outer zone. Surface of exoexine sculptured with bacula and other appendages of similar length that have bifurcated and more complex tips; sculpture usually more weakly developed on proximal face.

Comparison   *Stellibacutriletes* differs from other baculate megaspore genera in that most of the bacula terminate in much divided, sometimes star-shaped tips. *Singhisporites* (Potonié, 1956) Bharadwaj et Tiwari, 1970 is similar, but the bacula usually have simple terminations and/or are only bifurcated.

Distribution and age   China and Poland, Early Triassic.

Stellibacutriletes capillaris gen. et sp. nov.
(Pl. 12, figs. 1–8; Pl. 13, figs. 1–4)

non 1979b   *Echitriletes fragilispinus* Fuglewicz, p. 285, pl. 4, figs. 2a, 2b.
1992c   *Echitriletes fragilispinus*, Marcinkiewicz, pl. 6, figs. 1, 2.
2001   *Harpisporites capillaris* Li in Li et al., p. 223. (nom. nud.)
2004   *Harpisporites capillaris*, Zhang et al., p. 68. (nom. nud.)

Derivation of name   *capillaris*, L., hairy, with reference to the relatively long, fine baculate and capillate sculptural elements.

Holotype   Pl. 13, figs. 1–4.

Paratype   Pl. 12, fig. 4.

Diagnosis   A *Stellibacutriletes* sculptured with comparatively long, thin, evenly dispersed pila on the distal face, and shorter and more sparsely distributed elements on the proximal contact areas.

Description Amb subcircular, 280 (385) 460 µm in diameter (8 specimens); holotype 415 µm, paratype 460 µm. Trilete; laesurae straight, within a narrow membranous flange up to 40 µm high and 6–12 µm wide at base, reaches equator. Exine two layered (pl. 12, figs. 6, 7). Intexine very thin, comparatively homogeneous. Exoexine c. 16 µm thick, consists of three zones: a relatively dense, inner zone c. 3 µm thick; a middle zone of a more open, three-dimensional meshwork of sporopollenin threads c. 10 µm thick; and an outer zone, again c. 3 µm thick, that has a more densely packed granular texture with a microreticulate/foveolate surface expression (pl. 13, figs. 3, 4). Extending from this surface are evenly dispersed pila with pointed or slightly expanded tips, 20–35 µm long and 3–6 µm wide along their length, slightly thicker (5–10 µm) at their base. The pila on the proximal contact areas are usually shorter and more sparsely distributed than on the distal surface. The outer margin of contact areas is delineated by their linear alignment.

Comparison *Stellibacutriletes capillaris* differs other species of the genus in being sculptured with comparatively long, thin, evenly dispersed pila on the distal face, and shorter and more sparsely distributed elements on the proximal contact areas. The specimen from Lower Triassic deposits of Poland identified by Marcinkiewicz (1992c) as *Echitriletes fragilispinus* Fuglewicz is comparable to the present material but differs from the holotype of *E. fragilispinus* (Fuglewicz, 1979b, pl. 4, fig. 2a–b) in which the spiny sculptural elements extend from mammary bases.

Locality and horizon Duwa, Wuzunsay Formation; HA-1, LN-1, LN-8, TZ-1, TZ-3, TZ-9, TZ-28, YM-1 and YM-2, Ehuobulak Formation.

Stellibacutriletes gracilis gen. et sp. nov.
(Pl. 13, figs. 5–8; Pl. 14, figs. 1–6)

1996 *Harpisporites gracilis*, Chen et al., p. 28. (nom. nud.)
2001 *Harpisporites gracilis*, Li et al., p. 223. (nom. nud.)
2004 *Harpisporites gracilis*, Zhang et al., p. 68. (nom. nud.)

Derivation of name *gracilis*, L., thin, with reference to the sculpture of narrow appendages.
Holotype Pl. 14, fig. 1.
Paratype Pl. 14, fig. 6.
Diagnosis A *Stellibacutriletes* with bacula that mostly have very divided, sometimes star-shaped tips, and with bases that commonly connect with adjacent bacula by low ridges forming an irregular, reticulate network.

Description Amb rounded triangular to subcircular, 305 (370) 475 µm in diameter (7 specimens); holotype 340 µm, paratype 380 µm. Trilete; laesurae straight, within a narrow membranous flange of varying height (7–15 µm), reaches equator. Outer exoexine foveolate, the openings varying in size and shape (pl. 13, fig. 8). Extending from this surface are bacula up to 75 µm, but usually 30–50 µm high, and 5–10 µm wide at base; most have very divided, sometimes star-shaped tips (pl. 13, figs. 6, 7) and are commonly connected to adjacent bacula by low ridges forming an irregular, reticulate network. They are shorter and more isolated on the proximal face except on the margin of the contact area, which is delineated by their dense arrangement along its length.

Comparison The sculptural elements of *Stellibacutriletes gracilis* differ from those of *S. capillaris*, *S. rarus* and *S. solidus* in being relatively thicker, more densely distributed, and less robust, respectively.

Locality and horizon Duwa, Wuzunsay Formation; HA-1, TZ-1, TZ-3 and TZ-6, Ehuobulak Formation.

Stellibacutriletes rarus gen. et sp. nov.
(Pl. 15, figs. 1–6)

1996 *Harpisporites sparsus*, Chen et al., p. 28. (nom. nud.)
2001 *Harpisporites sparsus*, Li et al., p. 223. (nom. nud.)
2004 *Harpisporites sparsus*, Zhang et al., p. 68. (nom. nud.)

Derivation of name *rarus*, L., sparse, with reference to the sparsely distributed sculpture of bacula.

Holotype Pl. 15, figs. 1–4.

Paratype Pl. 15, fig. 6.

Diagnosis A *Stellibacutriletes* with a sculpture of sparsely distributed bacula and spinose elements.

Description Amb subcircular, 220 (350) 460 μm in diameter (24 specimens), holotype 350 μm, paratype 290 μm. Trilete; laesurae straight within a narrow membranous flange up to 38 μm high and c. 5 μm wide at base, with a few bacula or spinose elements along their length, reach equator. Distal surface sculptured with fairly evenly scattered baculate and spinose elements 25–30 μm long, 3–5 μm wide, commonly with polygonal bases 10–30 μm wide and complex subdivided tips. The bases of the bacula and spinae are connected by low muri to form a reticulum with lumina 20–50 μm in diameter (pl. 15, fig. 2). The sculpture of the contact areas on the proximal face is not as well developed, consisting mainly of more sparsely distributed elements with pointed or slightly inflated tips and without obviously widened or swollen bases. The outer margin of contact areas may be delineated by the linearly arranged elements. The surface of exoexine under the SEM appears to be unevenly perforated, the openings being 1–3 μm in diameter.

Comparison *Stellibacutriletes rarus* differs from other species of the genus in that the sculptural elements are more widely scattered over the surface of the spore.

Locality and horizon Duwa, Wuzunsay Formation; LN-8, TZ-1 and TZ-6, Ehuobulak Formation.

Stellibacutriletes solidus gen. et sp. nov.
(Pl. 16, figs. 1–6)

1986 *Bacutriletes insolitus* Fuglewicz, Fuglewicz and Marcinkiewicz., p. 169, pl. 91, fig. 5, non fig. 6.
2001 *Harpisporites insolitus* (Fuglewicz) Li, Li et al., p. 223. (nom. nud., invalid combination; no basionym)
2004 *Harpisporites insolitus*, Zhang et al., p. 68. (ibid.)

Derivation of name *solidus*, L., solid, with reference to the robust baculate sculpture in equatorial regions and on the distal surface.

Holotype Pl. 16, figs. 2, 3.

Paratype Pl. 16, fig. 1.

Diagnosis A *Stellibacutriletes* sculptured with robust bacula having complex, often star-shaped tips in equatorial regions and on the distal face, and bacula and spinae arising from inflated bases on the proximal contact areas.

Description Amb subcircular, 215 (275) 375 μm in diameter (4 specimens), holotype 375 μm, paratype 335 μm. Trilete; laesurae straight, within a narrow membranous flange up to 25 μm high and 5–10 μm wide at base, extend close to, or reach, equator. Equatorial and distal sculpture consists of closely spaced bacula 5–10 μm wide and 25–35 μm high, with subdivided, ragged, somewhat star-shaped tips (pl. 16, fig. 3). On the contact areas of the proximal face, simple spinae or bacula c. 2 μm in diameter commonly arise from inflated bases up to 20 μm in diameter; the latter may have flattened or subdivided tips (pl. 16, fig. 5).

Comparison *Stellibacutriletes solidus* differs from the other species of the genus in having a robust sculpture of bacula with complex, commonly star-shaped tips in equatorial regions and on the distal face, and bacula and spinae arising from inflated bases on the contact areas. The specimen recorded as *Bacutriletes insolitus* Fuglewicz, 1973 by Fuglewicz and Marcinkiewicz (1986, pl. 91, fig. 5, non fig. 6) is similar in having robust appendages with wide terminations. However, it is difficult to be certain of the morphology of this species owing to the inadequate description and poor illustration of the holotype (Fuglewicz, 1973).

Locality and horizon LN-8, TZ-1 and TZ-3, Ehuobulak Formation.

Stellibacutriletes sp. 1

(Pl. 17, figs. 1–3)

Description Amb subcircular, 230 μm in diameter (one specimen only). Trilete; laesurae straight, within a narrow membranous flange up to 20 μm high, extending close to equator. equatorial and distal sculpture consists of flat appendages c. 20–25 μm high, with linearly and irregularly linked bases and very divided tips. The sculpture on the contact areas is less well developed. Spore surface consists of a coarsely reticulate network of sporopollenin threads.

Comparison The described specimen differs from other species of the genus in being sculptured by partially flattened appendages that are connected to each other at their bases and have very subdivided tips.

Locality and horizon Duwa, Wuzunsay Formation; TZ-1, Ehuobulak Formation.

Stellibacutriletes sp. 2

(Pl. 30, figs. 5, 6)

Description A laterally compressed megaspore, outline subcircular, 375 μm in equatorial diameter; length of polar axis 408 μm. Trilete, laesurae within ridges c. 40 μm high. Arcuate ridges evident. Exine sculptured with arcuate and truncate appendages arising from a microfoveolate surface. The appendages are evenly dispersed, usually 25–45 μm long and 4–6 μm wide at base, tapering upwards with pointed, truncated or rarely, asteroid-shaped tips. Those of the proximal face are a little longer and more widely dispersed than those on the distal face.

Comparison This specimen is similar to *Stellibacutriletes capillaris* but is sculptured with more closely spaced baculate appendages.

Locality and horizon TZ-1, Ehuobulak Formation.

Genus *Verrutriletes* van der Hammen, 1954 ex Potonié, 1956 emend. Binda et Srivastava, 1968

1954 *Verrutriletes* van der Hammen, p. 14. (nom. nud.)
1956 *Verrutriletes* van der Hammen ex Potonié, 1956, p. 28.
1968 *Verrutriletes* van der Hammen ex Potonié emend. Binda et Srivastava, p. 107.

Type species *Verrutriletes compositipunctatus* (Dijkstra, 1949) Potonié, 1976.

Diagnosis Megaspores trilete; equatorial and meridional outline circular to subtriangular; trilete rays may or may not reach the equator; ornamentation verrucose to coniform; in some species verrucae fused at the base; proximal surface smooth or ornamented.

Remarks This is another genus based on a Cretaceous species, *V. compositipunctatus* (Dijkstra, 1949) Potonié, 1956, for a spore-type having a simple gross morphology, i.e., there is no equatorial flange and the triradiate ridges are uncomplicated. Despite the name, it is commonly used to include spores that are sculptured, at least in part, by coni (Batten, 1988) and rugulae. The verrucae may be irregular in shape and partly coalesce with each other creating elements that have a more rugulate aspect. The proximal face may be smooth or sculptured.

Distribution and age Global, Mesozoic.

Verrutriletes fragilis Fuglewicz, 1973

(Pl. 17, fig. 4)

1973 *Verrutriletes fragilis* Fuglewicz, p. 423, pl. 21, fig. 1a–b.
1986 *Verrutriletes fragilis*, Fuglewicz and Marcinkiewicz, p. 166, pl. 87, fig. 1a–c.
1989 *Verrutriletes fragilis*, Kovach and Batten, p. 269, text-fig. 4R; p. 270, text-fig. 5A.
1990 *Verrutriletes fragilis*, Batten and Kovach, p. 144.

Description Triradiate megaspore, rounded triangular in polar view, 183 μm in diameter (one specimen only). Laesurae straight, two-thirds–three-quarters radius of spore in length on a ridge c. 10 μm high. Sculpture of the proximal face consists of irregularly shaped granules and small verrucae 2–3 μm in diameter on the contact areas between the triradiate ridges, becoming larger (3–4 μm in diameter) towards the equator and on to the distal face, which is sculptured with bluntly rounded coni and short rugulae 10 μm high and 8–18 μm at their base.

Comparison The description of this species by Fuglewicz (1973) is uninformative, but with the exception of the slightly sinuous triradiate ridge, the SEM micrograph of the specimen illustrated by is very similar to that illustrated here. Fuglewicz (1973) maintained that this species is closest morphologically to *V. schulzii* Kannegieser et Kozur, 1972. It differs from this species, however, in being smaller, and in having a less robust triradiate ridge and smaller sculptural elements on the proximal face than distally, which is the reverse of that in *V. schulzii*.

Locality and horizon MC-1, lower part of the Karamay Formation.

Verrutriletes jimsarensis Yang et Sun, 1990

(Pl. 17, fig. 10)

1990 *Verrutriletes jimsarensis* Yang et Sun, pp. 170, 171, pl. 44, figs. 1, 3, 4.

Description Trilete megaspore, rounded triangular in polar view, 310 μm in diameter (one specimen only). Laesurae almost reach equator, delineated by ridges 10–15 μm high and c. 10 μm wide at their base. Exine surface sculptured with densely distributed grana and small verrucae (5–10 μm in basal diameter) on the proximal face. This gives way to larger, verrucate elements of irregular shape towards the equator and on the distal face where they may be 30–35 μm in basal diameter and 10–15 μm high.

Comparison This specimen is similar to those from the type locality in the Junggar Basin, Xinjiang (Yang and Sun, 1990) in size and the character of the sculpture. *Verrutriletes ornatus* Reinhardt et Fricke 1969 is also similar but the dimensions of the verrucae are more constant over the whole surface of the spore. *Verrutriletes schulzii* Kannegieser et Kozur, 1972 has larger verrucae on the proximal (15–25 μm) than on the distal (3–10 μm) surface.

Locality and horizon KQ, Huangshanjie Formation and Ahe Formation.

Verrutriletes minor Kozur, 1973 ex Marcinkiewicz, 1978

(Pl. 17, figs. 5, 11)

non 1965 *Triletes tuberculatus* f. *minor* Faddeeva, pp. 93, 94, pl. 5, fig. 29.
1973 *Verrutriletes minor* (Faddeeva) Kozur, p. 6, pl. 3, fig. 3a–b.
1975 *Verrutriletes minor*, Movshovich and Kozur, p. 111.
1978 *Verrutriletes minor* Kozur ex Marcinkiewicz, pp. 72, 78, 81, pl. 3, figs. 7a–b, 8.
1989 *Verrutriletes minor*, Kovach and Batten, p. 269, text-fig. 4R; p. 271, text-fig. 5B.
1990 *Verrutriletes minor*, Batten and Kovach, p. 146.

Description Trilete megaspores, triangular with convex sides and rounded angles in polar view, 230 (280) 330 μm in diameter (11 specimens); elliptical in lateral view, polar axis 210–220 μm long. Laesurae straight, almost reaching equator within ridges 10 μm high and 5 μm wide at base, the top of which is uneven, wavy or crenulate. Arcuate ridges distinct, 10 μm high and 10–15 μm wide, formed by a linear connection of verrucae. Exine thick, occasionally folded, sculptured with coni 10 μm high and 5–15 μm wide at base. The coni on the distal face are mostly somewhat smaller and more widely spaced; those on proximal face are usually connected by ridges radiating from their bases.

Comparison The specimens described are similar to those identified by Marcinkiewicz (1978) as *Verrutriletes minor* but the sculpture of the latter consists of hemispherical verrucae 20–30 μm in basal diameter.

Locality and horizon TH-1, upper part of the Karamay Formation and Tariqik Formation; KQ, Yangxia Formation.

Verrutriletes sp. cf. *V. ornatus* Reinhardt et Fricke, 1969

(Pl. 17, figs. 6–9)

1969 *Verrutriletes ornatus* Reinhardt et Fricke, p. 402, pl. 3, figs. 1, 4.
1971 *Verrutriletes ornatus*, Kozur, p. 122.
1972 *Verrutriletes ornatus*, Kannegieser and Kozur, p. 188, pl. 4, fig. 3a–b.
1978 *Verrutriletes ornatus*, Marcinkiewicz, p. 72, pl. 3, figs. 1a–b, 2, 3a–b, 4–6.
1979b *Verrutriletes ornatus*, Marcinkiewicz, p. 208, pl. 74, figs. 1–3.
1987 *Verrutriletes ornatus*, Li et al., pp. 122, 123, pl. 1, fig. 11.
1989 *Verrutriletes ornatus*, Kovach and Batten, p. 269, text-fig. 4R; p. 271, text-fig. 5B.
1990 *Verrutriletes ornatus*, Batten and Kovach, p. 146.
1996 *Verrutriletes ornatus*, Beutler et al., pl. 3, fig. 6.

Description Trilete megaspores, rounded triangular in polar view, 230–305 μm in diameter (4 specimens). Laesurae narrow, within a ridge up to 30 μm high that commonly has the appearance of being formed to varying degrees of merged rugulate elements, which give it an uneven aspect. Distal surface sculptured with closely packed, irregularly arranged, sinuous, rugulate elements of varying length, typically c. 6 μm wide and 5–10 μm high. Proximal surface also sculptured with rugulae but these are generally smaller, and in some specimens, consist mostly of verrucae or grana, and more widely dispersed except close to the equator where they are more pronounced creating a rugulate ridge, the rugulae being orientated at right-angles to the equator, and sometimes also close to the triradiate ridge where they may be quite pronounced and more elevated.

Comparison This morphotype differs from *Verrutriletes ornatus* as described by Reinhardt and Fricke (1969) in having more variably developed sculpture that may also be more weakly developed on the proximal face. In fact, its characters render it attributable to *Verrutriletes* only in a broad sense. This genus was erected to accommodate spores of simple morphology that are sculptured with verrucae, as the name implies, but other elements may also be present in association including rugulae. The sculpture of some of the species attributed to *Srivastavaesporites*, regarded as synonymous with *Banksisporites* Dettmann, 1961 as emended by Glasspool (2003), overlaps that of *Verrutriletes* to some extent. The type species, *S. karanpuraensis* Bharadwaj et Tiwari, 1970 was described as having a granulate or verrucate sculpture and curvaturae. However, in common with several other genera erected on the basis of Permian spores that had been subjected to oxidation or other treatment to enable them to be examined under a transmitted light microscope, it was also reported to have an "inner body", a character that for most megaspore morphotypes is no longer generally regarded as having much, if any, taxonomic significance. The specimens identified by Batten (1995, pl. 2, figs. 3, 4, 6) as *Verrutriletes* sp. cf. *V. ornatus* are morphologically closer to the type material than those figured here.

Locality and horizon   LN-56 and YW-1, lower part of the Karamay Formation; LN-8 and TH-1, upper part of the Karamay Formation.

Verrutriletes sp. 1

(Pl. 17, fig. 12)

Description   A laterally compressed spore. Amb probably circular in uncompressed state, 238 μm in diameter. Arcuate ridges weakly developed. Trilete, laesurae straight, extending to arcuate ridges; lips membranous, up to 30 μm high, longitudinally folded, edges irregularly wavy or crenulate. Spore surface sculptured with closely spaced verrucae 5–10 μm high and 6–10 μm wide at base, and with rounded or pointed tips. The verrucae on the proximal face are a little smaller than those on distal surface.

Locality and horizon   TH-1 and YW-1, upper part of the Karamay Formation; TH-1, Huangshanjie Formation; KQ, Ahe Formation.

Genus *Otynisporites* Fuglewicz, 1977 emend. Karasev et Turnau, 2015

1977a *Otynisporites* Fuglewicz, p. 412
2015   *Otynisporites* Fuglewicz, 1977 emend. Karasev et Turnau, p. 278.

Type species   *Otynisporites eotriassicus* Fuglewicz, 1977.

Diagnosis   Trilete megaspores. Triradiate rays well developed. Curvaturae present. The whole surface of the spore body is covered by the agglomerations of long spines and bacula surmounting warts, tubercules or ribs, or occurring on essentially smooth exoexine.

Remarks   The presence of very fine spiny or papillate extensions to a sculpture of verrucae and coni distinguishes this genus from such genera as *Verrutriletes*, which lack them. Identification problems arise in specimens that are not optimally preserved because they will have been prone to removal by the processes of exine degradation.

Distribution and age   China (Xinjiang), Triassic; Poland and Russia, Early Triassic.

Otynisporites eotriassicus Fuglewicz, 1977

(Pl. 18, figs. 1–6)

1977   *Otynisporites eotriassicus* Fuglewicz, p. 412, pl. 30, figs. 1a–b, 2a–b.
1979b *Otynisporites eotriassicus*, Fuglewicz, pl. 1, fig. 4.
1984   *Otynisporites eotriassicus*, Yang and Sun, p. 192.
1986   *Otynisporites eotriassicus*, Fuglewicz and Marcinkiewicz, p. 167, pl. 90, figs. 4a–b, 5.
1987   *Otynisporites eotriassicus*, Yang and Sun, pl. 2, fig. 10.
1989   *Otynisporites eotriassicus*, Kovach and Batten, p. 262, text-fig. 4K; p. 270, text-fig. 5A.
1990   *Otynisporites eotriassicus*, Batten and Kovach, p. 98.
1992c *Otynisporites eotriassicus*, Marcinkiewicz, pl. 5, figs. 3, 4.
2005   *Otynisporites eotriassicus*, Looy et al., pp. 881, 882, fig. 9A–L.

Description   Trilete megaspores. Amb subcircular, 600 (685) 820 μm in diameter (8 specimens). Laesurae straight within membranous lips up to 60 μm high that terminate at their junction with arcuate ridges, which are well developed. Sculpture of both proximal and distal surfaces consists of evenly distributed verrucae 5–15 μm high and 20–30 μm wide at base, with rounded tips, some with short papillate extensions; a weak, irregular reticulation of the surface may also be apparent with the bases of the verrucae being linked by low, narrow ridges. Verrucae on contact areas commonly joined to each other in more radial directions forming irregular rugulae.

Comparison Although not showing many papillate extensions to the verrucae and being significantly larger than the size range given by Fuglewicz (1977, 300–420 μm), the morphology of our specimens is otherwise similar to that of the type material. A cross-section of the exine (pl. 18, fig. 5) seen under the SEM suggests two main layers: an inner layer <0.5 μm thick, its inner surface showing microreticulate construction; an outer layer c. 15 μm thick, consisting of densely packed interwoven filaments giving it a spongy appearance. TEM sections of specimens of this species have shown, however, that the construction of the exine is more complex than this (Looy et al., 2005).

Locality and horizon HA-1, Ehuobulak Formation; LN-53, MX-1, X-1 and YW-1, lower part of the Karamay Formation.

Otynisporites tarimensis sp. nov.
(Pl. 19, fig. 7; Pl. 20, figs. 1–4)

Derivation of name Tarim, locality, holotype comes from the Well HA-1 in the Tarim Basin.
Holotype Pl. 20, fig. 4.
Diagnosis An *Otynisporites* that is sculptured with pointed and truncated spines, the majority of which are connected to each other by low ridges to form an irregularly rugulate to imperfectly reticulate sculpture, the latter especially on the distal face.

Description Amb subcircular, 620 (730) 840 μm in diameter (6 specimens). Trilete, laesurae straight within a ridge up to 90 μm high and 25–40 μm in basal width, terminating at narrow but distinct arcuate ridges delineated by closely spaced short spines. Both proximal and distal surfaces covered by pointed and truncated spines, the majority of which are connected to each other by low ridges to form an irregularly rugulate to imperfectly reticulate sculpture. The proximal elements are smaller, 15–20 μm high, and more tightly packed than those on the distal surface where they may be up to 80 μm high and a reticulate arrangement is usually more obvious.

Comparison The sculpture of *Otynisporites tarimensis*, especially the well developed, commonly imperfect reticulum on the distal face, distinguishes this species from others of this genus. It is somewhat similar to species of *Erlansonisporites* in its reticulate sculpture with various muri on the distal face, but differs in its relatively poorly developed proximal sculpture.

Locality and horizon HA-1, Ehuobulak Formation; MX-1, lower part of the Karamay Formation; HA-1, upper part of the Karamay Formation.

Otynisporites tuberculatus Fuglewicz, 1977
(Pl. 19, figs. 1–6)

1977a *Otynisporites tuberculatus* Fuglewicz, p. 413, pl. 31, figs. 1–3.
1979b *Otynisporites tuberculatus*, Fuglewicz, pl. 2, fig. 5; pl. 3, fig. 7.
1990   *Otynisporites tuberculatus*, Batten and Kovach, p. 99.
1992c *Otynisporites tuberculatus*, Marcinkiewicz, pl. 5, figs. 5, 6.
2015   *Otynisporites tuberculatus*, Karasev and Turnau, p. 279, fig. 6F-I.
2017   *Otynisporites tuberculatus*, Zavialova and Karasev, fig. 4, pls. 3, 4.

Description Trilete spore, subcircular in polar view, 345 (600) 872 μm in diameter (6 specimens). Arcuate ridges narrow, but distinct. Laesurae straight, within rounded to sharp ridges up to 20–80 μm in height, terminating at their junction with the arcuate ridges. Sculpture consists of verrucae 5–10 μm wide at base that are terminated by coni or papillae, and are commonly connected to form short chains.

Comparison The megaspores are comparable with those described by Fuglewicz (1977a) from the Lower Triassic of Poland, apart from their larger size. The Polish specimens are 200–470 μm in size.

Locality and horizon Duwa, Wuzunsay Formation; HA-1, LN-1 and TZ-1, Ehuobulak Formation; MX-1, lower part of the Karamay Formation.

Otynisporites sp. 1

(Pl. 20, figs. 5, 6)

Description Trilete, rounded triangular megaspore 500 μm in equatorial diameter. Laesurae within a ridge c. 10 μm wide basally and 50 μm high at proximal pole, with ribbed sides and a dentate top, lower towards the equator where it connects with arcuate ridges delineated by closely spaced coni similar to those on the distal face. Contact areas weakly granulate–verrucate. Coni on the distal surface 10–20 μm in basal diameter, c. 15 μm high and c. 5–10 μm apart, surmounted by fine spines 5–8 μm long and 5 μm wide.

Comparison The weakly sculptured contact areas and isolated coni on the distal surface distinguish this morphotype from *O. eotriassicus* Fuglewicz and *O. tuberculatus* Fuglewicz, in which verrucae are distributed over the whole surface of the spore, and in the case of the latter, commonly connected to form short chains.

Locality and horizon KQ, upper part of the Karamay Formation.

Genus *Narkisporites* Kannegieser et Kozur, 1972

1972 *Narkisporites* Kannegieser et Kozur, p. 189.
1976 *Narkisporites*, Jansonius and Hills, p. 1748.

Type species *Narkisporites harrisi* (Reinhardt et Fricke, 1969) Kannegieser et Kozur, 1972.

Diagnosis Equatorial outline circular to subcircular, very rarely also subtriangular to triangular. Length of tecta 4/5–5/5 radius. The tecta are covered with closely crowded sculptural elements (coni, spinae or bacula), that are almost all or completely fused, causing the tecta to appear as walls. The distinct curvaturae always carry long coni, spinae, baculae or capilli that may be closely spaced but remain separate down to their very base. The exine surface is covered with more widely spaced coni or, less commonly, with verrucae, spinae or bacula. Often several types of sculpture occur on a single specimen. The distal face is always more strongly ornamented than the proximal face, which sometimes is nearly smooth.

Remarks This genus was erected on the basis of *Narkisporites harrisii* (Reinhardt et Fricke, 1969) Kannegieser et Kozur, 1972, the holotype of which (Reinhardt and Fricke, 1969, pl. 1, fig. 1) is strongly corroded (Kannegieser and Kozur, 1972). This species bears range of closely spaced sculptural elements (coni, spines and bacula) on the triradiate ridges that are partly or entirely fused together and a similarly varied sculpture (including capilli), though not fused together, on the distinct curvaturae. The surface of the exine is also sculptured with a range of elements, although those forms with widely spaced coni tend to predominate. These characters were reported by Kannegieser and Kozur to distinguish it from *Biharisporites* Potonié, 1956 on the grounds that the latter is sculptured only with coni and the curvaturae are unsculptured [although Glasspool (2003) considered the sculpture to comprise not only coni but also setae or spinae of variable size, shape and distribution], and that *Verrutriletes* lacks curvaturae.

Distribution and age China (Xinjiang and Henan), Triassic–Middle Jurassic; Europe, Triassic.

Narkisporites brevispinosus Fuglewicz, 1973

(Pl. 21, figs. 1–6; Pl. 22, figs. 1, 2)

1973 *Narkisporites brevispinosus* Fuglewicz, p. 428, pl. 25, fig. 2a–b.
1977b *Narkisporites brevispinosus*, Fuglewicz, p. 476, pl. 1, figs. 2, 3.
1978 *Narkisporites brevispinosus*, Gajewska and Marcinkiewicz, p. 517.
1979b *Narkisporites brevispinosus*, Fuglewicz, pl. 3, fig. 6, text-fig. 1.
1980a *Narkisporites brevispinosus*, Fuglewicz, pp. 422, 427, 428, pl. 6, fig. 3.
1989 *Narkisporites brevispinosus*, Kovach and Batten, p. 262, text-fig. 4K; p. 270, text-fig. 5A.
1990 *Narkisporites brevispinosus*, Batten and Kovach, p. 95.
1992c *Narkisporites brevispinosus*, Marcinkiewicz, p. 85, pl. 4, figs. 3, 6.

Description Amb triangular with convex sides, 437–690 μm in diameter (6 specimens). Trilete, laesurae within pronounced ridges 40 μm high at proximal pole, becoming lower towards their termination, commonly where they join arcuate ridges. Exine c. 55 μm thick, of spongiose appearance under the SEM, sculptured with coni c. 35–55 μm high and 30–60 μm wide at base, tips of coni pointed or elongating as sharp spines on the distal face, but smaller on the proximal surface. Arcuate ridges distinct and formed by links of similar sculptural elements.

Comparison This species differs from *Radosporites planus* in having shorter conical sculptural elements.

Locality and horizon HA-1 and TH-1, Ehuobulak Formation; HA-1, LN-53, MX-1, TH-1 and YW-1, lower part of the Karamay Formation; LN-56 and TH-1, upper part of the Karamay Formation; HA-1, Huangshanjie Formation.

Narkisporites conicus sp. nov.

(Pl. 23, figs. 1–7; Pl. 24, figs. 1–10)

2001 *Narkisporites conicus* Li, Li et al., pp. 210, 212. (nom. nud.)
2004 *Narkisporites conicus*, Zhang et al., p. 68. (nom. nud.)

Derivation of name *conus*, L., cone, with reference to the sculpture of relatively small coni and spines.

Holotype Pl. 23, figs. 1, 2.

Paratype Pl. 23, figs. 6, 7.

Diagnosis A *Narkisporites* sculptured with small cones and spines, usually with clearly delineated contact areas.

Description Trilete megaspore, subcircular to circular in polar view, 245 (558) 660 μm in diameter (50 specimens), holotype 540 μm. Laesurae straight, bordered by membranous lips 20–40 μm high with a dentate top and 10 μm wide at base. Arcuate ridges distinct in most specimens, demarcated by a series of cones and small spines mostly joined together at their bases. Surface of contact areas sculptured with small cones 10–15 μm high and 10–15 μm wide at base, sometimes only very weakly developed, usually more pronounced close to the triradiate flange than elsewhere. The surface beyond contact areas and distal face sculptured with fairly evenly scattered short spines and cones 20–35 μm high, 10–15 μm wide at base and c. 10–20 μm apart. Exine two-layered, c. 10 μm thick; inner layer thin, homogeneous; outer layer spongy construction.

Comparison This species differs from *Narkisporites harrisii* in being sculptured with smaller coni and spines.

Locality and horizon   Duwa, Wuzunsay Formation; HA-1, LN-1, LN-8 and YW-1, Ehuobulak Formation; HA-1, LN-1, LN-23, MC-1 and MX-1, lower part of the Karamay Formation; KQ, LN-8, LN-56, TH-1 and YM-1, upper part of the Karamay Formation; HA-1 and LN-1, Huangshanjie Formation; KQ, Yangxia Formation.

Narkisporites densibaculatus sp. nov.
(Pl. 25, figs. 1–9)

1996   *Narkisporites densibaculatus*, Chen et al., pp. 27, 28. (nom. nud.)
2001   *Narkisporites densibaculatus*, Li et al., pp. 212, 223, 225. (nom. nud.)
2004   *Narkisporites densibaculatus*, Zhang et al., p. 68. (nom. nud.)

Derivation of name   *densus* + *baculum*, L., thick + stick, with reference to the densely baculate sculpture.

Holotype   Pl. 25, figs. 6, 7.

Paratype   Pl. 25, figs. 1, 2.

Diagnosis   A *Narkisporites* with usually clearly delineated contact areas that are sculptured with grana and small coni and with equatorial and distal surfaces covered with numerous closely packed bacula and some spines.

Description   Trilete megaspore, subcircular to triangular with convex sides and rounded angles, 225 (264) 310 μm in diameter (17 specimens), holotype 215 μm. Laesurae straight, usually reaching equator, bordered by lips creating a flange 15–35 μm high and 5–10 μm wide at base, irregularly ribbed upwards with a fimbriate or ragged top (pl. 25, fig. 5) and sculptured with grana and/or small coni; contact areas similarly sculptured, the boundaries of which are usually delineated by curvaturae consisting of aligned baculate and spinose elements; equatorial and distal surfaces sculptured with numerous, closely packed spines and bacula 20–30 μm, some may be up to 45 μm high and 3–6 μm wide at base, and may be connected to adjacent elements basally. Exine two-layered, c. 8 μm thick, inner layer thin, may be partly separated from outer layer, which is of spongiose construction.

Comparison   *Narkisporites densibaculatus* is similar to *Bacutriletes insolitus* Fuglewicz, 1973, but the latter has pointed and truncate baculate appendages on the whole spore surface. *Narkisporites conicus* is sculptured with coni and small spines that are more widely distributed in equatorial regions and on the distal face.

Locality and horizon   KQ, upper part of the Karamay Formation, Tariqik Formation and Kezilenur Formation.

Narkisporites densiconicus sp. nov.
(Pl. 26, figs. 1–7)

Derivation of name   *densus* + *conus*, L., thick + cone, with reference to the sculpture of densely packed coni on the distal face.

Holotype   Pl. 26, figs. 1–3.

Paratype   Pl. 26, fig. 6.

Diagnosis   A *Narkisporites* with contact areas sculptured with mostly grana, small verrucae and rare coni, and equatorial and distal regions covered by elongate conical appendages, commonly with clearly inflated bases from which sharp spines develop.

Description   Trilete spore, amb subtriangular with slightly convex sides and rounded angles, 250 (280) 300 μm in diameter (7 specimens), holotype 300 μm. Laesurae straight, extending to three-quarters radius of spore or further towards equator, bordered by ribbed membranous lips that form a flange 25–40 μm high with an irregularly dentate or fimbriate top (pl. 26, fig. 1), commonly terminating where join distinct arcuate ridge formed by aligned conical or spinose elements. Contact areas sculptured with mostly grana, small verrucae and rare coni; equatorial and distal regions more strongly sculptured with elongate conical appendages 5–10 μm high, commonly with clearly inflated bases 5–8 μm wide from which sharp spines develop. Elements mostly discrete and separated from each other by 3–5 μm.

Comparison *Narkisporites densiconicus* is similar to *N. densibaculatus* in size and shape but differs in being sculptured with elongate conical rather than baculate elements. The coni of *N. conicus* are lower and much shorter; those of *N. harrisii* are larger and more widely spaced. The development of a sculpture with spines that emanate from inflated bases means that some specimens could equally well be attributed to *Otynisporites*.

Locality and horizon MX-1, Ehuobulak Formation; KQ, Yangxia Formation, Kezilenur Formation.

Narkisporites harrisii (Reinhardt et Fricke, 1969) Kannegieser et Kozur, 1972

(Pl. 27, figs. 1–7)

1963 *Biharisporites myrmecodes* Reinhardt, p. 120, pl. 2, figs. 7, 10, text-fig. 3.

1969 *Biharisporites harrisi* Reinhardt et Fricke, p. 404, pl. 1, fig. 1.

1971 *Narkisporites harrisi* (Reinhardt et Fricke) Kozur, p. 122, pl. 1, fig. 1a–b. (invalid combination)

1972 *Narkisporites harrisi* (Reinhardt et Fricke) Kannegieser et Kozur, pp. 189, 190, pl. 1, figs. 1a–b, 2a–b; pl. 2, figs. 1a–b, 2a–b, 3a–b; pl. 3, figs. 1a–b, 2, 3.

1972 *Narkisporites harrisi*, Kozur, p. 440, pl. 2, fig. 4a–b.

non 1973 *Narkisporites harrisi*, Fuglewicz, p. 429, pl. 25, figs. 3a–b, 4, 5.

?1973 *Narkisporites verrucosus* (Faddeeva, 1965) Kozur, p. 5.

1973 *Biharisporites harrisi*, Gajewska, p. 509.

1976 *Narkisporites harrisi*, Beutler, p. 124.

1978 *Narkisporites harrisi*, Marcinkiewicz, pp. 73, 79, 82, pl. 5, fig. 6; pl. 6, figs. 1a–b, 2–5; pl. 7, figs. 1, 2.

1979b *Narkisporites harrisi*, Marcinkiewicz, pp. 210, 211, pl. 72, fig. 5; pl. 73, figs. 4, 5; pl. 74, fig. 6.

1981b *Narkisporites harrisi*, Marcinkiewicz, p. 420.

1986 *Narkisporites harrisi*, Fuglewicz and Marcinkiewicz, p. 171, pl. 76, fig. 5; pl. 77, figs. 4, 5; pl. 78, fig. 6.

1989 *Narkisporites harrisi*, Kovach and Batten, p. 262, text-fig. 4K; p. 271, text-fig. 5B.

1990 *Narkisporites harrisi*, Batten and Kovach, p. 95.

1996 *Narkisporites harrisi*, Beutler et al., p. 137, pl. 2, figs. 13, 14; pl. 3, figs. 2, 3; pl. 5, figs. 1, 4, 5.

1997 *Narkisporites harrisi*, Wierer, pp. 76, 77, pl. 11, figs. 6–9.

2001 *Narkisporites karrisi* [sic] Fuglewicz [sic], Zhang and Cao, pl. 2, fig. 9.

Description Amb subcircular, 345–410 μm in diameter (7 specimens). Trilete, laesurae terminating at arcuate ridges, bordered by elevated lips 10 μm high and 10 μm wide at base, with sharp tops. Arcuate ridges distinct, morphologically similar to the laesurae. Exine two-layered; intexine thin (<1 μm), homogenous; exoexine 10 μm thick, of densely granular construction. Spore surface sculptured with sparsely dispersed cones 25 μm high, 15 μm wide at base, 5–30 μm apart, with pointed tips. The cones on the contact areas are smaller than those elsewhere.

Comparison Kozur (1973) regarded *Narkisporites harrisii* to be identical to *Triletes verrucosus* Faddeeva, 1965 and so transferred the latter to *Narkisporites*. Marcinkiewicz (1978) maintained that it is difficult to compare the morphological characteristics of the two species and impossible to determine whether they are the same taxon. Batten and Kovach (1990, p. 96) agreed to include the two species under

Narkisporites. However, Wierer (1997, p. 76) considered the two species to be synonymous; if this were the case, then *Narkisporites verrucosus* would have nomenclatural priority.

Locality and horizon YW-1, Ehuobulak Formation; MC-1, MX-1 and YW-1, lower part of the Karamay Formation; HA-1, KQ and LN-1, upper part of the Karamay Formation.

Narkisporites micros (Fuglewicz, 1977) comb. nov.

(Pl. 28, figs. 1–7)

1977a *Bacutriletes micros* Fuglewicz, p. 415, pl. 33, figs. 1a–c, 2, 4.
1986   *Bacutriletes micros*, Fuglewicz and Marcinkiewicz, p. 169, pl. 93, figs. 1, 3.
1989   *Bacutriletes micros*, Kovach and Batten, p. 255, text-fig. 4D; p. 271, text-fig. 5B.
1990   *Bacutriletes micros*, Batten and Kovach, p. 38.

Description Trilete spore, rounded triangular to circular in polar view, 246 (303) 324 μm in diameter (25 specimens). Trilete, laesurae reaching almost to equator, surrounded by elevated slightly, sinuous lips c. 25 μm high and c. 5 μm wide at base. Arcuate ridge weakly developed, c. 5 μm wide at base, consisting of baculate appendages that are connected to each other basally. Exine c. 10–15 μm thick, spongy. Spore surface sculptured with numerous, mostly baculate appendages in equatorial regions and on distal face, 20–30 μm high, 7–10 μm wide at base and tapering upwards, 15–20 μm apart. Appendages on the contact areas usually relatively shorter and commonly with more pointed tips.

Comparison The specimens described appear to be comparable to those referred by Fuglewicz (1977a) to *Bacutriletes micros* Fuglewicz, 1977, a species that had not been recorded subsequently except by Fuglewicz and Marcinkiewicz (1986) in which two of the specimens figured by Fuglewicz (1977a) are illustrated again. Until Marcinkiewicz (1992a) placed it in synonymy with *Bacutriletes minimus* Kozur in Kozur et Movshovich, 1976, which was a junior homonym of *B. minimus* (Dijkstra, 1949) Potonié, 1956. By transferring this species to *Striatriletes* Potonié, 1956, Batten (1988) noted that *B. minimus* Kozur became available for use although this was not in fact correct according to the then "International Code of Botanical Nomenclature", so in 1990, Batten and Kovach (1990) renamed the species *B. kozurii*. In his study of megaspores from Alpine and German Middle and Upper Triassic rocks, Wierer (1997) placed *Bacutriletes micros* in synonymy with *B. kozurii* Batten et Kovach, 1990 along with *B. minimus* Kozur in Marcinkiewicz (1992a). According to the characters of the type species, spores attributable to *Bacutriletes* do not have arcuate ridges. However, Wierer argued that the presence of curvaturae, since they were not always recognizable, was unimportant in the generic assignment. Although not always apparent in our specimens, curvaturae having the form that is characteristic of *Narkisporites* is the reason that *B. micros* is transferred here to *Narkisporites*.

Despite Wierer's synonymy, it seems to us that both he and Marcinkiewicz were combining two separate species into one. In our material, there also seem to be two forms, one of which can be placed in *Bacutriletes kozurii* and the other in *Narkisporites micros*. The former is very similar to most of the specimens identified and illustrated as *B. micros* by Marcinkiewicz (1992a), and the single specimen of *B. kozurii* figured by Wierer (1997, pl. 16, figs. 3, 4) for which identification as a species of *Bacutriletes* seems appropriate.

Locality and horizon KQ, upper part of the Karamay Formation, Tariqik Formation; LN-56, Huangshanjie Formation.

Narkisporites tarimensis sp. nov.

(Pl. 22, figs. 3–6)

Derivation of name Tarim, after the type locality for this species.

Holotype Pl. 22, figs. 3–5.

Diagnosis A *Narkisporites* sculptured with bacula and spines that are in turn sculptured with grana and small spines, and with contact areas that are clearly delineated by arcuate ridges of cones and spines connected basally.

Description Trilete megaspore, amb subcircular in polar view, 400 μm and 510 μm in diameter (2 specimens), holotype 510 μm. Laesurae straight, extending to 4/5 radius of spore, bordered by flanges c. 35 μm high and 10 μm wide at base; flanges with vertical ridges, a dentate top, and small cones on the surface. Arcuate ridge delineated by small cones and spines connected by their bases. Proximal surface also sculptured with mostly small cones and spines, sometimes also with scattered grana and/or small verrucae. Beyond contact areas and on distal face, sculpture consists of numerous, more or less evenly scattered bacula and spines 20–30 μm high, typically 10–20 μm but sometimes as much as 35–40 μm wide at base; bacula may be slightly tapered upwards, spinose elements more tapered and with rounded or pointed tips. The surface of the larger elements in particular are themselves sculptured with very small grana and spines.

Comparison The sculpture of *Narkisporites tarimensis* is more strongly developed than in *N. conicus* and the elements are more elongate and more spinose and baculate than in *N. harrisii*. The bacula of *N. micros* are higher and more closely spaced, and there is less differentiation of the sculpture on the contact areas as opposed to the rest of the spore surface.

Locality and horizon MX-1 and YW-1, lower part of the Karamay Formation; KQ, upper part of the Karamay Formation.

Narkisporites sp. 1

(Pl. 26, figs. 8, 9)

Description Trilete megaspore, circular to subcircular in polar view, 280–460 μm in diameter (3 specimens). Laesurae straight, extend to and merge with arcuate ridges, bordered by a membranous flange up to 35–45 μm high. Arcuate ridges weakly or well developed, up to 40 μm high, occasionally with a few conical projections. Spore surface sculptured with isolated cones and/or spines 30–40 μm, sometimes up to 50 μm high, 25–40 μm wide at base on distal face and 20–30 μm high and 15–20 μm wide at base on contact areas; some adjacent elements that are connected basally form corrugations of varying length.

Comparison These specimens of *Narkisporites* are similar to those of *N. conicus* and *N. densiconicus*. They differ in having corrugate ridges resulting from the connection of adjacent sculptural elements on the contact areas.

Locality and horizon KQ, upper part of the Karamay Formation.

Narkisporites sp. 2

(Pl. 25, figs. 10, 11)

Description Trilete megaspore, circular in polar view, 420 (500) 600 μm in diameter (5 specimens). Laesurae straight, bordered by membranous lips 40–100 μm high with dentate or smooth margins, c. 10 μm wide at base. Arcuate ridges visible, demarcated by a series of cones joined by their bases or recognized by the appearance of sculpture beyond the smooth to weakly sculptured contact areas. The surface beyond the latter and the distal face covered with fairly evenly scattered short spines and cones 30–54 μm high, 15–50 μm wide at base and c. 10–20 μm apart.

Comparison The described specimens are similar to those of *Narkisporites harrisii* (Reinhardt et Fricke) Kannegieser et Kozur, differing from the latter only in having essentially smooth contact areas.

Locality and horizon TH-1 and X-1, Ehuobulak Formation; TH-1 and YW-1, lower part of the

Karamay Formation; TH-1 and X-1, upper part of the Karamay Formation.

Narkisporites sp. 3

(Pl. 27, figs. 8–10)

Description Trilete megaspore, subcircular to circular in polar view, 300 (367) 430 μm in diameter (3 specimens). Laesurae straight, bordered by membranous lips 30–60 μm high. Arcuate ridges distinct, demarcated by a series of connected bacula; occasionally pectinate striations visible. Surface of contact areas sculptured with cones 20–50 μm high and 20–30 μm wide at base, tips pointed or truncated. The surface beyond the contact areas covered with fairly evenly scattered cones 20–35 μm high, 10–15 μm wide at base and c. 10–20 μm apart equatorially, and bacula 50–80 μm high, 19–20 μm wide and c. 20 μm apart distally.

Comparison The described specimens differ from those of *Narkisporites densibaculatus* and *Narkisporites tarimensis* in being more densely sculptured on the distal surface.

Locality and horizon HA-1, Ehuobulak Formation and Huangshanjie Formation.

Genus *Radosporites* Kannegieser et Kozur, 1972

1972 *Radosporites* Kannegieser et Kozur, p. 190.
1976 *Radosporites*, Jansonius and Hills, p. 2333.

Type species *Radosporites planus* (Reinhardt et Fricke, 1969) Kannegieser et Kozur, 1972.

Diagnosis From Jansonius and Hills (1976, p. 2333): "Equatorial outline circular to subcircular. Tecta usually distinct. Exine covered on all sides with mostly very broad and always flat sculptural elements of various length that in part are point, but others have rounded tips. The sculptural elements are spaced so closely that the exine surface is fully covered by them."

Remarks The need for a genus based on *Radosporites planus* (Reinhardt et Fricke, 1969) Kannegieser et Kozur, 1972 is highly questionable. It was erected for spores with a circular or subcircular outline in polar view that are sculptured on both proximal and distal surfaces by mostly broad, flat elements of varying length. There is no mention of curvaturae in the description, but the illustrations of most of the specimens that have been referred to this species appear to show them. Apart from the shape of the sculptural elements, which are not accommodated in the diagnosis of *Narkisporites*, they are otherwise very similar in morphology.

Distribution and age China (Xinjiang), Triassic–Early Jurassic; Germany and Poland, Triassic.

Radosporites planus (Reinhardt et Fricke, 1969) Kannegieser et Kozur, 1972

(Pl. 30, figs. 3, 4; Pl. 31, figs. 1–6)

1969 *Verrutriletes planus* Reinhardt et Fricke, p. 404, pl. 1, fig. 2.
1971 *Radosporites planus* (Reinhardt et Fricke) Kozur, p. 122. (invalid, no basionym)
1972 *Radosporites planus* (Reinhardt et Fricke) Kannegieser et Kozur, pp. 190, 191, pl. 5, fig. 1a–b; pl. 6, figs. 1a–b, 2a–b, 3; pl. 7, fig. 3.
1972 *Radosporites plannus* [sic], Kozur, pl. 2, fig. 2.
1978 *Radosporites planus*, Gajewska, pp. 14, 58.
1978 *Radosporites planus*, Marcinkiewicz, pp. 72, 78, 81, 82, pl. 4, figs. 2, 3a–b, 4a–b; pl. 5, figs. 1, 2.
?1979b *Radosporites planus*, Fuglewicz, pl. 3, fig. 5, text-fig. 1.
1979b *Radosporites planus*, Marcinkiewicz, pp. 209, 210, pl. 74, figs. 4, 5.
?1980 *Radosporites planus*, Fuglewicz and Śnieżek, p. 461, fig. 2.6.
?1980a *Radosporites planus*, Fuglewicz, p. 422.

1981b   *Radosporites planus*, Marcinkiewicz, pp. 419, 420.

1986   *Radosporites planus*, Fuglewicz and Marcinkiewicz, p. 169, pl. 78, figs. 4, 5.

1989   *Radosporites planus*, Kovach and Batten, p. 263, text-fig. 4L; p. 270, text-fig. 5A.

1990   *Radosporites planus*, Batten and Kovach, pp. 107, 108.

?non 1996   *Radosporites planus*, Beutler et al., pl. 3, fig. 8.

?1997   *Radosporites spinosus*, Wierer, pp. 82. 83, pl. 16, figs. 9, 10; pl. 17, figs. 1–10.

Description   Trilete megaspore, subcircular in polar view, 500 (801) 1200 μm in diameter (19 specimens). Laesurae long, almost reaching equator, bordered by membranous lips of somewhat crumpled appearance 60–120 μm high. Arcuate ridges membranous, 40–70 μm wide, similar in appearance to the triradiate flange, both being essentially composed of flat sculptural elements comparable to those on the spore body but fused laterally along most of their length. Spore surface sculptured with lingulate (tongue-like) membranous elements that vary in size and shape; maximum width basally 15–50 μm, typically c. 30 μm and up to 50 μm high, sometimes higher (up to 80 μm) on the distal face, commonly connected basally to adjacent elements and tapering upwards gradually or sharply, with pointed, truncated or concave tips. Exine two-layered (pl. 31, fig. 2). Inner layer thin with a reticulate inner surface and a densely granular outer surface where it connects with a much thicker, densely granular outer layer.

Comparison   As noted above, the need for a genus based on *Radosporites planus* (Reinhardt et Fricke, 1969) Kannegieser et Kozur, 1972 is highly questionable. Apart from the shape of the sculptural elements, which are not accommodated in the diagnosis of *Narkisporites*, they are otherwise very similar in morphology. *Radosporites spinosus* (Reinhardt et Fricke, 1969) Kannegieser et Kozur, 1972 differs in being generally smaller and in having curvaturae that are composed of small, mainly flattened spinose elements. The specimens attributed to *R. spinosus* by Wierer (1997) seem to be rather similar to *R. planus*, but have a triradiate flange that is clearly composed of separate tongue-like structures of varying width connected basally and curvaturae consisting of flattened spinose elements that are smaller than the sculpture on the rest of the spore.

Locality and horizon   HA-1, MX-1, TH-1 and X-1, Ehuobulak Formation; HA-1, MX-1 and YW-1, lower part of the Karamay Formation; HA-1, LN-56 and TH-1, upper part of the Karamay Formation; TH-1, Huangshanjie Formation; QK-1, Yangxia Formation.

Genus *Echitriletes* van der Hammen, 1954 ex Potonié, 1956

1956   *Echitriletes* van der Hammen, 1954 ex Potonié, p. 36.

1976   *Echitriletes*, Jansonius and Hills, p. 902.

Type species   *Echitriletes lanatus* (Dijkstra, 1951) Potonié, 1956.

Diagnosis   Holotype of type species c. 780 μm; trilete simple megaspores, equator subtriangular to subcircular, trilete rays not always reaching equator, curvaturae not always present, exine all-over ornamented with capilli to spinae. In the type species with rounded verrucae which carry ±long, hair-like, twisted capilli, otherwise with simple or hooked spinae.

Remarks   In common with several of the genera referred to here, *Echitriletes* is based on an Early Cretaceous species, *E. lanatus* (Dijkstra, 1951) Potonié, 1956, a comparatively large spore that is characterized by being covered with long hairs (capilli) or "spines" (according to some authors) that commonly give it a rather woolly appearance. *Biharisporites* Potonié, 1956, erected on the basis of a Permian species, *B. spinosus* (Singh, 1953) Potonié, 1956, differs in that the hairs or spines are much shorter, and it often has distinct curvaturae; these are not always present in *Echitriletes*. *Singhisporites* Potonié, 1956, erected on the basis of another Permian species, *S. surangei* (Singh, 1953) Potonié, 1956, and as emended by

Glasspool (2000), has more ribbon-like processes with blunt or branched tips (see also Slater et al., 2011, pls. 3–7). We consider that *Echitriletes* can be used to accommodate most spores that are sculptured with hairs, regardless of their length. As a result, we are able to include the morphotypes described below in the genus.

Distribution and age　　North Hemisphere, Mesozoic.

Echitriletes sp. 1

(Pl. 29, figs. 5, 6)

Description　　Trilete megaspore, circular to subcircular in polar view, 275 μm in equatorial diameter (one specimen only); polar axis 300 μm in length. Laesurae straight within ridges up to 20 μm high, extending almost to the equator where they merge with weakly defined arcuate ridges. Exine surface consists of tightly packed granules 1.5–2.5 μm in diameter and more widely dispersed hairs or spines, commonly with curved tips, 15–20 μm high and c. 5 μm in basal width.

Comparison　　This morphotype differs from all other species of *Echitriletes* in being sculptured with scattered small hairs or spines with curved tips that extend from a tightly packed granulate surface.

Locality and horizon　　LN-8, Ehuobulak Formation.

Echitriletes sp. 2

(Pl. 29, fig. 1)

Description　　One laterally compressed specimen with pyramidal proximal and hemispherical distal faces, 230 μm in equatorial diameter; length of polar axis 217 μm. Trilete; laesurae within a narrow ridge up to c. 15 μm high, extend to arcuate ridges. Surface sculptured with coni, which on the distal face are 15–20 μm high and 10–15 μm in basal diameter, but on the proximal face are more scattered and smaller. They are linearly arranged along the arcuate ridges on the outer margin of the contact area and also more closely spaced on the distal face adjacent to the junctions of the triradiate and arcuate ridges.

Comparison　　The described spore differs from the known species of *Echitriletes* in having densely distributed cones on the distal face, but only weakly developed similar elements on the proximal face.

Locality and horizon　　HA-1 and TH-1, upper part of the Karamay Formation.

Echitriletes sp. 3

(Pl. 29, fig. 2)

Description　　Amb subcircular, 625 μm in equatorial diameter (one specimen only). Trilete, laesurae straight, within a membranous, irregularly dentate, flange that is 75 μm high at the proximal pole but becomes lower towards the equator. Arcuate ridges perhaps weakly defined by aligned, flattened spinose processes similar in dimensions to those on both proximal and distal surfaces where they are 50–60 μm high, 40–50 μm wide, and partially connected to each other by low ridges.

Comparison　　This morphotype differs from other species of *Echitriletes* in being larger and in being covered by flattened, partially connected spinose processes.

Locality and horizon　　LN-56, upper part of the Karamay Formation.

Echitriletes sp. 4

(Pl. 29, figs. 3, 4)

Description　　Amb rounded triangular, 375 μm and 410 μm in equatorial diameter (two laterally compressed specimens). Trilete, laesurae within narrow ridges 40–50 μm high which terminate where they join arcuate ridges which are c. 30 μm high and c. 5 μm wide at base, with pectinate ribs c. 6–10 μm wide and a few small cones along edges. Distal surface sculptured with closely packed spines 12–20 μm high, commonly connected by their bases to form narrow ridges 5–10 μm wide at base. Proximal face more weakly sculptured, consisting of granules and small cones.

Comparison   The spores described are characterized by the closely packed worm-like, narrow ridges with small spines on the distal surface.

Locality and horizon   HA-1, Ehuobulak Formation.

Echitriletes sp. 5
(Pl. 30, fig. 1)

Description   Amb subcircular, 315 μm in diameter (one specimen only). Laesurae (?) within four narrow, straight to slightly sinuous ridges that extend nearly to the equator. Spore surface sculptured with closely packed coni and spines with bulbous bases c. 10–25 μm high and 20–25 μm in basal diameter.

Comparison   Many trilete and monolete spores have been recorded, but this is the only tetraradiate megaspore encountered.

Locality and horizon   TZ-3, Ehuobulak Formation.

Echitriletes sp. 6
(Pl. 30, fig. 2)

Description   Trilete megaspore, 340 μm in diameter (1 specimen). Laesurae straight, reaching almost to equator and bordered by spines or bacula which are c. 40 μm high that are densely and linearly arranged. Surface of spore sculptured with closely spaced, evenly dispersed cones and spines c. 10–15 μm apart. They are 10–30 μm high, with pointed tips and swollen bases c. 20 μm wide; those on the distal surface are better developed than those on the proximal face, so delineating the contact areas.

Comparison   This spore is distinct from other species of *Echitriletes* in having very evenly spaced sculptural elements.

Locality and horizon   HA-1, Ehuobulak Formation.

Genus *Capillisporites* Kozur, 1973

1973   *Capillisporites* Kozur, p. 6.
1977   *Capillisporites*, Jansonius and Hills, p. 3310.

Type species   *Capillisporites germanicus* Kozur, 1973.

Diagnosis   Megaspores subcircular to subtriangular in equatorial outline, trilete rays indiscernible. Exine covered all-over with long ribbon-shaped capilli, that are longest and spaced most closely in equatorial region, but yet do not form a corona.

Remarks   This monotypic spore genus is characterized by being so completely covered by long, ribbon-like capilli that the triradiate suture cannot be discerned. As a result, it is not usually possible to determine which is the proximal and which the distal face. Although the diagnosis states that the capilli are longest and most closely spaced in the equatorial region it can be very difficult to determine the orientation of some compressed specimens.

Distribution and age   China (Xinjiang), Early Jurassic; Germany and Poland, Middle Triassic.

Capillisporites germanicus Kozur, 1973

(Pl. 33, fig. 7)

1973 *Capillisporites germanicus* Kozur, p. 7, pl. 1, fig. 6a–b.
1974 *Capillisporites germanicus*, Kozur, p. 41.
1983 *Capillisporites germanicus*, Marcinkiewicz, p. 16, pl. 4, figs. 2–4; pl. 5, figs. 1, 2a–b.
1989 *Capillisporites germanicus*, Kovach and Batten, p. 257, text-fig. 4F; p. 271, text-fig. 5B.
1990 *Capillisporites germanicus*, Batten and Kovach, p. 51.

Description   The single specimen illustrated, which is 330 μm in diameter, is typical of the species with no clear triradiate mark. The surface is sculptured with long processes, some rather flattened, ribbon-like and others more rounded and hair-like, some of which are partly joined together. These appendages are 10–20 μm wide at their base and up to 80 μm high, usually tapering upwards slightly, with pointed or rounded tips.

Comparison   Kozur (1973) compared the genus with *Dijkstraisporites*, the type species of which is an Early Cretaceous spore, but there is little likelihood of confusing the two. More similar are *Flabellisporites* Marcinkiewicz, 1978 and some of the hairier forms of *Henrisporites*, such as *Henrisporites capillatus* (Fuglewicz, 1977a) Marcinkiewicz, 1992a. Anyway, the genera *Dijkstraisporites*, *Flabellisporites* and *Henrisporites* are spores with membraneous equatorial zone.

Locality and horizon   QK-1, Yangxia Formation.

Genus *Hughesisporites* Potonié, 1956

1956 *Hughesisporites* Potonié, p. 71.
1976 *Hughesisporites*, Jansonius and Hills, p. 1271.

Type species   *Hughesisporites galericulatus* (Dijkstra, 1951) Potonié, 1956.

Diagnosis   Trilete megaspores. Size range of type species 300–400 μm. Trilete rays approximately reaching equator in type species. Equatorial outline circular. Curvaturae weakly developed, narrow, or completely lacking. Exine smooth, but a number of verrucae or spinae occurring on the contact faces.

Remarks   Based on the Cretaceous species *Hughesisporites galericulatus* (Dijkstra, 1951) Potonié, 1956, the extensions of the exine on the proximal face in the form of upwardly directed processes, described as spines by Hughes (1955), the tips of which commonly coming together above the apex of the triradiate ridge at the proximal pole, are characteristic of this species. Other morphotypes subsequently attributed to the genus also have proximal exinal extensions, but these differ in both number, form and degree of enclosure of the triradiate ridge or flange, as indicated in the descriptions below. Indeed, the majority of the species that have been assigned to the genus do not have a proximal sculpture that encloses the triradiate suture. The main distinguishing character of *Hughesisporites* as it has come to be used is the presence of various sorts of sculptural elements on the proximal face and smooth equatorial and distal regions.

Distribution and age   Global, Mesozoic.

Hughesisporites gibbosus (Reinhardt et Fricke, 1969) Kannegieser et Kozur, 1972

(Pl. 32, figs. 1–8)

1969 *Trileites? gibbosus* Reinhardt et Fricke, p. 401, pl. 3, fig. 5, text-fig. 2.
1971 *Hughesisporites? gibbosus* (Reinhardt et Fricke) Kozur, p. 122. (invalid combination)
1972 *Hughesisporites? gibbosus* (Reinhardt et Fricke) Kannegieser et Kozur, p. 192, pl. 1, fig. 4; pl. 4, fig. 2a–b.
1978 *Hughesisporites gibbosus*, Marcinkiewicz, p. 74, pl. 8, figs. 1–3.

1979b *Hughesisporites gibbosus*, Marcinkiewicz, p. 212, pl. 72, fig. 6; pl. 73, figs. 3–6.
1982b *Hughesisporites junggarensis* Yang et Sun, p. 378, pl. 2, fig. 3.
1984   *Hughesisporites gibbosus*, Yang and Sun, p. 192.
1987   *Hughesisporites*? *gibbosus*, Yang and Sun, pl. 3, figs. 3, 4.
1989   *Hughesisporites gibbosus*, Kovach and Batten, p. 259, fig. 4H; p. 271, fig. 5B.
1990   *Hughesisporites limbatus* Yang et Sun, pp. 173, 174, pl. 39, figs. 8, 10.
1990   *Hughesisporites gibbosus*, Batten and Kovach, pp. 75, 76.
1997   *Hughesisporites gibbosus*, Wierer, pp. 94, 95, pl. 30, figs. 9–11; pl. 31, figs. 1–6.
2000   *Hughesisporites junggarensis*, Wang, p. 303, pl. 3, figs. 7, 8, 10.
2004   *Hughesisporites gibbosus*, Cui et al., pl. 1, figs. 4, 5.
2015   *Hughesisporites gibbosus*, Luo et al., p. 673, fig. 3-15.
2018   *Hughesisporites gibbosus*, Cui et al., p. 333, fig. 4e–h.

Description Trilete spore, triangular with slightly convex sides in polar view, 180 (325) 460 μm in diameter (103 specimens). Laesurae long, reaching equator within elevated membranous, sinuous lips 30–75 μm high that may project beyond equator; commonly with a very uneven, ragged top at proximal pole. Arcuate ridges sometimes weakly developed. Contact areas usually sculptured with two large, more or less verrucate to baculate projections that may be isolated from each other or partially connected, 50–75 μm high and 50–75 μm in maximum diameter. Distal surface smooth. Exine 6–15 μm thick. Construction densely granular with irregular cavities in between.

Remarks *Hughesisporites gibbosus* is characterized by having prominent, robust projections on the proximal face. Reinhardt and Fricke (1969) did not compare their new species with any other megaspore taxon. According to Kannegieser and Kozur (1972) it differs from *H. ionthus* (Harris, 1935) Potonié 1956 in being larger and in having smaller sculptural elements on the contact area and weak curvaturae, but our specimens do not support this contention. They did not compare it with their species *H. karnicus*, but it differs from it in having a more robust sculpture on the contact areas consisting of only two or three elements as opposed to more numerous narrower, mainly baculate elements. *Hughesisporites orlowskae* also differs in having more numerous, narrower, commonly finger-like sculptural elements on the proximal face around the triradiate ridges; these may be connected at their bases by low ridges or more membranous flanges.

Yang and Sun (1982b) established two species, *H. junggarensis* and *H. limbatus*, for specimens collected from the Early Jurassic Badaowan Formation in Junggar Basin. Later these authors (Yang and Sun, 1990) considered *H. junggarensis* to be a junior synonym of *H. gibbosus*, but retained *H. limbatus*, which according to them (Yang and Sun, 1982b) is characterized by having an equatorial cingulum. However, this so-called cingulum is no more than a result of compression reflecting the thickness of the exine. It is also seen in the specimens referred by Yang and Sun (1990, pl. 39, figs. 9, 13) to *H. gibbosus*. Hence, it is not a feature of taxonomic value; accordingly, *H. limbatus* is also considered to be a junior synonym of *H. gibbosus*.

Locality and horizon HA-1, lower (?) part of the Karamay Formation; HA-1, KQ, LN-56, TH-1, X-1 and YW-1, upper part of the Karamay Formation; HA-1, KQ, LN-1, LN-3, LN-23, LN-56 and TH-1, Huangshanjie Formation; KQ, Tariqik Formation; QK-1, Yangxia Formation.

Hughesisporites karnicus **Kannegieser et Kozur, 1972**

(Pl. 34, figs. 1–3)

1971 *Hughesisporites karnicus* Kozur, p. 122. (nom. nud.)
1972 *Hughesisporites karnicus* Kannegieser et Kozur, p. 193, pl. 4, fig. 4a–b; pl. 5, fig. 3a–b.

1972   *Hughesisporites karnicus*, Kozur, pl. 2, fig. 3.

non 1978   ?*Hughesisporites karnicus*, Marcinkiewicz, p. 74, pl. 8, figs. 7a–b, 8a–b, 9a–b.

1989   *Hughesisporites karnicus*, Kovach and Batten, p. 259, text-fig. 4H; p, 271, text-fig. 5B.

1990   *Hughesisporites karnicus*, Yang and Sun, p. 174, pl. 41, fig. 3.

1990   *Aneuletes torchiformis* Yang et Sun, p. 178, pl. 42, figs. 4, 7.

1990   *Hughesisporites karnicus*, Batten and Kovach, p. 76.

2015   *Hughesisporites karnicus*, Luo et al., p. 673, fig. 3 (16).

Description   Trilete spore, rounded triangular in polar view, 277–400 μm in diameter (3 specimens). Laesurae almost reach equator, bordered by elevated membranous lips that vary in height along their length, up to 50 μm high, usually becoming sinuous towards proximal pole. Contact areas sculptured with appendages of varying height up to a maximum of 50 μm that may be isolated or partly joined together for about half of their height; the distal ends of the appendages acute or bluntly rounded. Equatorial and distal surface smooth. Exine 7–10 μm thick.

Remarks   Kannegieser and Kozur (1972) regarded *Hughesisporites stillarus* Marcinkiewicz, 1960 and *H. pustulatus* Marcinkiewicz, 1962 to differ in that the proximal sculpture consists of essentially lower elements (verrucae). Marcinkiewicz (1981a) questionably placed *H. stillarus* in synonymy with *H. pustulatus*; if it is accepted that the two species are synonyms, then *H. stillarus* has priority (Batten and Kovach, 1990, p. 77). The specimens questionably attributed to *H. karnicus* by Marcinkiewicz (1978) were referred by Wierer (1997, p. 95, pl. 33, figs. 1–8) to his new species, *H. tectus*. Two laterally compressed specimens from Junggar Basin named by Yang and Sun (1990) as *Aneuletes torchiformis* are very similar to *Hughesisporites karnicus* in both size and general morphology. This species is, therefore, treated as junior synonym of *H. karnicus*.

Locality and horizon   KQ, upper part of the Karamay Formation; KQ and TH-1, Huangshanjie Formation.

Hughesisporites orlowskae Kozur, 1973

(Pl. 33, figs. 5, 6)

1973   *Hughesisporites orlowskae* Kozur, p. 8, pl. 3, fig. 2.

1974   *Hughesisporites orlowskae*, Kozur, p. 46.

1978   *Hughesisporites*? *orlowskae*, Marcinkiewicz, p. 74, pl. 8, figs. 4–6.

1979b   *Hughesisporites*? *orlowskae*, Marcinkiewicz, p. 212, pl. 71, figs. 5, 6.

1986   *Hughesisporites*? *orlowskae*, Fuglewicz and Marcinkiewicz, p. 173, tab. 15, pl. 75, figs. 5, 6.

1989   *Hughesisporites orlowskae*, Kovach and Batten, p. 259, text-fig. 4H; p. 271, text-fig. 5B.

1990   *Hughesisporites orlowskae*, Batten and Kovach, p. 76.

1997   *Hughesisporites orlowskae*, Wierer, pp. 95, 96, pl. 31, figs. 8–10; pl. 32, figs. 1–10.

Description   Trilete spore, triangular with rounded angles in polar view, 300 (340) 400 μm in diameter (4 specimens). Laesurae three-quarters radius of spore or longer within membranous, sinuous lips up to 50 μm high and 8 μm wide at base, twisted about the proximal pole and with inflated extremities. Exine c. 10 μm thick, sculptured on contact area with spines 20–40 μm high and 15–20 μm in basal width that may be discrete or connected towards their bases. Distal and equatorial surfaces smooth.

Comparison   *Hughesisporites orlowskae* is similar to *H. karnicus* Kannegieser et Kozur, 1972 in general morphology, but the latter has mainly baculate elements on the contact areas.

Locality and horizon   LN-56, Huangshanjie Formation.

Hughesisporites reticulatus sp. nov.

(Pl. 34, figs. 9–11)

Derivation of name *reticulatus*, L., reticulate, referring to the sculpture of the contact areas.

Holotype Pl. 34, figs. 9, 10.

Diagnosis Trilete megaspores with reticulate proximal face, smooth distal face and a clearly delineated arcuate ridge or narrow flange.

Description Two laterally compressed trilete spores, circular to subcircular in polar view, 360 μm and 425 μm in equatorial diameter, polar axis 380 μm and 400 μm in length. Laesurae bordered by membranous lips up to 20–35 μm high and c. 14 μm in basal width. The ends of the triradiate flanges are slightly swollen where they merge with arcuate ridges c. 10 μm wide, raising as low membrane. Contact areas sculptured with an irregular reticulum consisting of narrow (4–7 μm), membranous muri of varying height (up to 40 μm), highest adjacent to triradiate flange, and lumina of varying shape, c. 30–40 μm in maximum diameter. Distal surface smooth. Exine relatively thin, with a tendency to fold and crumple.

Comparison This morphotype is similar to *Erlansonisporites triassicus* described by Banerji et al. (1978) from the Late Triassic Tiki Formation of India but differs in having more pronounced arcuate ridges and a better developed reticulum on the contact face.

Locality and horizon QK-1, Yangxia Formation.

Hughesisporites triassicus (Banerji, Kumaran et Maheshwari) comb. nov.

1978 *Erlansonisporites triassicus* Banerji, Kumaran et Maheshwari, p. 11, pl. 6, figs. 42–47, text-fig. 9.
1989 *Erlansonisporites triassicus*, Kovach and Batten, p. 258, text-fig. 4G; p. 271, text-fig. 5B.
1990 *Erlansonisporites triassicus*, Batten and Kovach, p. 61.

Remarks This species has not been recorded from the Tarim Basin. It is included here because of its similarity to *H. reticulatus* and our decision to change the generic attribution because its characters have more in common with *Hughesisporites* than with *Erlansonisporites*.

Hughesisporites tumulosus Marcinkiewicz, 1976

(Pl. 32, fig. 9)

1973   *Hughesisporites inflatus* Fuglewicz, pp. 441, 442, pl. 30, fig. 2; non pl. 30, fig. 1.
1976   *Hughesisporites tumulosus* Marcinkiewicz, p. 197, pl. 29, fig. 7.
1979b *Hughesisporites tumulosus*, Fuglewicz, pl. 4, fig. 5, text-fig. 1.
1980a *Hughesisporites tumulosus*, Fuglewicz, pp. 422, 424, pl. 5, fig. 3.
1989   *Hughesisporites tumulosus*, Kovach and Batten, p. 260, text-fig. 4I; p. 270, text-fig. 5A.
1990   *Hughesisporites tumulosus*, Batten and Kovach, p. 77.
1992c *Hughesisporites tumulosus*, Marcinkiewicz, pl. 7, figs. 3, 4.

Description The single, laterally compressed specimen illustrated has an elliptical outline; 238 μm in equatorial diameter and 207 μm along the polar axis. The trilete laesurae reach the equator where they become somewhat inflated and are within a ridge up to c. 50 μm high and 20 μm in basal width, and with unevenly ridged sides and top. An arcuate ridge is present, but this is likely to be an artifact of compression. The contact areas are sculptured with ridges and swellings that are orientated more or less in a radial direction. Exine of equatorial and distal regions smooth.

Comparison The specimen illustrated is smaller than the spores described by Marcinkiewicz (1976) and the triradiate ridges appear to be more uneven but overall its morphology is comparable to that of the type material.

Locality and horizon TZ-3, Ehuobulak Formation; HA-1, Huangshanjie Formation.

Hughesisporites unicus sp. nov.

(Pl. 33, figs. 1–4)

2015 *Hughesisporites unicus* Li, Luo et al., p. 673, fig. 3 (17). (nom. nud.)

Derivation of name *unicus*, L., unique, with reference to one and only swelling (wart) at the centre of each interradial area.

Holotype Pl. 33, fig. 1.

Paratype Pl. 33, fig. 3.

Diagnosis A *Hughesisporites* with a single swelling (wart) on each interradial area.

Description Trilete megaspores, amb rounded triangular to subcircular, 260 (330) 435 μm in diameter (22 specimens). The laesurae extend to equator, within a sinuous triradiate flange up to c. 50 μm high and 20 μm in basal width, and with unevenly ridged sides and top. The margins of the contact faces faintly discernible. Exine surface smooth, but a single hemispherical swelling (wart) c. 50 μm in hight and 60–85 μm in diameter is present in the centre of each interradial area.

Comparison *Hughesisporites gibbosus* is similar, but has two large more or less verrucate to baculate projections within each contact area.

Locality and horizon TH-1 and YW-1, upper part of the Karamay Formation; TH-1, Huangshanjie Formation.

Hughesisporites sp. 1

(Pl. 34, figs. 4–8)

Description Trilete spore, triangular with convex sides in polar view, 325 μm and 415 μm in diameter (2 specimens). Laesurae straight, usually about three-quarters of radius in length within a narrow membranous ridge c. 10–15 μm high and 10 μm wide at base. A weak arcuate ridge may be present. Exine c. 5 μm thick, sponge-like in construction. Contact areas sculptured with low crescentic or S-shaped striations up to c. 8 μm high and 5 μm wide at base; exine surface smooth in equatorial and distal regions.

Comparison The crescentic and S-shaped processes on the proximal face distinguish this morphotype from other species of *Hughesisporites*.

Locality and horizon KQ, Ehuobulak Formation and Huangshanjie Formation.

Hughesisporites sp. 2

(Pl. 32, figs. 10–12)

Description Trilete megaspores. Amb rounded triangular to subcircular, 240 (260) 280 μm in diameter (5 specimens). Triradiate ridges 10–15 μm wide, c. 20 μm high and two-thirds radius of spore in length, extending sinuously to apex and terminating at arcuate ridges that are weakly but well developed. Contact area, especially around the apex, distinctly or vaguely sculptured with corrugated ridges approximately in a radial arrangement. Exine surface smooth in equatorial and distal regions.

Comparison These spores are similar to *Hughesisporites tumulosus* Marcinkiewicz, 1976 and *Maexisporites collinus* Marcinkiewicz, 1992a. They differ from the former in having prominent and complete arcuate ridges, and from *M. collinus* in lacking shallow grooves by the sides of the triradiate ridges and a coarse sculpture on contact areas.

Locality and horizon MX-1 and YW-1, lower part of the Karamay Formation.

Genus *Erlansonisporites* Potonié, 1956

1956 *Erlansonisporites* Potonié, p. 46.
1976 *Erlansonisporites*, Jansonius and Hills, p. 964.

Type species *Erlansonisporites erlansonii* (Miner, 1932) Potonié, 1956.

Diagnosis Holotype of type species 890 μm in size (exclusive of the muri of the reticulum). Equatorial outline circular. Trilete rays invisible or poorly discernable because of the heavy reticulation. The surface of spores is covered with reticulation, the muri extending as membranous lamellae and usually better developed in the proximal face.

Remarks *Erlansonisporites* is based on a spore from the Upper Cretaceous of western Greenland, *E. erlansonii* (Miner, 1932) Potonié, 1956, in which the muri of the reticulate spore are membranous and the trilete suture is difficult to discern. Since this genus was erected, most species that have been attributed to it also have membranous muri developed to varying degrees and in a perfect to imperfect reticulate arrangement. If it is accepted that all megaspores with membranous murornate sculpture can be included in this genus, this precludes the need to erect new genera for morphotypes that differ in more subtle ways and could also remove some reticulate forms from currently existing genera that are difficult to distinguish from *Erlansonisporites*, as suggested by Batten (2012) for the Cretaceous genus *Kerhartisporites* Knobloch, 1984.

Distribution and age Global, Mesozoic.

Erlansonisporites duwaensis sp. nov.

(Pl. 35, figs. 1–12)

Derivation of name Duwa, locality of the holotype, situated on the southwestern margin of the Tarim Basin.

Holotype Pl. 35, figs. 1–3.

Paratype Pl. 35, figs. 11, 12.

Diagnosis An *Erlansonisporites* with a proximal contact area sculptured with closely spaced short rugulae or irregular branching low ridges and a low, fine, imperfect reticulum in equatorial regions and on the distal face.

Description Trilete spores, subcircular to rounded-triangular in polar view, 190 (224) 250 μm in diameter (20 specimens). Laesurae straight within narrow lips forming a ridge up to 15 μm in height and extending from two-thirds to three-quarters of radius of spore. Contact area of proximal surface sculptured with closely spaced short rugulae or irregular branching low ridges; beyond contact area equatorial and distal surface sculptured with a low, fine, imperfect reticulum; muri 1.5–2 μm wide and c. 2 μm high.

Comparison *Erlansonisporites duwaensis* differs from all other species of the genus in having short rugulae or irregular branching low ridges on the contact areas and a low, fine, imperfect reticulate sculpture in equatorial regions and on the distal face. Placing the species in *Erlansonisporites* rather than in *Horstisporites* is based on the fact that the elements that make up the equatorial and distal sculpture are more irregular in their configuration than is usually the case for species of *Horstisporites*.

Locality and horizon DW, Wuzunsay Formation; HA-1, LN-8, TZ-1 and TZ-3, Ehuobulak Formation; LN-56, lower part of the Karamay Formation.

Erlansonisporites excavatus Marcinkiewicz, 1962

(Pl. 36, figs. 1, 2)

1962 *Erlansonisporites excavatus* Marcinkiewicz, pp. 476, 493, pl. 11, figs. 3–6.
1964 *Erlansonisporites excavatus*, Marcinkiewicz, p. 59.

1967 *Erlansonisporites excavatus*, Stoermer and Wienholz, p. 566, pl. 10, fig. 8a–b.
1971a *Erlansonisporites excavatus*, Marcinkiewicz, p. 37, pl. 14, figs. 4–6; pl. 15, figs. 1–4.
1971b *Erlansonisporites excavatus*, Marcinkiewicz, p. 194.
1974 *Erlansonisporites excavatus*, Marcinkiewicz, p. 597.
1979 *Striatriletes excavatus* (Marcinkiewicz) Sweet, pp. 5, 14, pl. 1, figs. 5, 6.
1981a *Erlansonisporites excavatus*, Marcinkiewicz, p. 86, pl. 21, fig. 8; pl. 22, figs. 1, 2.
1985 *Erlansonisporites* cf. *excavatus*, Petros'yants, p. 96.
1988 *Erlansonisporites excavatus*, Marcinkiewicz, p. 68, pl. 21, fig. 8; pl. 22, figs. 1, 2.
1989 *Striatriletes excavatus*, Kovach and Batten, p. 266, text-fig. 4O; p. 272, text-fig. 5C.
1990 *Striatriletes excavatus*, Batten and Kovach, pp. 120, 121.
non 1992 *Striatriletes excavatus*, Munk and Granzow, p. 18, pl. 11, figs. 5, 6.

Description Triradiate spores, subcircular in polar view, 460 μm and 480 μm in diameter (2 specimens). Laesurae extend to equator, bordered by lips up to 40 μm high. Surface of spore sculptured with closely spaced, sinuous, membranous muri that intersect to form an irregular reticulum. Muri c. 35 μm high on distal face, commonly becoming somewhat higher towards proximal apex (up to 50 μm).

Comparison *Erlansonisporites excavatus* differs from *E. sparassis* in having smaller, relatively dense, more evenly developed sculptural elements.

Locality and horizon KQ, Kezilenur Formation.

Erlansonisporites exquisitus sp. nov.

(Pl. 36, figs. 3–12)

Derivation of name *exquisitus*, L., excellent, with reference to the general aspect of this megaspore.

Holotype Pl. 36, fig. 4.

Paratype Pl. 36, fig. 6.

Diagnosis An *Erlansonisporites* with a reticulate sculpture consisting of membranous muri, which on the proximal surface are relatively high, often highest close to the triradiate flange, and form an imperfect reticulum that radiates outwards towards the equator; on the distal face it is finer, the lumina varying in shape surrounded by low muri.

Description Trilete megaspore, triangular with convex sides, subcircular or circular in polar view, 190–550 μm in diameter (16 specimens), holotype 435 μm; size of spores varies greatly even in a single tetrad (e.g. from 250 μm to 525 μm in equatorial diameter; pl. 36, fig. 12). Laesurae straight or variably sinuous, extending from two-thirds to three-quarters radius in length; thin, membranous lips together form a flange 25–30 μm high and c. 10 μm in basal width. The flange is variable in form; it can be more or less entire but more usually it has an uneven top and is sometimes markedly dissected; it is not always clearly differentiated from the adjacent sculpture. Exine sculptured with a reticulum consisting of membranous muri, which on the proximal surface are 15–60 μm high, often highest close to the triradiate flange, and form an imperfect reticulum that radiates outwards towards the equator, most of the lumina, therefore, being clearly elongated in a radial direction. The sculpture of the distal face is finer; the lumina vary in shape and are typically c. 15–30 μm in diameter, and the muri are narrow and low (<12 μm in height).

Comparison *Erlansonisporites exquisitus* differs from other species of the genus in having a finely reticulate sculpture on the distal surface and a more strongly developed reticulum on the proximal face in which the membranous muri radiate towards the equator.

Locality and horizon LN-23 and YW-1, lower part of the Karamay Formation; QK-1, Yangxia Formation; DWC and HZW, Yangye Formation; KQ, Kezilenur Formation.

Erlansonisporites licheniformis Fuglewicz, 1977

(Pl. 37, figs. 1–6)

1977a *Erlansonisporites licheniformis* Fuglewicz, p. 419, pl. 37, figs. 2, 3, 4a–b.
1977b *Erlansonisporites licheniformis*, Fuglewicz, p. 476, pl. 2, fig. 5.
1979b *Erlansonisporites licheniformis*, Fuglewicz, pl. 3, fig. 4, text-fig. 1.
1980a *Erlansonisporites licheniformis*, Fuglewicz, p. 42.
1986   *Erlansonisporites licheniformis*, Fuglewicz and Marcinkiewicz, p. 173, tab. 14, pl. 98, figs. 4, 5.
1989   *Erlansonisporites licheniformis*, Kovach and Batten, p. 257, text-fig. 4F; p. 270, text-fig. 5A.
1990   *Erlansonisporites licheniformis*, Batten and Kovach, p. 58.
1997   *Erlansonisporites licheniformis*, Wierer, p. 94, pl. 29, fig. 8; pl. 30, figs. 1–8.

Description Triradiate megaspores, circular or subcircular in polar view, 370–425 μm in diameter (3 specimens). Laesurae straight, more than three-quarters of radius, may reach equator, bordered membranous lips of very irregular elevation and ragged appearance, up to 40–75 μm high. Spore surface irregularly reticulate with lumina of various shapes and sizes; muri are narrow membranes with conical or baculate appendages 20–30 μm high arising from where they intersect.

Comparison The specimens are comparable to the holotype in having a similar unevenly developed reticulum, in other words, a "lichen-like ornamentation", which distinguishes *Erlansonisporites licheniformis* from other species of the genus.

Locality and horizon DW, Wuzunsay Formation; TZ-1 and TZ-3, Ehuobulak Formation.

Erlansonisporites perbellus sp. nov.

(Pl. 38, figs. 1–6; Pl. 39, figs. 1–10)

Derivation of name *perbellus*, L., very beautiful, with reference to its complex, attractive sculpture.
Holotype Pl. 38, figs. 1–3.
Paratype Pl. 39, fig. 6.
Diagnosis An *Erlansonisporites* with densely distributed, commonly arcuate, tapering-upward appendages of very variable length connected basally to form a fine, imperfect reticulum. The sculpture of the proximal contact areas becomes more elevated towards the triradiate flange.

Description Trilete spore rounded triangular to subcircular in polar view, 306–500 μm in diameter (12 specimens). Laesurae straight within ridges 30–75 μm high and 18–36 μm wide at base, extending almost to equator. Arcuate ridges delineating the contact face usually absent but may be faintly discernible on some specimens. Spore surface sculptured with many commonly arcuate, tapering-upward appendages of very variable length but typically 25–35 μm high, 4–6 μm in basal width, and connected basally to form a fine, imperfect reticulum (pl. 38, fig. 3; pl. 39, fig. 7). The sculpture of the proximal contact areas becomes more elevated towards the triradiate flange.

Comparison *Erlansonisporites perbellus* resembles *Echitriletes prerussus* Fuglewicz, 1977a to some extent but differs in that the sculptural elements have pointed tips and are connected basally to form an imperfect reticulum. Although resembling some species of *Echitriletes*, this species is referred to *Erlansonisporites* because of its essentially reticulate (as well as spinose) wall and, in common with several species of this genus, the sculpture is more pronounced adjacent to the triradiate flange.

Locality and horizon DW, Wuzunsay Formation; LN-8, MX-1, TZ-1 and TZ-3, Ehuobulak Formation; LN-1, upper part of the Karamay Formation; DWC, Yangye Formation.

Erlansonisporites sparassis (Murray, 1939) Potonié, 1956

(Pl. 40, figs. 1–6)

For complete synonymy up to 1988, see Batten and Kovach (1990, pp. 60, 61).

1939 *Triletes sparassis* Murray, p. 480, figs. 3, 4.
1956 *Erlansonisporites sparassis* (Murray) Potonié, p. 47.
1960 *Erlansonisporites tegimentus* Marcinkiewicz, p. 721, pl. 6, figs. 1, 2.
1989 *Erlansonisporites sparassis*, Kovach and Batten, p. 258, text-fig. 4G; p. 272, text-fig. 5C.
1990 *Erlansonisporites sparassis*, Batten and Kovach, pp. 60, 61.
1992 *Erlansonisporites sparassis*, Munk and Granzow, p. 11, pl. 4, figs. 5, 6.
1992 *Erlansonisporites sparassis*, Koppelhus and Batten, p. 20, pl. 5, figs. 1, 2; pl. 20, figs. 9, 10.
2004 *Erlansonisporites sparassis*, Cui et al., pl. 3, figs. 1, 2.
2008 *Erlansonisporites sparassis*, Villar de Seoane and Archangelsky, p. 360, fig. 5A–B.
2016 *Erlansonisporites sparassis*, Morris and Batten, figs. 7.7, 7.8.

Description Trilete megaspore, circular to subcircular in polar view, 265–462 μm in diameter (4 specimens). Laesurae between approximately three-quarters and the full radius of the spore in length, bordered by uneven sinuous, membranous flanges up to 40 μm high. Spore surface entirely sculptured with closely packed, convoluted muri c. 5 μm thick at their base, becoming more membranous upwards, 20–60 μm high, highest (at most 90 μm) adjacent to triradiate flange, the very irregular arrangement forming an imperfect reticulum with lumina at least 20–30 μm in maximum diameter. The triradiate flange may be difficult to differentiate from the membranous sculpture in some specimens.

Remarks *Erlansonisporites sparassis* is one of the most widely reported of Mesozoic megaspores as indicated by the length of the synonymy.

Locality and horizon HA-1, Ehuobulak Formation; TH-1, Karamay Formation; LN-23, lower part of the Karamay Formation; QK-1, Yangxia Formation; DWC, Yangye Formation; KQ, Kezilenur Formation.

Erlansonisporites textilis sp. nov.

(Pl. 42, figs. 1–6; Pl. 43, fig. 1)

2004 *Araneisporites* sp., Zhang et al., p. 69. (nom. nud.)

Derivation of name *textilis*, L., woven, with reference to the appearance of the outer surface of the exine.

Holotype Pl. 42, fig. 6.

Paratype Pl. 42, figs. 3, 4.

Diagnosis Megaspores sculptured with short bacula and spinose elements from which many fine veins radiate, some connecting to adjacent bacula and spines to form an irregular reticulum.

Description Amb subcircular to triangular with convex sides, 337–500 μm in diameter (5 specimens), holotype 337 μm, paratype 425 μm. Trilete, laesurae long, reaching equator, and within often folded and sinuous membranous lips up to 40–50 μm high. Sculpture consists of short bacula and spinae from which many fine ridges radiate, some connecting to adjacent baculae and spinae to form an irregular reticulum (pl. 42, fig. 5). Bacula and spines usually less than 20 μm high, 5–11 μm wide at base and tapering upwards.

Comparison This new species is distinguished by its cobweb-like surface resulting from the intersection of very fine ridges.

Locality and horizon DW, Wuzunsay Formation; HA-1 and LN-8, Ehuobulak Formation.

Erlansonisporites sp. 1
(Pl. 37, figs. 7–9)

Description Amb rounded triangular, 300 μm in diameter (one specimen only). Laesurae bordered by narrow, slightly sinuous lips that extend from three-quarters of the radius to almost the equator. Spore surface sculptured with flat projections that connect with each other to form short, upwardly ridged, partly dissected, fairly closely spaced, irregular muri some 20–30 μm high that form an imperfect reticulum.

Comparison This morphotype differs from *Erlansonisporites duwaensis* in having much higher sculptural elements, and from *E. licheniformis* Fuglewicz, 1977 in that their elevation is relatively consistent as opposed to being very variable giving them a ragged aspect. It differs from all other species of the genus in having an imperfect reticulum with muri composed of flat, fused projections.

Locality and horizon DW, Wuzunsay Formation.

Erlansonisporites sp. 2
(Pl. 40, figs. 7, 8)

Description Trilete megaspore, convexly triangular in polar view, 310 μm in equatorial diameter (one specimen only in lateral compression). Laesurae long, reaching equator and bordered by membranous lips up to c. 50 μm high at proximal pole that bear numerous hair-like appendages (capilli) which are up to 20 μm in length and 2 μm in diameter. Spore surface sculptured with a reticulum of membranous muri of very variable elevation, up to 10 μm and from which capilli also extend, surrounding lumina of small dimensions (up to 10 μm in diameter).

Comparison This morphotype is similar to *E. licheniformis* Fuglewicz, 1977 apart from having a triradiate flange bearing by numerous capilli, and distinguishes from other species of the genus in having a feature that combined with the very uneven height of the muri from which capilli also extend.

Locality and horizon LN-8, Ehuobulak Formation; HA-1, upper part of the Karamay Formation.

Erlansonisporites sp. 3
(Pl. 43, figs. 2–6)

Description Trilete megaspores. Amb subcircular, 320 (383) 420 μm in diameter (4 specimens). Laesurae long, almost reaching equator, bordered by lips up to 30–45 μm high. Spore surface sculptured with many fine, short ridges extending in different directions. The intersections of the ridges form knobs c. 5 μm in diameter and 3–10 μm apart. Some of the knobs on the contact areas may be higher, up to 15–25 μm.

Comparisons These spores and *Erlansonisporites textilis* are sculpturally similar but the former have higher knobs on the contact areas.

Locality and horizon DW, Wuzunsay Formation; TZ-1, Ehuobulak Formation; LN-56, upper part of the Karamay Formation.

Erlansonisporites sp. 4
(Pl. 41, figs. 1–9)

Description Trilete megaspores, convexly triangular to subcircular in polar view, 230 (340) 400 μm in diameter (6 specimens). Laesurae straight to slightly sinuous, more or less reaching equator, bordered by membranous, elevated lips c. 30 μm high. Surface of spore sculptured with an irregular reticulum; muri narrow, with ribbed appendages extending from the where they join, 30–45 μm high and 3–15 μm wide, and commonly with irregular, subdivided tips. Muri between appendages bear small hairs or spines up to c. 10 μm high (pl. 41, fig. 8). The lumina appear irregularly foveolate at high magnification, reflecting the underlying open meshwork structure of the exine.

Comparison This morphotype differs from *E. licheniformis* in that the muri are higher, more complicated in their form, and bear small hairs or spines. In respect of the last of these characters it resembles *E. fimbriatus* Wierer, 1997 to some extent, the reticulation of which is, however, coarser, the muri surrounding fewer, significantly larger lumina.

Locality and horizon DW, Wuzunsay Formation; HA-1 and TZ-1, Ehuobulak Formation.

Genus *Striatriletes* van der Hammen, 1954 ex Potonié, 1956

1954 *Striatriletes* van der Hammen, p. 14. (nom. nud.)
1956 *Striatriletes* van der Hammen ex Potonié, p. 42.
1976 *Striatriletes*, Jansonius and Hills, p. 2782.

Type species *Striatriletes sulcatus* (Dijkstra, 1951) Potonié, 1956.

Diagnosis Trilete megaspores, amb circular. Laesurae strong, nearly reaching amb; no cingulum discernible. Contact area is ornamented with irregular warts and radial ridges that may extend some distance onto the distal face, again more or less radially disposed but anastomosing towards the pole.

Remarks This is yet another genus based on the morphology of a Cretaceous megaspore, *Striatriletes sulcatus* (Dijkstra, 1951) Potonié, 1956. The radiating ridges of sculpture on the proximal face of this species are distinctive and differentiate it from otherwise similar forms that lack this particular feature. However, there are also spores with a sculpture of low, membranous flanges rather than warty ridges that are similarly radially orientated on the proximal face (e.g., *Erlansonisporites exquisitus* sp. nov., described above), which can make the generic attribution more problematic.

Distribution and age North Hemisphere, Late Triassic–Cretaceous.

Striatriletes inconspicuus sp. nov.

(Pl. 44, figs. 1–9)

Derivation of name *inconspicuu*s, L., not readily visible, with reference to the weakly radiating sculpture on the proximal contact areas.

Holotype Pl. 44, figs. 4, 5.

Paratype Pl. 44, fig. 6.

Diagnosis A *Striatriletes* with contact areas sculptured with closely spaced, irregularly shaped verrucae and longer rugulae that are connected to each other to form irregular ridges that have a broadly radial distribution away from the proximal pole.

Description Amb rounded triangular to subcircular, 266 (365) 600 μm (6 specimens) in equatorial diameter; holotype 400 μm. Trilete, laesurae straight to sinuous, within membranous to more sturdy ridges up to 25 μm high with wavy or crenulate tops. The ridges terminate where they join arcuate ridges 15–25 μm high and 10–20 μm wide that are usually delineated by verrucae in a dense and linear arrangement, but are sometimes only weakly defined. Surface of contact areas sculptured with closely spaced, irregularly shaped verrucae 3–8 μm high and 5–15 μm in diameter and longer rugulae that are connected to each other to form irregular ridges that have a broadly radial distribution away from the proximal pole. Equatorial and distal surfaces sculptured with scattered low coni and verrucae 5–10 μm high and 5–20 μm in basal diameter.

Comparison *Striatriletes inconspicuus* differs from other species of *Striatriletes* in having comparatively sparsely distributed coni and verrucae in equatorial regions and on the distal surface. Its proximal morphology is similar to that of *Hughesisporites variabilis* Dettmann, 1961, which, however, lacks obvious equatorial and distal sculpture.

Locality and horizon KQ and TH-1, upper part of the Karamay Formation; LN-1, Huangshanjie Formation; KQ and QK-1, Yangxia Formation.

Genus *Horstisporites* Potonié, 1956

1956 *Horstisporites* Potonié, p. 44.
1976 *Horstisporites*, Jansonius and Hills, p. 1268.

Type species *Horstisporites reticuliferus* (Dijkstra, 1951) Potonié, 1956.

Diagnosis Trilete megaspores, equatorial outline circular to weakly subtriangular, trilete rays c. 1/2 radius in length or longer, curvaturae not or scarcely discernible. Spore exine alveolar to reticulate.

Remarks The Cretaceous type species of this genus, *Horstisporites reticuliferus* (Dijkstra, 1951) Potonié, 1956 has an uncomplicated gross morphology with an "alveolate" to reticulate sculpture. Reticulation of exine is a common feature of Mesozoic megaspores. As a result, more than 25 species have been attributed to the genus previously to which some of those described below are now added.

Distribution and age Global, Mesozoic.

Horstisporites compositus sp. nov.

(Pl. 45, figs. 1–9)

1996 *Horstisporites compositus*, Chen et al., p. 26. (nom. nud.)
2001 *Horstisporites compositus*, Li et al., pp. 210, 212. (nom. nud.)
2004 *Horstisporites compositus*, Zhang et al., p. 69. (nom. nud.)

Derivation of name *compositus*, L., aggregated, made up of parts, with reference to the lumina of the reticulum which also appear to be reticulate.

Holotype Pl. 45, figs. 1, 2.

Paratype Pl. 45, fig. 9.

Diagnosis Megaspore in which the lumina of the reticulum are also reticulate.

Description Amb rounded triangular to subcircular, 240 (510) 800 μm in diameter (24 specimens). Trilete, laesurae 4/5 radius of spore in length, within a membranous flange 10–15 μm high, commonly with a saw-toothed top, extend to narrow arcuate ridges formed of aligned muri of the adjacent reticulum. Exine two layered; intexine 2 μm thick, comparatively homogenous; exoexine 50 μm thick consisting of an open, three-dimensional network of sporopollenin threads. Both proximal and distal surfaces sculptured with a coarse reticulum; lumina irregularly polygonal in shape, 10–25 μm in diameter, bordered by muri c. 2 μm wide and c. 5 μm high. The fine reticulation of the lumina is a manifestation of the open construction of the exoexine (pl. 45, fig. 4).

Comparison This new species is characterized by its composite reticulate sculpture, i.e. a fine reticulum occurring within the lumina of a coarse reticulum.

Locality and horizon HA-1, Ehuobulak Formation, Karamay Formation and Huangshanjie Formation; LN-1 and YM-1, upper part of the Karamay Formation.

Horstisporites denticulatus sp. nov.

(Pl. 47, figs. 3, 4)

Derivation of name *denticulatus*, L., denticulate, with reference to the ragged edge of the triradiate flanges.

Holotype Pl. 47, fig. 4.

Diagnosis Trilete megaspores with smooth contact areas and reticulate distal and equatorial surfaces.

Description Trilete megaspores, amb subcircular, 240 μm and 340 μm in diameter (two specimens). Laesurae straight within a narrow flange up to 30 μm high with an unevenly denticulate top, extend to c. three-quarters radius of spore. Distal and equatorial areas sculptured by an irregular reticulum that is coarse over most of the distal surface but the muri become more orientated towards the proximal pole adjacent to the contact area of the proximal face; muri narrow, of variable height, up to 15 μm. Contact areas uneven to weakly murornate.

Comparison This morphotype differs from *Horstisporites nidzicensis* Fuglewicz, 1977 in its more strongly developed distal reticulation.

Locality and horizon LN-8, Ehuobulak Formation.

Horstisporites nidzicensis Fuglewicz, 1977

(Pl. 46, figs. 1, 2)

1977a *Horstisporites nidzicensis* Fuglewicz, pp. 418, 419, pl. 36, fig. 2a–d.
1986 *Horstisporites nidzicensis*, Fuglewicz and Marcinkiewicz, p. 172, pl. 98, fig. 2a–b.
1989 *Horstisporites nidzicensis*, Kovach and Batten, p. 259, text-fig. 4H; p. 271, text-fig. 5B.
1990 *Horstisporites nidzicensis*, Batten and Kovach, p. 73.
1996 *Horstisporites nidzicensis*, Beutler et al., pl. 3, fig. 9.

Description Trilete megaspore, subcircular in polar view, 310 μm and 450 μm in diameter (2 specimens). Laesurae straight, reach equator, flanked by narrow lips 30–40 μm high and with essentially smooth, though uneven, contact areas on the proximal face. Margins of contact areas delineated by a ridge of more or less aligned lumina and muri of a fine reticulum, the reticulation quickly becoming much more pronounced on the distal face where the muri are narrow, c. 15 μm high and the lumina are irregular in shape, c. 4–12 μm in diameter.

Comparison According to Fuglewicz (1977a) this species differs from *H. bertelsenii* Fuglewicz, 1977a in being smaller, lacking curvaturae, having concave contact areas and shorter trilete rays; only the first two of these have any systematic significance. He maintained that the contact area of both species are nearly smooth but the single specimen of *H. bertelsenii* illustrated (Fuglewicz, 1977a, pl. 37, fig. 1) clearly has a proximal face that is sculptured with grana. *Horstisporites nidzicensis* differs from *H. denticulatus* sp. nov. in that the muri on the distal and equatorial surfaces have smooth rather than ragged edges, and from *Horstisporites subtilis* sp. nov. in having smooth rather than microreticulate contact areas.

Locality and horizon LN-8, Ehuobulak Formation.

Horstisporites subtilis sp. nov.

(Pl. 46, figs. 3–5)

Derivation of name *subtilis*, L., fine, referring to the fine reticulum on contact areas.

Holotype Pl. 46, fig. 4.

Diagnosis A *Horstisporites* with microreticulate ornaments on contact areas.

Description Trilete megaspores, amb subcircular, 215–275 μm in diameter (3 specimens). Laesurae within a straight or slightly sinuous flange up to c. 15 μm high, almost reaching equator. Distal and equatorial areas sculptured with a coarse, imperfect reticulum; lumina irregular in shape, c. 15–30 μm in diameter and membranous muri, 10–15 μm high. Contact areas microreticulate; muri low, c. 1 μm wide, lumina 1–2 μm in diameter.

Comparison This new species differs from *Horstisporites denticulatus* sp. nov. and *H. nidzicensis*

Fuglewicz, 1977a in having a microreticulate sculpture on the contact areas.

Locality and horizon   KQ, Kezilenur Formation.

Horstisporites tarimensis sp. nov.

(Pl. 46, figs. 6–11)

Derivation of name   After the Tarim Basin.

Holotype   Pl. 46, fig. 9.

Paratype   Pl. 46, fig. 8.

Diagnosis   A *Horstisporites* with distinctive triradiate and arcuate ridges.

Description   Amb rounded triangular, 330 (375) 400 μm in diameter (5 specimens). Trilete, laesurae straight, within a membranous flange 5–8 μm in basal width and up to 40 μm high, terminating where join arcuate flanges 20–30 μm wide. Spore surface sculptured with an irregular reticulum. On the proximal surface, the lumina are 12–30 μm in diameter and the muri c. 5 μm wide and up to 20 μm high; on distal surface, the reticulum becomes coarser, with lumina 15–75 μm in diameter and muri up to 40 μm high.

Comparison   *Horstisporites tarimensis* is similar to some species of *Erlansonisporites* but differs in having distinct triradiate and arcuate ridges, and less well developed proximal sculpture by comparison with that on the distal face. *Horstisporites irregularis* is sculptured with an irregular reticulum with muri up to 35 μm high, but lacks arcuate ridges. *Horstisporites bertelsenii* has arcuate ridges but only granules or no obvious sculpture on the contact areas and lower muri (15–18 μm high) on the distal surface.

Locality and horizon   LN-1, upper part of the Karamay Formation; KQ, Kezilenur Formation.

Horstisporites sp. 1

(Pl. 47, figs. 1, 2)

Description   Trilete megaspores, amb subcircular, 360 μm and 450 μm in diameter (2 specimens). Laesurae are within a narrow flange up to 25 μm high, almost reaches equator. Distal and equatorial areas sculptured with a reticulum; lumina irregular in shape and 30–80 μm in diameter, muri membranous, c. 20 μm high. Contact areas uneven, essentially smooth.

Comparison   This morphotype is similar to *Horstisporites subtilis* sp. nov. in having smooth contact areas, but differs in having a much finer reticulate sculpture on the distal surface and a reticulum with more ragged muri.

Locality and horizon   LN-23, lower part of the Karamay Formation; KQ, Kezilenur Formation.

Horstisporites sp. 2

(Pl. 48, fig. 1)

Description   One laterally compressed specimen, amb subcircular, 250 μm in diameter. Arcuate ridges narrow but perfectly and distinctly developed. Trilete, laesurae within a ribbed, membranous flange up to 35 μm high with an uneven, saw-toothed top, terminate where meet arcuate ridges of similar construction. Both proximal and distal surfaces sculptured with irregular membranous muri 1.5–2 μm wide and 2–3 μm high that sometimes surround irregularly shaped lumina 2–5 μm in diameter.

Comparison   This morphotype differs from other species of *Horstisporites* in having a very irregular and imperfect reticulate sculpture. *Horstisporites bertelsenii* Fuglewicz, 1977a is larger (460–580 μm), and has smooth or granulate contact areas and an irregular reticulum that bears appendages that extend from the intersections of the muri on the distal surface. *Horstisporites sulcatus* Fuglewicz, 1973 has a similar sculpture but strongly inflated contact areas.

Locality and horizon   LN-1, Huangshanjie Formation.

Genus *Dijkstraisporites* Potonié, 1956 emend. Batten et Koppelhus, 1993

1956   *Dijkstraisporites* Potonié, p. 74.

1993   *Dijkstraisporites* Potonié emend. Batten et Koppelhus, p. 36.

Type species   *Dijkstraisporites helios* (Dijkstra, 1951) Potonié, 1956.

Diagnosis   Megaspore, trilete; laesurae bordered by membraneous lips that break down towards their outer margin either to form a flange of irregular dimensions or into appendages of varying length which may be partially connected to each other by sporopollenin threads; body of spore circular to convexly triangular in equatorial outline, may be smooth-scabrate but usually sculptured with granules or a reticulum; surrounded by a zona or a corona which may be undulate to ribbed and usually gives the spore a circular or subcircular outline; in common with morphology of triradiate flange, outer part of corona may comprise appendages of varying length which are often partly connected by threads of sporopollenin.

Remarks   The type species of *Dijkstraisporites*, *D. helios* (Dijkstra, 1951) Potonié, 1956, described from the Lower Cretaceous of the southern England, has a prominent triradiate flange that commonly breaks down upwards into membranous process, a wide equatorial flange that also breaks down outwards to form a corona, and a clearly reticulate proximal and distal surface. However, the equatorial flange of some of the species that have been referred to the genus has an undulating to ribbed structure that usually gives the spore a circular or subcircular outline in polar view. As pointed out by Batten and Koppelhus (1993), it is the characters of the triradiate and wide equatorial flanges that distinguish *Dijkstraisporites*, as emended by them, from *Tenellisporites* Potonié, 1956 emend. Batten et Koppelhus, 1993, which has a corona that consists of a narrow flange from which extend discrete, usually flattened process and a triradiate flange of similar construction.

Distribution and age   Global, Mesozoic.

Dijkstraisporites beutleri Reinhardt, 1963

(Pl. 47, figs. 5–7)

1963   *Dijkstraisporites beutleri* Reinhardt, pp. 120, 121, pl. 2, fig. 6.

1969   *Macrosporites beutleri* (Reinhardt) Reinhardt et Fricke, p. 408, pl. 2, figs. 4, 5, text-fig. 5.

1971   *Dijkstraisporites beutleri*, Kozur, p. 122, pl. 1, fig. 3.

1972   *Dijkstraisporites beutleri*, Kannegieser and Kozur, pl. 8, fig. 7.

1972   *Triletes plotnikovi* Varyukhina, p. 91, pl. 3, fig. 3. (synonymy in Marcinkiewicz, 1978, questioned by Wierer, 1997)

non 1973   *Dijkstraisporites beutleri*, Fuglewicz, p. 440, pl. 26, fig. 3a–b. (see Marcinkiewicz, 1978 and Wierer, 1997)

1974   *Dijkstraisporites beutleri*, Kozur, pp. 36, 37, 40, 41, 46.

1975   *Dijkstraisporites beutleri*, Movshovich and Kozur, p. 111.

1976   *Dijkstraisporites beutleri*, Beutler, p. 126.

1976   *Dijkstraisporites beutleri*, Kozur, p. 101.

1976   *Dijkstraisporites beutleri*, Kozur and Movshovich, p. 54, pl. 2, fig. 2.

non 1976   *Dijkstraisporites beutleri*, Kozur and Movshovich, p. 54, pl. 2, fig. 1a–b. (see Wierer, 1997)

1978   *Dijkstraisporites beutleri*, Gajewzska, p. 14.

1978   *Dijkstraisporites beutleri*, Marcinkiewicz, p. 74, pl. 9, figs. 1–4, 5a–b; pl. 10, figs. 1–6.

1979a   *Dijkstraisporites beutleri*, Marcinkiewicz, p. 213, pl. 71, figs. 2–4.

non 1979b   *Dijkstraisporites beutleri*, Fuglewicz, text-fig. 1. (see Wierer, 1997)

non 1980a   *Dijkstraisporites beutleri*, Fuglewicz, pp. 422, 430, 438, pl. 8, figs. 1, 2. (see Wierer, 1997)

1984   *Dijkstraisporites beutleri*, Yang and Sun, p. 192.
1986   *Dijkstraisporites beutleri*, Fuglewicz and Marcinkiewicz, p. 174, pl. 75, figs. 2–4.
1989   *Dijkstraisporites beutleri*, Kovach and Batten, p. 257, text-fig. 4F; p. 270, text-fig. 5A.
1990   *Dijkstraisporites beutleri*, Batten and Kovach, pp. 53, 54.
1990   *Dijkstraisporites beutleri*, Yang and Sun, p. 175, pl. 38, figs. 5, 8, 9.
1992a *Dijkstraisporites beutleri*, Marcinkiewicz, pp. 37–39, tabs. 1, 2, pl. 11, figs. 1–3.
1993   *Dijkstraisporites beutleri*, Batten and Koppelhus, pp. 23, 24.
1996   *Dijkstraisporites beutleri*, Beutler et al., p. 136, fig. 6.3, pl. 2, fig. 12; pl. 5, fig. 3.

Description   Zonate megaspores. Central body subcircular in polar view, 270–280 μm in diameter (3 specimens). Triradiate flanges long, reaching onto zona which is 125–180 μm wide, membranous, with more or less radial striations. Exine c. 5 μm thick. Surface of central body sculptured with sparsely distributed baculate or spinose processes 85–100 μm high and 5–10 μm wide.

Comparison   The type material of *Dijkstraisporites beutleri* has a relatively narrow zona, its width being about the half radius of the central body, and a perfect or imperfect reticulum on the surface of the central body. The spores described herein seem more close to those assigned by Marcinkiewicz (1978, pls. 9, 10) and others to the same species. Apart from some specimens identified in open nomenclature (see e.g. Batten and Kovach, 1990) and one species originally identified as *Dijkstraisporites capillatus* Fuglewicz, 1977a but subsequently transferred to *Henrisporites* by Marcinkiewicz (1992a), no other Triassic spores have been attributed to *Dijkstraisporites* and there are no Jurassic records. There are several Cretaceous species, the most commonly identified being *D. helios* (Dijkstra, 1951) Potonié, 1956, but none closely resembles *D. beutleri*.

Locality and horizon   TH-1, Huangshanjie Formation.

<h3 style="text-align:center">Genus Flabellisporites Marcinkiewicz, 1978</h3>

1978   *Flabellisporites* Marcinkiewicz, p. 82.

Type species   *Flabellisporites crinitus* Marcinkiewicz, 1978.

Diagnosis   Trilete megaspores. Outline of the spore circular-oval. On the trilete rays there are single appendages or appendages joined together at the base. Arcuate ridges absent. Exine is covered with appendages with different shape. Apart from the sharp-pointed ones there are forked ones, and others which fan out at the end. The longest appendages are found in the equatorial zone, but they do not form distinct corona.

Remarks   The type species of *Flabellisporites*, *F. crinitus* Marcinkiewicz, 1978, from the Upper Triassic of Poland was described as having triradiate sutures bordered by appendages that may or may not be connected at their base, and a sculpture that consists of appendages that vary in shape, some being pointed, others forked or with expanded tips, with the longest appendages being situated equatorially. Arcuate ridges were said to be absent but as pointed out by Jansonius in Jansonius and Hills (1981) the contact areas are distinct by virtue of their reduced and more sparsely distributed appendages and are bounded by curvaturae as well as the ornamented trilete rays. As noted by Marcinkiewicz (1978), *Capillisporites* Kozur, 1973 differs in that the triradiate suture is not discernible. The fact that the equatorial appendages do not form a corona distinguishes the genus from *Dijkstraisporites* Potonié, 1956, as also noted by Marcinkiewicz (1978) and from *Tenellisporites* Potonié, 1956 emend. Batten et Koppelhus, 1993.

Distribution and age   China, Triassic (Xinjiang) and Early Cretaceous (Inner Mongolia); Poland, Middle Triassic.

Flabellisporites crinitus Marcinkiewicz, 1978

(Pl. 48, figs. 2–11)

1972   *Dijkstraisporites beutleri*, Kozur, p. 440, pl. 1, fig. 1. (see Wierer, 1997, p. 99)
1976   *Dijkstraisporites beutleri*, Kozur and Movshovich, p. 54, pl. 2, fig. 1a–b. (see Wierer, 1997, p. 99)
1978   *Flabellisporites crinitus* Marcinkiewicz, pp. 75, 79, 82, 83, pl. 11, figs. 1a–b, 2–7; pl. 12, figs. 1–3.
1979b *Flabellisporites crinitus*, Marcinkiewicz, pp. 212, 213, pl. 70, figs. 5–7; pl. 71, fig. 1.
1983   *Flabellisporites crinitus*, Marcinkiewicz, p. 17, pl. 6, figs. 1–4.
1986   *Flabellisporites crinitus*, Fuglewicz and Marcinkiewicz, p. 174, pl. 74, figs. 5–7; pl. 75, fig. 1.
1989   *Flabellisporites crinitus*, Kovach and Batten, p. 258, text-fig. 4G; p. 271, text-fig. 5B.
1990   *Flabellisporites crinitus*, Batten and Kovach, p. 62.
1992a *Flabellisporites crinitus*, Marcinkiewicz, p. 37, tabs. 1, 2, pl. 12, figs. 4, 5.
1992c *Flabellisporites crinitus*, Marcinkiewicz, pl. 6, figs. 5, 6.
1997   *Flabellisporites crinitus*, Wierer, pp. 99, 100, pl. 35, figs. 1–7.

Description   Amb rounded triangular in polar view, 300 (450) 620 μm in diameter (30 specimens). Trilete, laesurae long, reaching equator, bordered by lips that extend upwards forming a low flange from which many flattened processes of varying length extend upwards. Entire surface of spore also sculptured with flattened appendages that extend upwards from the margins of an imperfect reticulum, generally 50–80 μm in length but longer (80–140 μm) along laesurae and around equator, with pointed, truncated, forked or fan-shaped tips. The lower parts of the longer appendages around the equator usually joined together to form an imperfect zona 50–160 μm in width.

Comparison   The Tarim specimens are very similar in sculptural character to those from type locality in Poland. Li et al. (1987) identified as *Flabellisporites* sp., a Cretaceous specimen that differs from *F. crinitus* in in having more widely spaced capilli. The two Aptian specimens referred to aff. *Flabellisporites* sp. by Lupia (2004) have not only more widely spaced but also more delicate appendages than those of *F. crinitus*. No other species of the genus have been recorded.

Locality and horizon   LN-1 and YW-1, Ehuobulak Formation; LN-8 and YW-1, lower part of the Karamay Formation; HA-1, upper part of the Karamay Formation.

Genus *Henrisporites* Potonié, 1956 emend. Binda et Srivastava, 1968

1956   *Henrisporites* Potonié, p. 68.
1968   *Henrisporites* Potonié emend. Binda et Srivastava, p. 106.

Type species   *Henrisporites affinis* (Dijkstra, 1951) Potonié, 1956.

Diagnosis   Megaspores trilete, zonate; amb subtriangular to triangular; tetrad mark reaching the equatorial outline of the zona; amb higher than breadth, sometimes very high; proximal and distal surface with sparse granulate to spinate ornamentation.

Remarks   The type species of *Henrisporites*, *H. affinis* (Dijkstra, 1951) Potonié, 1956, described from the Lower Cretaceous of the Netherlands, is similar in general aspect to *Minerisporites* as emended by Batten and Koppelhus (1993) but the exine is sculptured with hairs instead of, in most cases, a reticulum. All megaspore species that have been attributed to the genus apart from one essentially smooth-walled form, which was transferred by Batten and Koppelhus (1993) to *Minerisporites*, lack a rugulate or reticulate surface and instead are sculptured with granules, verrucae, cones, spines or hairs.

Distribution and age   China (Xinjiang and Inner Mongolia) and Europe, Mesozoic; South and North America, Cretaceous.

Henrisporites capillatus (Fuglewicz, 1977) Marcinkiewicz, 1992

(Pl. 49, figs. 1–13)

1977a   *Dijkstraisporites capillatus* Fuglewicz, pp. 421, 422, pl. 38, fig. 3; pl. 39, fig. 1a–b; pl. 40, fig. 3.

1978   *Henrisporites delicatus* Marcinkiewicz, pp. 75, 79, 83, pl. 12, fig. 7; pl. 13, figs. 1a–b, 3a–b; pl. 14, figs. 1–4.

1983   *Henrisporites delicatus*, Marcinkiewicz, pp. 16, 17, pl. 7, figs. 3, 4a–b; pl. 8, figs. 1, 2, 3a–b, 4; pl. 9, figs. 1–3, 4a–b.

1986   *Dijkstraisporites capillatus*, Fuglewicz and Marcinkiewicz, p. 174, tab. 14, pl. 100, figs. 4, 7.

1989   *Dijkstraisporites capillatus*, Kovach and Batten, p. 257, text-fig. 4F; p. 271, text-fig. 5B.

1989   *Henrisporites delicatus*, Kovach and Batten, p. 258, text-fig. 4G; p. 271, text-fig. 5B.

1990   *Dijkstraisporites capillatus*, Batten and Kovach, p. 53.

1990   *Henrisporites delicatus*, Batten and Kovach, p. 67.

1992a   *Henrisporites capillatus* (Fuglewicz) Marcinkiewicz, pp. 37, 41, tabs. 1, 2, pl. 12, fig. 3; pl. 13, fig. 4.

1993   *Henrisporites capillatus*, Batten and Koppelhus, pp. 27, 28, fig. 2.

1996   *Dijkstraisporites capillatus*, Beutler et al., fig. 6.2.

1996   *Henrisporites capillatus*, Beutler et al., pl. 3, fig. 11.

1997   *Henrisporites capillatus*, Wierer, pp. 104, 105, pl. 40, figs. 6–10; pl. 41, figs. 1–4.

Description   Amb rounded triangular, 315 (565) 800 μm in diameter (11 specimens). Triradiate flange 60–80 μm high, reaching onto zona, with ragged or spiny edges. Zona c. 45–140 μm wide, with an irregular, sometimes obviously invaginated margin. Spore surface sculptured with many long and thin (30–50 μm) hairs or spines that are fairly evenly and usually densely distributed over both proximal and distal surfaces. They are commonly joined basally and sometimes emanate from an irregular, incomplete reticulum; such processes tend to be more flattened along their length than those that occur as isolated elements. In some specimens, the sculptural elements on the distal surface are longer and more densely distributed than those on proximal surface.

Comparison   The Tarim specimens are similar to those described from the Ladinian of Poland except for their larger size, the Polish specimens being 300–400 μm in diameter. The sculptural elements of the specimens illustrated by Wierer (1997, pl. 40, figs. 6–10; pl. 41, figs. 1–4) are mostly proportionally longer and wider and are seldom joined at their bases.

Locality and horizon   C-1, HA-1, LN-8, MX-1, TH-1 and X-1, Ehuobulak Formation; C-1, HA-1, MX-1, TH-1, X-1 and YW-1, lower part of the Karamay Formation; HA-1, TH-1 and X-1, upper part of the Karamay Formation; HA-1, Huangshanjie Formation.

Henrisporites latispinosus (Fuglewicz, 1977) comb. nov.

(Pl. 50, figs. 1–8; Pl. 51, figs. 1–5)

1977a   *Echitriletes latispinosus* Fuglewicz, p. 417, pl. 34, figs. 1, 2.

1986   *Echitriletes latispinosus*, Fuglewicz and Marcinkiewicz, p. 170, pl. 94, figs. 1–4.

1989   *Echitriletes latispinosus*, Kovach and Batten, p. 257, text-fig. 4F; p. 271, text-fig. 5B.

1990   *Echitriletes latispinosus*, Batten and Kovach, p. 56.

Description   Amb subtriangular to subcircular, 456 (570) 720 μm in diameter (47 specimens). Triradiate flanges 10–20 μm in height and 5–8 μm in basal width, reaching equator. Zona 35–100 μm wide, unevenly indented. Body of spore sculptured with conical or flattened processes 5–30 μm high and 10–20 μm wide at base, with sharp, rounded or truncated tips; sculpture may be less well developed on zona. Exine two-layered: inner layer c. 5 μm thick, densely and homogenously constructed, outer layer, loosely constructed, spongy.

Comparison Fuglewicz (1977a) described *Echitriletes latispinosus* as spinose spores with wide (28–40 μm) curvaturae. However, the "curvaturae" in the specimens, including the holotype, illustrated by Fuglewicz and Marcinkiewicz (1986) seem more likely to constitute a zona extending from the equator. Coupled with the presence of spinose sculpture, the species is transferred here to *Henrisporites*. The Tarim spores attributed this species are mostly larger than those recorded by Fuglewicz, the size and proportions of the sculptural elements are not exactly the same, and some of the variation seen may be attributable to degradation.

The only other Triassic species of this genus is *Henrisporites triassicus*. Its size falls within the range recorded by Kozur (1973) and Marcinkiewicz (1978) from eastern Germany and Poland, and although the distal sculpture may be comparable, it is much more weakly developed on the proximal face (granules and small verrucae). All other spores with the characters of the genus that have been identified to species level are of Cretaceous age.

Locality and horizon MX-1, lower part of the Karamay Formation; KQ, upper part of the Karamay Formation, Tariqik Formation and Yangxia Formation.

Henrisporites longibaculiformis sp. nov.
(Pl. 51, figs. 6–11; Pl. 52, figs. 1–4)

Derivation of name *longus* + *baculum* + *forma*, L., long + stick + form, with reference to the sculpture that includes comparatively long bacula.

Holotype Pl. 51, figs. 6, 7.

Diagnosis A *Henrisporites* sculptured with comparatively long, robust spines and bacula on the distal face.

Description Amb subcircular, 345–440 μm in diameter (7 specimens). Trilete, laesurae straight within a membranous flange 35–55 μm high, extending on to a membranous zona 50–60 μm wide with a fimbriate margin. Outer exoexine of spore body has a densely granular surface that bears scattered hollow spines and bacula (pl. 51, fig. 9). On distal face, these are c. 20–65 μm high with a basal diameter of c. 10–30 μm, whereas the proximal face is sculptured with but obviously smaller, less robust spines and bacula generally <40 μm high and 15 μm wide at base.

Comparison *Henrisporites longibaculiformis* bears some resemblance to *Radosporites planus* as illustrated in Wierer (1997, pl. 17, figs. 1, 6).

Locality and horizon TH-1, Ehuobulak Formation; LN-1 and TH-1, upper part of the Karamay Formation.

Genus *Minerisporites* Potonié, 1956 emend. Batten et Koppelhus, 1993

1956 *Minerisporites* Potonié, p. 67.
1993 *Minerisporites* Potonié emend. Batten et Koppelhus, pp. 37–38.

Type Species *Minerisporites mirabilis* (Miner, 1935) Potonié, 1956.

Diagnosis Megaspore, trilete, laesurae bordered by membraneous lips whose extremities are entire or only slightly irregular, sometimes subtended by short, hair-like processes; body of spore circular to round triangular in equatorial outline, may be smooth-scabrate, rugulate or reticulate; surrounded by a zona of more or less constant width or which is expanded at ends of triradiate flange to form small, triangular to lobate auriculae.

Remarks *Minerisporites* is based on an early Cenozoic (Paleocene) species, *M. mirabilis* (Miner, 1935) Potonié, 1956. It is sculptured with a reticulum on both proximal and distal surfaces and has membranous triradiate and equatorial flanges. Many species have been attributed to *Minerisporites*. A few are only weakly reticulate or have a rugulate sculpture or an essentially smooth to scabrate wall. On the other hand, several have a more strongly developed reticulation in which the muri become significantly higher where they intersect, commonly forming long appendages particularly on the proximal face towards the triradiate flange, but sometimes also elsewhere. The equatorial flange in some of the species that have been erected is also significantly wider at the ends of the triradiate flange. This feature combined with murornate extensions on the proximal face renders such forms difficult to distinguish from *Paxillitriletes* Hall et Nicolson, 1973. Batten and Koppelhus (1993) emended the diagnoses of both this genus and *Minerisporites* in order to make it somewhat easier to allocate specimens encountered in any megaspore study to one or other of these genera. As emended by them, the triradiate flange of *Minerisporites* is entire or at most only slightly irregular with sometimes short, hair-like processes extending upwards from its top, there is no significant development of appendages on the proximal face near the triradiate flange and the zona is of more or less constant width or is expanded at the ends of the triradiate flange to form only small triangular to lobate structures. The *Pavlovisporites uralicus* Kozur, 1979, described from Permian (Kungurian) rocks in Russia, is much larger than most species of *Minerisporites*, but in other respects is morphologically comparable to representatives of the genus that have a reticulate sculpture (Batten and Koppelhus, 1993). Wang and Chen (2001, pl. 8, figs. 5–9) illustrated specimens from uppermost Permian deposits which they identified as *Triangulatisporites*-type megaspores. These could also be attributed to *Minerisporites*.

Distribution and age Global, Late Permian (?), Mesozoic to Cenozoic.

Minerisporites sp. cf. *M. delicatus* Gunther et Hills, 1972

(Pl. 52, figs. 6, 7)

1972 *Minerisporites delicatus* Gunther et Hills, p. 42, pl. 5, figs. 2, 3.
1989 *Minerisporites delicatus*, Kovach and Batten, p. 261, text-fig. 4J; p. 276, text-fig. 5G.
1990 *Minerisporites delicatus*, Batten and Kovach, p. 88.
2017 *Minerisporites delicatus*, Kutluk and Hills, pl. 1, figs. 14–16.

Description Amb subcircular, diameter of central body 190 μm (one specimen only). Trilete, laesurae within a somewhat folded flange that extends onto zona c. 25 μm wide interradially and c. 55 μm radially. Sculpture indistinct, weakly reticulate on distal face.

Comparison This specimen bears some resemblance to *Minerisporites delicatus*, which was described from Campanian deposits in Alberta, Canada.

Locality and horizon LN-1, Huangshanjie Formation.

Minerisporites tarimensis sp. nov.

(Pl. 54, figs. 1–10)

2004 *Minerisporites tarimensis*, Zhang et al., p. 69. (nom. nud.)

Derivation of name After Tarim Basin.

Holotype Pl. 54, figs. 1, 2.

Paratype Pl. 54, fig. 5.

Diagnosis A *Minerisporites* with microreticulate sculpture and pronounced radial equatorial outgrowths of the zona.

Description Amb triangular with convex sides, 220–485 μm in diameter (9 specimens); holotype 425 μm, paratype 485 μm. Triradiate suture within a flange from which flattened appendages extent upwards in well-preserved specimens, 30–60 μm high, extends onto zona which is 30–40 μm wide interradially and

50–140 μm wide at the angles. Spore surface microreticulate; muri 1–3 μm wide, up to c. 4 μm high, surrounding lumina 2–8 μm in maximum diameter.

Comparison *Minerisporites tarimensis* bears some resemblance to *M. delicatus* Gunther et Hills, 1972, *M. deltoides* Gunther et Hills, 1972 and some other species of *Minerisporites* chiefly on account of its very fine reticulate sculpture. *M. tarimensis* and *Paxillitriletes pogonites* (Gunther et Hills, 1972) Hall et Nicolson, 1972 are similar in their finely reticulate distal surface and strongly developed triradiate flanges and radial outgrowths, but the latter differs in having long cylindrical appendages on contact areas.

Locality and horizon YT-6, Shushanhe Formation.

Minerisporites triangularis sp. nov.

(Pl. 53, figs. 1–12)

Derivation of name *triangularis*, L., triangular, with reference to the triangular equatorial outline.

Holotype Pl. 53, fig. 1.

Paratype Pl. 53, figs. 10, 11.

Diagnosis A *Minerisporites* having a triangular amb with slightly convex sides, a coarse reticulum on the proximal face and distinctly higher muri adjacent to the triradiate flange.

Description Amb triangular with slightly convex sides, 200 (220) 380 μm in diameter (33 specimens). Triradiate suture within a flange c. 50 μm high, with an essentially smooth to somewhat denticulate top, extends onto zona which is c. 10 μm wide interradially and 50–75 μm at the angles. Exine c. 5 μm thick, sculptured with a reticulum; muri c. 2 μm in basal width, lumina irregularly polygonal; on the distal face c. 5–20 μm in diameter, with spiny or baculate appendages, 10–15 μm in length, emanating from junctions of the muri; lumina larger, 20–40 μm in diameter on proximal face, and near triradiate flange muri can be as much as 40–50 μm high and connect with it.

Comparison *Minerisporites triangularis* differs from other species of *Minerisporites* in having distinctly higher muri adjacent to the triradiate flange, and from *Paxillitriletes phyllicus* in having a triangular amb and coarser reticulate sculpture on the proximal face.

Locality and horizon KQ, upper part of the Karamay Formation and Kezilenur Formation; KQ and QK-1, Yangxia Formation.

Minerisporites volucris Marcinkiewicz, 1960

(Pl. 56, figs. 5–7)

1960 *Minerisporites volucris* Marcinkiewicz, p. 723, pl. 7, figs. 1–3.
1961 *Triletes datura* Harris, p. 55, text-fig. 16a–h.
1969 *Minerisporites volucris*, Gry, pp. 80, 84, 85, text-fig. 6.10.
1971a *Minerisporites volucris*, Marcinkiewicz, p. 39, pl. 19, figs. 1–6; pl. 20, figs. 1–5; pl. 21, figs. 1, 2.
1971b *Minerisporites volucris*, Marcinkiewicz, p. 194.
1973 *Triletes datura*, Brzozowska, p. 647.
1981a *Minerisporites volucris*, Marcinkiewicz, p. 88, pl. 22, figs. 3, 4, 8; pl. 23, figs. 1, 2.
1985 *Minerisporites datura* (Harris) Marcinkiewicz [sic], Petros'yants, p. 97.
1985 *Minerisporites* cf. *volucris*, Petros'yants, p. 97.
1989 *Minerisporites volucris*, Kovach and Batten, p. 262, text-fig. 4K; p. 272, text-fig. 5C.
1990 *Minerisporites volucris*, Batten and Kovach, p. 93.
1992 *Minerisporites volucris*, Koppelhus and Batten, p. 25, pl. 13, figs. 2–5, 7, 8; pl. 21, fig. 6.
2016 *Minerisporites volucris*, Morris and Batten, figs. 7.15, 7.16.

Description   One laterally compressed specimen 225 μm in equatorial diameter. Triradiate flange c. 50 μm high, top unevenly denticulate, extends onto zona which is c. 45–50 μm wide at angles and 15–20 μm interradially. Surface of body reticulate, lumina irregularly polygonal, 10–15 μm in diameter; muri narrow, c. 2 μm in basal width and 3–5 μm in height, but much higher where they join forming appendages c. 20–60 μm in length and up to 15 μm wide. On the proximal face, the longest appendages are adjacent to the triradiate flange.

Comparison   In having long baculate and spiny appendages emanating from the junctions of muri, this species differs from other species of *Minerisporites*.

Locality and horizon   KQ, Kezilenur Formation.

Minerisporites sp. 1

(Pl. 52, fig. 5)

Description   Trilete megaspore, circular in polar view, central body 300 μm in diameter (one specimen only). Triradiate flange c. 50 μm high at apex, extends onto membranous zona which is c. 50 μm wide. The contact areas are sculptured with an irregular and highly imperfect reticulum; muri <3 μm wide, lumina c. 25 μm in maximum diameter. Where muri intersect, they are higher, forming cones or spines 15–30 μm high.

Comparison   This specimen differs from all known species of *Minerisporites* in its vaguely reticulate sculpture on the contact areas.

Locality and horizon   HA-1, upper part of the Karamay Formation.

Genus *Nathorstisporites* Jung, 1958

1958   *Nathorstisporites* Jung, p. 121.
1976   *Nathorstisporites*, Jansonius and Hills, p. 1749.

Type species   *Nathorstisporites hopliticus* Jung, 1958.

Diagnosis   Trilete megaspores with setose and flange–like appendages on and along the tecta. Without cingulum, but with distinct curvaturae perfectae. Trilete rays shorter than the radius. The exine is all-over ornamented with rather loosely spaced, pointed or blunt coni.

Distribution and age   Global, Late Triassic–Middle Jurassic (Mainly Early Jurassic).

Nathorstisporites yanqiensis Cui et al., 2004

(Pl. 55, figs. 1–5)

?1982b   *Echitriletes hispidus* Marcinkiewicz, Yang and Sun, p. 374, pl. 1, fig. 8.
1987   *Nathorstisporites hopliticus* Jung, Yang and Sun, p. 315, pl. 49, figs. 3, 4.
2004   *Nathorstisporites yanqiensis* Cui et al., pp. 299, 302, pl. 2, figs. 1–6.

Description   Four poorly preserved and partly fragmentary remains of specimens compressed in lateral or oblique-lateral orientation; equatorial diameter 325–395 μm. Trilete laesurae straight, reaching equator, bordered by membranous elevated lips bearing capilli, some of which bifurcate towards their tips. Arcuate ridges weakly developed (pl. 55, fig. 5). The proximal surface close to the triradiate flange is also sculptured with capilli 30–65 μm long and 12–18 μm wide at base, usually bending as arcuation, gently tapering upwards and mostly sharply pointed, sometimes subdividing towards their tips (pl. 55, fig. 2), decreasing in height away from it. Distal surface sculptured with widely scattered coni c. 15 μm wide at base and 12–15 μm high, rarely extending into capilli (pl. 55, fig. 1). Surface of the exine under high magnification has a microreticulate appearance indicating a spongiose construction of part of the protective wall.

Comparison The specimens described here are similar to those of *Narkisporites yanqiensis* from the Yanqi Basin, northwest China except for their arcuate ridges not so distinct, and differ from *N. hopliticus* in having capillate ornaments spaced all over contact areas and weakly developed arcuate ridges.

Locality and horizon KQ, Ahe Formation.

Nathorstisporites? sp. 1

(Pl. 55, fig. 6–9)

Description Trilete megaspore; amb triangular with convex sides; 385 μm and 460 μm in diameter (2 specimens). Triradiate flanges membraneous, 30–40 μm in height and almost reaching to equator. Contact areas are delineated by slightly developed arcuate ridges and sculptured with small verrucae or cones with spiny tips; Sculptural elements 15–20 μm in basal diameter, 30–45 μm in height, and higher near laesurae; a few adjacent elements may connect each other at bases and form a impression of short rugulae. Sculpture elsewhere similar, but smaller.

Comparison The sculpture suggests that an attribution to is reasonable.

Locality and horizon TZ-1, Ehuobulak Formation.

Genus *Paxillitriletes* Hall et Nicolson, 1973 emend. Batten et Koppelhus, 1993

1973 *Paxillitriletes* Hall et Nicolson, p. 319.
1993 *Paxillitriletes* Hall et Nicolson emend. Batten et Koppelhus, p. 38.

Type species *Paxillitriletes reticulatus* (Mädler, 1954) Hall et Nicolson, 1973.

Diagnosis Megaspore, trilete; laesurae bordered by membraneous lips that subtended by elongate flattened processes; body of spore circular to rounded triangular in equatorial outline. variably sculptured with granules, verrucae, rugulae, hairs, spines and/or a reticulum; sculptural elements become more elongate adjacent to triradiate flange; equator surrounded by a zona which is commonly narrow interradially but always expanded to form auriculae where triradiate flange merges with it.

Remarks The type species of this genus, *P. reticulatus* (Mädler, 1954) Hall et Nicolson, 1973 from the Lower Cretaceous of Germany was regarded by Mädler as being characterized by a pilose sculpture along the triradiate flange or only in the immediate vicinity, and a narrow zona with the rays of the triradiate flange extending to or slightly beyond it. The pilose elements adjacent to the triradiate flange extend from the irregularly reticulate sculpture of the proximal surface of the spore. The distal surface is also reticulate. As noted above, Batten and Koppelhus (1993) emended the diagnoses of both *Paxillitriletes* and *Minerisporites* with the aim of making it easier to place specimens encountered in one or other genus. The presence of sculptural elements that become more elongate adjacent to the triradiate flange, and a zona that is commonly narrow in interradial regions but is always expanded to form auriculae where the triradiate flange merges with it are characteristic of *Paxillitriletes* as emended by Batten and Koppelhus.

Distribution and age Global, Late Triassic–Cretaceous (Mainly Cretaceous).

Paxillitriletes ales (Harris, 1935) Batten et Koppelhus, 1993

(Pl. 56, figs. 1–4)

1935 *Triletes ales* Harris, p. 163, pl. 25, figs. 2, 8, 9, 11, text-fig. 53a.
1956 *Minerisporites ales* (Harris) Potonié, pp. 67, 68.
1960 *Minerisporites ales*, Jung, pl. 38, figs. 39–41; pl. 39, fig. 43.
1962 *Minerisporites ales*, Marcinkiewicz, p. 477, pl. 3, figs. 6, 7.
1964 *Minerisporites ales*, Marcinkiewicz, p. 57.

1969 *Minerisporites ales*, Marcinkiewicz, p. 109.

1970 *Minerisporites ales*, Bertelsen and Michelsen, pp. 32, 33, pl. 9, figs. 1–6; pl. 10, figs. 1, 2.

1971 *Minerisporites ales*, Kozur, p. 122.

1971a *Minerisporites ales*, Marcinkiewicz, p. 38, pl. 17, figs. 2–5.

1971b *Minerisporites ales*, Marcinkiewicz, p. 194.

1974 *Minerisporites ales*, Marcinkiewicz, p. 597.

1976 *Minerisporites ales*, Beutler, p. 123.

1979b *Minerisporites ales*, Marcinkiewicz, p. 214, pl. 78, figs. 3–5.

1981 *Minerisporites ales*, Yang and Wang, pl. 1, fig. 15.

1982 *Minerisporites* cf. *ales*, Candilier et al., pl. 1, fig. 21.

1984 *Triletes ales*, Zhang, pl. 11, fig. 4.

1989 *Minerisporites ales*, Kovach and Batten, p. 261, text-fig. 4J; p. 272, text-fig. 5C.

1990 *Minerisporites ales*, Batten and Kovach, pp. 86, 87.

1993 *Paxillitriletes ales* (Harris) Batten et Koppelhus, p. 38.

Description Trilete megaspore, amb subcircular, 250 μm in diameter (one specimen only). Triradiate flange 140 μm high, extends onto zona which is c. 20 μm wide interradially and up to 100–120 μm at the angles. Exine c. 5 μm thick. Surface of body reticulate; lumina irregularly polygonal, 10–15 μm in diameter, muri narrow, c. 2 μm in basal width and 3–5 μm high, but higher at the junctions of muri forming appendages 20–40 μm in length and 3–6 μm wide. On the proximal face, most appendages occur adjacent to the triradiate flange where some are up to 35–50 μm high and 10–15 μm wide at their base.

Comparison The spore is similar to the type material described by Harris (1935) from Rhaetian?/Hettangian of East Greenland in their well developed triradiate flanges and membraneous outgrowth in the angles of spore, and long appendages adjacent to triradiate flanges, however, the latter has small spines, rather than reticulation on the wall surfaces. It is also very similar to the spores of *P. phyllicus* described below but its much higher triradiate flanges and more pronounced outgrowths.

Locality and horizon KQ, Yangxia Formation; DWC, Yangye Formation.

Paxillitriletes phyllicus (Murray, 1939) Hall et Nicolson, 1973

(Pl. 57, figs. 1–12)

1939 *Triletes phyllicus* Murray, pp. 482, 485, figs. 7, 8.

1955 cf. *Lycostrobus scotti* Nathorst, Znosko, pl. 6, figs. 11–15; pl. 7, figs. 19, 20.

1955 *Triletes ales* Harris, Znosko, pp. 134, 136, 139, 142, 144, pl. 6, figs. 8, 9, 18–20.

1955 *Lycostrobus scotti*, Znosko, pp. 134, 136, 139, 142, 144, 145, pl. 6, figs. 1–6; pl. 7, figs. 1–4, 16–18.

1956 *Thomsonia phyllicus* (Murray) Potonié, p. 72.

1957 *Triletes phyllicus*, Marcinkiewicz, p. 300.

1960 *Thomsonia* (*Triletes*) *phyllicus* (Murray) Potonié, Marcinkiewicz, p. 724, pl. 8, figs. 1–5.

1960 *Thomsonia* (*Triletes*) *phyllicus*, Marcinkiewicz et al., pp. 388, 389, pl. 3, figs. 8–10.

1961 *Triletes phyllicus*, Harris, p. 48, text-figs. 13i–j, 14a–j.

1961 *Triletes phyllicus* (giant form), Harris, pp. 50, 52, text-fig. 14k.

1962 *Thomsonia* (*Triletes*) *phyllicus*, Marcinkiewicz, p. 478, pl. 13, figs. 1–5.

1964 *Thomsonia phyllicus*, Marcinkiewicz, p. 59.

1964 *Thomsonia phyllicus*, Singh, p. 156, pl. 23, fig. 7.

1967 *Thomsonia phyllicus*, Stoermer and Wienholz, p. 566, pl. 10, fig. 88.

1969 *Thomsonia phyllica*, Gry, pp. 71, 78, 80, 82, 84, 85, text-fig. 6.13.

1971a *Thomsonia phyllica*, Marcinkiewicz, p. 40, pl. 21, figs. 3–8.

1971b   *Thomsonia phyllicus*, Marcinkiewicz, pp. 194, 196.

1972   *Thomsonia phyllicus*, Kisneryus and Saydakovskiy, p. 97.

1973   *Paxillitriletes phyllicus* (Murray) Hall et Nicolson, p. 320.

1974   *Thomsonia phyllicus*, Marcinkiewicz, p. 597.

1975   *Paxillitriletes phyllicus*, Filatoff, p. 55, pl. 8, figs. 8, 9.

1980   *Paxillitriletes phyllicus*, Marcinkiewicz, p. 54, pl. 13, figs. 1–9; pl. 14, figs. 1a–b, 2, 3.

1981a   *Paxillitriletes phyllicus*, Marcinkiewicz, pp. 86, 87, pl. 23, figs. 6, 7.

1981   *Paxillitriletes? phyllicus*, Niemczycka and Marcinkiewicz, pl. 2, fig. 3; pl. 3, figs. 3, 6.

1981   ?*Paxillitriletes phyllicus*, Ware and Windle, p. 418.

1982b   *Paxillitriletes phyllicus*, Yang and Sun, p. 375, pl. 2, fig. 11.

1985   *Paxillitriletes* cf. *Phyllicus*, Petros'yants, p. 97.

1987   *Paxillitriletes phyllicus*, Yang and Sun, pl. 3, fig. 9.

1988   *Paxillitriletes phyllicus*, Lund and Ecke, p. 356, pl. 3, fig. 13.

1989   *Paxillitriletes phyllicus*, Kovach and Batten, p. 263, tex-fig. 4L; p. 272, text-fig. 5C.

1990   *Paxillitriletes phyllicus*, Batten and Kovach, pp. 102, 103.

1992   *Paxillitriletes phyllicus*, Koppelhus and Batten, p. 26, pl. 16, figs. 2–4; pl. 21, figs. 9, 13.

1992   *Paxillitriletes phyllicus*, Munk and Granzow, p. 17, pl. 10, figs. 2, 4.

?2000   *Paxillitriletes phyllicus*, Wang, pp. 303, 304, pl. 3, figs. 3, 4.

2004   *Paxillitriletes phyllicus*, Cui et al., pl. 3, figs. 4, 6, 7.

2016   *Paxillitriletes phyllicus*, Slater and Wellman, fig. 6H, I.

2016   *Paxillitriletes phyllicus*, Morris and Batten, figs. 7.9, 7.10.

Description Trilete megaspores, amb of central body rounded triangular to subcircular, 175 (225) 280 μm in diameter (10 specimens). Laesurae bordered by ribbed, rather wavy flanges 50–70 μm high, folded, reaching onto zona. Zona 8–12 μm wide interradially but significantly wider (60–70 μm) radially. Exine c. 10 μm thick, with a reticulate surface; lumina irregularly polygonal, 10–20 μm in diameter; muri 1.5 μm in basal width, 3–5 μm in height, and ragged, membranous, tending to be highest where join, increasing in height towards the triradiate flange where they form appendages that commonly reach the same height as the flange and may be connected to adjacent appendages at their bases and sometimes for much of their length.

Comparison *Paxillitriletes phyllicus* is the only species of the genus *Paxillitriletes* to have been widely reported from Jurassic deposits. The one and only record of *P. arcticus* (Bose, 1961) Batten et Kovach, 1990, from the Jurassic of Andoya, Norway, has not been reported since it was originally described, and the attribution of specimens referred by Gry (1969) to *Thomsonia* cf. *pseudotenella* (species now referred to *Paxillitriletes*) was considered by Kovach and Batten (1989) to be doubtful. Koppelhus and Batten (1992) subsequently reported that none of the specimens from either the Middle Jurassic or lowermost Cretaceous (Berriasian) deposits that Gry examined looked sufficiently like *P. pseudotenellus* for it to be compared to that species. The Aptian and mid Albian *P. phyllicus* records of Singh (1964) should probably be referred to another species. Although the attribution of our Jurassic specimens to *P. phyllicus* is not in doubt, the morphology of some of the older Cretaceous species is certainly very similar.

Locality and horizon KQ and QK-1, Yangxia Formation; DWC, Yangye Formation; KQ, Kezilenur Formation.

Genus *Tarimispora* gen. nov.

1996   *Tarimispora*, Chen et al., p. 26. (nom. nud.)

2001   *Tarimispora*, Li et al., pp. 224, 225. (nom. nud.)

2004 *Tarimispora*, Zhang et al., p. 61. (nom. nud.)

Derivation of name After the Tarim Basin.

Type species *Tarimispora perfecta* gen. et sp. nov.

Diagnosis Trilete megaspores, amb subtriangular. Arms of triradiate flange extend to equator and onto either a zona or an equatorial radial flange. Zona is usually wider radially than in interradial regions where it tends to be somewhat irregular and unevenly developed and may sometimes be reduced to an uneven ridge and at its most extreme is limited essentially to "auriculae" in equatorial radial regions. Body of spore surface sculptured with verrucae or rugulae.

Comparison The sculpture of *Tarimispora* differs from that of other zonate genera. Species of *Henrisporites* are apiculate or spinose, those referable to *Minerisporites* have a reticulate sculpture and *Triangulatisporites* Potonié et Kremp, 1954, as originally defined, is for zonate spores that have reticulate distal and smooth or granulate proximal surfaces.

Distribution and age China (Xinjiang), Late Triassic.

Tarimispora auriculata gen. et sp. nov.

(Pl. 59, figs. 1–6)

1996 *Tarimispora auriculata*, Chen et al., p. 26. (nom. nud.)
2001 *Tarimispora auriculata*, Li et al., pp. 210, 211, 225. (nom. nud.)
2004 *Tarimispora auriculata*, Zhang et al., p. 69. (nom. nud.)

Derivation of name *auricula*, L., lobe of the ear, little ear, with reference to the presence of a zona only at the angles of the spore.

Holotype Pl. 59, figs. 1, 5.

Paratype Pl. 59, fig. 2.

Diagnosis A *Tarimispora* in which the development of an equatorial flange is confined to equatorial radial regions in the form of auriculate projections.

Description Amb triangular with convex sides, 240 (290) 380 μm in diameter (35 specimens). Triradiate flange straight, up to c. 40–50 μm in height and 10 μm in basal width, extending onto zona. Zona membranous, 30–40 μm wide radially, weakly visible interradially. Proximal surface sculptured with verrucae c. 5 μm in height, 10 μm in diameter and closely spaced. Distal surface sculptured with sinuous, somewhat angular, closely spaced, interlocking ridges c. 5 μm wide and 3–5 μm high.

Comparison As noted above, this species differs from *Tarimispora perfecta* in having auriculate flanges in equatorial radial regions rather than a perfect zona.

Locality and horizon KQ, LN-1 and LN-8, upper part of the Karamay Formation; HA-1, Huangshanjie Formation.

Tarimispora perfecta gen. et sp. nov.

(Pl. 58, figs. 1–11)

1996 *Tarimispora perfecta*, Chen et al., p. 26. (nom. nud.)
2001 *Tarimispora perfecta*, Li et al., pp. 210, 211, 225. (nom. nud.)
2004 *Tarimispora perfecta*, Zhang et al., p. 69. (nom. nud.)

Derivation of name *perfectus*, L., complete, with reference to the usually completely developed zona.

Holotype Pl. 58, figs. 1–3.

Paratype Pl. 58, fig. 7.

Diagnosis A *Tarimispora* with a well-developed zona.

Description Amb triangular with slightly convex sides to rounded triangular, 180 (285) 305 μm in diameter (16 specimens). Triradiate flange straight or slightly sinuous, up to. 40 μm in height at apex and 10 μm in basal width, extending onto zona. Zona membranous, of uneven width and commonly partly undulating and somewhat folded, 30–50 μm wide radially and narrowing to 20–40 μm wide interradially. Exine c. 5 μm thick. Proximal surface sculptured with verrucae c. 5–15 μm in diameter and up to c. 10 μm high close to the proximal pole; these give way to mostly more rugulate elements up to 60 μm long and c. 5–10 μm wide that are orientated more or less radially towards equator and extend onto inner part of zona. Distal surface sculptured with sinuous, somewhat angular, closely spaced, interlocking rugulae c. 5 μm wide and 3–5 μm high.

Comparison *Tarimispora auriculata* differs in that the development of an equatorial flange is largely or entirely confined to equatorial radial regions in the form of auriculate projections.

Locality and horizon KQ and LN-1, upper part of the Karamay Formation; HA-1, Huangshanjie Formation.

Genus *Kuqaia* Li, 1993

1993 *Kuqaia* Li, p. 72.

Type species *Kuqaia quadrata* Li, 1993.

Diagnosis Shell single-layered, bilaterally symmetrical, splitting in venter. Surface ornamented with a series of ridges arranged in concentric and/or radial directions. Both the centre of the concentric ridges and beginning of the radiating ridges are situated on the ventral side. A spine is present at the caudal end.

Remarks The affinity of this genus has remained unknown since it was first described. For convenience, the open face is considered to be the venter and the opposite face the dorsum, the end with a spine as posterior and the opposite end anterior. The species included here have all been described previously by Li (1993) and Cui et al. (2004). They are included here because they were usually obtained together with megaspores in abundance from a certain assemblage examined and have important stratigraphical significance.

Distribution and age China, Norway and England, Early-Middle Jurassic.

Kuqaia concentrica Li, 1993

(Pl. 60, figs. 1–5)

1993 *Kuqaia concentrica* Li, p. 75, pl. 2, figs. 1–4.
2003 *Kuqaia concentrica*, Luo et al., pl. 1, fig. 7.
2003 *Kuqaia quadrata*, Luo et al., pl. 1, fig. 10.
2004 *Kuqaia concentrica*, Cui et al., pl. 4, figs. 7–10.
2014 *Kuqaia concentrica*, Yan et al., fig. 3 (the first specimen from the left).

Description Body elliptical in dorso-ventral view, length 370–425 μm; breadth 165–195 μm. Shell about 3 μm thick, with well-developed concentric ridges and less distinct radial ridges on surface. Each side of the shell with 15–20 concentrical ridges about 5–8 μm wide. Radial ridges thin, about 1 μm wide, irregularly and weakly occurring between adjacent concentrical ridges. On ventral and postventral margins only concentrical ridges visible. Postventral margin 30–50 μm wide, and usually turned out in collar-shape. Caudal spine distinct, about 40 μm long, with a pointed tip.

Remarks The species *concentrica* differs from other species of *Kuqaia* in having highly developed concentrical ridges on the shell surface.

Locality and horizon JG, Kangsu Formation/Yangye Formation; KQ, LN-1, QG, QK-1 and WM-1, Yangxia Formation; PL, Yangye Formation.

Kuqaia quadrata Li, 1993

(Pl. 59, figs. 7–11)

1993 *Kuqaia quadrata* Li, p. 74, pl. 1, figs. 1–9.

2000 *Kuqaia quadrata*, Wang, p. 302, pl. 3, fig. 9; pl. 4, figs. 3, 4, 6.

2003 *Kuqaia concentrica*, Luo et al., pl. 1, figs. 1–4, 7.

2004 *Kuqaia quadrata*, Cui et al., pl. 3, figs. 9–11.

2009 *Kuqaia quadrata*, Morris et al., p. 173.

2014 *Kuqaia concentrica*, Yan et al., fig. 3 (the second specimen from the left).

2014 *Kuqaia quadrata*, Yan et al., fig. 3 (the third specimen from the left).

Description Body fusiform in dorso-ventral view, Length 365–490 μm, breadth 140–250 μm, height 150–200 μm. The wall of both side is ornamented with 18–25 concentrical ridges and 35–55 radial ridges, which intersect in a reticulate patter with square meshes. On ventral and postventral margins only concentrical ridges discernible. Postventral margin 35–40 μm wide, closed or turned out in collar-shape. Caudal spine about 20 μm long, with a pointed tip.

Remarks *Kuqaia quadrata* is characterized by its square meshed sculpture intersected by concentric and radial ridges. Morris et al. (2009, p. 173) investigated over 600 grains of the genus *Kuqaia* collected from the Lower Jurassic Åre Formation in Urd Field, offshore mid-Norway and did not distinguished them to different species "because relative robustness of the concentric and radial ridges was found to vary with the degree and angle of compaction and state of preservation". As "the morphology of uncompacted, well-preserved specimens is closely comparable to that of *Kuqaia quadrata*, as described by Li (1993)", they apply the species name in a broad sense to all of their specimens. However, judging from the images they showed on plates, the specimens seems more likely to be assigned to *K. radiate* described bellow.

Locality and horizon DH-1, KQ, QG and QK-1, Yangxia Formation; JG, Kangsu Formation/Yangye Formation; KR, Kangsu Formation.

Kuqaia radiata Li, 1993

(Pl. 60, figs. 7–10)

1993 *Kuqaia radiata* Li, p. 75, pl. 2, figs. 5–10.

2000 *Kuqaia radiata*, Wang, p. 303, pl. 4, fig. 2.

2004 *Kuqaia radiata*, Cui et al., pl. 4, figs. 1–5.

2009 *Kuqaia quadrata*, Morris et al., pl. 2, figs. 14, 15; pl. 3, figs. 1, 2.

2014 *Kuqaia radiata*, Yan et al., fig. 3 (the first specimen from the right).

2016 *Kuqaia radiata*, Morris and Batten, p. 169, fig. 16.

Description Body fusiform with a furrow on dorsum, 340–415 μm long, 160–180 μm wide and 160–185 μm high. Wall surface is mainly ornamented with radial ridges which about l0 μm wide and closely arranged. On the ventral margin of some specimens a few weak concentrical ridges may be visible. Caudal spine 25–38 μm long.

Remarks *K. radiata* differs from other species of *Kuqaia* in its strong radial ridges and weak concentrical ridges on surface.

Locality and horizon DH-1, KQ, QG and QK-1, Yangxia Formation; QG, JG and KR, Kangsu Formation; PL, Yangye Formation.

Kuqaia yangii Cui et al., 2004

(Pl. 60, fig. 6)

2003 *Kuqaia radiata*, Luo et al., pl. 1, fig. 8.
2004 *Kuqaia yangii* Cui et al., p. 303, pl. 2, figs. 7, 8.

Description An incomplete specimen 400 μm in length, 210 μm in height, with concentrical ridges on the dorsum and radial ridges on the lateral. The ridges ca. 3 μm wide and 3 μm apart. On the venter some concentric ridges weakly developed.

Remarks *Kuqaia yangii* differs from other species of *Kuqaia* in having not only concentric ridges on the dorsum but also radial ridges on the lateral.

Locality and horizon DH-1, Yangxia Formation.

Kuqaia yanqiensis Cui et al., 2004

(Pl. 59, fig. 12)

2004 *Kuqaia yanqiensis* Cui et al., p. 303, pl. 3, fig. 8; pl. 4, fig. 6.

Description An incomplete specimen 350 μm in length and 150 μm in height, with arched dorsum and flat venter. A furrow goes from anterior to posterior on the dorsum. The surface of wall nearly smooth or with radial striations developed very weakly.

Remarks *Kuqaia yanqiensis* differs from other species of *Kuqaia* in its almost smooth wall surface.

Locality and horizon JG, Kangsu Formation/Yangye Formation; LN-1, Yangxia Formation.

图 版 说 明
Explanation of Plates

全部图片都是扫描电子显微（SEM）照片，除非有特别说明：TOM（透光显微）照片，ROM（反光显微）照片。图片上的标尺长等于 100 μm，除非标尺旁有特别注明。

为每一颗标本提供的基本数据包括：产地/样品号码或井下深度/赋存载片/标本号码/地层代码，如：轮南 8 井（LN-8）/5015.75 m/AC/1422/T_1e。

全部标本保存于中国科学院南京地质古生物研究所。

All figures are taken under SEM (scanning electron microscope), otherwise specialized under TOM [transmitted optical (light) microscope] and ROM [reflected optical (light) microscope].

Scale bar = 100 μm unless indicated otherwise.

Each specimen is provided with the following data: location/sample number or depth in well/microscope slide/specimen number/chronostratigraphically code, e.g. 轮南 8 井（LN-8）/5015.75 m/AC/1422/T_1e.

All specimens are housed in Nanjing Institute of Geology and Palaeontology, Chinese Academy of Sciences.

图版 1　Plate 1

1–5. 圆形无缝大孢 *Aneuletes rotundus* Fuglewicz, 1973
  1. 斜侧面（Oblique-lateral view），轮南 8 井（LN-8）/ 4891.54 m/AC/1448/T_3k^2。
  2. 斜侧面（Oblique-lateral view），轮南 8 井（LN-8）/ 4891.54 m/AC/1450/ T_3k^2。
  3. 近极面（Proximal view），塔河 1 井（TH-1）/4146.42 m/AY/82/ T_3k^2。
  4. 侧面（Lateral view），塔河 1 井（TH-1）/4202.75 m/AY/79/ T_3k^2。
  5. 近极面（Proximal view），塔河 1 井（TH-1）/4146.42 m/AY/80/ T_3k^2。

6–12. 光面轮台大孢（新属、新种）*Luntaispora laevigata* gen. et sp. nov.
  6. 近极面（Proximal view），轮南 8 井（LN-8）/5015.75 m/AC/1422/T_1e。
  7. 近极面（Proximal view），杜瓦（Duwa）/ DW8/AK/1645/T_1w。
  8. 近极面（Proximal view），杜瓦（Duwa）/ DW25/AP/621/T_1w。
  9. 副模标本，侧面（Paratype in lateral view），轮南 8 井（LN-8）/5013.41 m/AC/1426/T_1e。
  10. 近极面（Proximal view），杜瓦（Duwa）/ DW8/AK/1647/T_1w。
  11. 正模标本，近极面（Holotype, proximal view），轮南 8 井（LN-8）/5015.75 m/AC/1421/T_1e。
  12. 近极面（Proximal view），轮南 8 井（LN-8）/5015.75 m/AC/1423/T_1e。

图版 2　Plate 2

1–3. 光面轮台大孢（新属、新种）*Luntaispora laevigata* gen. et sp. nov.
  1. 近极面（Proximal view），哈 1 井（HA-1）/5220.72 m/AY/58/T_1e。
  2. 近极面（Proximal view），哈 1 井（HA-1）/5218.71 m/AY/60/T_1e。
  3. 近极面（Proximal view），满西 1 井（MX-1）/3562.00 m/AY/9/T_1e。

4–7. 褶皱光面三缝大孢（新种）*Trileites plicatilis* sp. nov.
  4. 副模标本（Paratype），侧面（Lateral view），轮南 8 井（LN-8）/5017.70 m/AH/1556/T_1e。
  5. 副模标本（Paratype），TOM，轮南 8 井（LN-8）/ 5017.70 m/AH/1556/T_1e。

6. 正模标本，极面观（Holotype, polar view），TOM，轮南 8 井（LN-8）/5017.70 m/BA/210/T_1e。

7. 极面观（Polar view），TOM，轮南 8 井（LN-8）/5017.70 m/BA/202/T_1e。

8–11. 光滑光面三缝大孢 *Trileites levis* Fuglewicz, 1973

8. 近极面（Proximal view），杜瓦（Duwa）/DW26/AN/613/T_1w。

9. 近极面（Proximal view），杜瓦（Duwa）/DW24/AO/578/T_1w。

10. 侧面（Lateral view），轮南 8 井（LN-8）/5029.20 m/AL/1665/T_1e。

11. 近极面（Proximal view），杜瓦（Duwa）/DW24/AO/577/T_1w。

图版 3　Plate 3

1，2. 波兰光面三缝大孢 *Trileites polonicus* Fuglewicz, 1973

1. 斜近极面（Oblique-proximal view），塔中 3 井（TZ-3）/2599.31 m/AF/1482/T_1e。

2. 近极面（Proximal view），塔中 1 井（TZ-1）/2498.10 m/AI/1560/T_1e。

3，4. 柔弱光面三缝大孢 *Trileites tenellus* Fuglewicz, 1973

3. 斜近极面（Oblique-proximal view），羊屋 1 井（YW-1）/3962 m/AY/67/T_2k^1。

4. 斜近极面（Oblique-proximal view），塔河 1 井（TH-1）/4202.75 m/AJ/1620/T_3k^2。

5，6. 光面三缝大孢（未定种 2）*Trileites* sp. 2

5. 近极面（Proximal view），塔中 3 井（TZ-3）/2599.31 m/AF/1485/T_1e。

6. 侧面（Lateral view），塔中 1 井（TZ-1）/2498.10 m/AI/1565/T_1e。

7，8. 常见光面三缝大孢（比较种）*Trileites* sp. cf. *T. solitus* Marcinkiewicz, 1960

7. 侧面（Lateral view），塔中 1 井（TZ-1）/2457.06 m/AY/36/T_1e。

8. 侧面（Lateral view），英买 1 井（YM-1）/4959.64 m/AI/1579/T_1e。

图版 4　Plate 4

1–3, 5. 普通光面三缝大孢 *Trileites vulgaris* Fuglewicz, 1973

1. 近极面（Proximal view），库车河（Kuqa River）/LWB116/AZ/3230/T_3k^2。

2. 近极面（Proximal view），库车河（Kuqa River）/LWB116/AX/77/T_3k^2。

3. 近极面（Proximal view），库车河（Kuqa River）/LWB116/AZ/3321/T_3k^2。

5. 极面观（Polar view），TOM，库车河（Kuqa River）/LWB116/A/T5721/T_3k^2。

4，7. 角锥细粒面大孢 *Maexisporites pyramidalis* Fuglewicz, 1973

4. 近极面（Proximal view），英买 1 井（YM-1）/4837.40 m/AY/41/T_3k^2。

7. 近极面（Proximal view），英买 31 井（YM-31）/4750.00 m/AY/39/T_1e。

6，8，9. 光面三缝大孢（未定种 1）*Trileites* sp. 1

6. 近极面（Proximal view），轮南 23 井（LN-23）/4490.39 m/AB/1390/T_3h。

8. 侧面（Lateral view），轮南 8 井（LN-8）/5013.41 m/AC/1440/T_1e。

9. 近极面（Proximal view），塔中 3 井（TZ-3）/2599.31 m/AD/1344/T_1e。

10–12. 泽西班克斯大孢 *Banksisporites dejerseyi* Scott et Playford, 1985

10. 近极面（Proximal view），杜瓦（Duwa）/DW24/AO/581/T_1w。

11. 极面观（Polar view），TOM，杜瓦（Duwa）/DW24/A/T11A/T_1w。

12. 极面观（Polar view），TOM，杜瓦（Duwa）/DW25/A/T11B/T_1w。

图版 5　Plate 5

1，2. 肥厚班克斯大孢（比较种）*Banksisporites* sp. cf. *B. pinguis* (Harris, 1935) Dettmann, 1961

1. 残缺标本，极面观（Defective specimen in polar view），TOM，满西 1 井（MX-1）/3524.30 m/BB/T7437/T_1e。

2. 近极面（Proximal view），轮南 8 井（LN-8）/5013.41 m/AH/1545/T_1e。

3. 膨胀水泡大孢 *Pusulosporites inflatus* Fuglewicz, 1973

   近极面（Proximal view），轮南 8 井（LN-8）/5017.70 m/AC/1441/T_1e。

4. 玛格丽特大孢（未定种 1）*Margaritatisporites* sp. 1

   残缺标本，侧面（Defective specimen in lateral view），杜瓦（Duwa）/DW8/AK/1707/T_1w。

5. 玛格丽特大孢（未定种 2）*Margaritatisporites* sp. 2

   侧面（Lateral view），英买 1 井（YM-1）/4836.00 m/AE/1469/T_3k^2。

6–14. 具缘水泡大孢 *Pusulosporites marginatus* Fuglewicz, 1973

   6. 近极面（Proximal view），库车河（Kuqa River）/SJ238/AX/541/J_1y。
   7. 近极面（Proximal view），库车河（Kuqa River）/LWB107/AD/1322/T_1e。
   8. 近极面（Proximal view），塔中 3 井（TZ-3）/2599.31 m/AF/1477/T_1e。
   9. 近极面（Proximal view），库车河（Kuqa River）/LWB117/AX/159/T_3k^2。
   10. 近极面（Proximal view），塔中 3 井（TZ-3）/2599.31 m/AF/1472/T_1e。
   11. 近极面（Proximal view），塔中 3 井（TZ-3）/2599.31 m/AF/1480/T_1e。
   12. 近极面（Proximal view），库车河（Kuqa River）/LWB117/AX/151/T_3k^2。
   13. 一粒轴向压扁的标本（An axially compressed specimen），侧面，示孢子壁层的纵切面（Lateral view, showing cross-section of exine），库车河（Kuqa River）/SJ238/AX/497/J_1y。
   14. 图 13 标本壁层切面之放大，示坚实的外壁内层和松散的外壁外层（Close-up of wall cross-section of the specimen in fig. 13, showing compact intexine and loosely structured exoexine）。

图版 6　Plate 6

1–10. 三冠三冠大孢 *Tricristatispora tricristata* (Li, 1974) Li, 2000

   1. 近极面（Proximal view），轮南 1 井（LN-1）/4827.68 m/AB/1383/T_3k^2。
   2. 图 1 标本近极顶部之放大，示接触区顶部具瘤块的襟翼状附着物（Close-up of proximal apex of the specimen in fig. 1, showing flap-shaped attachments with verrucae on interradial area）。
   3. 斜侧面（Oblique-lateral view），轮南 1 井（LN-1）/4836.91 m/AJ/1595/T_3k^2。
   4. 近极面（Proximal view），库车河（Kuqa River）/LWB127/AG/1520/T_3t。
   5. 轴向压扁的大孢子碎片（Fragment of an axially compressed specimen），侧面（Lateral view），英买 1 井（YM-1）/4838.00 m/AD/1334/T_3k^2。
   6. 图 5 标本外壁横切面局部放大，示薄弱的内层和宽厚、海绵状的外层（Close-up of wall cross-section of the specimen in fig. 5, showing thin intexine and much thicker, spongiose exoexine）。
   7. 极面观（Polar view），TOM，轮南 1 井（LN-1）/4816.00 m/A/T7432/T_3k^2。
   8. 极面观（Polar view），TOM，轮南 1 井（LN-1）/4827.68 m/A/T7421/T_3k^2。
   9. 极面观（Polar view），TOM，轮南 1 井（LN-1）/4827.68 m/A/T7430/T_3k^2。
   10. 侧面观（Lateral view），TOM，轮南 1 井（LN-1）/4827.68 m/B/T7431/T_3k^2。

11–16. 英买力三冠大孢（新种）*Tricristatispora yingmailensis* sp. nov.

   11. 侧面观（Lateral view），TOM，英买 1 井（YM-1）/4837.40 m/BB/T007/T_3k^2。
   12. 侧面观（Lateral view），TOM，英买 1 井（YM-1）/4837.40 m/BB/T004/T_3k^2。
   13. 极面观（Polar view），TOM，英买 1 井（YM-1）/4837.40 m/BB/T006/T_3k^2。
   14. 正模标本（Holotype），斜近极面（Oblique-proximal view），英买 1 井（YM-1）/4838.00 m/AD/1332/T_3k^2。
   15. 图 14 标本近极顶部之放大，示襟翼状附着物及其上的瘤状、皱瘤状纹饰（Close-up of proximal apex of the specimen in fig. 14, showing verrucate/rugulate flaps on proximal pole）。
   16. 副模标本，侧面（Paratype, lateral view），英买 1 井（YM-1）/4838.00 m/AD/1333/T_3k^2。

图版 7　Plate 7

1–6. 三瓣三冠大孢（新种）*Tricristatispora trilobata* sp. nov.

　　1. 副模标本（Paratype），侧面（Lateral view），英买 1 井（YM-1）/4837.40 m/AD/1324/T_3k^2。

　　2. 图 1 标本近极端的放大，示襟翼状附着物上微弱网状至皱瘤状纹饰（Close-up of proximal pole of the specimen in fig. 1, showing weakly reticulate to rugulate flaps）。

　　3. 正模标本，近极面（Holotype in proximal view），英买 1 井（YM-1）/4837.40 m/AD/1326/T_3k^2。

　　4. 侧面（Lateral view），英买 1 井（YM-1）/4837.40 m/AD/1323/T_3k^2。

　　5. 侧面（Lateral view），英买 1 井（YM-1）/4837.40 m/AD/1327/T_3k^2。

　　6. 侧面（Lateral view），TOM，轮南 3 井（LN-3）/4736.02 m/D/T013/T_3h。

7, 8. 细粒面大孢（未定种 1）*Maexisporites* sp. 1

　　7. 斜侧面（Oblique-lateral view），杜瓦（Duwa）/DW24/AO/583/T_1w。

　　8. 斜侧面（Oblique-lateral view），库车河（Kuqa River）/LWB132/AG/1530/T_3t。

9. 中厚脊细粒面大孢 *Maexisporites meditectatus* (Reinhardt, 1963) Kannegieser et Kozur, 1972

　　近极面（Proximal view），库车河（Kuqa River）/KQ21/AS/1712/J_1a。

10, 11. 细粒面大孢（未定种 2）*Maexisporites* sp. 2

　　10. 侧近极面（Oblique-proximal view），轮南 1 井（LN-1）/4775.50 m/AJ/1602/T_3h。

　　11. 侧近极面（Oblique-proximal view），轮南 1 井（LN-1）/4775.50 m/AJ/1603/T_3h。

图版 8　Plate 8

1. 麦纽秋细粒面大孢 *Maexisporites magnuszewensis* Fuglewicz, 1977

　　侧近极面（Oblique-proximal view），库车河（Kuqa River）/SJ256/AG/1526/J_2k。

2–5. 鲕状细粒面大孢 *Maexisporites ooliticus* Fuglewicz, 1977

　　2. 侧近极面（Oblique-proximal view），英买 1 井（YM-1）/4959.64 m/AI/1580/T_1e。

　　3. 近极面（Proximal view），杜瓦（Duwa）/DW24/AO/580/T_1w。

　　4. 半侧面（Oblique view），塔中 1 井（TZ-1）/2457.06 m/AL/1676/T_1e。

　　5. 图 4 标本局部放大，示颗粒状至小芽状纹饰（Close-up of the specimen in fig. 4, showing granulate to micropapillate sculpture）。

6–8. 肋刺棒纹大孢 *Bacutriletes costatispinosus* Fuglewicz, 1977

　　6, 7. 一个侧面（?）标本的正反两面[Both sides of a spore laterally (?) compressed]，轮南 23 井（LN-23）/4644.98 m/AS/1715/T_2k^1。

　　8. 图 6 的局部放大，示集束状棒饰（Close-up of fig. 6, showing linked appendages）。

图版 9　Plate 9

1–9. 指形棒纹大孢（新联合）*Bacutriletes digitiformis* (Faddeeva, 1960) comb. nov.

　　1. 近极面（Proximal view），库车河（Kuqa River）/KQ14/AK/1654/J_1y。

　　2. 不完整的标本（Incomplete spore），齐格勒克（Qigelek）/PJ_2F9/AV/974778/J_1k。

　　3. 侧近极面（Oblique-proximal view），普惠 1 井（PH-1）/3344.00 m/AW/1115/J_1y。

　　4. 不完整的标本（Incomplete spore），库车河（Kuqa River）/KQ14/AK/1652/J_1y。

　　5. 侧面（Lateral view），轮南 1 井（LN-1）/4641.09 m/AF/1490/J_1y。

　　6. 图 5 标本局部放大，示末端膨胀的棒状纹饰（Close-up of the specimen in fig. 5, showing part of baculate appendages with swollen tips）。

　　7. 图 5 标本侧面（Lateral view of the specimen in fig. 5），TOM。

　　8. 侧面（Lateral view），轮南 1 井（LN-1）/4641.09 m/AF/1488/J_1y。

9. 图8标本的TOM照片，示上部粗大的棒状纹饰（TOM of the specimen in fig. 8, showing baculate appendages with swollen tips）。

10–12. 棒纹大孢（未定种1）*Bacutriletes* sp. 1

    10，11. 同一标本的近极和远极面（Proximal and distal view of same specimen），杜瓦（Duwa）/DW26/AR/595/T_1w。

    12. 侧面（Lateral view），杜瓦（Duwa）/DW26/AN/614/T_1w。

图版 10　Plate 10

1–4. 棒纹大孢（未定种2）*Bacutriletes* sp. 2

    1. 近极面（Proximal view），轮南56井（LN-56）/4324.94 m/AE/1460/T_2k^1。

    2. 侧面（Lateral view），轮南23井（LN-23）/4490.39 m/AB/1389/T_3h。

    3. 侧面（Lateral view），轮南56井（LN-56）/4324.94 m/AE/1457/T_2k^1。

    4. 图3标本接触区之局部，示壁层结构（Close-up of contact area of the specimen in fig. 3, showing wall texture）。

5–12. 柯祖尔棒纹大孢 *Bacutriletes kozurii* Batten et Kovach, 1990

    5，6. 同一标本的近极面和远极面（Proximal and distal faces of same specimen），库车河（Kuqa River）/SJ219/AD/1299/T_3h。

    7. 侧面（Lateral view），TOM，库车河（Kuqa River）/LWB116/BB/5729/T_3k^2。

    8. 近极面（Proximal view），库车河（Kuqa River）/LWB116/AZ/3297/T_3k^2。

    9. 图8标本的极面观（Polar view of the specimen in fig. 8），TOM。

    10. 近极面（Proximal view），库车河（Kuqa River）/LWB116/AX/169/T_3k^2。

    11. 侧面（Lateral view），库车河（Kuqa River）/LWB116/AY/18/T_3k^2。

    12. 侧面（Lateral view），库车河（Kuqa River）/LWB116/AY/15/T_3k^2。

图版 11　Plate 11

1–4. 柯祖尔棒纹大孢 *Bacutriletes kozurii* Batten et Kovach, 1990

    1. 侧面（Lateral view），库车河（Kuqa River）/LWB116/AY/13/T_3k^2。

    2. 远极面（Distal view），库车河（Kuqa River）/LWB116/AY/14/T_3k^2。

    3. 近极面（Proximal view），库车河（Kuqa River）/LWB116/AY/21/T_3k^2。

    4. 远极面（Distal view），库车河（Kuqa River）/LWB116/AY/23/T_3k^2。

5，6. 棒纹大孢（未定种3）*Bacutriletes* sp. 3

    同一标本的近极面和远极面（Proximal and distal views of same specimen），库车河（Kuqa River）/LWB126/AD/1300/T_3h。

图版 12　Plate 12

1–8. 毛刺星棒大孢（新属、新种）*Stellibacutriletes capillaris* gen. et sp. nov.

    1. 近极面（Proximal view），塔中1井（TZ-1）/2457.06m/AL/1682/T_1e。

    2. 近极面（Proximal view），塔中1井（TZ-1）/2498.10 m/AB/1394/T_1e。

    3. 近极面（Proximal view），杜瓦（Duwa）/DW26/AN/602/T_1w。

    4. 副模标本，侧面（Paratype, lateral view），轮南8井（LN-8）/5013.41 m/AC/1427/T_1e。

    5. 近极面（Proximal view），塔中28井（TZ-28）/2526.00 m/AW/1116/T_1e。

    6. 开裂的标本，近极面（Dehiscent spore in proximal view），塔中1井（TZ-1）/2498.10 m/AI/1563/T_1e。

    7. 图6标本孢壁横切面局部放大，示外壁外层结构（Close-up of transverse section of the specimen in fig. 6, showing texture of exoexine）。

    8. 侧近极面（Oblique-proximal view），杜瓦（Duwa）/DW26/AN/609/T_1w。

图版 13　Plate 13

1–4. 毛刺星棒大孢（新属、新种）*Stellibacutriletes capillaris* gen. et sp. nov.
　　1, 2. 正模标本的近极面和远极面（Proximal and distal views of holotype），杜瓦（Duwa）/DW26/AR/3642/T_1w。
　　3, 4. 图 1、图 2 标本的接触区之局部放大，示网状/蜂窝状的外壁外层表面和毛刺状纹饰（Close-up of contact area of the specimen in fig. 1 and fig. 2, showing reticulate/foveolate exoexine surface and pilose sculpture）。
5–8. 修长星棒大孢（新属、新种）*Stellibacutriletes gracilis* gen. et sp. nov.
　　5. 远极面（Distal view），塔中 3 井（TZ-3）/2599.31 m/AD/1315/T_1e。
　　6–8. 图 5 标本之局部放大，分别显示纹饰和外壁外层结构细节（Close-up of the specimen in fig. 5, mainly showing details of sculpture and exoexine structure respectively）。

图版 14　Plate 14

1–6. 修长星棒大孢（新属、新种）*Stellibacutriletes gracilis* gen. et sp. nov.
　　1. 正模标本，侧近极面（Holotype, oblique-proximal view），杜瓦（Duwa）/DW26/AN/597/T_1w。
　　2. 远极面？（Distal view?），杜瓦（Duwa）/DW26/AN/593/T_1w。
　　3. 侧近极面（Oblique-proximal view），塔中 3 井（TZ-3）/2598.74 m/AI/1586/T_1e。
　　4. 标本碎片（Fragment），杜瓦（Duwa）/DW-26/AN/615/T_1w。
　　5. 图 4 标本外壁横断面之局部放大，示壁层结构细节（Close-up of transverse section of the specimen in fig. 4, showing details of wall structure）。
　　6. 副模标本，侧面（Paratype, lateral view），杜瓦（Duwa）/DW26/AN/601/T_1w。

图版 15　Plate 15

1–6. 稀饰星棒大孢（新属、新种）*Stellibacutriletes rarus* gen. et sp. nov.
　　1, 2. 正模标本的近极面和远极面（Holotype, proximal and distal views respectively），杜瓦（Duwa）/ DW26/AR/3634/T_1w。
　　3. 图 1 接触区之局部放大，示外壁表面的短棒/锥状饰物和小洞穴（Close-up of contact area of fig. 1, showing short baculate/conical sculpture and small pits on exine surface）。
　　4. 图 2 之局部放大，示纹饰细节和蜂窝状外壁表面（Close-up of distal face of fig. 2, showing details of sculpture and foveolate exine surface）。
　　5. 侧近极面（Oblique-proximal view），杜瓦（Duwa）/DW26/AN/617/T_1w。
　　6. 副模标本，侧面（Paratype in lateral view），轮南 8 井（LN-8）/5013.41 m/AC/1436/T_1e。

图版 16　Plate 16

1–6. 坚实星棒大孢（新属、新种）*Stellibacutriletes solidus* gen. et sp. nov.
　　1. 副模标本，侧面（Paratype, lateral view），塔中 1 井（TZ-1）/2498.10 m/AB/1397/T_1e。
　　2. 正模标本（Holotype），近极面（Proximal view），塔中 1 井（TZ-1）/2457.06 m/AL/1674/T_1e。
　　3. 图 2 赤道区纹饰之局部放大，示粗短的棒状纹饰及其褴褛的顶端（Close-up of equatorial area of fig. 2, showing its thick and short baculate sculpture with raggedy apex）。
　　4. 近极面（Proximal view），轮南 8 井（LN-8）/5011.85 m/AC/1500/T_1e。
　　5. 图 4 标本的局部放大，示近极纹饰和高起的三射线唇边（Close-up of the specimen in fig. 4, showing part of proximal sculpture and triradiate flange）。
　　6. 侧近极面（Oblique-proximal view），塔中 3 井（TZ-3）/2599.31 m/AF/1494/T_1e。

图版 17　Plate 17

1–3. 星棒大孢（未定种 1）*Stellibacutriletes* sp. 1

1，2. 同一标本的近极面和远极面（Proximal and distal views of same specimen），杜瓦（Duwa）/DW26/AR/3638/T_1w。

3. 图1的局部放大，示纹饰细节和不完全网状/坑穴状的外壁表面（Close-up of the specimen in fig. 1, showing sculptural details and imperfectly reticulate/foveolate wall surface）。

4. 脆弱瘤纹大孢 *Verrutriletes fragilis* Fuglewicz, 1973

   近极面（Proximal view），满参1井（MC-1）/2874.00 m/AM/1702/T_2k^1。

5，11. 小瘤纹大孢 *Verrutriletes minor* Kozur, 1973 ex Marcinkiewicz, 1978

   5. 近极面（Proximal view），塔河1井（TH-1）/4030.00 m/AY/85/T_3h。

   11. 侧面（Lateral view），库车河（Kuqa River）/SJ238/AX/538/J_1y。

6–9. 修饰瘤纹大孢（比较种）*Verrutriletes* sp. cf. *V. ornatus* Reinhardt et Fricke, 1969

   6. 远极面（Distal view），轮南56井（LN-56）/4440.28 m/AI/1577/T_2k^1。

   7. 近极面（Proximal view），轮南56井（LN-56）/4440.28 m/AI/1576/T_2k^1。

   8. 侧面（Lateral view），轮南8井（LN-8）/4897.68 m/AH/1541/T_3k^2。

   9. 近极面（Proximal view），塔河1井（TH-1）/4201.69 m/AL/1683/T_3k^2。

10. 吉木萨尔瘤纹大孢 *Verrutriletes jimsarensis* Yang et Sun, 1990

    近极面（Proximal view），库车河（Kuqa River）/KQ22/AY/25/J_1a。

12. 瘤纹大孢（未定种1）*Verrutriletes* sp. 1

    侧面（Lateral view），库车河（Kuqa River）/KQ21/AS/1714/J_1a。

图版 18　Plate 18

1–6. 早三叠奥汀大孢 *Otynisporites eotriassicus* Fuglewicz, 1977

   1. 近极面（Proximal view），轮南53井（LN-53）/4352.93 m/AA/1359/T_2k^1。

   2. 侧近极面（Oblique-proximal view），轮南53井（LN-53）/4352.93 m/AA/1360/T_2k^1。

   3. 侧面（Lateral view），轮南53井（LN-53）/4352.93 m/AA/1354/T_2k^1。

   4. 标本开裂，侧面（Dehiscent specimen in lateral view），轮南53井（LN-53）/4352.93 m/AA/1356/T_2k^1。

   5. 图4标本射线开裂处局部放大，示壁层结构（Close-up of part of wall section along laesurae of specimen of the specimen in fig. 4, showing wall layers）。

   6. 侧面（Lateral view），ROM，轮南53井（LN-53）/4352.93 m/T_2k^1。

图版 19　Plate 19

1–6. 结节奥汀大孢 *Otynisporites tuberculatus* Fuglewicz, 1977

   1. 侧面（Lateral view），塔中1井（TZ-1）/2457.06 m/AL/1680/T_1e。

   2. 侧面（Lateral view），杜瓦（Duwa）/DW25/AP/622/T_1w。

   3. 图2标本的远极局部放大，示纹饰细节和不完全网状/坑穴状的外壁表面（Close-up of the specimen in fig. 2, showing details of distal sculpture and imperfectly reticulate/foveolate wall surface）。

   4. 侧近极面（Oblique-proximal view），满西1井（MX-1）/3124.00 m/AY/2/T_2k^1。

   5. 侧面（Lateral view），满西1井（MX-1）/3212.00 m/AY/7/T_2k^1。

   6. 侧近极面（Oblique-proximal view），哈1井（HA-1）/5234.00 m/AU/974765/T_1e。

7. 塔里木奥汀大孢（新种）*Otynisporites tarimensis* sp. nov.

   侧面（Lateral view），哈1井（HA-1）/5226.00 m/AT/971322/T_1e。

图版 20　Plate 20

1–4. 塔里木奥汀大孢（新种）*Otynisporites tarimensis* sp. nov.

   1. 斜侧面（Oblique-lateral view），满西1井（MX-1）/3022.00 m/AU/974700/T_2k^1。

   2. 远极面（Distal view），哈1井（HA-1）/5271.00 m/AT/972031/T_1e。

3. 侧面（Lateral view），满西 1 井（MX-1）/3022.00 m/AU/974701/T_2k^1。
4. 正模标本，斜侧面（Holotype, oblique-lateral view），哈 1 井（HA-1）/5271.00 m/AT/972035/T_1e。

5，6. 奥汀大孢（未定种 1）*Otynisporites* sp. 1
5. 侧面，标本开裂（Dehiscent specimen in lateral view），库车河（Kuqa River）/LWB116/AG/1506/T_3k^2。
6. 图 5 标本的远极局部放大，示纹饰细节（Close-up of the specimen in fig. 5, showing distal sculpture）。

图版 21　Plate 21

1–6. 短刺那克大孢 *Narkisporites brevispinosus* Fuglewicz, 1973
1. 侧近极面（Oblique-proximal view），塔河 1 井（TH-1）/4205.00 m/AU/974750/T_3k^2。
2. 侧面（Lateral view），轮南 56 井（LN-56）/4324.94 m/AE/1459/T_3k^2。
3. 侧面，标本开裂（Dehiscent specimen in lateral view），轮南 53 井（LN-53）/4352.93 m/AA/1358/T_2k^1。
4. 图 3 标本沿射线的壁层断面之局部，示外壁的二层结构（Close-up of part of transverse section along laesurae of the specimen in fig. 3, showing two-layered wall）。
5. 近极面（Proximal view），羊屋 1 井（YW-1）/3891.00 m/AU/974769/T_2k^1。
6. 近极面（Proximal view），轮南 56 井（LN-56）/4324.94 m/AE/1455/T_3k^2

图版 22　Plate 22

1，2. 短刺那克大孢 *Narkisporites brevispinosus* Fuglewicz, 1973
1. 近极面（Proximal view），轮南 53 井（LN-53）/4352.93 m/AA/1353/T_2k^1。
2. 远极面（Distal view），羊屋 1 井（YW-1）/3891.00 m/AU/974770/T_2k^1。

3–6. 塔里木那克大孢（新种）*Narkisporites tarimensis* sp. nov.
3. 正模标本（Holotype），斜侧面（Oblique-lateral view），库车河（Kuqa River）/LWB117/AD/1292/T_3k^2。
4. 图 3 标本的另一面（Opposite side of the specimen in fig. 3）。
5. 图 3 标本的远极局部放大（Close-up of the specimen in fig. 3, showing details of distal sculpture）。
6. 近极面（Proximal view），库车河（Kuqa River）/LWB117/AX/154/T_3k^2。

图版 23　Plate 23

1–7. 锥刺那克大孢（新种）*Narkisporites conicus* sp. nov.
1，2. 正模标本的近极面和远极面（Proximal view and distal view of holotype），库车河（Kuqa River）/LWB118/AX/423/T_3k^2。
3. 近极面（Proximal view），库车河（Kuqa River）/LWB117/AX/150/T_3k^2。
4. 图 3 标本的近极顶部放大，示纹饰细节和三射线唇边（Close-up of proximal pole of the specimen in fig. 3, showing details of sculpture and triradiate flange）。
5. 侧面（Lateral view），库车河（Kuqa River）/LWB117/AX/98/T_3k^2。
6. 副模标本（Paratype），近极面（Proximal view），库车河（Kuqa River）/LWB117/AX/102/T_3k^2。
7. 图 6 标本的赤道区局部放大，示外壁表层的三维细网状结构和小锥状纹饰（Close-up of part of equator of the specimen in fig. 6, showing triaxial reticulate construction of exoexine surface and conical sculpture）。

图版 24　Plate 24

1–10. 锥刺那克大孢（新种）*Narkisporites conicus* sp. nov.
1. 近极面（Proximal view），库车河（Kuqa River）/LWB117/AX/100/T_3k^2。
2. 近极面（Proximal view），库车河（Kuqa River）/LWB117/AX/101/T_3k^2。
3. 图 2 标本的局部（Part of the specimen in fig. 2），TOM。
4. 近极面，标本残缺（Proximal view of fragmentary specimen），塔河 1 井（TH-1）/4165.00 m/AU/974745/T_3k^2。
5. 近极面，标本开裂（Proximal view of a dehiscent specimen），库车河（Kuqa River）/SJ238/AX/537/J_1y。

6. 近极面（Proximal view），塔河 1 井（TH-1）/4205.00 m/AU/974748/T_3k^2。

7. 近极面（Proximal view），库车河（Kuqa River）/LWB116/AX/162/T_3k^2。

8. 图 7 标本的 TOM 照片（TOM of the specimen in fig. 7）。

9. 近极面（Proximal view），库车河（Kuqa River）/LWB117/AX/ 161/T_3k^2。

10. 近极面（Proximal view），库车河（Kuqa River）/LWB116/AX/163/T_3k^2。

图版 25　Plate 25

1–9. 密棒那克大孢（新种）*Narkisporites densibaculatus* sp. nov.

1. 副模标本的近极面（Proximal view of paratype），库车河（Kuqa River）/LWB116/AX/167/T_3k^2。

2. 图 1 标本的 TOM 照片（TOM of the specimen in fig. 1）。

3. 近极面（Proximal view），库车河（Kuqa River）/LWB116/AX/80/T_3k^2。

4. 图 3 标本的 TOM 照片（TOM of the specimen in fig. 3）。

5. 图 3 标本的近极局部放大，示射线唇边和辐间区的颗粒/小锥刺（Close-up of proximal face of the specimen in fig. 3, showing details of triradiate flange and grana/small coni on interradial area）。

6. 正模标本（Holotype），近极面（Proximal view），库车河（Kuqa River）/SJ256/AX/559/T_3k^2。

7. 图 6 标本的局部放大，示赤道区的棒和接触区的颗粒/小锥刺（Close-up of the specimen in fig. 6, showing details of bacula on equatorial region and grana/small coni on contact areas）。

8. 近极面（Proximal view），库车河（Kuqa River）/LWB116/AZ/3296/T_3k^2。

9. 侧近极面（Oblique-proximal view），库车河（Kuqa River）/LWB116/AZ/3298/T_3k^2。

10，11. 那克大孢（未定种 2）*Narkisporites* sp. 2

10. 远极面（Distal view），塔河 1 井（TH-1）/4165.00 m/AU/974747/T_3k^2。

11. 侧面（Lateral view），塔河 1 井（TH-1）/4165.00 m/AU/974746/T_3k^2。

图版 26　Plate 26

1–7. 密锥那克大孢（新种）*Narkisporites densiconicus* sp. nov.

1，2. 正模标本的近极面和远极面（Proximal and distal view of holotype），库车河（Kuqa River）/SJ256/AD/1295/J_2k。

3. 图 1、图 2 标本的赤道边缘放大，示锥刺状纹饰（Close-up of equatorial margin of the specimen in fig. 1 and fig. 2, showing conical sculpture）。

4，5. 同一标本的近极面和远极面（Proximal and distal views of the same specimen），库车河（Kuqa River）/ SJ238/AD/1293/J_1y。

6. 副模标本，侧面（Paratype in lateral view），库车河（Kuqa River）/SJ238/AX/543/J_1y。

7. 侧近极面（Oblique-proximal view），库车河（Kuqa River）/SJ238/AX/549/J_1y。

8，9. 那克大孢（未定种 1）*Narkisporites* sp. 1

8. 侧近极面（Oblique-proximal view），库车河（Kuqa River）/LWB116/AX/79/T_3k^2。

9. 图 8 标本的近极局部放大，示三射线唇边和接触区皱瘤状纹饰细节（Close-up of the specimen in fig. 8, showing details of triradiate flanges and corrugate sculpture on contact area）。

图版 27　Plate 27

1–7. 哈里士那克大孢 *Narkisporites harrisii* (Reinhardt et Fricke, 1969) Kannegieser et Kozur, 1972

1. 侧近极面（Oblique-proximal view），轮南 1 井（LN-1）/4827.68 m/AB/1381/T_3k^2。

2. 图 1 标本的 TOM 照片（TOM of the specimen in fig. 1）。

3. 侧近极面（Oblique-proximal view），库车河（Kuqa River）/LWB117/AX/160/T_3k^2。

4. 孢子碎片，侧近极面（A larger fragment of megaspore in oblique-proximal view），轮南 1 井（LN-1）/4827.68 m/ AJ/1608/T_3k^2。

5. 侧近极面（Oblique-proximal view），ROM，库车河（Kuqa River）/LWB117/AX/153/T_3k^2。

6. 侧近极面（Oblique-proximal view），轮南 1 井（LN-1）/4836.91 m/AV/974772/T_3k^2。

7. 远极面（Distal view），轮南 1 井（LN-1）/4836.91 m/AV /974773/T_3k^2。

8–10. 那克大孢（未定种 3）*Narkisporites* sp. 3

8. 侧近极面（Oblique-proximal view），哈 1 井（HA-1）/4838.00 m/AU/974757/T_3h。

9. 近极面（Proximal view），哈 1 井（HA-1）/4838.00 m/AU/974758/T_3h。

10. 侧面（Lateral view），哈 1 井（HA-1）/5226.00 m/AT/971323/T_1e。

图版 28　Plate 28

1–7. 小那克大孢（新联合种）*Narkisporites micros* (Fuglewicz, 1977) comb. nov.

1，2. 同一标本的近极面和远极面（Proximal view and distal view of same specimen），库车河（Kuqa River）/ LWB118/AZ/3290/T_3k^2。

3. 图 2 之局部，示远极面上的棒状纹饰（Close-up of baculate sculpture on distal face from fig. 2）。

4. 侧面（Lateral view），轮南 56 井（LN-56）/4205.20 m/AA/1372/T_3h。

5. 近极面（Proximal view），轮南 56 井（LN-56）/4205.20 m/AA/1373/T_3h。

6. 近极面（Proximal view），库车河（Kuqa River）/LWB126/AX/484/T_3t。

7. 近极面（Proximal view），库车河（Kuqa River）/LWB116/AX/542/T_3k^2。

图版 29　Plate 29

1. 刺面大孢（未定种 2）*Echitriletes* sp. 2

侧面（Lateral view），哈 1 井（HA-1）/4950.00 m/AJ/1622/T_3k^2。

2. 刺面大孢（未定种 3）*Echitriletes* sp. 3

侧面（Lateral view），轮南 56 井（LN-56）/4324.94 m/AE/1454/T_3k^2。

3，4. 刺面大孢（未定种 4）*Echitriletes* sp. 4

3. 侧面（Lateral view），哈 1 井（HA-1）/5220.72 m/AJ/1616/T_1e。

4. 侧面（Lateral view），哈 1 井（HA-1）/5220.72 m/AJ/1617/T_1e。

5，6. 刺面大孢（未定种 1）*Echitriletes* sp. 1

5. 侧面（Lateral view），轮南 8 井（LN-8）/5029.20 m/AL/1667/T_1e。

6. 图 5 标本的局部放大，示外壁表面上的颗粒和尖刺（Close-up of the specimen in fig. 5, showing detail of granules and spines on exine surface）。

图版 30　Plate 30

1. 刺面大孢（未定种 5）*Echitriletes* sp. 5

近极面（Proximal view），塔中 3 井（TZ-3）/2599.31 m/AF/1493/T_1e。

2. 刺面大孢（未定种 6）*Echitriletes* sp. 6

侧近极面（Oblique-proximal view），哈 1 井（HA-1）/5258.00 m/AT/971321/T_1e。

3，4. 扁平辐饰大孢 *Radosporites planus* (Reinhardt et Fricke, 1969) Kannegieser et Kozur, 1972

3. 侧面（Lateral view），塔河 1 井（TH-1）/5199.00 m/AY/45/T_1e。

4. 侧面（Lateral view），塔河 1 井（TH-1）/5199.00 m/AY/46/T_1e。

5，6. 星棒大孢（未定种 2）*Stellibacutriletes* sp. 2

5. 侧面（Lateral view），塔中 1 井（TZ-1）/2498.10 m/AB/1395/T_1e。

6. 图 5 标本的局部放大，示毛发状纹饰和外壁表面的网状/蜂窝状构造（Close-up of the specimen in fig. 5, showing hair-like sculpture and reticulate/foveolate construction of exine surface）。

图版 31　Plate 31

1–6. 扁平辐饰大孢 *Radosporites planus* (Reinhardt et Fricke, 1969) Kannegieser et Kozur, 1972
　　1. 侧近极面，标本破裂（Dehiscent specimen in oblique-proximal view），轮南 56 井（LN-56）/4324.94 m/AE/1456/T_3k^2。
　　2. 图 1 标本孢壁横切面部分放大，示双层结构的外壁（Portion of transverse section of the specimen in fig. 1, showing two-layered exine）。
　　3. 侧近极面（Oblique-proximal view），哈 1 井（HA-1）/4950.00 m /AJ/1609/T_3k^2。
　　4. 侧近极面（Oblique-proximal view），哈 1 井（HA-1）/4950.00 m/AA/1363/T_3k^2。
　　5. 近极面（Proximal view），满西 1 井（MX-1）/3582.00 m/AY/12/T_1e。
　　6. 侧近极面（Oblique-proximal view），塔河 1 井（TH-1）/5199.00 m/AY/44/T_1e。

图版 32　Plate 32

1–8. 驼峰休斯大孢 *Hughesisporites gibbosus* (Reinhardt et Fricke, 1969) Kannegieser et Kozur, 1972
　　1. 侧面（Lateral view），库车河（Kuqa River）/SJ219/AX/132/T_3h。
　　2. 近极面（Proximal view），库车河（Kuqa River）/LWB126/AX/122/T_3t。
　　3. 近极面（Proximal view），库车河（Kuqa River）/LWB126/AX/116/T_3t。
　　4. 近极面（Proximal view），轮南 56 井（LN-56）/4205.20 m/AA/1378/T_3h。
　　5. 侧面（Lateral view），哈 1 井（HA-1）/4950.00 m/AJ/1612/T_3k^2。
　　6. 近极面（Proximal view），库车河（Kuqa River）/LWB126/AX/129/T_3t。
　　7. 近极面观（Polar view），TOM，库车河（Kuqa River）/LWB122/AX/147/T_3h。
　　8. 图 7 标本的侧近极面（Oblique-proximal view of the specimen in fig. 7）。
9. 多丘休斯大孢 *Hughesisporites tumulosus* Marcinkiewicz, 1976
　　侧面（Lateral view），塔中 3 井（TZ-3）/2599.31 m/AD/1312/T_1e。
10–12. 休斯大孢（未定种 2）*Hughesisporites* sp. 2
　　10. 近极面（Proximal view），羊屋 1 井（YW-1）/3962.00 m/AY/65/T_2k^1。
　　11. 近极面（Proximal view），羊屋 1 井（YW-1）/3962.00 m/AY/66/T_2k^1。
　　12. 侧近极面（Oblique-proximal view），满西 1 井（MX-1）/3200.00 m/AY/6/T_2k^1。

图版 33　Plate 33

1–4. 单一休斯大孢（新种）*Hughesisporites unicus* sp. nov.
　　1. 正模标本，标本产于准噶尔盆地。引自罗正江等，2015，图 3（17）[Holotype, a specimen from Junggar Basin; after Luo et al., 2015, fig 3（17）]，近极面（Proximal view），H85849 井/H7（612.50 m）/B/JGR064/T_3k^2。
　　2. 侧近极面（Oblique-proximal view），塔河 1 井（TH-1）/4030.00 m/AY/69/T_3h。
　　3. 副模标本，侧面（Paratype in lateral view），羊屋 1 井（YW-1）/3887.00 m /AY/71/T_3k^2。
　　4. 侧面（Lateral view），羊屋 1 井（YW-1）/3887.00 m/AY/72/T_3k^2。
5，6. 奥洛斯卡休斯大孢 *Hughesisporites orlowskae* Kozur, 1973
　　5. 近极面（Proximal view），轮南 56 井（LN-56）/4205.20 m/AA/1375/T_3h。
　　6. 侧面（Lateral view），轮南 56 井（LN-56）/4205.20 m/AA/1371/T_3h。
7. 德国毛发大孢 *Capillisporites germanicus* Kozur, 1973
　　方位不明（Orientation unknown），群克 1 井（QK-1）/2468.29 m/AL/1670/J_1y。

图版 34　Plate 34

1–3. 卡尼休斯大孢 *Hughesisporites karnicus* Kannegieser et Kozur, 1972
　　1. 侧近极面（Oblique-proximal view），库车河（Kuqa River）/SJ218/AG/1704/T_3h。

2. 侧面（Lateral view），库车河（Kuqa River）/SJ218/AM/1700/T_3h。

3. 侧面（Lateral view），库车河（Kuqa River）/LWB115/AG/1508/T_3k^2。

4–8. 休斯大孢（未定种 1）*Hughesisporites* sp. 1

4. 近极面（Proximal view），库车河（Kuqa River）/LWB109/AX/91/T_1e。

5. 图 4 标本的极面观（Polar view of the specimen in fig. 4），TOM。

6. 图 4 标本的局部放大，示辐间区低矮的新月形条纹（Close-up of specimen in fig. 4, showing low crescentic striations in interradial area）。

7. 近极面（Proximal view），库车河（Kuqa River）/SJ219/AX/134/T_3h。

8. 图 7 标本的极面观（Polar view of the specimen in fig. 7），TOM。

9–11. 网面休斯大孢（新种）*Hughesisporites reticulatus* sp. nov.

9. 正模标本（Holotype），侧面（Lateral view），群克 1 井（QK-1）/2539.05 m/AD/1336/J_1y。

10. 图 9 标本的近极局部放大，示射线的唇边和接触区的网状纹饰（Close-up of the specimen in fig. 9, showing triradiate flange and reticulate sculpture in contact areas）。

11. 侧面（Lateral view），群克 1 井（QK-1）/2539.05 m/AD/1339/J_1y。

图版 35　Plate 35

1–12. 杜瓦艾氏大孢（新种）*Erlansonisporites duwaensis* sp. nov.

1. 正模标本（Holotype），近极面（Proximal view），杜瓦（Duwa）/DW24/AR/3637/T_1w。

2. 图 1 标本的远极面（Distal view of the specimen in fig. 1）。

3. 图 1 标本的局部放大，示远极面的不完全网状纹饰（Close-up of imperfectly reticulate sculpture on distal surface of the specimen in fig. 1）。

4. 侧近极面（Oblique-proximal view），塔中 3 井（TZ-3）/2599.31 m/AI/1572/T_1e。

5. 侧近极面（Oblique-proximal view），塔中 3 井（TZ-3）/2599.31 m/AF/1476/T_1e。

6. 侧近极面（Oblique-proximal view），塔中 3 井（TZ-3）/2571.36 m/AC/1416/T_1e。

7. 侧近极面（Oblique-proximal view），杜瓦（Duwa）/DW25/AP/619/T_1w。

8. 远极面（Distal view），塔中 3 井（TZ-3）/2599.31 m/AF/1471/T_1e。

9. 近极面（Proximal view），轮南 8 井（LN-8）/5010.49 m/AH/1540/T_1e。

10. 侧面（Lateral view），塔中 3 井（TZ-3）/2599.31 m/AF/1478/T_1e。

11. 副模标本（Paratype），斜侧面（Oblique-lateral view），塔中 3 井（TZ-3）/2599.31 m/AD/1311/T_1e。

12. 图 11 标本的局部放大，示远极面的不完全网状纹饰（Close-up of the specimen in fig. 11, showing imperfectly reticulate sculpture on distal surface）。

图版 36　Plate 36

1, 2. 内凹艾氏大孢 *Erlansonisporites excavatus* Marcinkiewicz, 1962

1. 侧面（Lateral view），库车河（Kuqa River）/SJ256/AG/1529/J_2k。

2. 远极面（Distal view），库车河（Kuqa River）/SJ250a/AM/1691/J_2k。

3–12. 完美艾氏大孢（新种）*Erlansonisporites exquisitus* sp. nov.

3. 四孢体（Spores in tetrad），轮南 23 井（LN-23）/4644.98 m/AH/1531/T_2k^1。

4. 正模标本，近极面（Holotype in proximal view），杜瓦煤矿（Duwa Coalmine）/DW1a/AK/1625/J_2y。

5. 近极面（Proximal view），杜瓦煤矿（Duwa Coalmine）/DW1b/AK/1635/J_2y。

6. 副模标本，远极面（Paratype in distal view），杜瓦煤矿（Duwa Coalmine）/DW1a/AK/1626/J_2y。

7. 侧近极面（Oblique-proximal view），杜瓦煤矿（Duwa Coalmine）/DW1a/AO/589/J_2y。

8. 近极面（Proximal view），杜瓦煤矿（Duwa Coalmine）/DW1a/AO/590/J_2y。

9. 近极面（Proximal view），杜瓦煤矿（Duwa Coalmine）/DW1a/AK/1627/J_2y。

10. 近极面（Proximal view），库车河（Kuqa River）/SJ256/AG/1528/J_2k。

11. 近极面（Proximal view），杜瓦煤矿（Duwa Coalmine）/DW1a/AK/1628/J_2y。

12. 四孢体（Spores in tetrad），杜瓦煤矿（Duwa Coalmine）/DW1a/AK/1629/J_2y。

图版 37　Plate 37

1–6. 地衣艾氏大孢 *Erlansonisporites licheniformis* Fuglewicz, 1977

1，2. 同一标本的近极面和远极面（Same specimen in proximal and distal view），杜瓦（Duwa）/DW26/AQ/3658/T_1w。

3. 侧近极面（Oblique-proximal view），塔中 3 井（TZ-3）/2571.36 m/AC/1419/T_1e。

4. 图 3 的局部放大，示接触区纹饰（Close-up of fig. 3, showing details of sculpture on contact area）。

5. 远极面（Distal view），塔中 1 井（TZ-1）/2498.10 m/AI/1561/T_1e。

6. 图 5 标本的纹饰特写（Close-up of sculpture of the specimen in fig. 5）。

7–9. 艾氏大孢（未定种 1）*Erlansonisporites* sp. 1

7，8. 同一标本的近极面和远极面（Same specimen in proximal and distal view of the same specimen），杜瓦（Duwa）/DW25/AR/3636/T_1w。

9. 图 7、图 8 标本的接触区纹饰特写（Close-up of sculpture on contact area of the specimen in fig. 7 and fig. 8）。

图版 38　Plate 38

1–6. 极美艾氏大孢（新种）*Erlansonisporites perbellus* sp. nov.

1. 正模标本（Holotype），侧面（Lateral view），轮南 1 井（LN-1）/4836.91 m/AB/1386/T_3k^2。

2，3. 图 1 标本的近极和远极表面纹饰特写（Close-up of the specimen in fig. 1, showing sculpture on proximal and distal surface respectively）。

4. 近极面，表面纹饰经超声波处理后丢失（Proximal view, appendages on spore surface missing after ultrasonic treatment），轮南 8 井（LN-8）/5017.70 m/AC/1445/T_1e。

5. 图 4 标本的局部放大，示孢壁表层结构（Close-up of the specimen in fig. 4, showing texture of outer surface of wall）。

6. 近极面，部分纹饰经超声波处理后丢失（Proximal view, sculpture partly missing after ultrasonic treatment），轮南 1 井（LN-1）/4836.91 m/AB/1388/T_3k^2。

图版 39　Plate 39

1–10. 极美艾氏大孢（新种）*Erlansonisporites perbellus* sp. nov.

1. 侧面（Lateral view），杜瓦（Duwa）/DW26/AN/592/T_1w。

2. 侧面（Lateral view），塔中 3 井（TZ-3）/2599.31 m/AD/1314/T_1e。

3. 侧近极面（Oblique-proximal view），轮南 8 井（LN-8）/5013.41 m/AC/1434/T_1e。

4. 图 3 标本的局部放大，示接触区纹饰（Close-up of the specimen in fig. 3, showing sculpture on contact area）。

5. 近极面（Proximal view），塔中 1 井（TZ-1）/2498.10 m/AI/1568/T_1e。

6. 副模标本，侧面（Paratype in lateral view），塔中 1 井（TZ-1）/2498.10 m/AB/1398/T_1e。

7. 远极面（Distal view），杜瓦煤矿（Duwa Coalmine）/DW1b/AK/1636/J_2y。

8. 侧面（Lateral view），轮南 8 井（LN-8）/5017.70 m/AE/1452/T_1e。

9. 侧面（Lateral view），塔中 1 井（TZ-1）/2498.10 m/AI/1564/T_1e。

10. 侧面（Lateral view），塔中 1 井（TZ-1）/2498.10 m/AI/1567/T_1e。

图版 40　Plate 40

1–6. 破碎艾氏大孢 *Erlansonisporites sparassis* (Murray, 1939) Potonié, 1956

1. 侧面（Lateral view），群克 1 井（QK-1）/2544.16 m/AD/1342/J_1y。

2. 近极面（Proximal view），哈 1 井（HA-1）/5234.00 m/AU/974767/T_1e。

3. 近极面（Proximal view），杜瓦煤矿（Duwa Coalmine）/DW1a/AL/1678/J_2y。
4. 近极面（Proximal view），库车河（Kuqa River）/SJ250a/AM/1688/J_2k。
5. 侧面（Lateral view），轮南 23 井（LN-23）/4644.98 m/AH/1536/J_1y。
6. 侧面（Lateral view），群克 1 井（QK-1）/2544.16 m/AI/1583/J_1y。

7，8. 艾氏大孢（未定种 2）*Erlansonisporites* sp. 2
    7. 侧面（Lateral view），轮南 8 井（LN-8）/5011.85 m/AH/1559/T_1e。
    8. 图 7 标本近极部分放大，示沿三射线脊状唇分布的毛发状纹饰（Close-up of the specimen in fig. 7, showing hairy appendages distributed along triradiate ridge）。

图版 41　Plate 41

1–9. 艾氏大孢（未定种 4）*Erlansonisporites* sp. 4
    1, 2. 同一标本的近极面和远极面（Proximal and distal view of the same specimen），杜瓦（Duwa）/DW26/AQ/3662/T_1w。
    3. 图 1、图 2 标本的接触区纹饰特写（Close-up of the specimen in fig. 1 and fig. 2, showing sculpture on contact area）。
    4. 远极面（Distal view），杜瓦（Duwa）/DW26/AN/600/T_1w。
    5. 近极面（Proximal view），杜瓦（Duwa）/DW26/AN/604/T_1w。
    6. 侧近极面（Oblique-proximal view），杜瓦（Duwa）/DW26/AQ/3660/T_1w。
    7. 图 6 标本的另一面（Opposite side of the specimen in fig. 6）。
    8. 图 6 标本的远极纹饰放大（Close-up of distal sculpture of the specimen in fig. 6）。
    9. 侧面（Lateral view），塔中 1 井（TZ-1）/2498.10 m/AI/1562/T_1e。

图版 42　Plate 42

1–6. 蛛网艾氏大孢（新种）*Erlansonisporites textilis* sp. nov.
    1. 侧面（Lateral view），哈 1 井（HA-1）/5218.71 m/AD/1341/T_1e。
    2. 图 1 标本的接触区局部放大，示棒、刺纹饰基部的辐射脊纹（Close-up of contact area of the specimen in fig.1, showing radiating ridges at the bases of bacula and spines）。
    3. 副模标本（Paratype），远极面（Distal view），杜瓦（Duwa）/DW24/AR/3635/T_1w。
    4. 图 3 标本的局部放大，示辐射脊中心伸展出来的棒状和刺状纹饰（Close-up of the specimen in fig. 3, showing baculate and spinose appendages arising from the centre of radiating ridges on distal surface）。
    5. 残缺标本，近极面（Incomplete specimen in proximal view），轮南 8 井（LN-8）/5017.70 m/AE/1453/T_1e。
    6. 正模标本，近极面（Holotype in proximal view），哈 1 井（HA-1）/5215.70 m/AL/1669/T_1e。

图版 43　Plate 43

1. 蛛网艾氏大孢（新种）*Erlansonisporites textilis* sp. nov.
    1. 侧面（Lateral view），哈 1 井（HA-1）/5220.72 m/AY/55/T_1e。

2–6. 艾氏大孢（未定种 3）*Erlansonisporites* sp. 3
    2. 近极面（Proximal view），杜瓦（Duwa）/DW26/AN/608/T_1w。
    3. 侧近极面（Oblique-proximal view），塔中 1 井（TZ-1）/2498.10 m/AB/1393/T_1e。
    4. 侧面（Lateral view），杜瓦（Duwa）/DW26/AN/606/T_1w。
    5. 图 4 标本的局部放大，示接触区纹饰细节（Close-up of the specimen in fig. 4, showing detail of sculpture on contact area）。
    6. 远极面（Distal view），杜瓦（Duwa）/DW26/AN/607/T_1w。

图版 44　Plate 44

1–9. 模糊辐纹大孢 *Striatriletes inconspicuus* sp. nov.

1，2. 同一标本的侧近极面及其反面（Same specimen, oblique-proximal face and its opposite side），库车河（Kuqa River）/ SJ238/AX/541/J_1y。

3. 残缺标本，近极面（Incomplete specimen in proximal view），库车河（Kuqa River）/SJ238/AX/536/J_1y。

4，5. 正模标本的近极面和远极面（Holotype in proximal and distal view），库车河（Kuqa River）/SJ238/AX/539/J_1y。

6. 副模标本，侧面（Paratype in lateral view），库车河（Kuqa River）/LWB116/AG/1505/T_3k^2。

7. 开裂标本的近极面（Dehiscent specimen in proximal view），库车河（Kuqa River）/LWB116/AX/164/T_3k^2。

8. 图 7 标本的极面观（Polar view of the specimen in fig. 7），TOM。

9. 侧近极面（Oblique-proximal view），群克 1 井（QK-1）/2539.05 m/AD/1340/J_1y。

图版 45　Plate 45

1–9. 复式穴网大孢（新种）*Horstisporites compositus* sp. nov.

1. 正模标本（Holotype），近极面（Proximal view），轮南 1 井（LN-1）/4836.91 m/AB/1406/T_3k^2。

2. 图 1 标本外壁结构特写（Close-up showing exine structure of the specimen in fig. 1）。

3. 侧近极面，标本破裂（Specimen in oblique-proximal view），英买 1 井（YM-1）/4837.40 m/AE/1463/T_3k^2。

4. 图 3 标本局部放大，示大网眼内的细网纹（Close-up of the specimen in fig. 3, showing fine reticulum within the lumina of main reticulum）。

5. 近极面（Proximal view），英买 1 井（YM-1）/4837.40 m/AE/1462/T_3k^2。

6. 近极面，标本破裂（Breaked specimen in proximal view），轮南 1 井（LN-1）/4836.91 m/AB/1408/T_3k^2。

7. 图 6 标本的壁层横切面的局部放大，示外壁外层结构（Close-up of the specimen in fig. 6, showing construction of exoexine）。

8. 侧近极面（Oblique-proximal view），英买 1 井（YM-1）/4837.40 m/AI/1578/T_3k^2。

9. 副模，侧面（Paratype in lateral view），轮南 1 井（LN-1）/4836.91 m/AB/1409/T_3k^2。

图版 46　Plate 46

1，2. 尼孜克穴网大孢 *Horstisporites nidzicensis* Fuglewicz, 1977

1. 侧近极面（Oblique-proximal view），轮南 8 井（LN-8）/5027.44 m/AL/1673/T_1e。

2. 侧面（Lateral view），轮南 8 井（LN-8）/5013.41 m/AC/1497/T_1e。

3–5. 细致穴网大孢（新种）*Horstisporites subtilis* sp. nov.

3. 近极面（Proximal view），库车河（Kuqa River）/SJ256/AG/1522/J_2k。

4. 正模标本，（Holotype in proximal view），库车河（Kuqa River）/SJ256/AG/1523/J_2k。

5. 远极面（Distal view），库车河（Kuqa River）/SJ256/AG/1524/J_2k。

6–11. 塔里木穴网大孢（新种）*Horstisporites tarimensis* sp. nov.

6. 侧面（Lateral view），库车河（Kuqa River）/SJ250a/AM/1694/J_2k。

7. 远极面（Distal view），库车河（Kuqa River）/SJ250a/AM/1692/J_2k。

8. 副模标本，侧面（Paratype in lateral view），库车河（Kuqa River）/SJ250a/AM/1687/J_2k。

9. 正模标本，侧近极面（Holotype in oblique-proximal view），库车河（Kuqa River）/SJ250a/AM/1686/J_2k。

10. 近极面（Proximal view），库车河（Kuqa River）/SJ250a/AM/1685/J_2k。

11. 侧面（Lateral view），轮南 1 井（LN-1）/4536.91 m/AJ/1600/T_3k^2。

图版 47　Plate 47

1，2. 穴网大孢（未定种 1）*Horstisporites* sp. 1

1. 侧面（Lateral view），库车河（Kuqa River）/SJ256/AG/1527/J_2k。

2. 远极面（Distal view），轮南 23 井（LN-23）/4644.98 m/AH/1532/T_2k^1。

3，4. 齿状穴网大孢（新种）*Horstisporites denticulatus* sp. nov.

3. 侧近极面（Oblique-proximal view），轮南 8 井（LN-8）/5013.41 m/AH/1547/T_1e。

4. 正模标本，侧近极面（Holotype in oblique-proximal view），轮南 8 井（LN-8）/5027.44 m/AL/1671/T_1e。

5–7. 波特勒蒂氏大孢 *Dijkstraisporites beutleri* Reinhardt, 1963

5. 近极面（Proximal view），塔河 1 井（TH-1）/3980.00 m/AU/974744/T_3h。

6. 极面观（Polar view），TOM，塔河 1 井（TH-1）/3980.00 m/E/T11200/T_3h。

7. 极面观（Polar view），TOM，塔河 1 井（TH-1）/3980.00 m/E/T11201/T_3h。

图版 48　Plate 48

1. 穴网大孢（未定种 2）*Horstisporites* sp. 2

　侧面（Lateral view），轮南 1 井（LN-1）/4775.50 m/AJ/1601/T_3h。

2–11. 毛发尖桩大孢 *Flabellisporites crinitus* Marcinkiewicz, 1978

2. 近极面（Proximal view），轮南 1 井（LN-1）/4948.00 m/AA/1366/T_1e。

3. 侧面（Lateral view），轮南 1 井（LN-1）/4948.00 m/AJ/1589/T_1e。

4. 近极面（Proximal view），轮南 1 井（LN-1）/4890.00 m/AA/1367/T_1e。

5. 侧面（Lateral view），轮南 1 井（LN-1）/4948.00 m/AJ/1592/T_1e。

6. 近极面（Proximal view），轮南 1 井（LN-1）/4948.00 m/AA/1365/T_1e。

7. 侧面（Lateral view），轮南 1 井（LN-1）/4890.00 m/AA/1369/T_1e。

8. 侧面（Lateral view），哈 1 井（HA-1）/4950.00 m/AA/1362/T_3k^2。

9. 近极面（Proximal view），轮南 1 井（LN-1）/4890.00 m/AA/1368/T_1e。

10. 图 9 标本的极面观（Polar view of the specimen in fig. 9），TOM。

11. 图 10 之局部，示扁平条带状纹饰之结构（Close-up of fig. 10, showing construction of flattened appendages）。

图版 49　Plate 49

1–13. 毛刺亨氏大孢 *Henrisporites capillatus* (Fuglewicz, 1977) Marcinkiewicz, 1992

1. 近极面（Proximal view），哈 1 井（HA-1）/4925.00 m/AU/974754/T_3k^2。

2. 近极面（Proximal view），草湖 1 井（C-1）/4725.00 m/AT/972034/T_1e。

3. 近极面（Proximal view），羊屋 1 井（YW-1）/3891.00 m/AU/974768/T_2k^1。

4. 侧面（Lateral view），草湖 1 井（C-1）/4597.00 m/AT/972033/T_2k^1。

5. 近极面（Proximal view），哈 1 井（HA-1）/4925.00 m/AT/972022/T_3k^2。

6. 侧面（Lateral view），羊屋 1 井（YW-1）/3893.00 m/AT/972019/T_2k^1。

7. 近极面（Proximal view），羊屋 1 井（YW-1）/3893.00 m/AT/971325/T_2k^1。

8. 图 7 标本的极面观（Polar view of the specimen in fig. 7），TOM。

9. 近极面（Proximal view），哈 1 井（HA-1）/4925.00 m/AU/974756/T_3k^2。

10. 侧面（Lateral view），塔河 1 井（TH-1）/4360.00 m/AU/974751/T_2k^1。

11. 近极面（Proximal view），羊屋 1 井（YW-1）/3893.00 m/AT/971324/T_2k^1。

12. 近极面（Proximal view），塔河 1 井（TH-1）/4360.00 m/AU/974753/T_2k^1。

13. 远极面（Distal view），哈 1 井（Ha-1）/4925.00 m/AT/972021/T_3k^2。

图版 50　Plate 50

1–8. 扁刺亨氏大孢（新联合）*Henrisporites latispinosus* (Fuglewicz, 1977) comb. nov.

1. 近极面（Proximal view），库车河（Kuqa River）/LWB126/AX/96/T_3t。

2. 图 1 标本的接触区放大，示区内纹饰细节（Close-up of contact area of the specimen in fig. 1, showing details of sculpture）。

3. 近极面（Proximal view），库车河（Kuqa River）/SJ238/AX/480/T_3t。

4. 图 3 标本的远极面（Distal view of the specimen in fig. 3）。
5. 图 3 标本的极面观（Polar view of the specimen in fig. 3），TOM。
6，7. 图 3 之局部，分别示赤道区和辐射区纹饰细节（Close-up of fig. 3, showing details of parts of equatorial and radial areas respectively）。
8. 图 5 之局部，示具薄弱外壁的赤道环（Close-up of fig. 5, showing equatorial zone with obviously thinner exine），TOM。

图版 51　Plate 51

1–5. 扁刺亨氏大孢（新联合）*Henrisporites latispinosus* (Fuglewicz, 1977) comb. nov.
  1. 侧面（Lateral view），库车河（Kuqa River）/LWB126/AX/4002/T_3t。
  2. 侧近极面（Oblique-proximal view），库车河（Kuqa River）/LWB118/AX/427/T_3k^2。
  3. 近极面（Proximal view），库车河（Kuqa River）/LWB126/AX/93/T_3t。
  4. 图 3 标本的极面观（Polar view of the specimen in fig. 3），TOM。
  5. 侧近极面（Oblique-proximal view），库车河（Kuqa River）/SJ238/AX/503/J_1y。

6–11. 长棒亨氏大孢（新种）*Henrisporites longibaculiformis* sp. nov.
  6. 正模标本，侧面（Holotype in lateral view），轮南 1 井（LN-1）/4836.91 m/AJ/1593/T_3k^2。
  7. 图 6 标本的 TOM 照片（TOM picture of the specimen in fig. 6）。
  8. 侧近极面（Oblique-proximal view），轮南 1 井（LN-1）/4836.91 m/AB/1400/T_3k^2。
  9. 图 8 标本的管状突起物和外壁结构特写（Close-up of the specimen in fig. 8, showing tubular appendages and exine construction）。
  10. 近极面（Proximal view），轮南 1 井（LN-1）/4836.91 m/AB/1403/T_3k^2。
  11. 图 10 标本的极面观，TOM，示薄膜状的赤道环（Polar view of the specimen in fig. 10, TOM, showing membranous equatorial zone）。

图版 52　Plate 52

1–4. 长棒亨氏大孢（新种）*Henrisporites longibaculiformis* sp. nov.
  1. 侧远极面（Oblique-distal view），轮南 1 井（LN-1）/4836.91 m/AJ/1596/T_3k^2。
  2. 侧面（Lateral view），轮南 1 井（LN-1）/4834.75 m/AB/1411/T_3k^2。
  3. 侧面（Lateral view），轮南 1 井（LN-1）/4836.91 m/AJ/1597/T_3k^2。
  4. 侧面（Lateral view），轮南 1 井（LN-1）/4836.91 m/AJ/1598/T_3k^2。

5. 米氏大孢（未定种 1）*Minerisporites* sp. 1
  近极面（Proximal view），哈 1 井（Ha-1）/4950.00 m/AA/1361/T_3k^2。

6，7. 柔弱米氏大孢（比较种）*Minerisporites* sp. cf. *M. delicatus* Gunther et Hills, 1972
  6. 近极面（Proximal view），轮南 1 井（LN-1）/4775.50 m/AJ/1624/T_3h。
  7. 图 6 标本的极面观（Polar view of the specimen in fig. 6），TOM。

图版 53　Plate 53

1–12. 三角米氏大孢（新种）*Minerisporites triangularis* sp. nov.
  1. 正模标本，近极面（Holotype in proximal view），库车河（Kuqa River）/SJ250a/AM/1689/J_2k。
  2. 侧近极面（Oblique-proximal view），库车河（Kuqa River）/SJ259/AX/408/J_2k。
  3. 侧面（Lateral view），库车河（Kuqa River）/SJ238/AX/502/J_1y。
  4. 侧面（Lateral view），库车河（Kuqa River）/SJ250a/AM/1690/J_2k。
  5. 近极面（Proximal view），群克 1 井（QK-1）/2544.16 m/AI/1582/J_1y。
  6. 侧面（Lateral view），库车河（Kuqa River）/SJ250a/AM/1693/J_2k。
  7. 近极面（Proximal view），库车河（Kuqa River）/SJ250a/AM/1695/J_2k。

8. 近极面（Proximal view），库车河（Kuqa River）/SJ250a/AM/1697/J_2k。
9. 侧面（Lateral view），库车河（Kuqa River）/SJ259/AX/407/J_2k。
10. 副模标本，侧面（Paratype in lateral view），库车河（Kuqa River）/LWB117/AX/156/T_3k^2。
11. 图10标本的TOM照片（TOM picture of the specimen in fig. 10）。
12. 侧面观（Lateral view），TOM，库车河（Kuqa River）/SJ248/BB/5933/J_1y。

图版 54 Plate 54

1–10. 塔里木米氏大孢（新种）*Minerisporites tarimensis* sp. nov.

1. 正模标本，近极面（Holotype in proximal view），羊塔6井（YT-6）/5582.10 m/AT/972028/K_1s。
2. 图1标本的局部放大，示接触区的细网状纹饰（Close-up of the specimen in fig. 1, showing microreticulate sculpture on contact area）。
3. 远极面（Diastal view），羊塔6井（YT-6）/5582.10 m/AT/972024/K_1s。
4. 侧近极面（Oblique-proximal view），羊塔6井（YT-6）/5582.10 m/AT/972027/K_1s。
5. 副模标本，侧面（Paratype in lateral view），羊塔6井（YT-6）/5581.15 m/AT/972030/K_1s。
6,7. 同一标本的近极面和远极面（Proximal and distal views of same specimen），ROM，羊塔6井（YT-6）/5581.15 m/K_1s。
8. 极面观（Polar view），TOM，羊塔6井（YT-6）/5581.15 m/C/T010/K_1s。
9. 侧面观（Lateral view），TOM，羊塔6井（YT-6）/5581.15 m /C/T011/K_1s。
10. 极面观（Polar view），TOM，羊塔6井（YT-6）/5581.15 m/C/T009/K_1s。

图版 55 Plate 55

1–5. 焉耆那氏大孢 *Nathorstisporites yanqiensis* Cui et al., 2004

1. 侧面（Lateral view），库车河（Kuqa River）/KQ21/AS/1713/J_1a。
2. 图1标本的局部放大，示接触区的纹饰细节（Close-up of the specimen in fig. 1, showing detail of sculpture on contact area）。
3. 侧面（Lateral view），库车河（Kuqa River）/KQ21/AS/1710/J_1a。
4. 侧面（Lateral view），库车河（Kuqa River）/KQ21/AS/1711/J_1a。
5. 侧面，标本已开裂（A dehiscent specimen in lateral view），库车河（Kuqa River）/KQ21/AS/1709/J_1a。

6–9. 那氏大孢？（未定种1）*Nathorstisporites*? sp. 1

6,7. 同一标本的近极面和远极面，标本不完整（Incomplete specimen in proximal and distal views），塔中1井（TZ-1）/2498.1 m/AS/1392/T_1e。
8. 图6、图7标本的局部放大，示远极外壁表面的细网状结构（Close-up of the specimen in fig. 6 and fig. 7, showing microreticulate exine construction of distal surface）。
9. 图6、图7标本的局部放大，示从较粗大的锥形基座顶端伸出的小刺（Close-up of the specimen in fig. 6 and fig. 7, showing fine spines arising from the tips of larger conical bases）。

图版 56 Plate 56

1–4. 展翅扇裂大孢 *Paxillitriletes ales* (Harris, 1935) Batten et Koppelhus, 1993

1, 2. 同一标本的近极面和远极面（Proximal and distal faces of the same specimen），库车河（Kuqa River）/ SJ238/AX/486/J_1y。
3. 图1、图2标本的极面观（Polar view of the specimen in fig. 1 and fig. 2），TOM。
4. 图1的局部放大，示接触区的网状纹饰（Close-up of fig. 1, showing details of the reticulate sculpture on the contact area）。

5–7. 飞羽米氏大孢 *Minerisporites volucris* Marcinkiewicz, 1960

5, 6. 一个侧面标本的两面（Both sides of a specimen in lateral view），库车河（Kuqa River）/SJ256/AD/1297/J_2k。

7. 图 5、图 6 标本远极长棒状纹饰的放大（Close-up of the specimen in fig. 5 and fig. 6, showing long appendages on the distal face）

图版 57　Plate 57

1–12. 叶状扇裂大孢 *Paxillitriletes phyllicus* (Murray, 1939) Hall et Nicolson, 1973

1. 近极面（Proximal view），杜瓦煤矿（Duwa Coalmine）/DW1b/AK/1634/J_2y。
2. 侧面（Lateral view），杜瓦煤矿（Duwa Coalmine）/DW1a/AK/1631/J_2y。
3. 侧面（Lateral view），库车河（Kuqa River）/SJ259/AX/416/J_2k。
4. 图 3 标本的侧面观（Lateral view of the specimen in fig. 3），TOM。
5. 侧面（Lateral view），库车河（Kuqa River）/SJ259/AX/118/J_2k。
6. 图 5 标本的侧面观（Lateral view of the specimen in fig. 5），TOM。
7. 图 5 标本的远极部分放大，示网状纹饰和外壁结构细节（Close-up of the specimen in fig. 5, showing details of reticulate sculpture and exine construction on distal surface）。
8. 侧面（Lateral view），库车河（Kuqa River）/SJ248/AX/419/J_1y。
9. 侧面（Lateral view），库车河（Kuqa River）/SJ259/AX/121/J_2k。
10. 侧近极面（Oblique-proximal view），库车河（Kuqa River）/SJ256/AX/86/J_2k。
11. 侧面（Lateral view），库车河（Kuqa River）/LWB117/AX/415/J_2k。
12. 图 11 标本的侧面观（Lateral view of the specimen in fig. 11），TOM。

图版 58　Plate 58

1–11. 全环塔里木大孢（新属、新种）*Tarimispora perfecta* gen. et sp. nov.

1. 正模标本（Holotype），近极面（Proximal view），轮南 1 井（LN-1）/4836.91 m/AR/3640/T_3k^2。
2. 图 1 标本的远极面，标本在翻转时受损（Distal view of a larger segment of the specimen in fig. 1 that was damaged when turning it upside down）。
3. 图 1 标本的极面观（Polar view of the specimen in fig. 1），TOM。
4，5. 同一标本的近极面和远极面（Proximal and distal view of same specimen），轮南 1 井（LN-1）/4827.6 8m/AR/3641/T_3k^2。
6. 近极面（Proximal view），轮南 1 井（LN-1）/4834.75 m/AB/1415/T_3k^2。
7. 副模标本，侧面（Paratype, lateral view），轮南 1 井（LN-1）/4820.90 m/AB/1380/T_3k^2。
8. 近极面（Proximal view），库车河（Kuqa River）/LWB119/AG/1513/T_3k^2。
9. 近极面（Proximal view），轮南 1 井（LN-1）/4834.75 m/AB/1414/T_3k^2。
10. 近极面（Proximal view），哈 1 井（Ha-1）/4838.00 m/AU/974759/T_3h。
11. 侧近极面（Oblique-proximal view），哈 1 井（Ha-1）/4838.00 m/AU/974760/T_3h。

图版 59　Plate 59

1–6. 耳角塔里木大孢（新属、新种）*Tarimispora auriculata* gen. et sp. nov.

1，5. 正模标本的近极面和远极面（Holotype in proximal and distal view respectively），轮南 1 井（LN-1）/4820.90 m/AR/3639/T_3k^2。
2. 副模标本，侧面（Paratype in lateral view），轮南 1 井（LN-1）/4834.75 m/AB/1410/T_3k^2。
3. 侧面（Lateral view），库车河（Kuqa River）/LWB119/AG/1514/T_3k^2。
4. 近极面（Proximal view），轮南 1 井（LN-1）/4834.75 m/AB/1413/T_3k^2。
6. 极面观（Polar view），TOM，轮南 1 井（LN-1）/4820.90 m/BB/4924/T_3k^2。

7–11. 方格库车孢形体 *Kuqaia quadrata* Li, 1993

7，8. 正模标本的背侧面和腹侧面，引自黎文本，1993，图版 1，图 2，3（Holotype in oblique-ventral and oblique-dorsal

views, after Li, 1993, pl. 1, figs. 2, 3），库车河（Kuqa River）/SJ238/AX/490/J_1y。
9. 腹侧面（Oblique-ventral view），群克 1 井（QK-1）/2541.91 m/AD/1317/J_1y。
10. 腹面（Ventral view），群克 1 井（QK-1）/2537.55 m/AL/1661/J_1y。
11. 侧面（Lateral view），群克 1 井（QK-1）/2537.55 m/AL/1662/J_1y。

12. 焉耆库车孢形体 *Kuqaia yanqiensis* Cui et al., 2004

侧面（Lateral view），江格沙依（Jianggeshay）/JG13/AK/1656/J_1k。

图版 60　Plate 60

1–5. 同心库车孢形体 *Kuqaia concentrica* Li, 1993

1. 腹面（Ventral view），江格沙依（Jianggeshay）/JG1b/AK/1650/J_1k。
2. 背面（Dorsal view），维马 1 井（WM-1）/1970.31 m/AC/1418/J_1y。
3. 图 2 标本的尾部，示标本具粗强同心脊、微弱辐射脉的背部和光滑的尾刺（Posterior of the specimen in fig. 2, showing detail of thick concentric ridges, weak radial veins on the dorsal surface and laevigate caudal spine）。
4. 正模标本，腹面，引自黎文本，1993，图版 2，图 2（Holotype, ventral view, after Li, 1993, pl. 2, fig. 2），库车河（Kuqa River）/SJ238/AX/136/J_1y。
5. 图 4 标本的前端，示粗强的同心脊和微弱的辐射脉（Part of anterior of the specimen in fig. 4, showing thick concentric ridges and weak radial veins）。

6. 杨氏库车孢形体 *Kuqaia yangii* Cui et al., 2004

6. 侧面（Lateral view），东河 1 井（DH-1）/5554.48 m/AY/64/J_1y。

7–10. 辐射库车孢形体 *Kuqaia radiata* Li, 1993

7，8. 正模标本的背侧面和腹侧面，引自黎文本，1993，图版 2，图 5，6（Holotype, both sides of specimen in oblique view, after Li, 1993, pl. 2, figs. 5, 6），库车河（Kuqa River）/SJ238/AX/475/J_1y。
9. 腹视（Ventral view），齐格勒克（Qigelek）/QF47/AR/3646/J_1k。
10. 背视（Dorsal view），齐格勒克（Qigelek）/QF45/AQ/3657/J_1k。

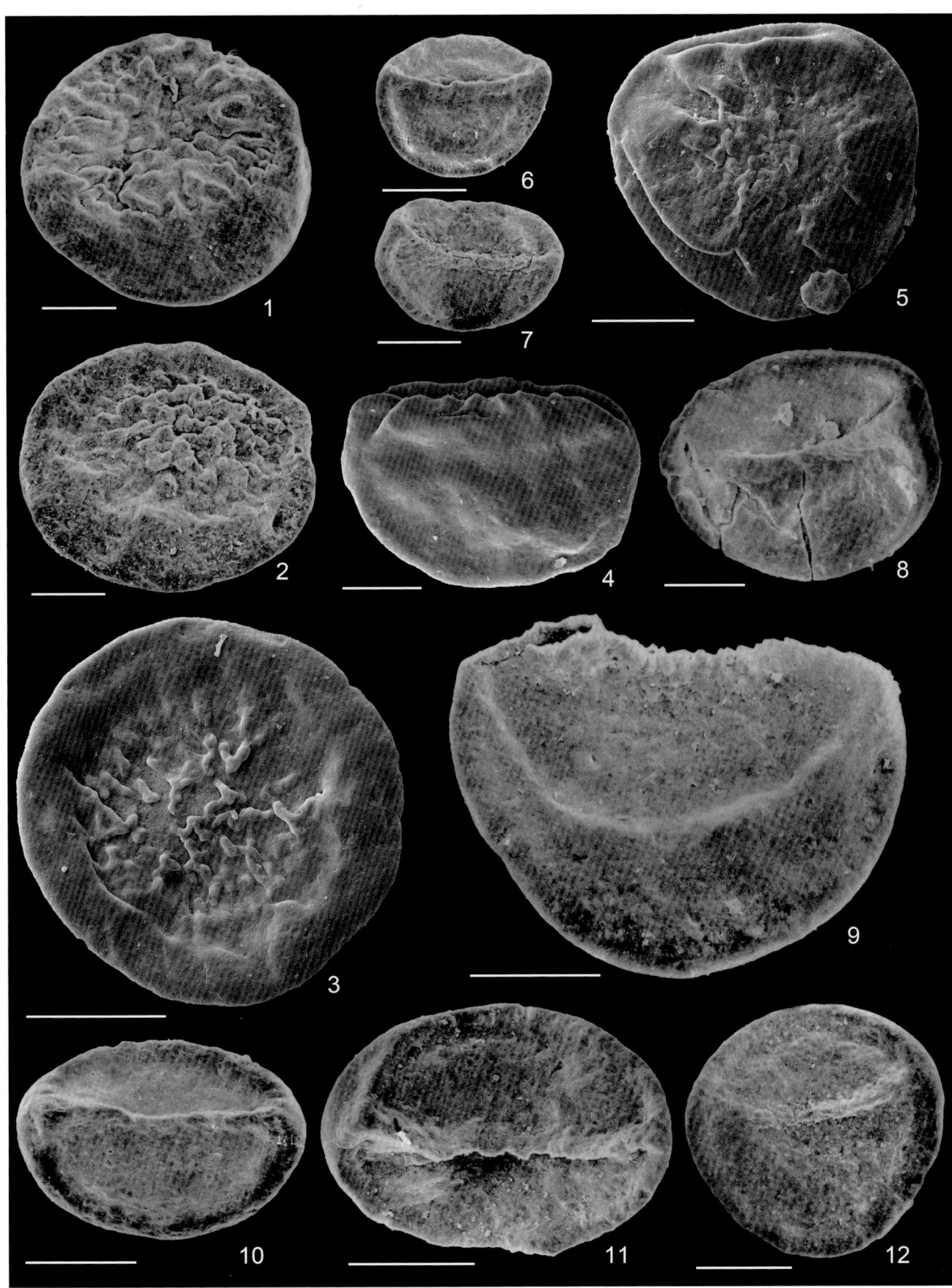

图版 2 Plate 2

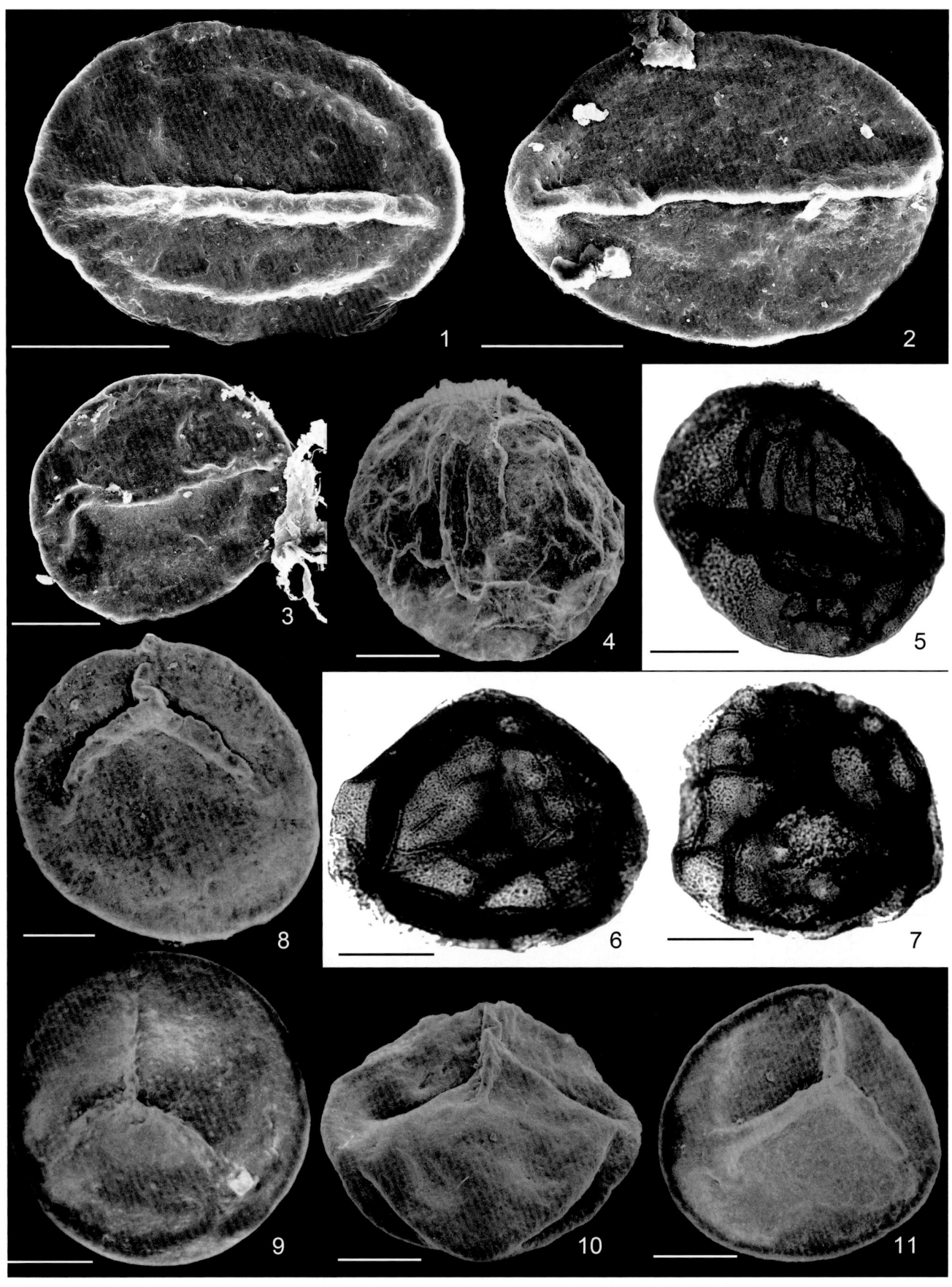

图版 3　Plate 3

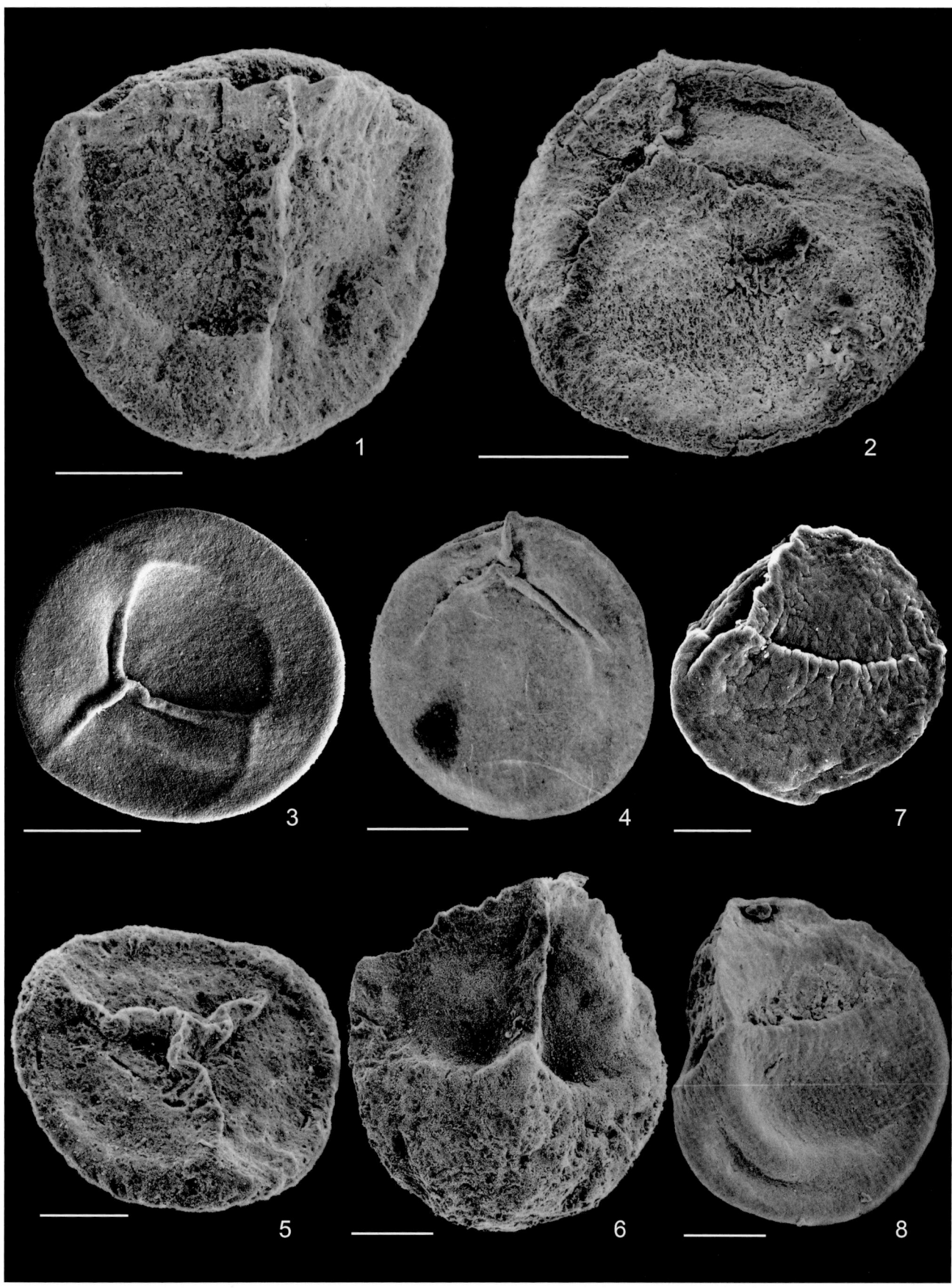

图版 4 Plate 4

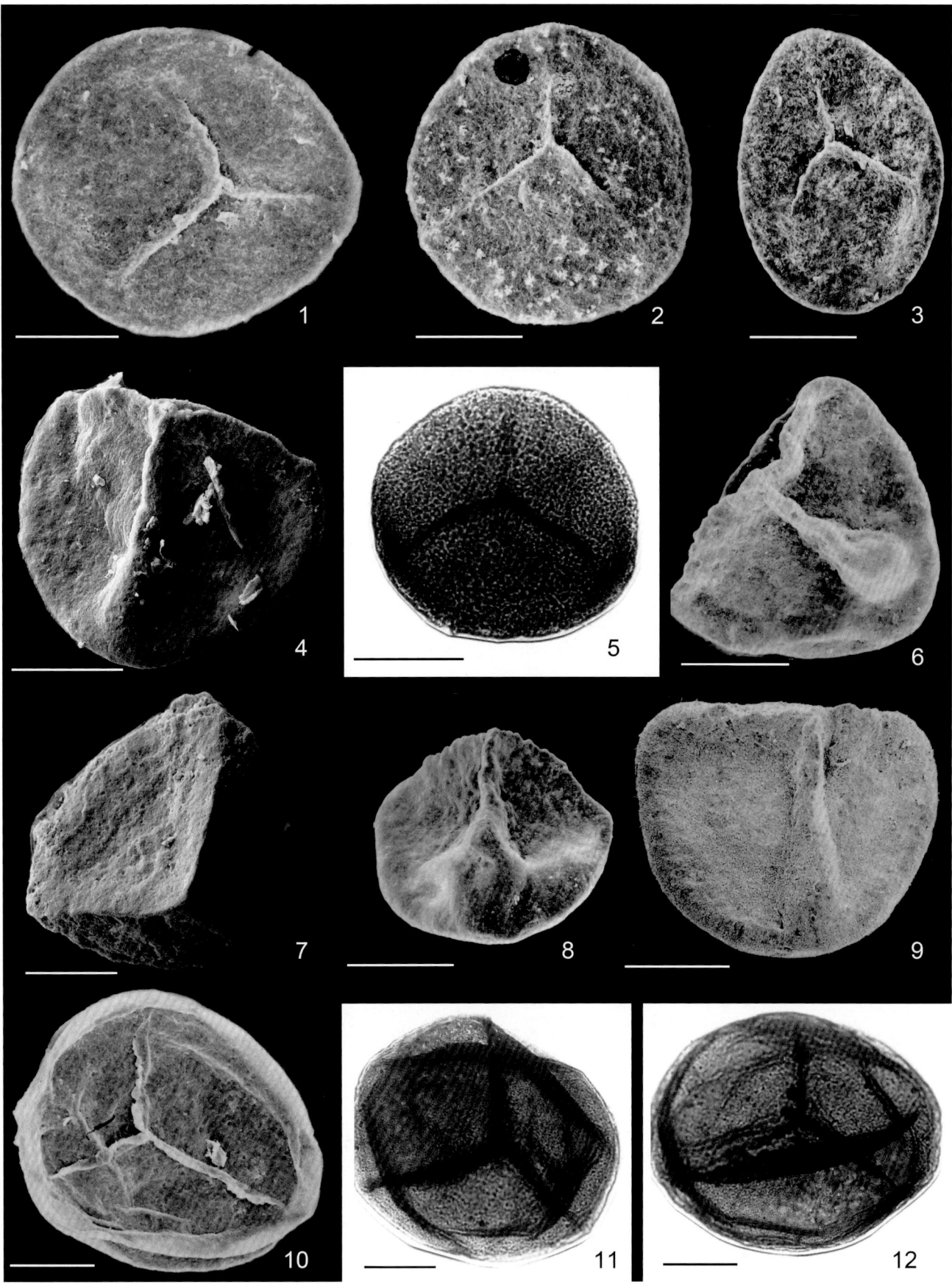

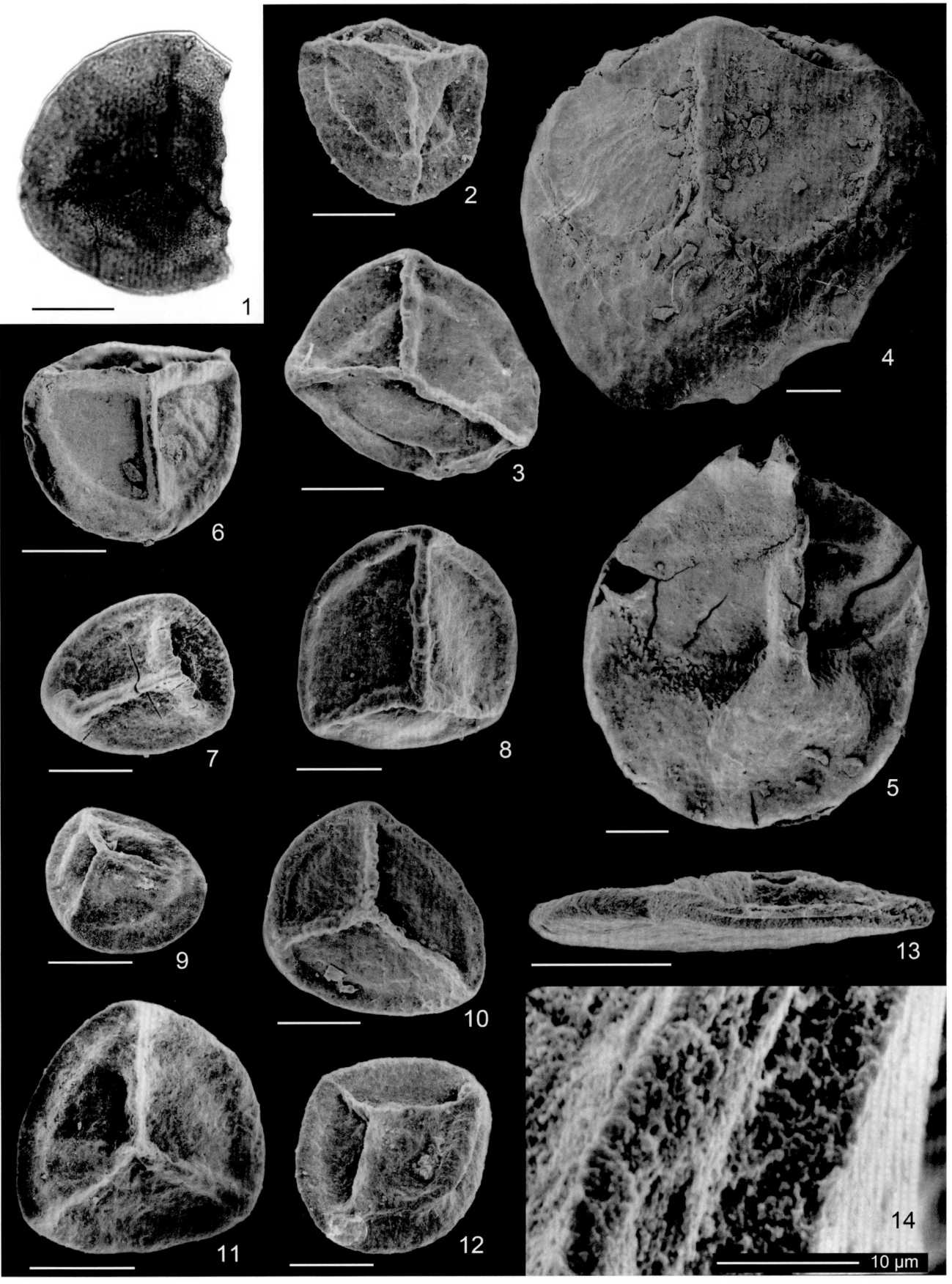

图版 6　Plate 6

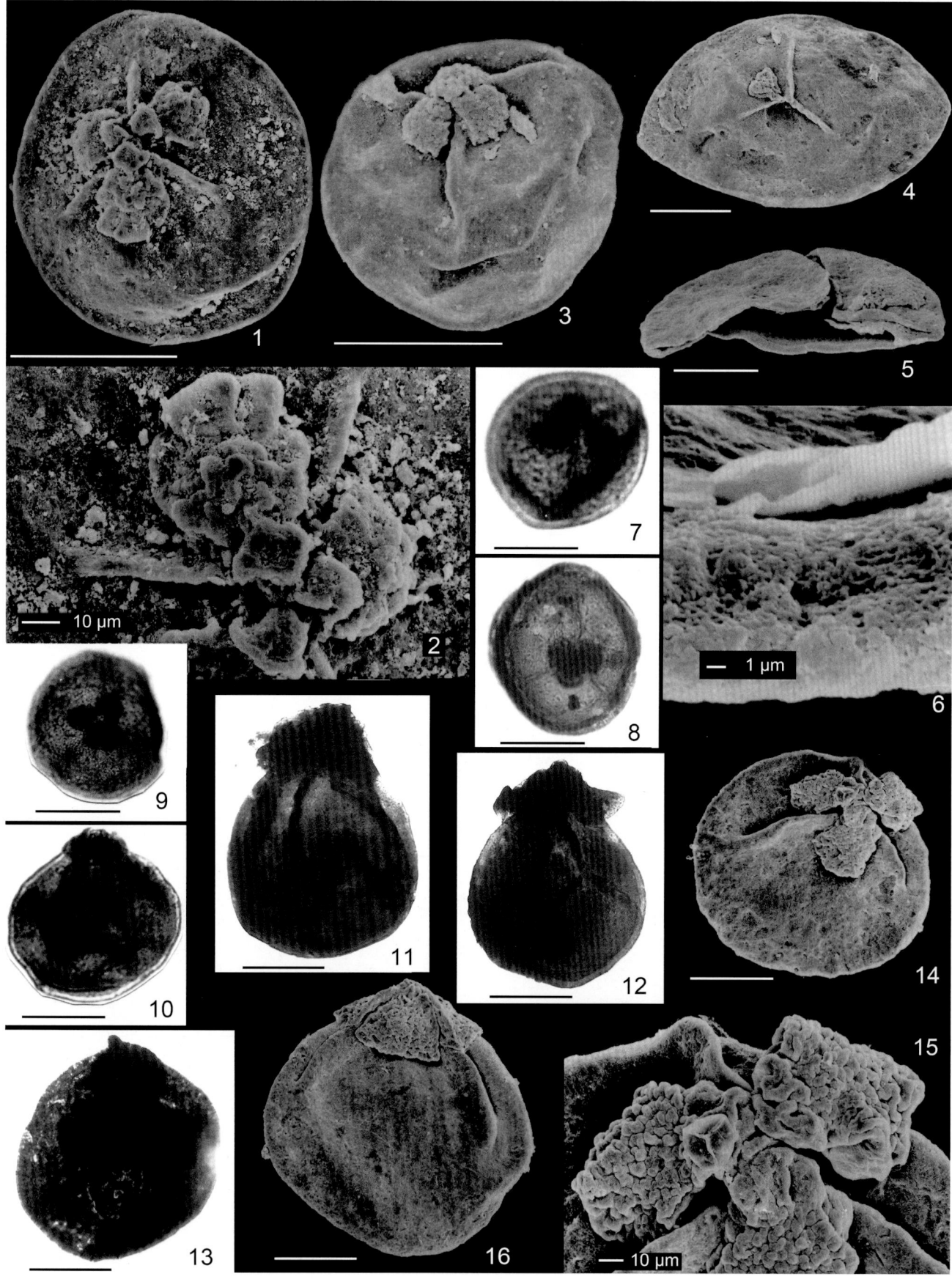

图版 7　Plate 7

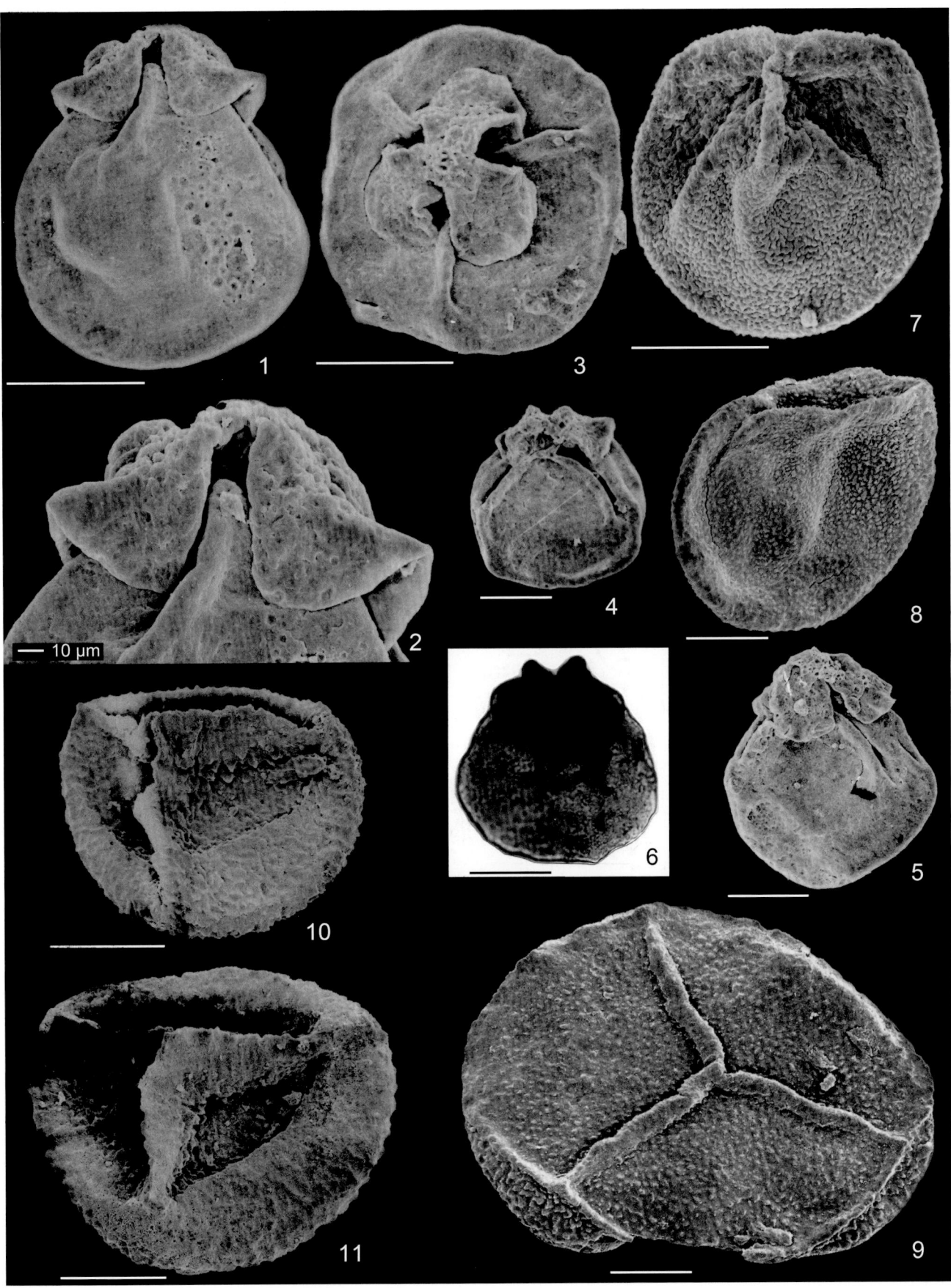

图版 8　Plate 8

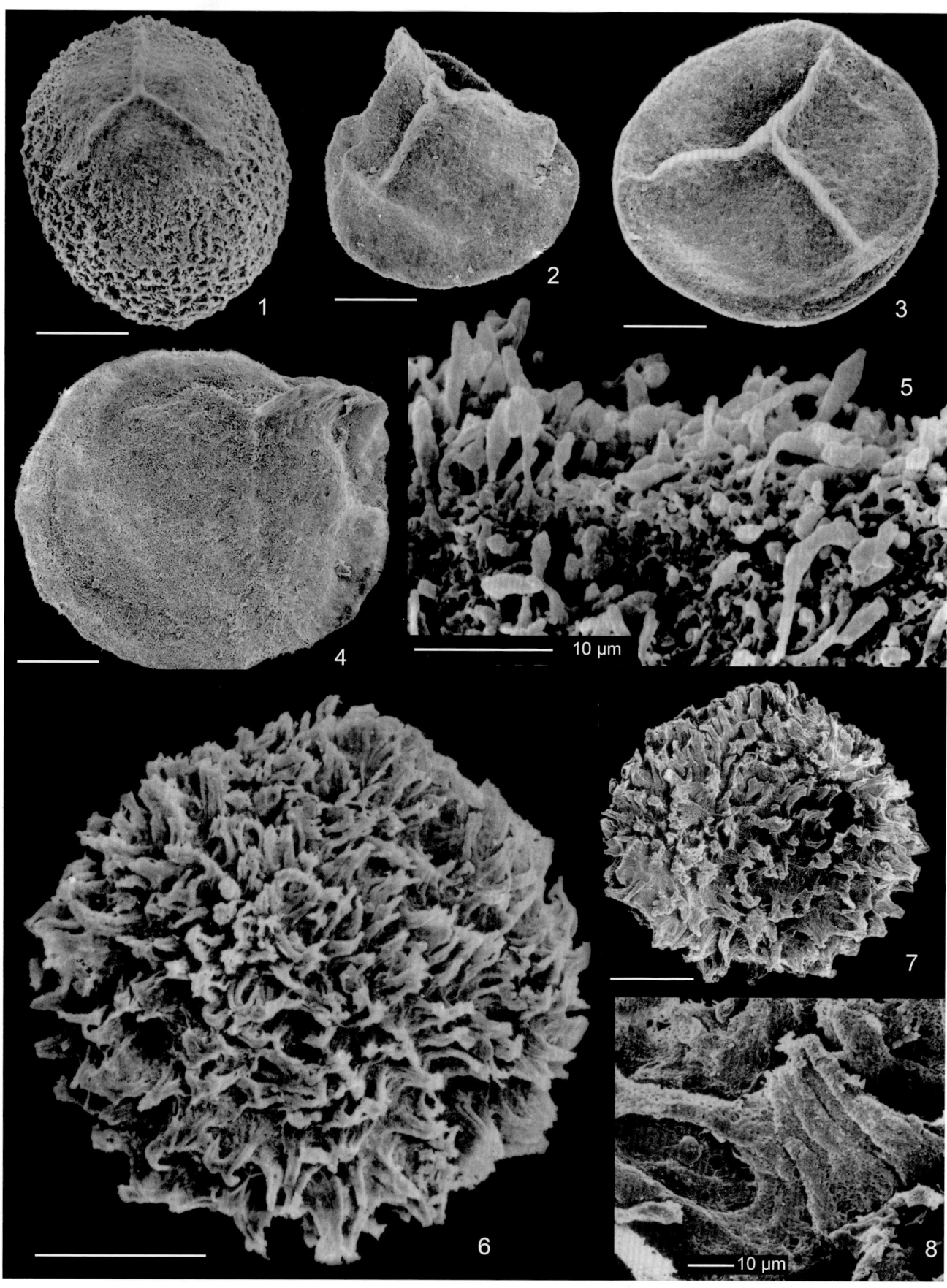

图版 9　Plate 9

图版 10 Plate 10

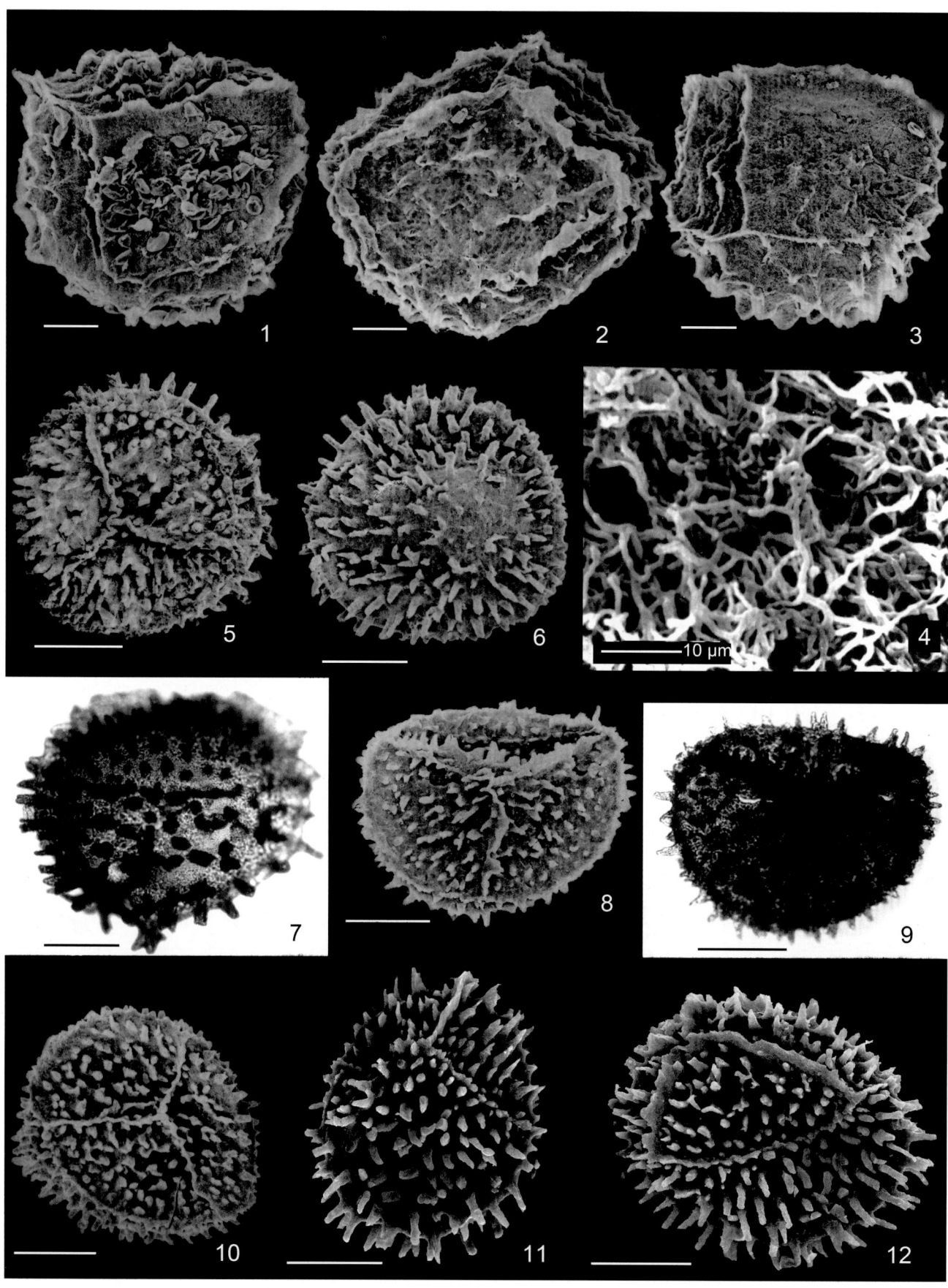

图版 17　Plate 17

图版 18　Plate 18

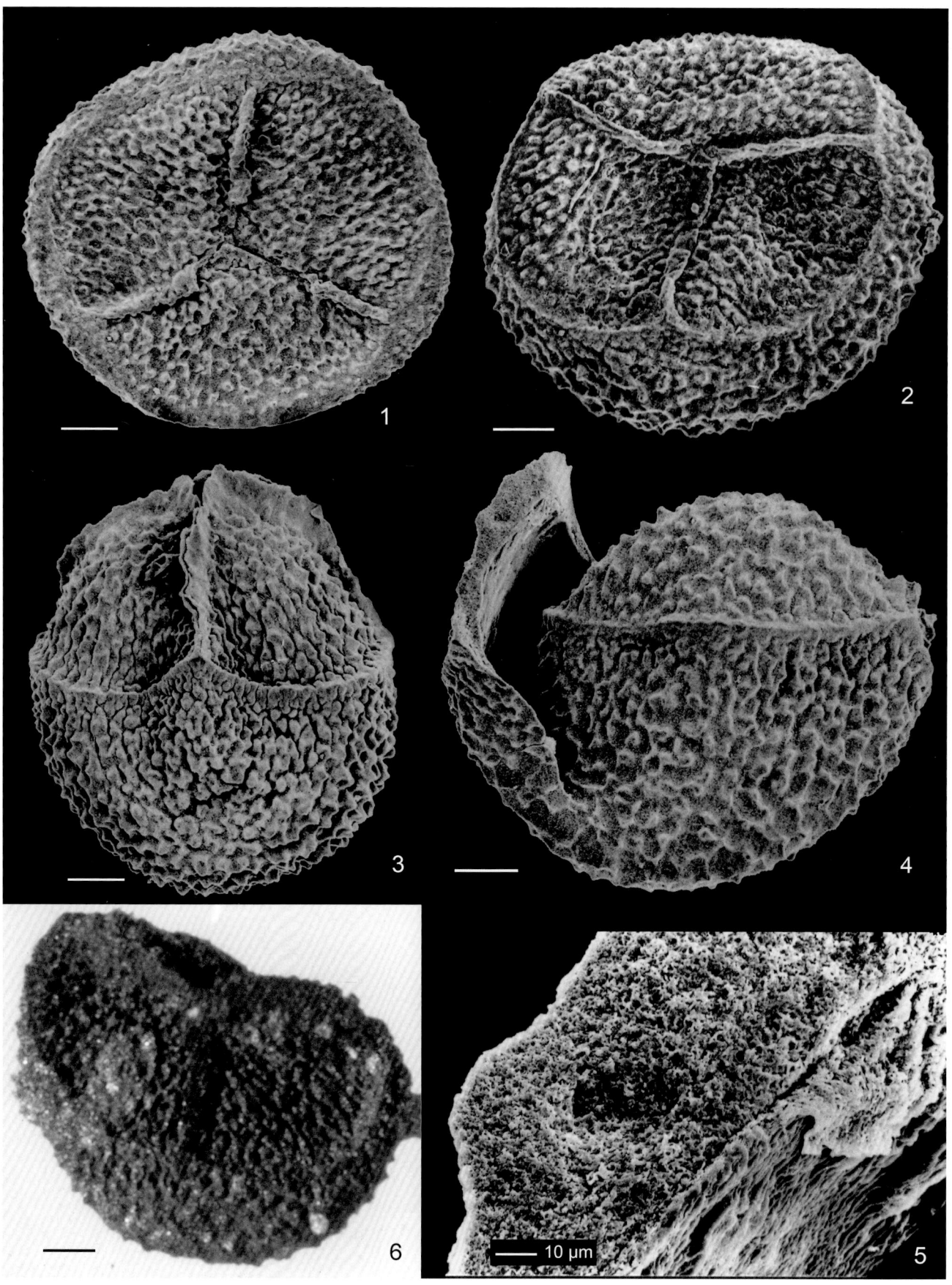

图版 19　Plate 19

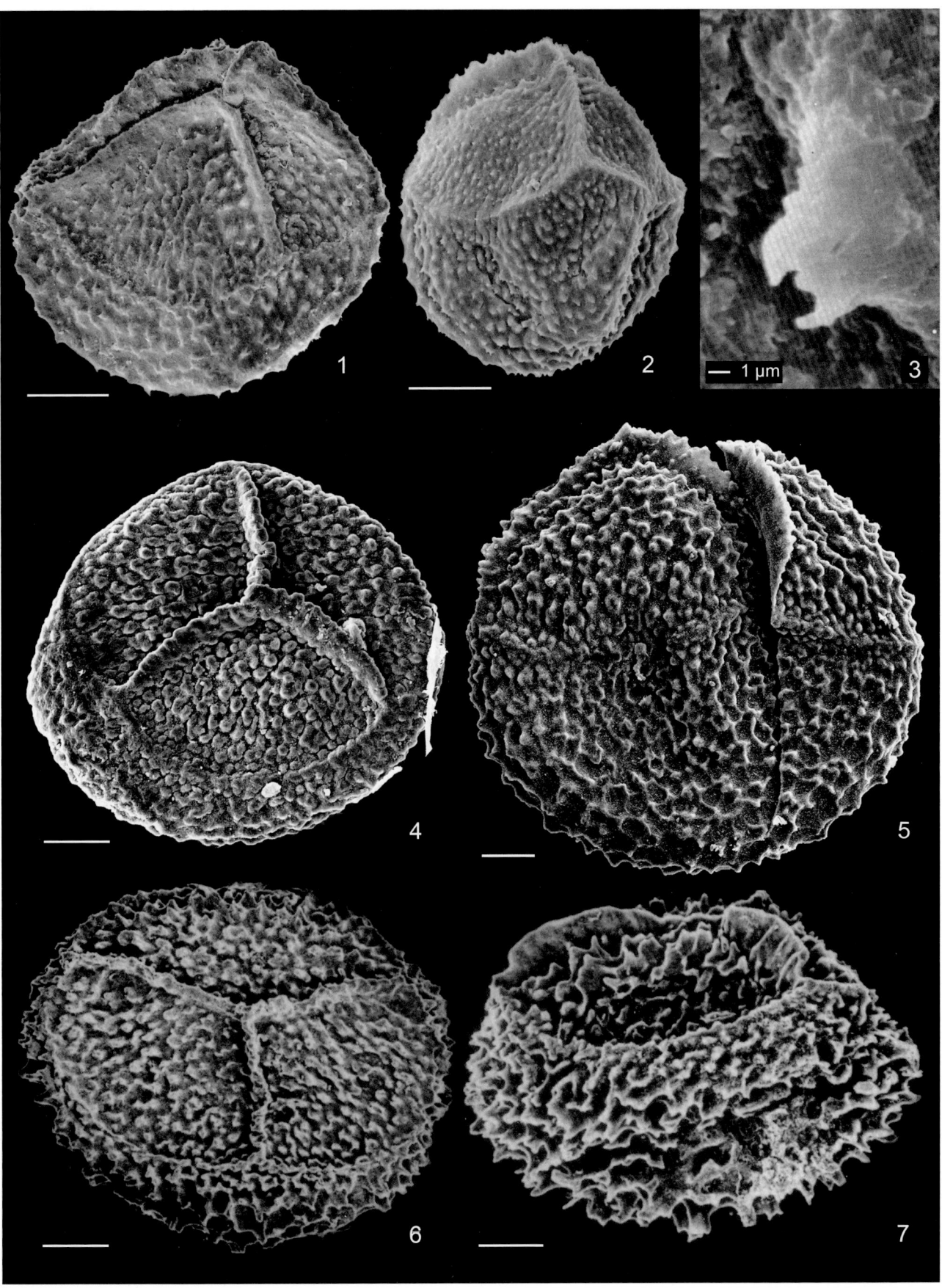

图版 20　Plate 20

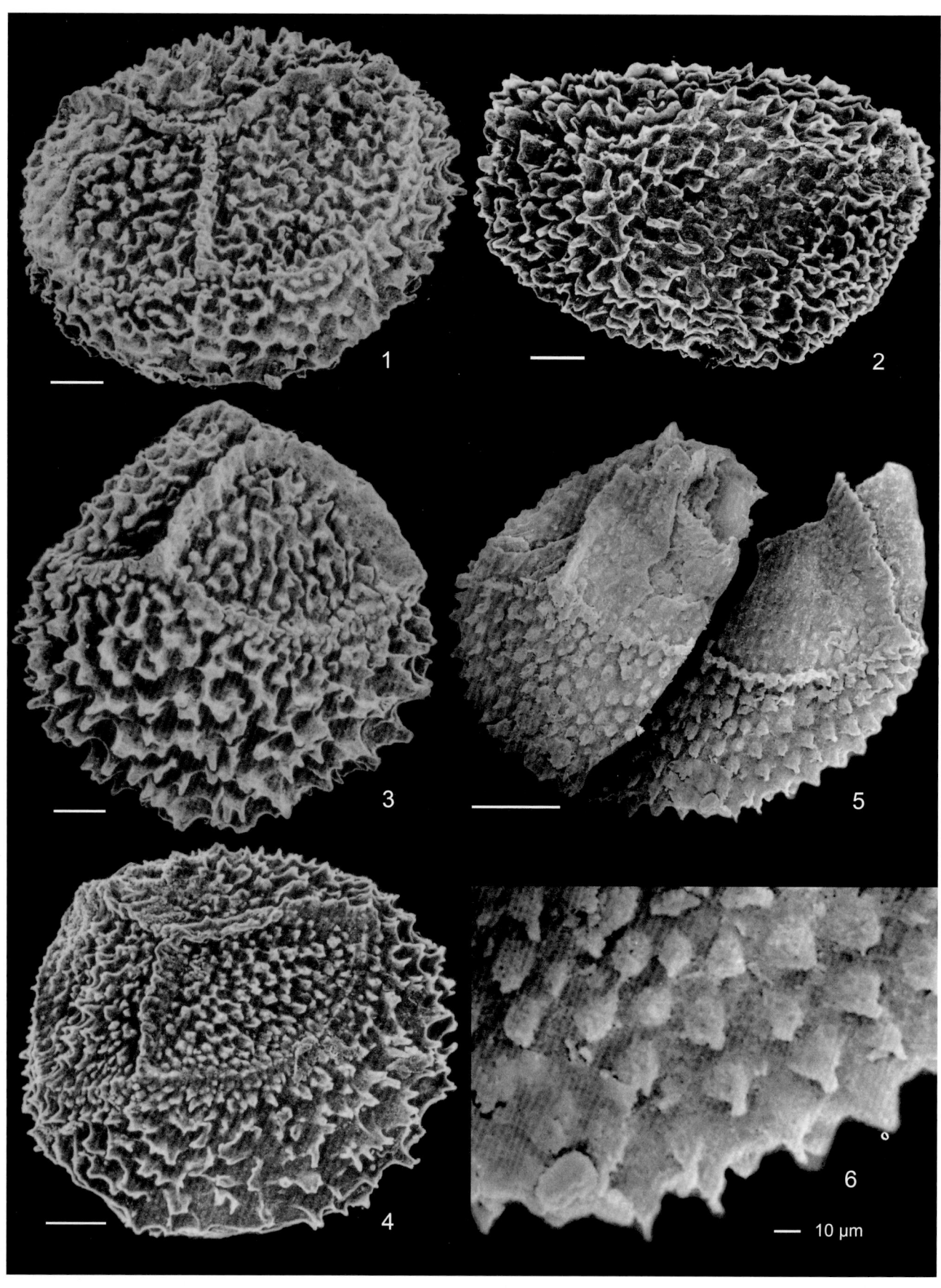

图版 21　Plate 21

图版 22 Plate 22

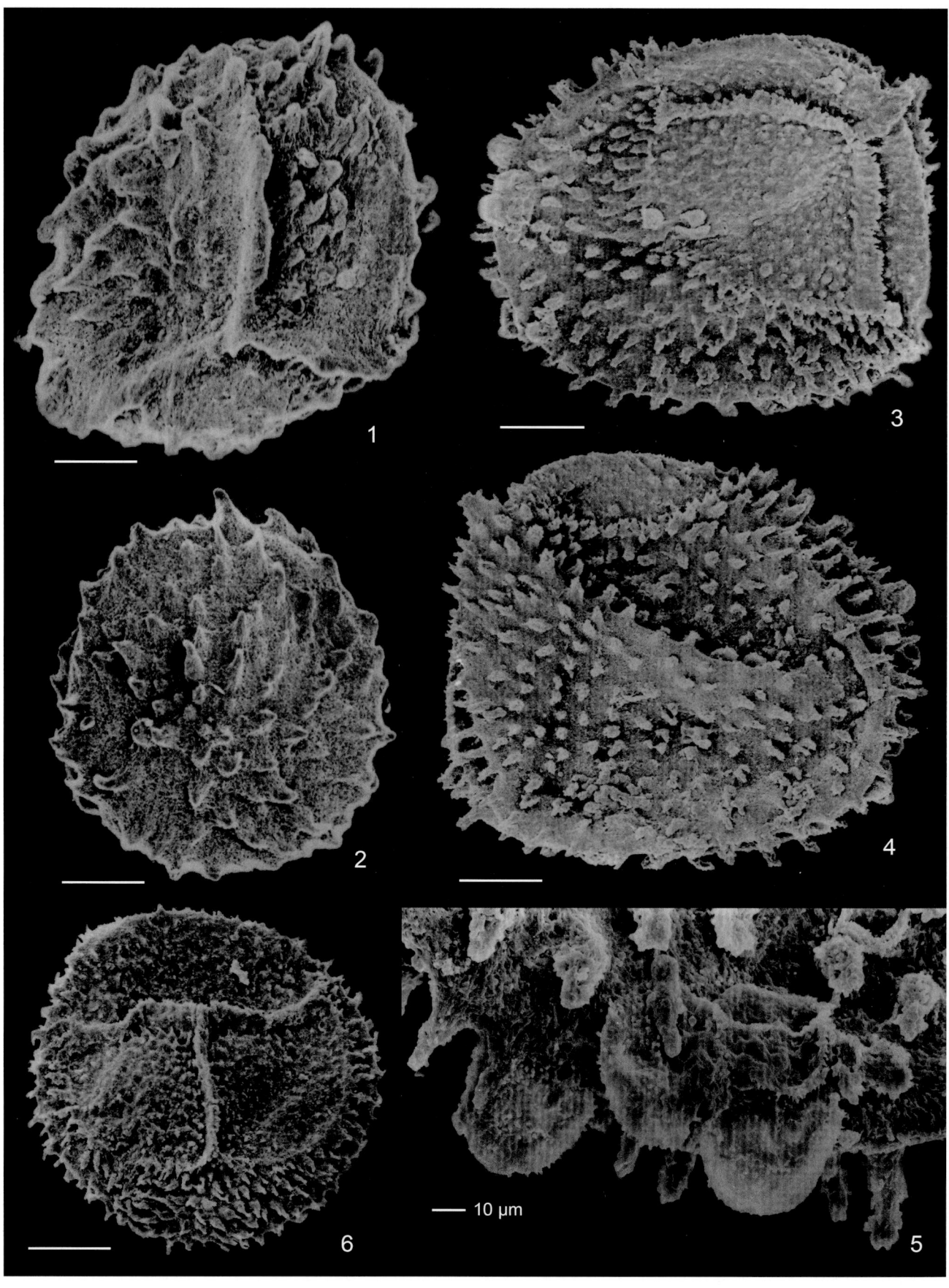

图版 23　Plate 23

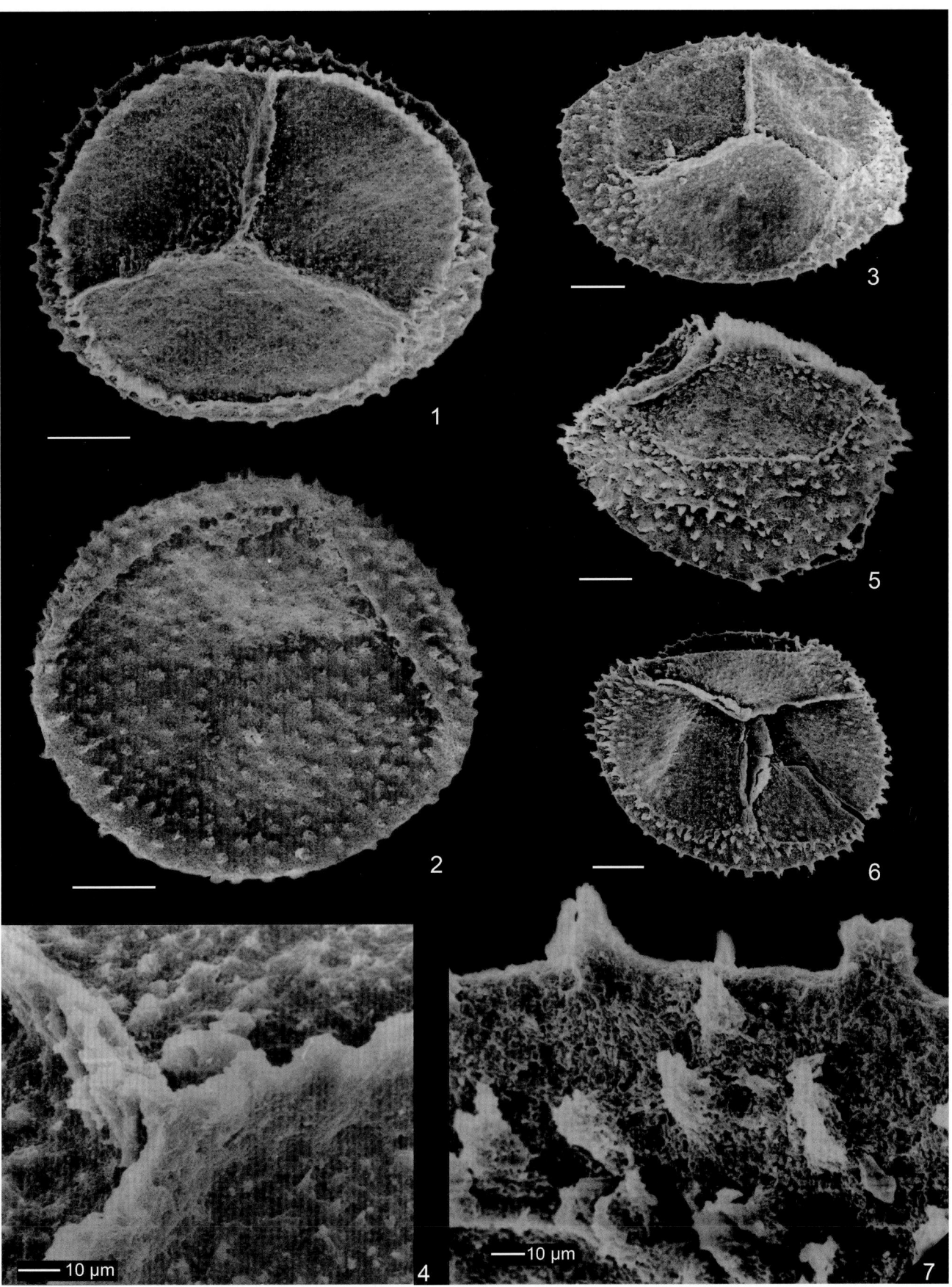

图版 24　Plate 24

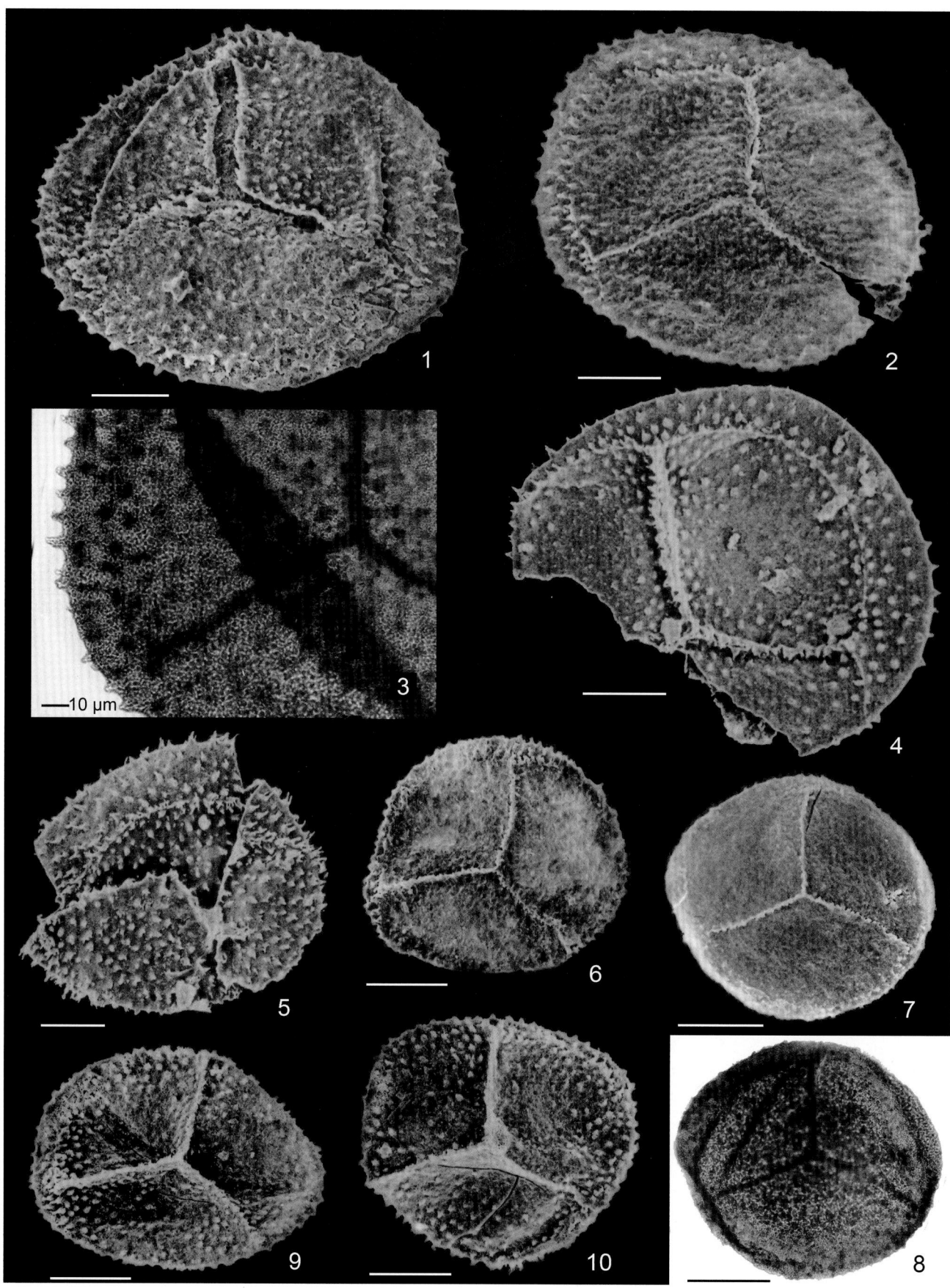

图版 25　Plate 25

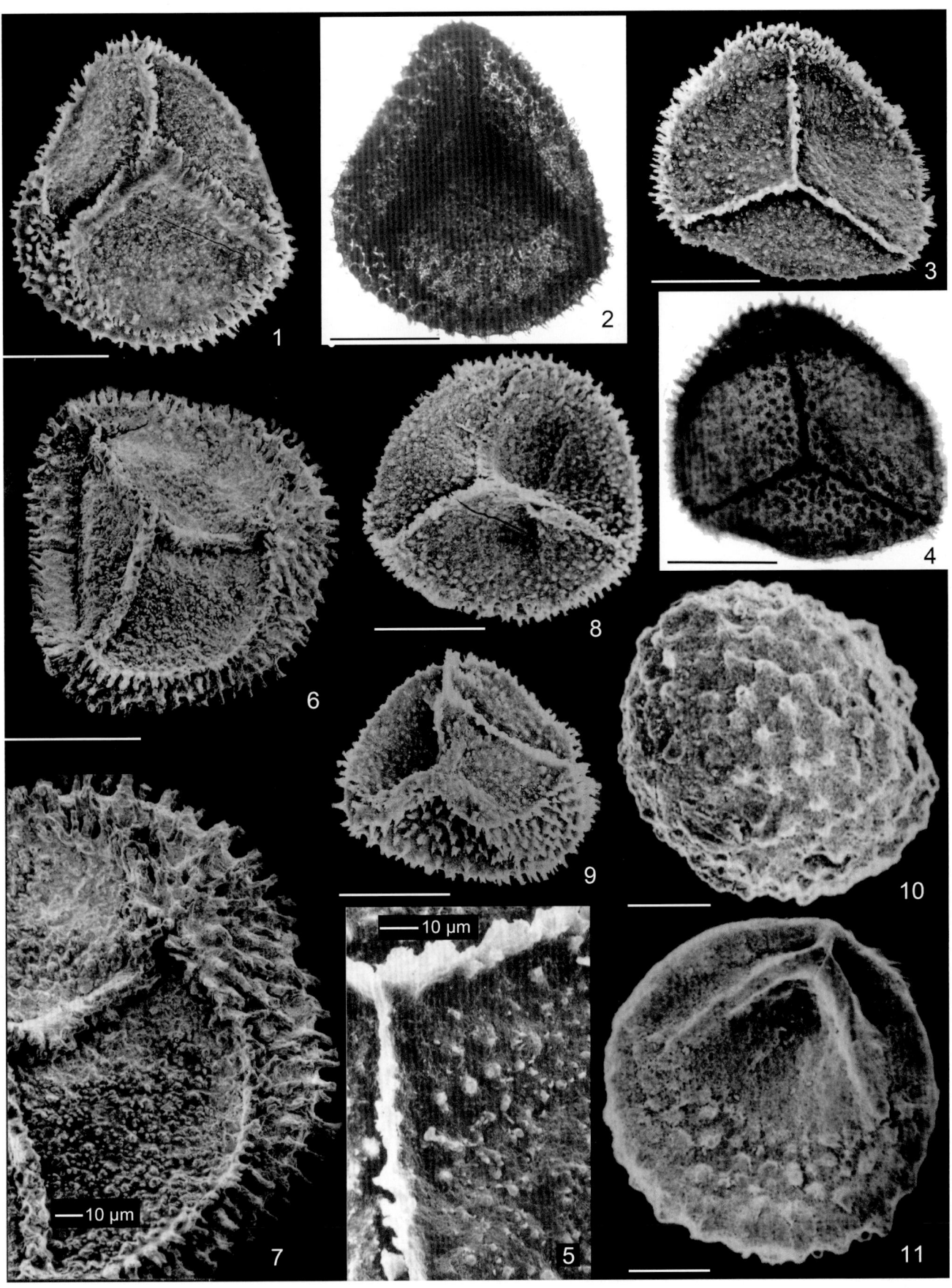

图版 26　Plate 26

图版 27　Plate 27

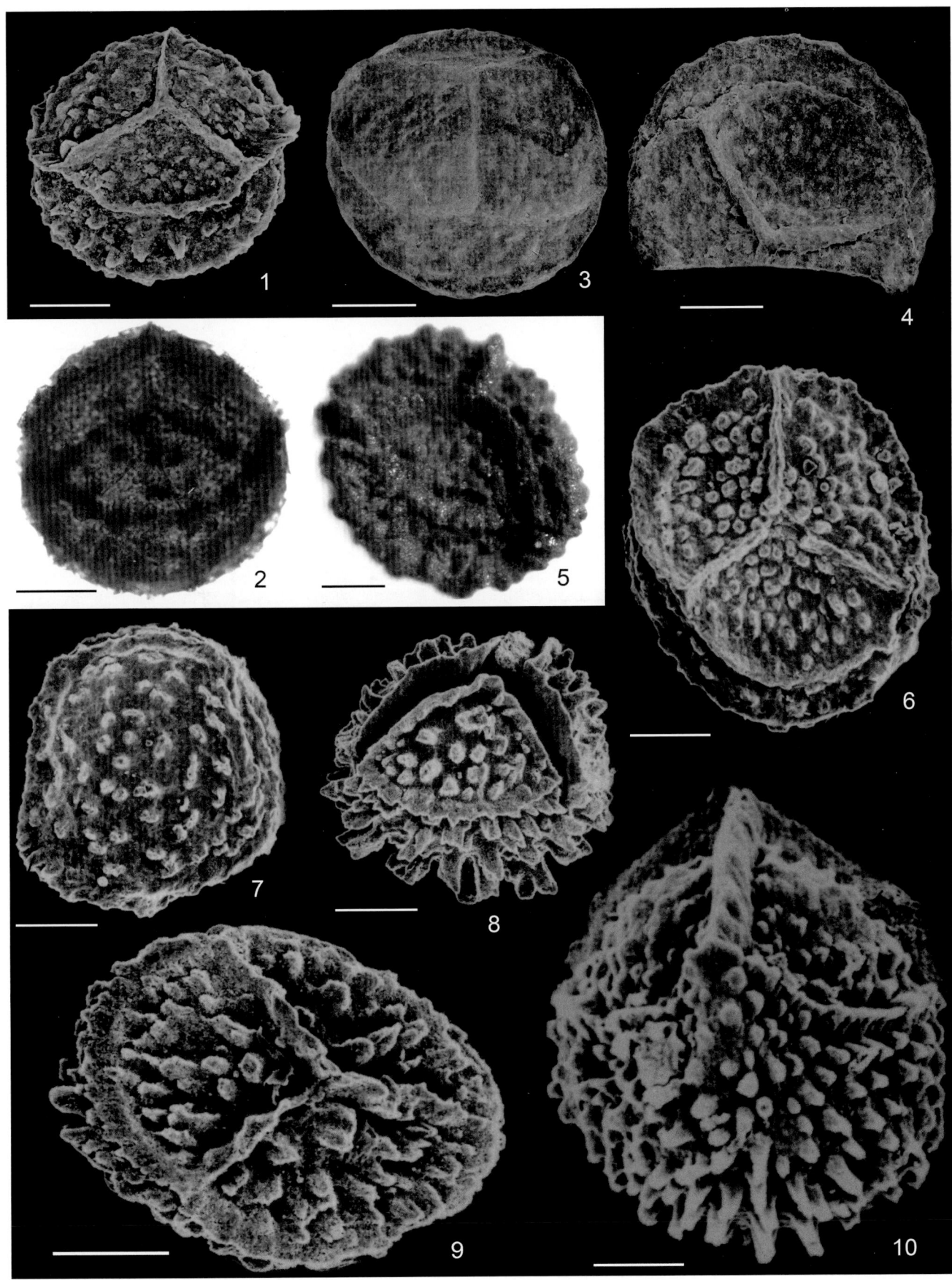

图版 29　Plate 29

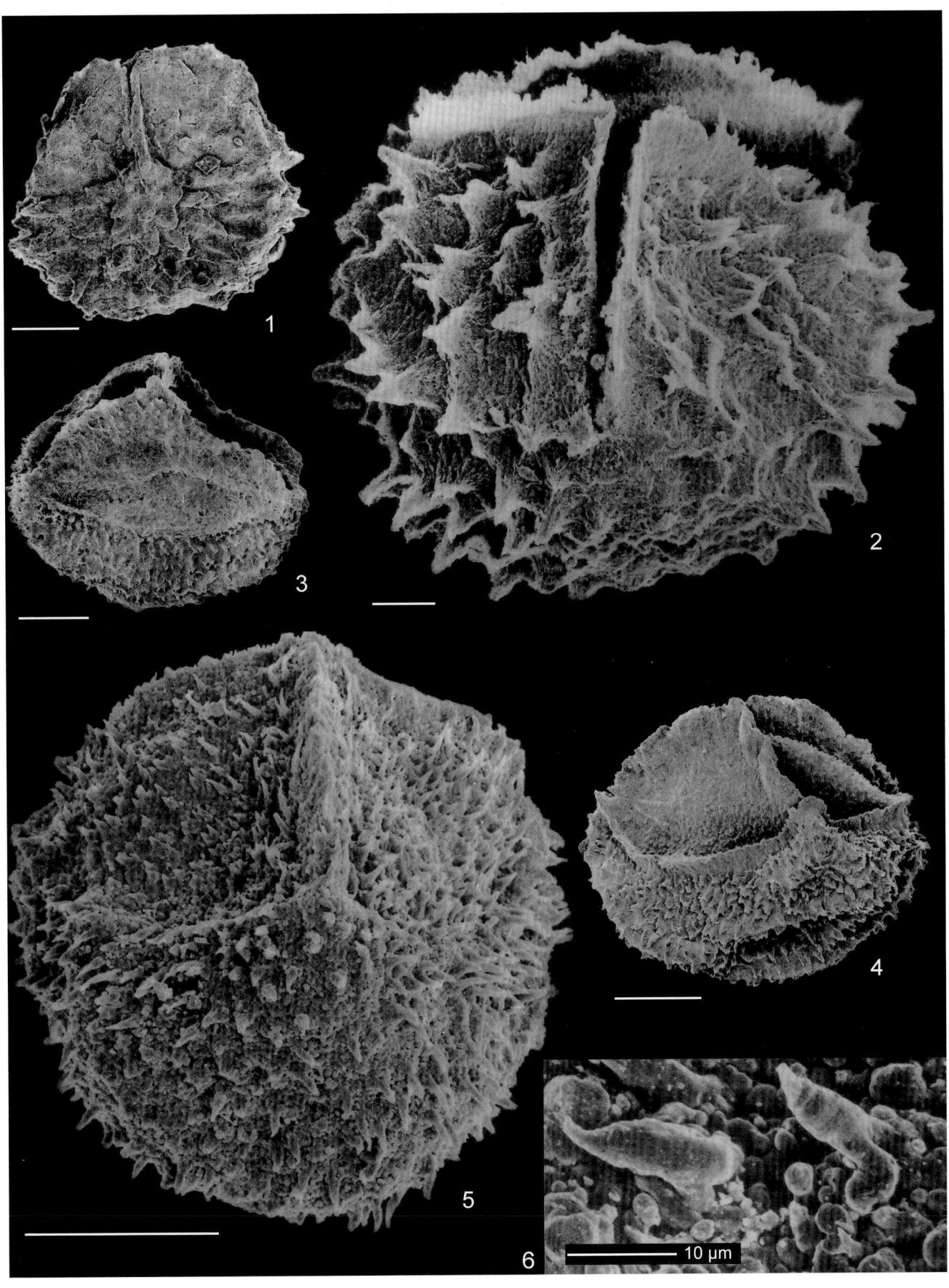

图版 30　Plate 30

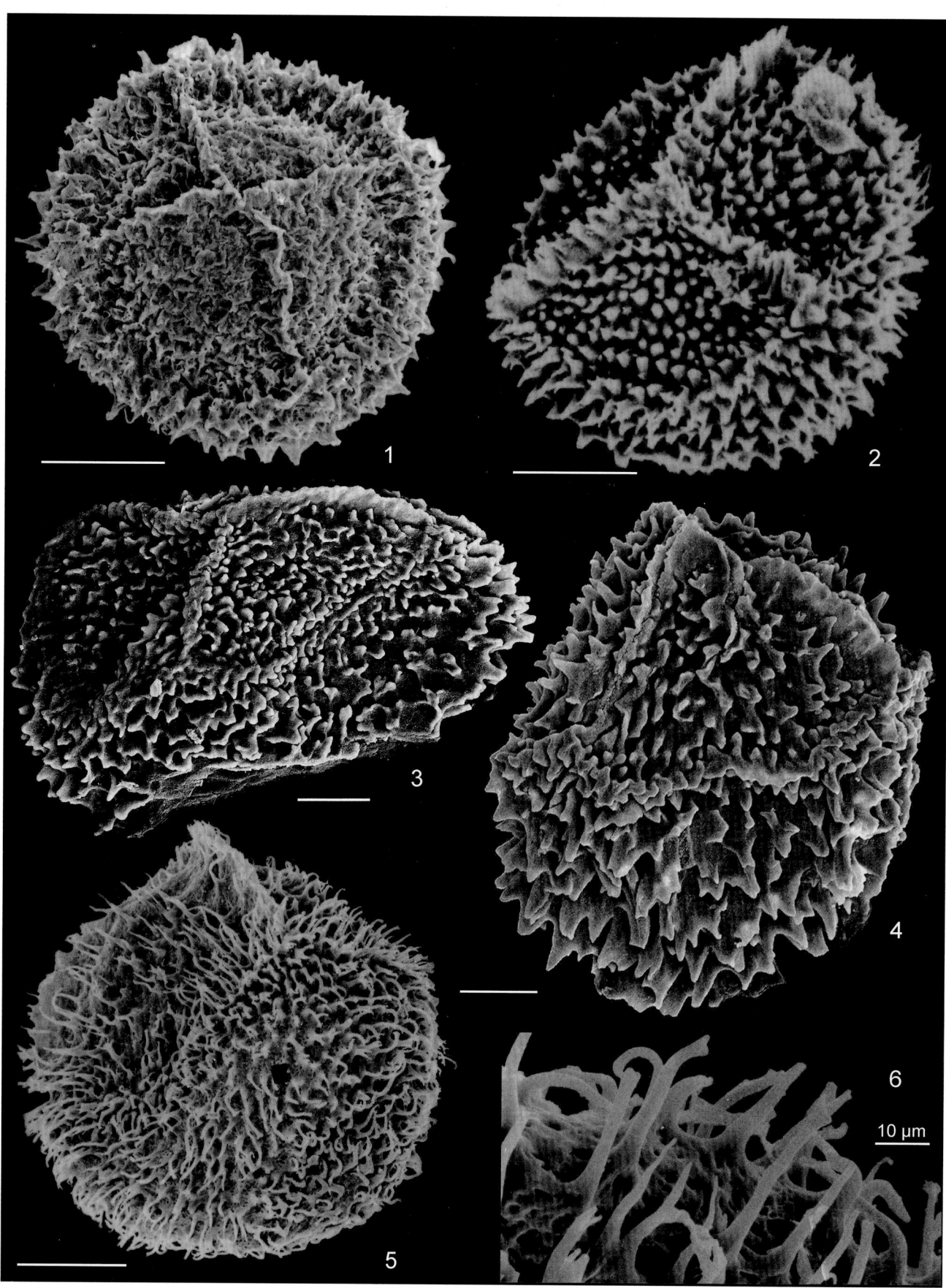

图版 31　Plate 31

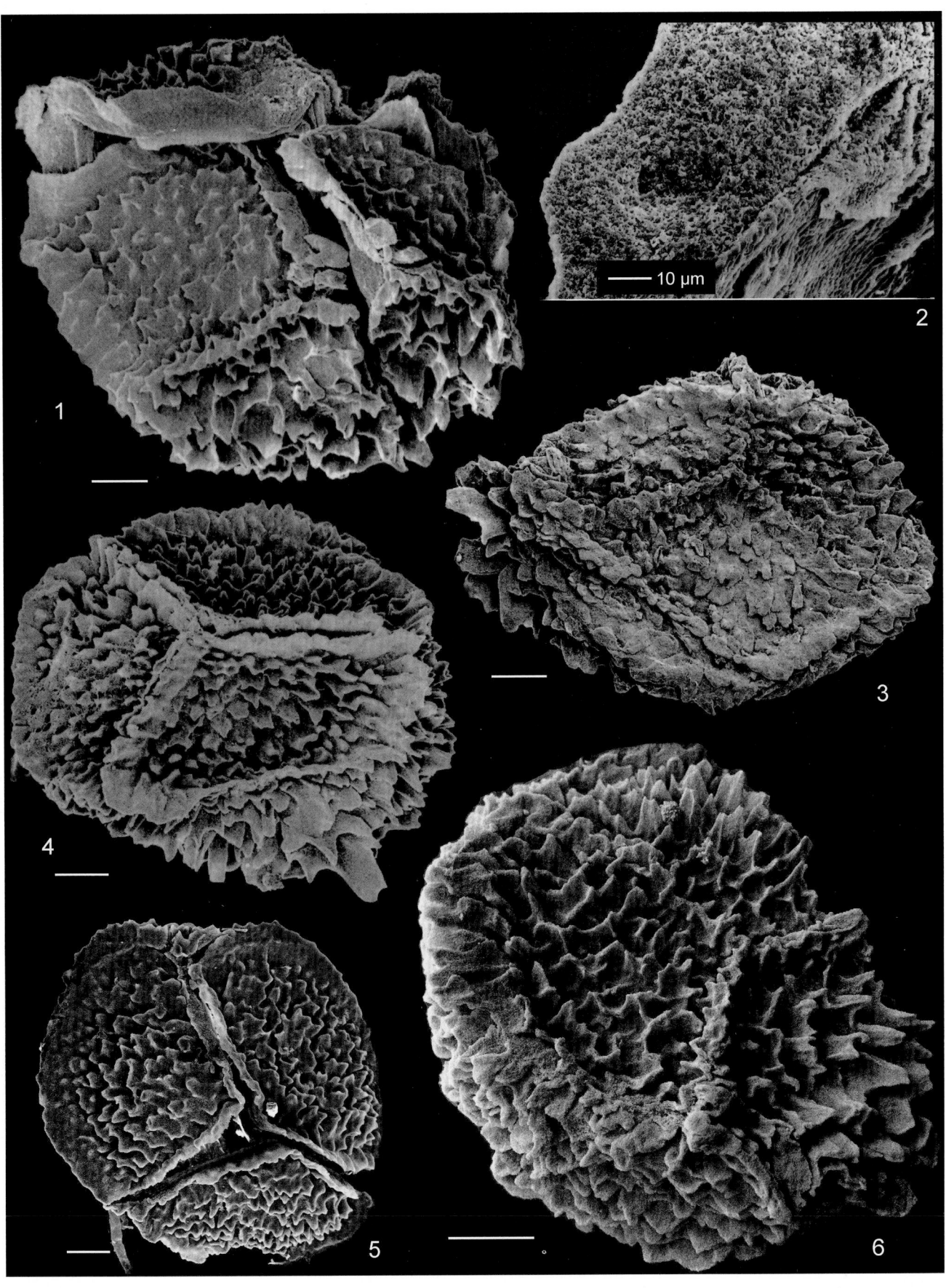

图版 32 Plate 32

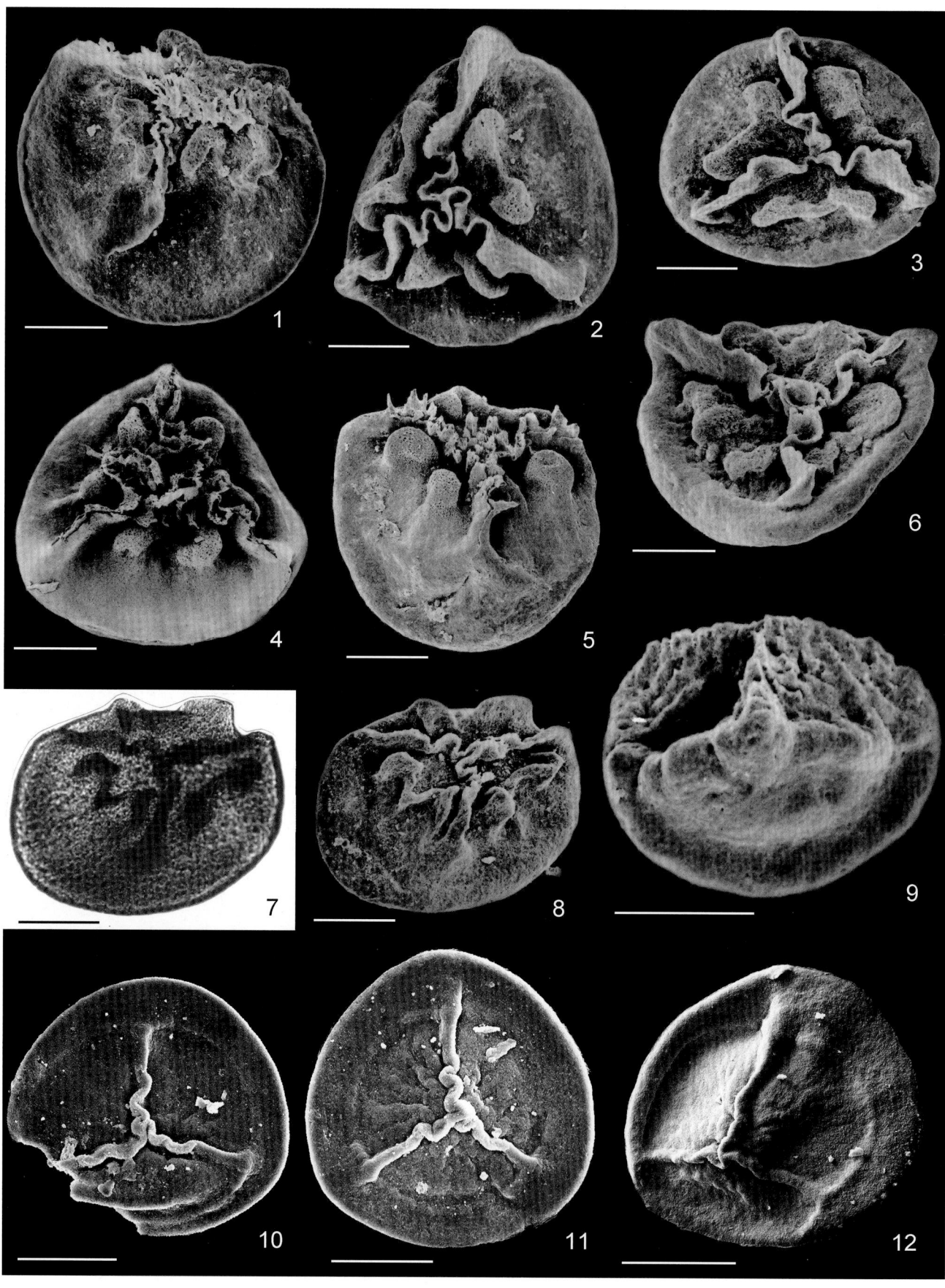

图版 33　Plate 33

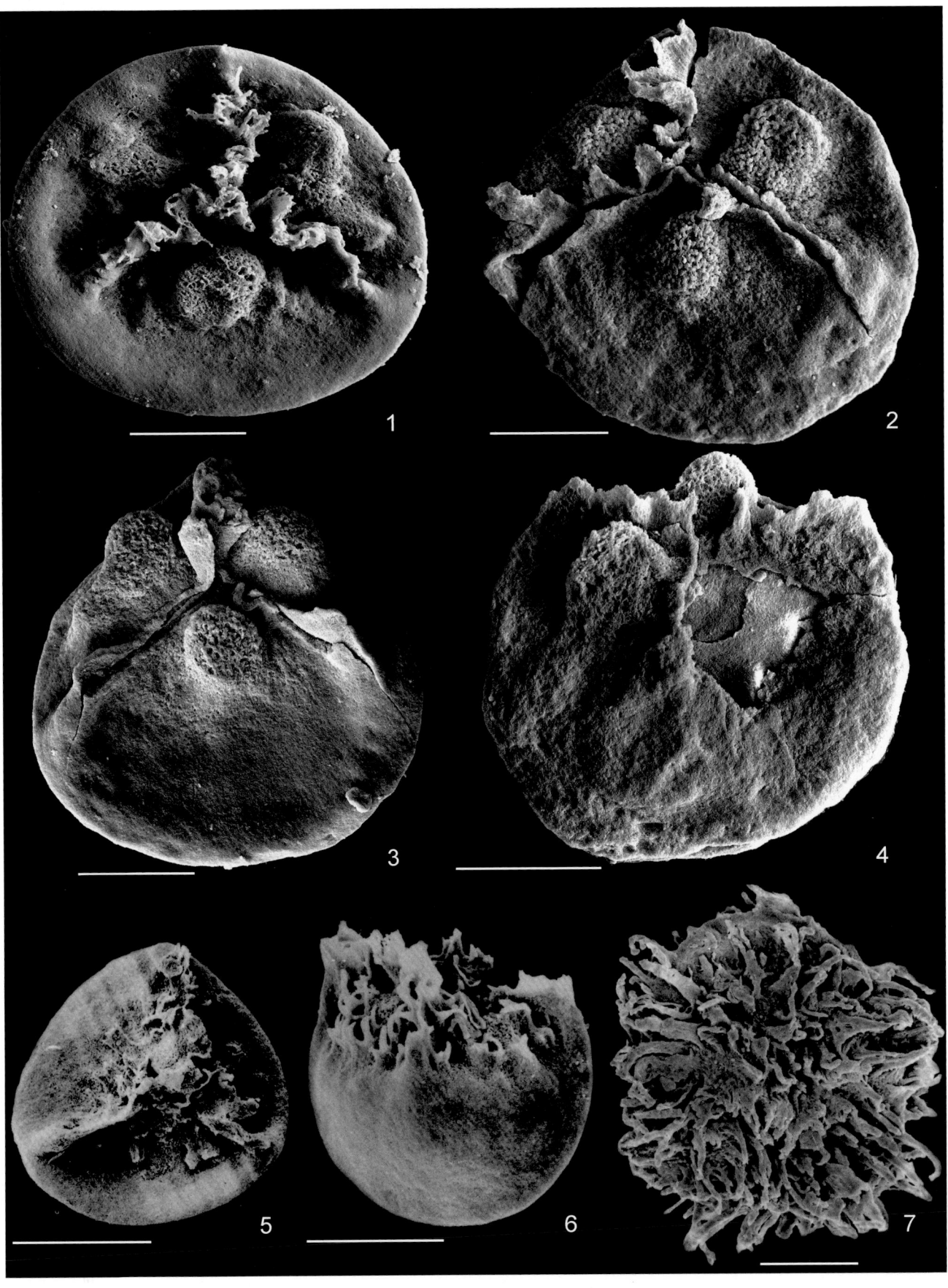

图版 34　Plate 34

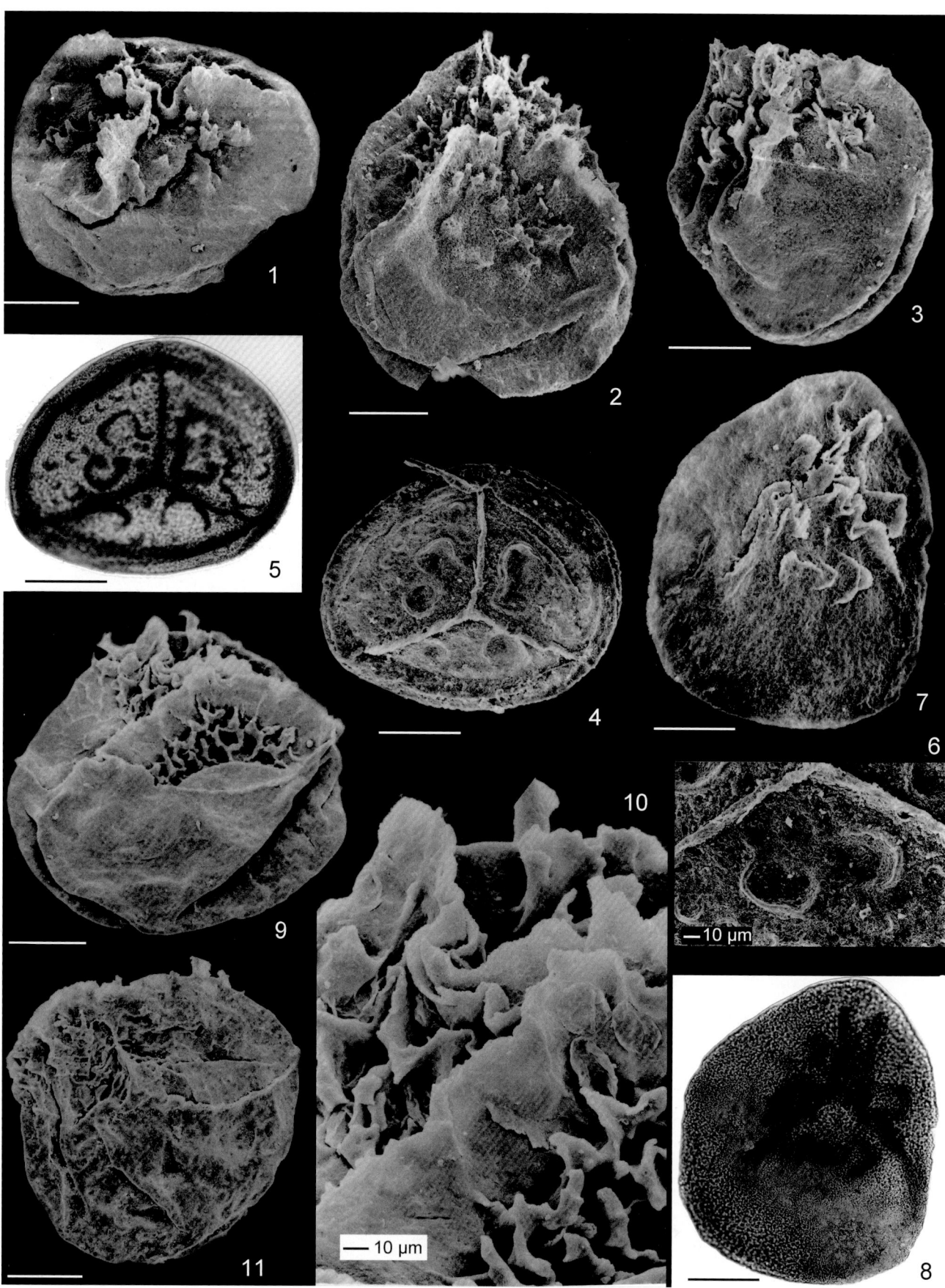

图版 35　Plate 35

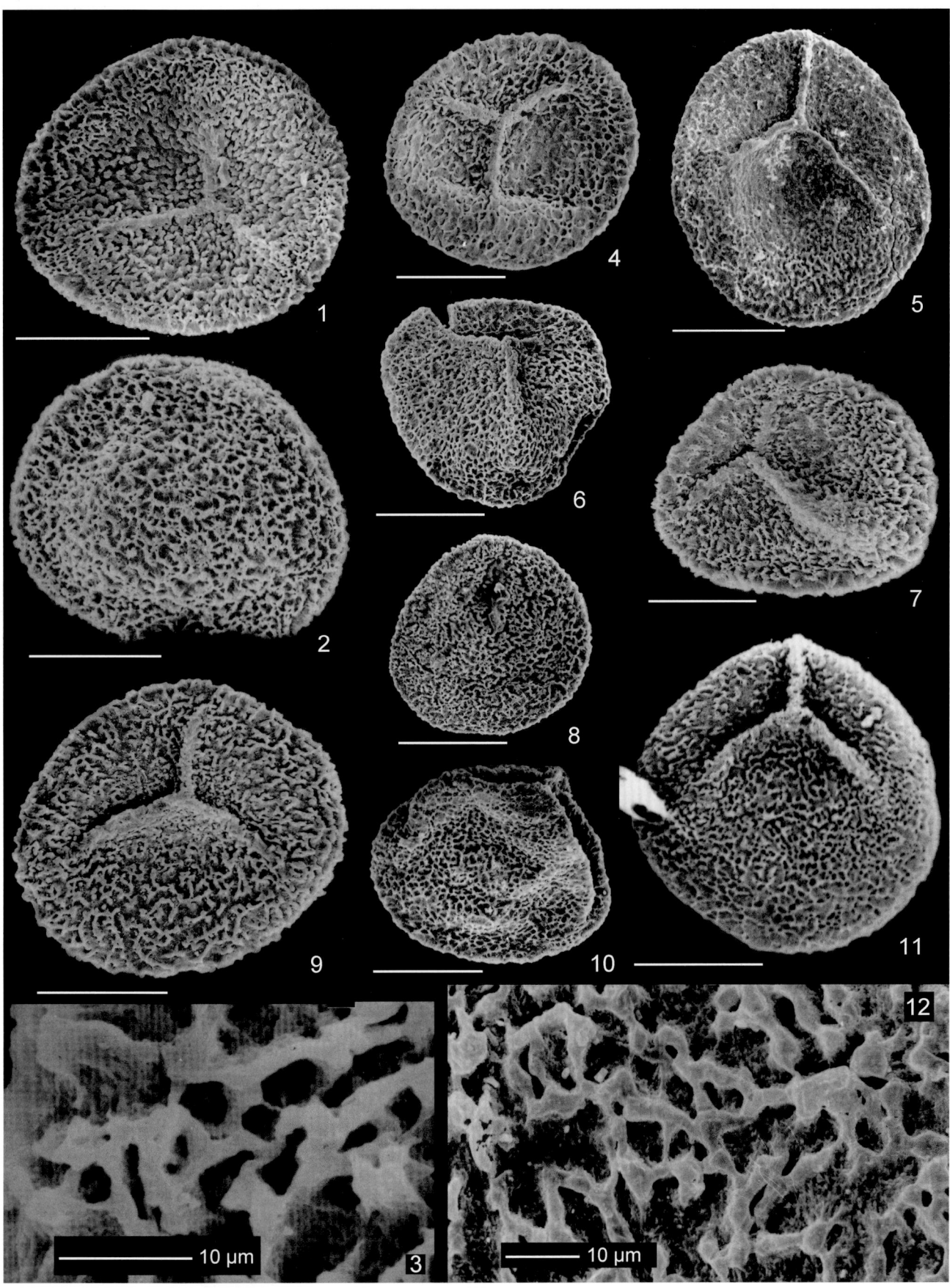

图版 36　Plate 36

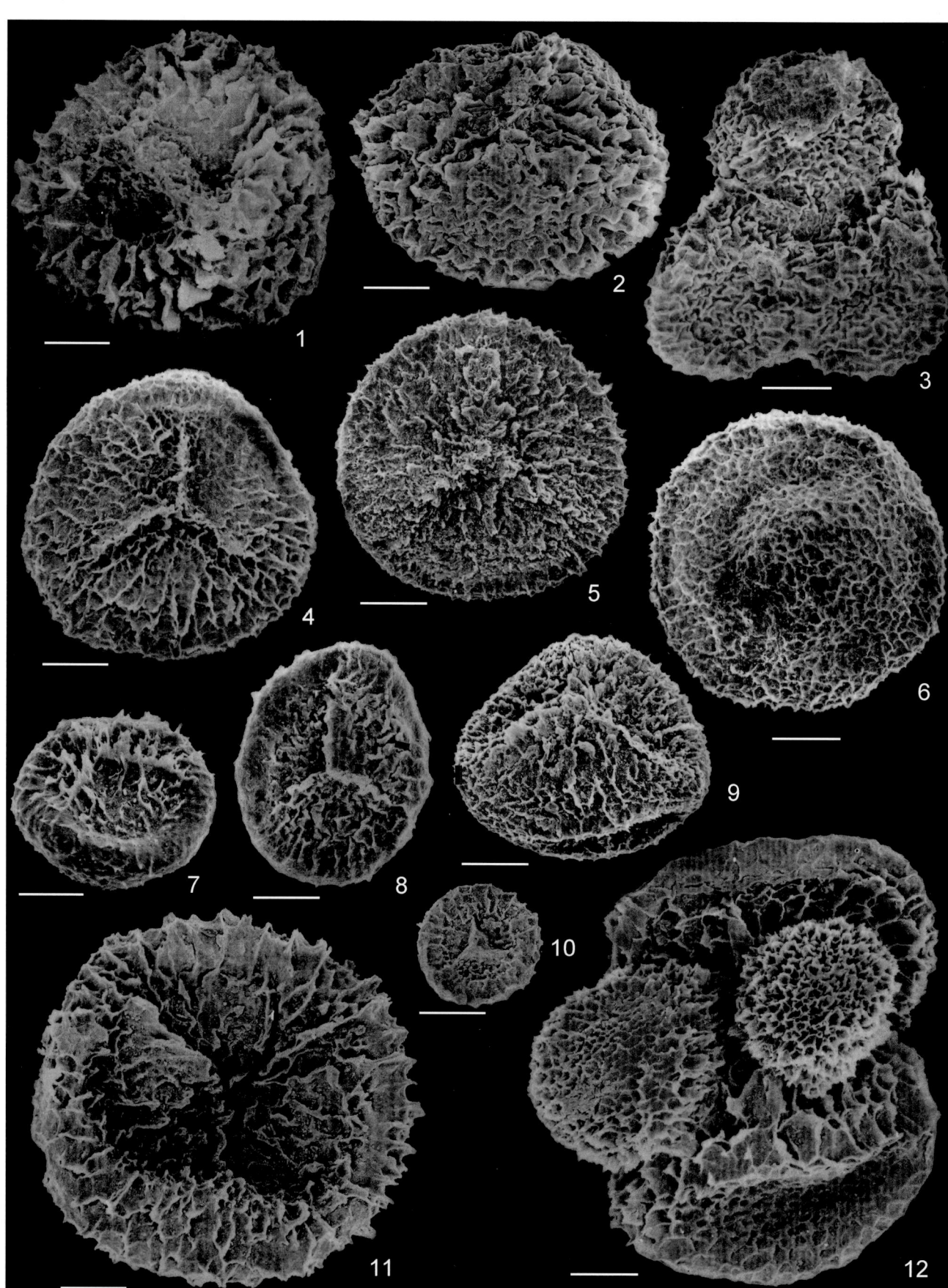

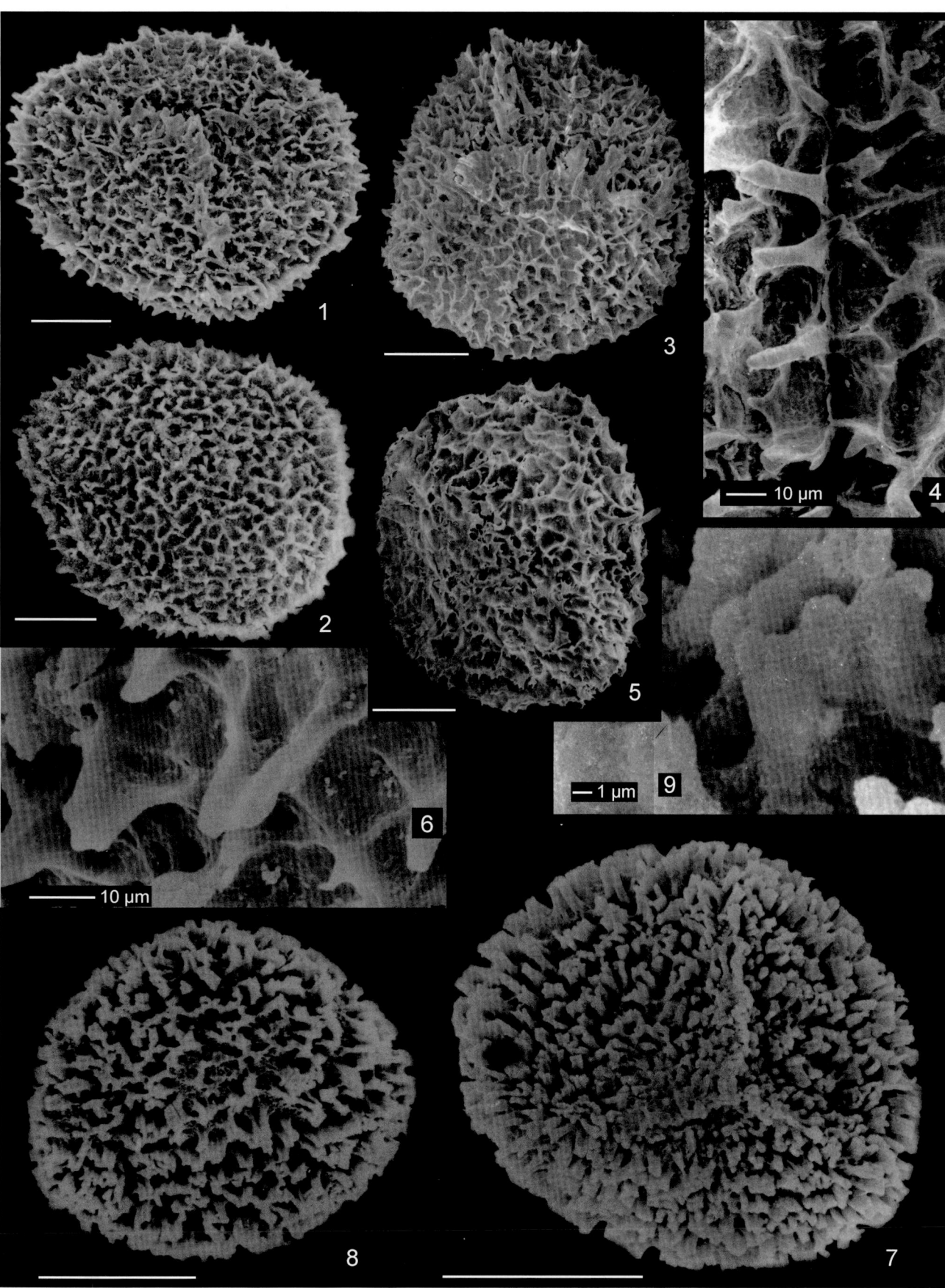

图版 38 Plate 38

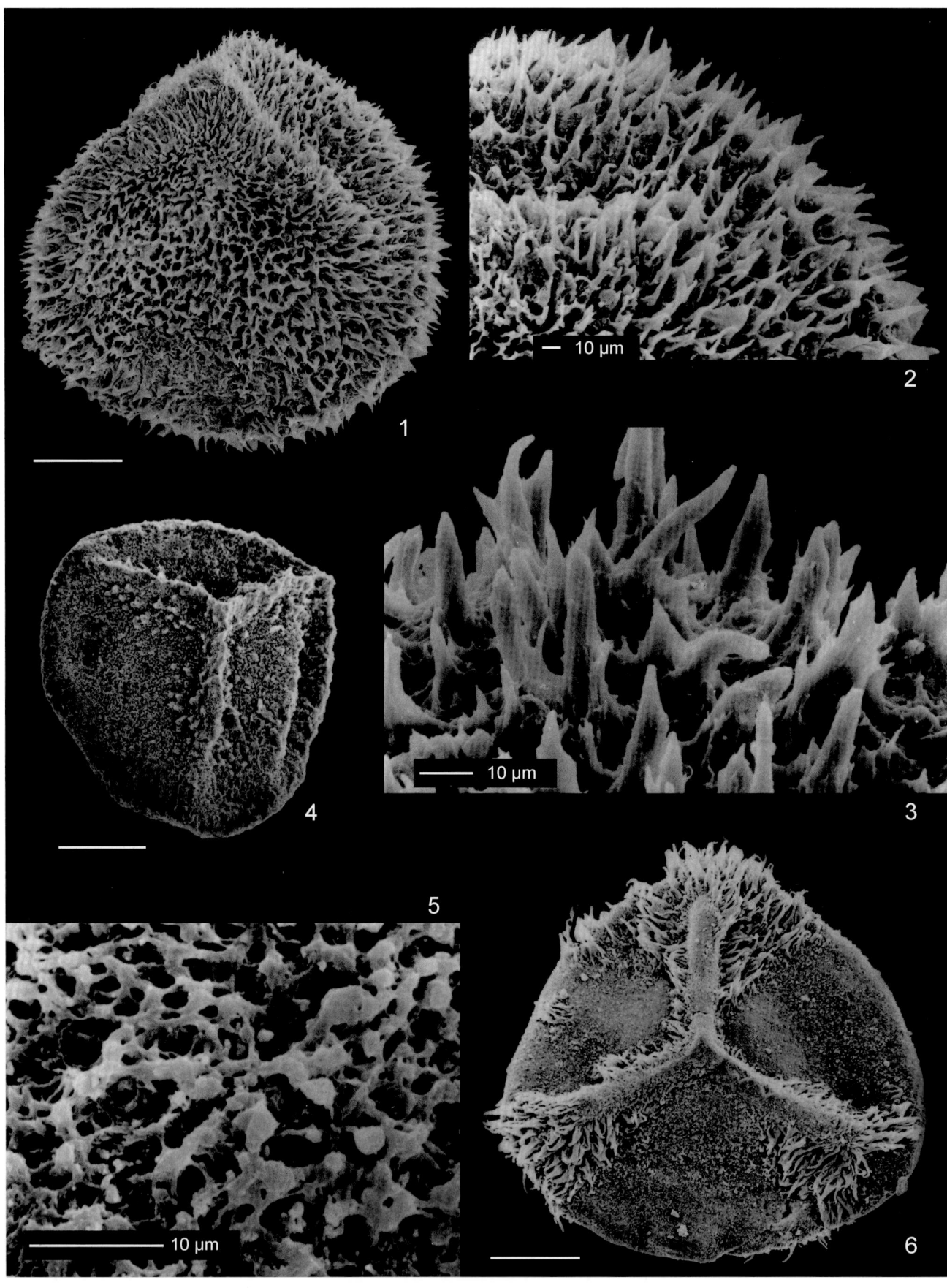

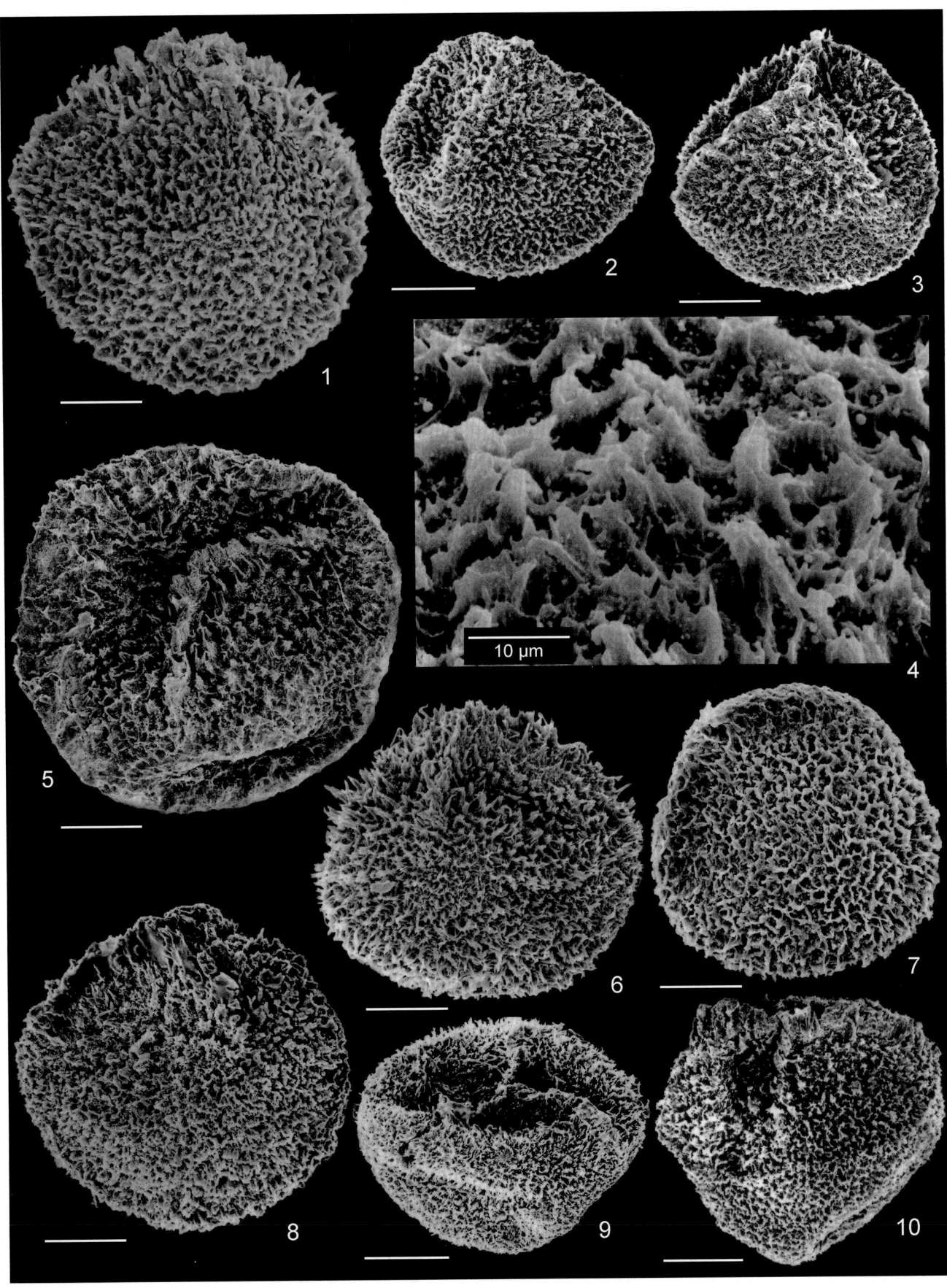

图版 40　Plate 40

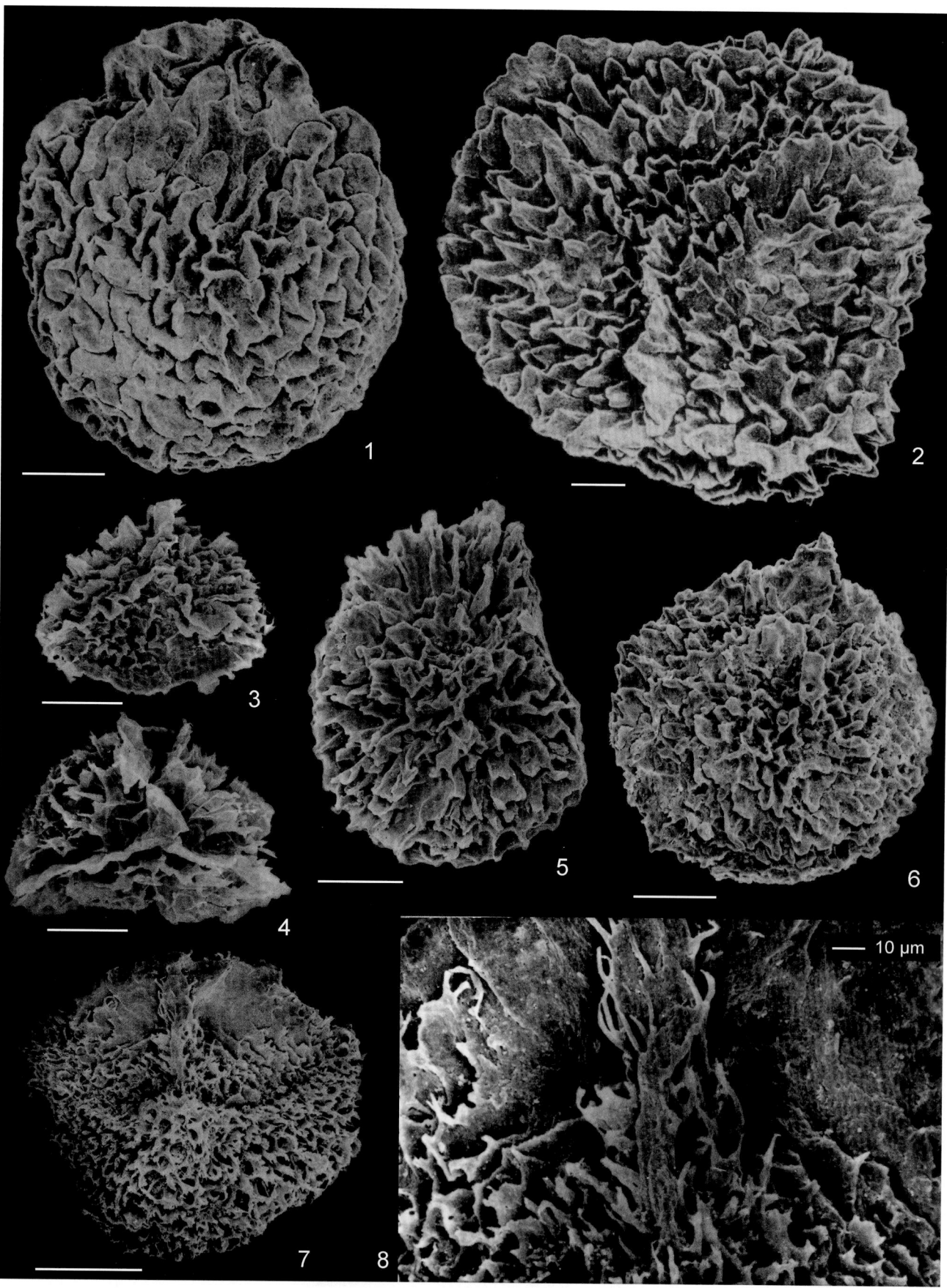

图版 41　Plate 41

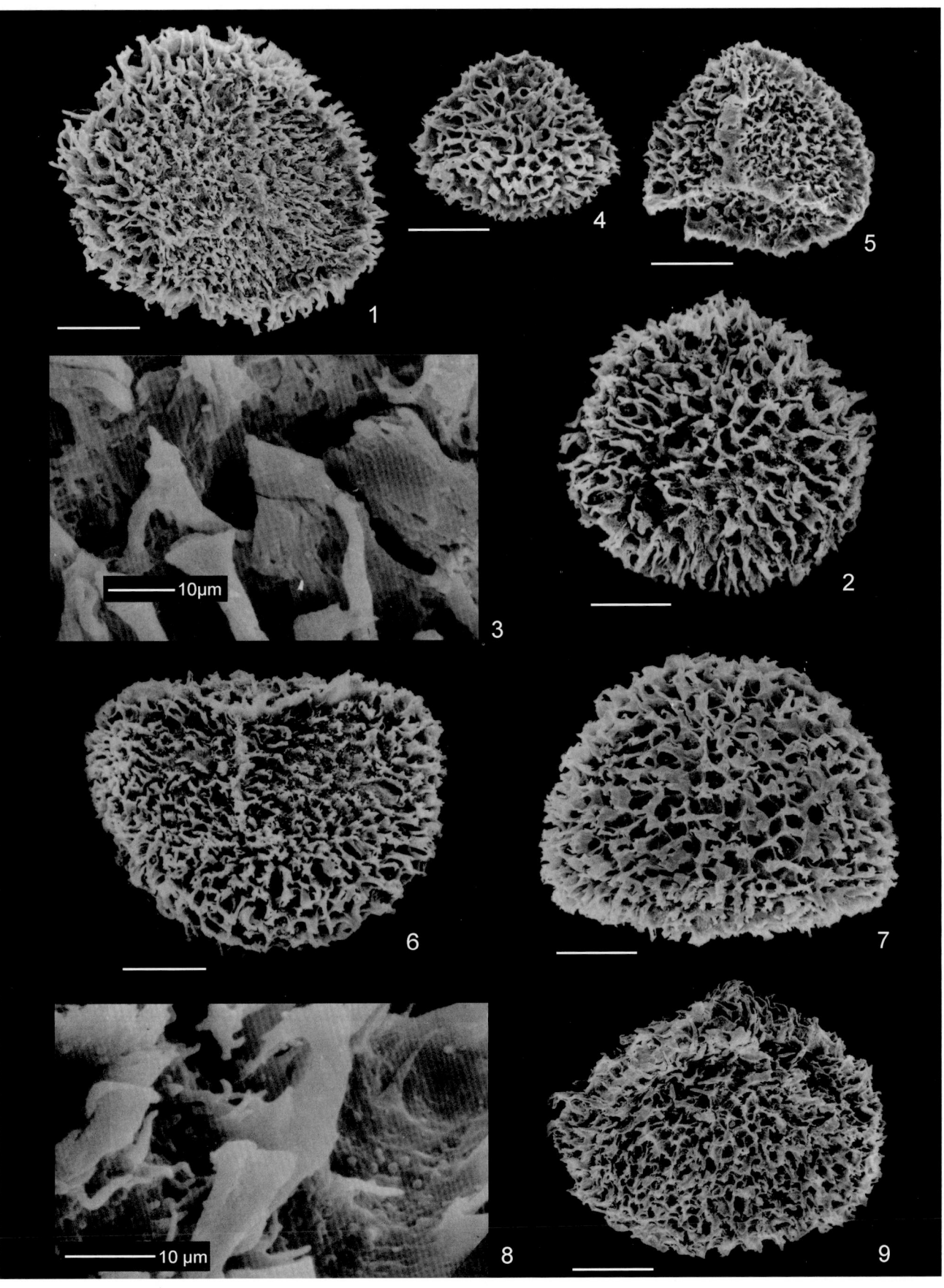

图版 42　Plate 42

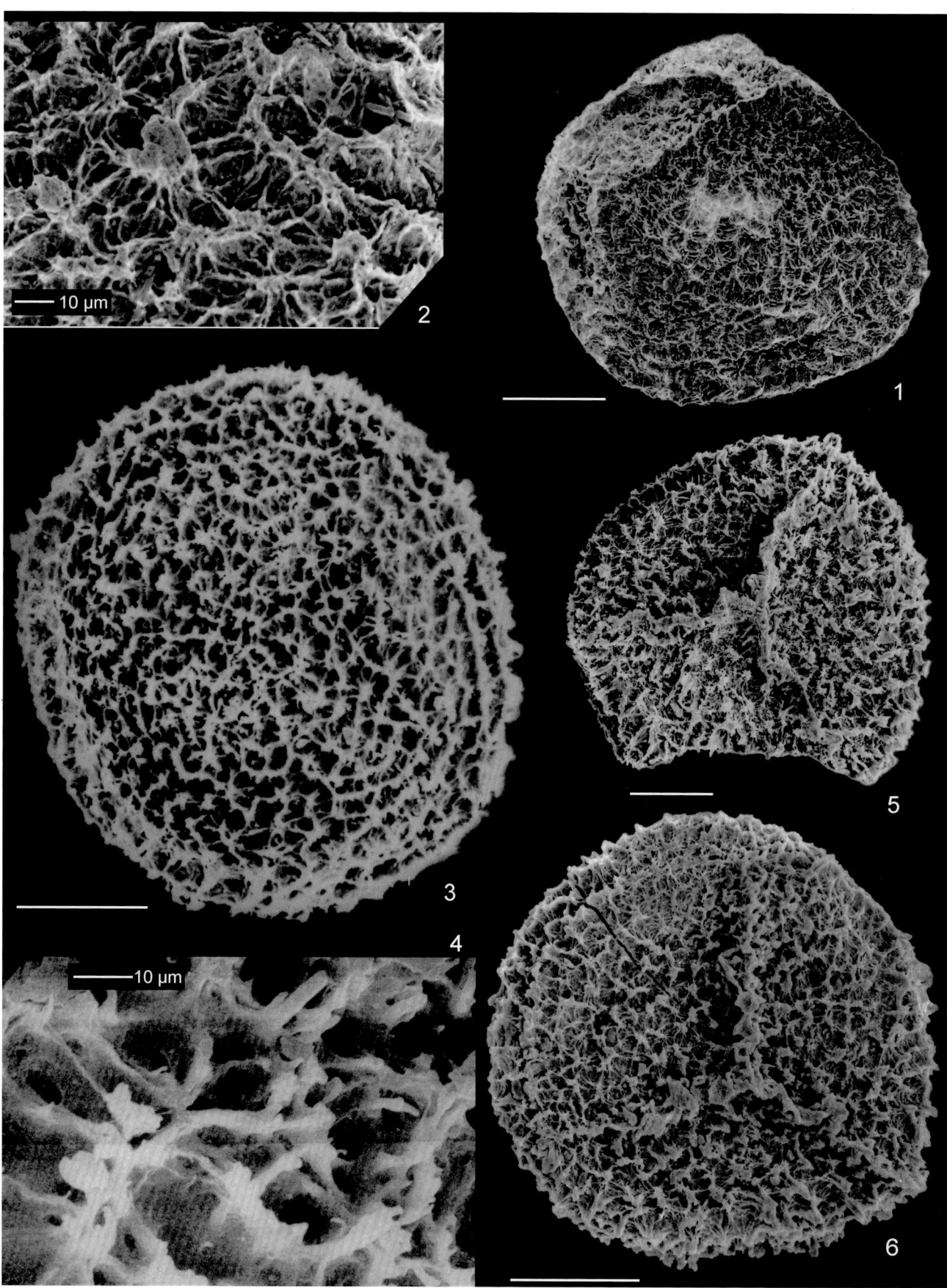

图版 43　Plate 43

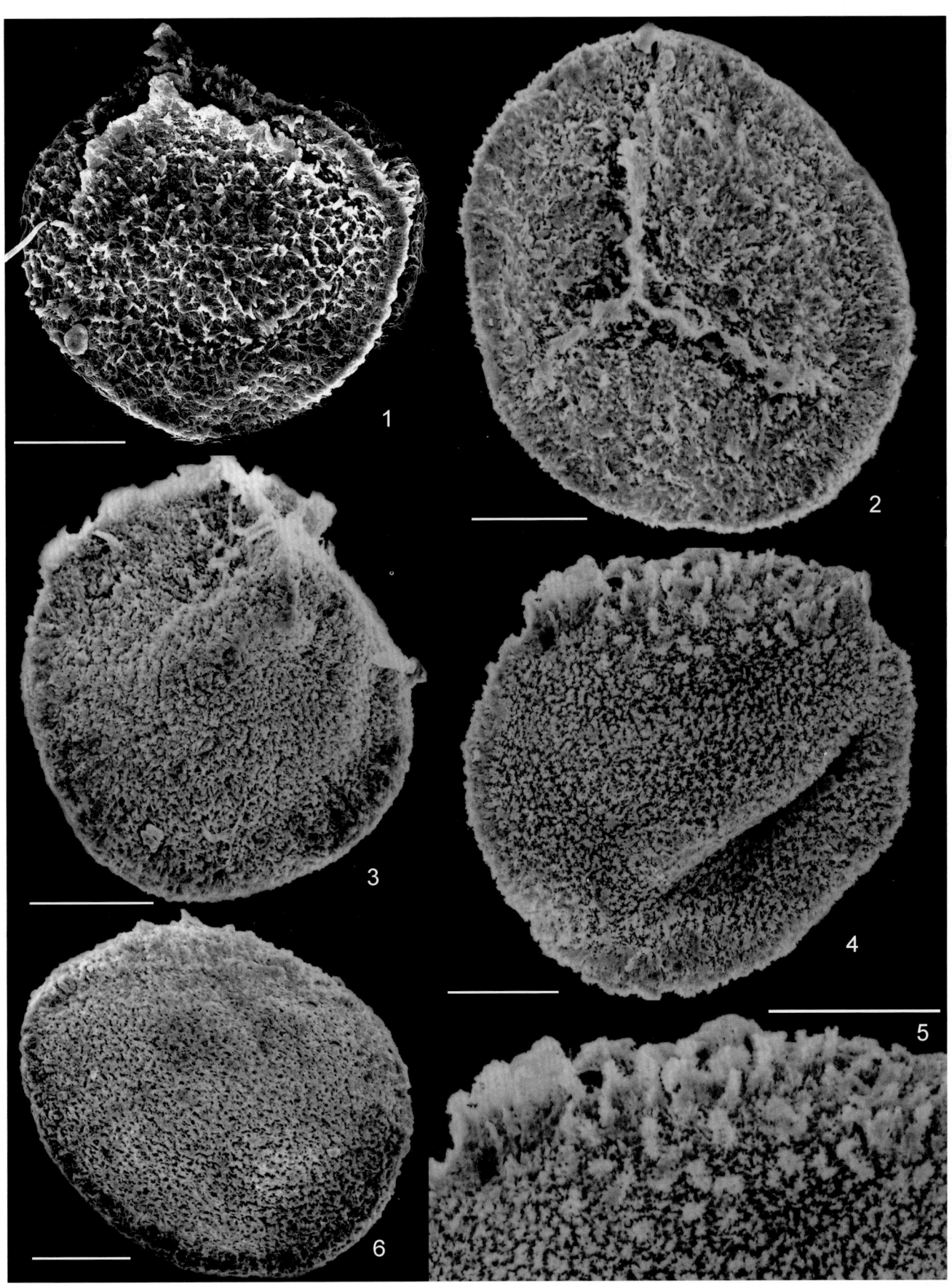

图版 44 Plate 44

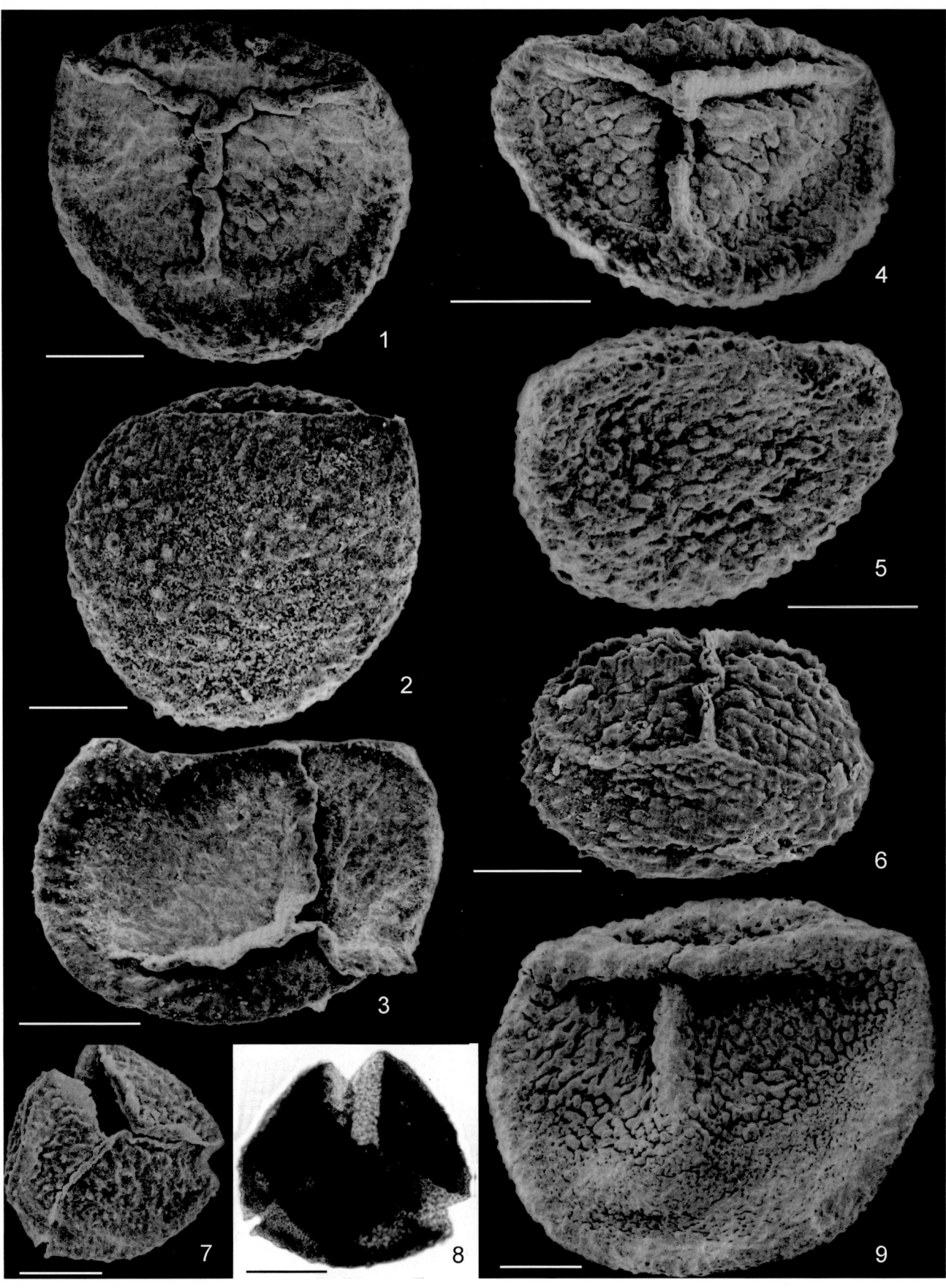

图版 45　Plate 45

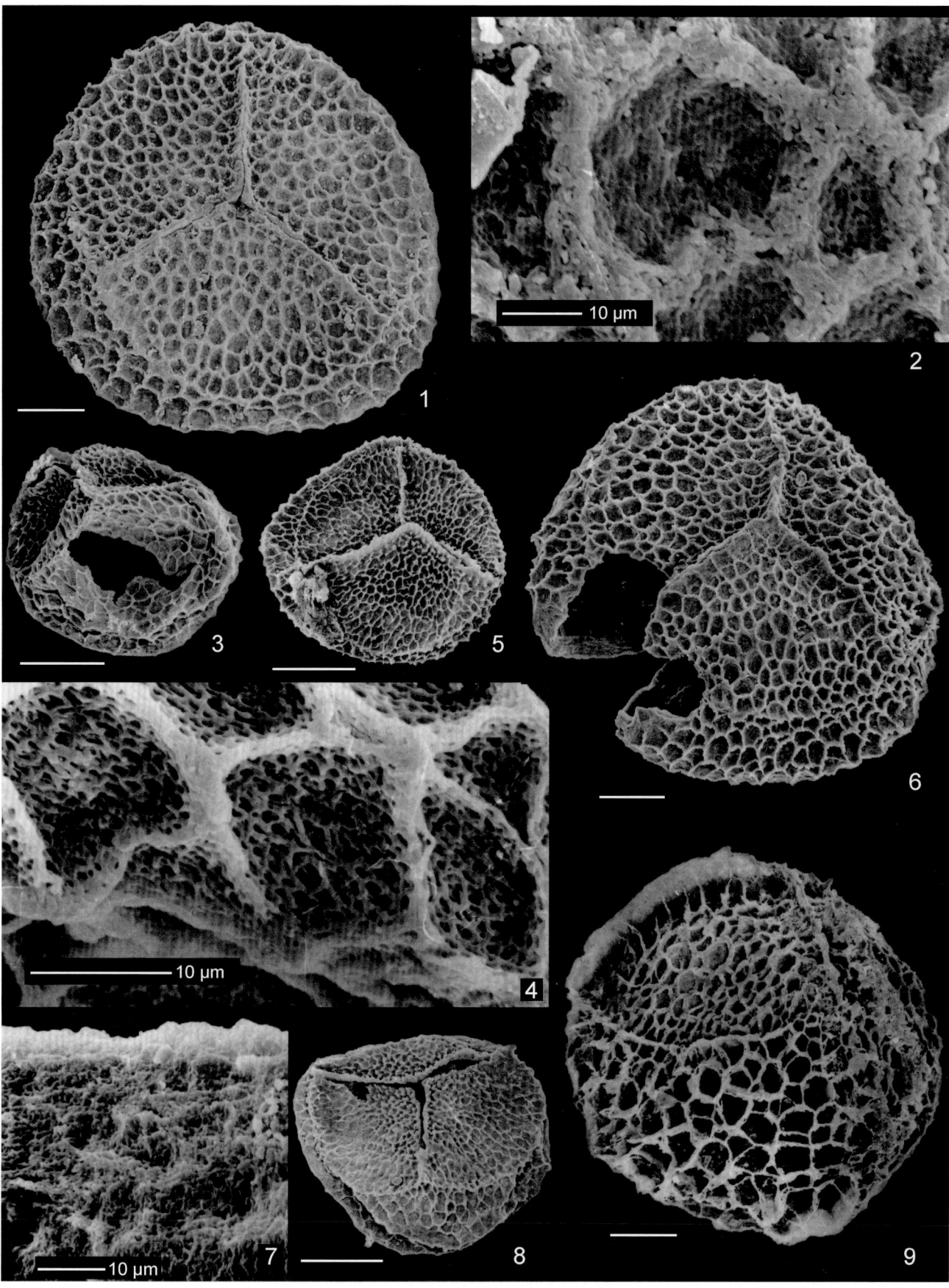

图版 46　Plate 46

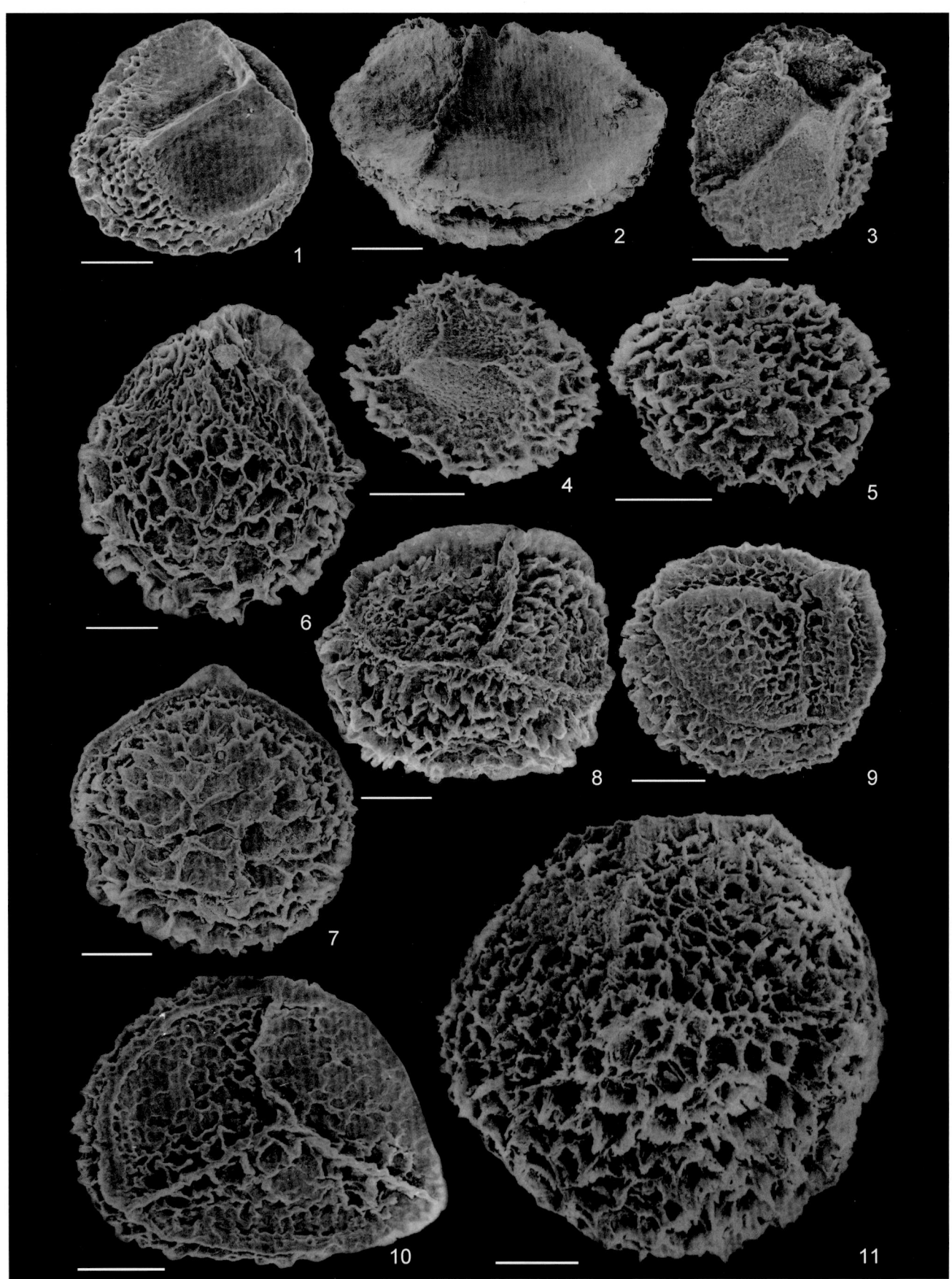

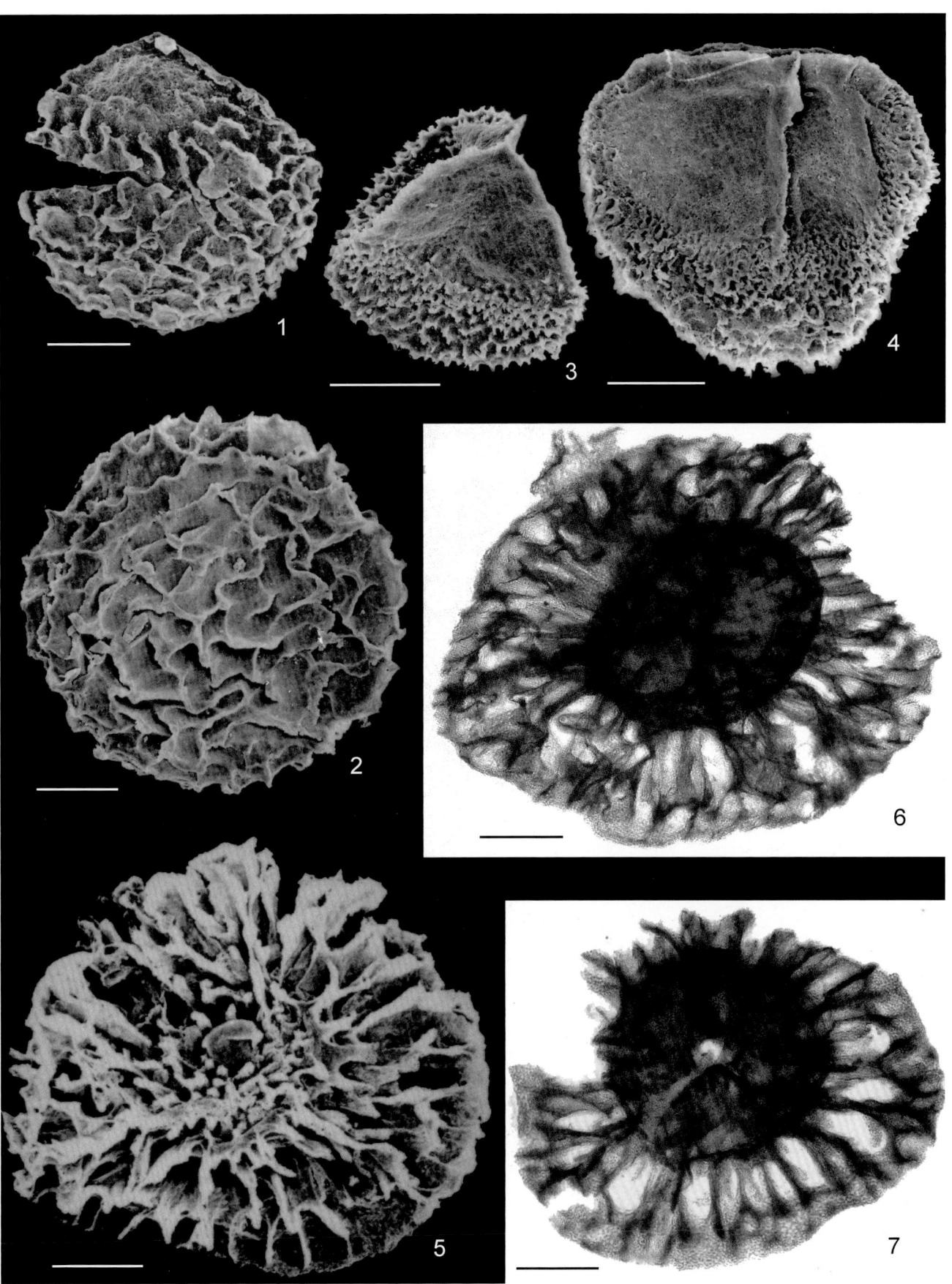

图版 48 Plate 48

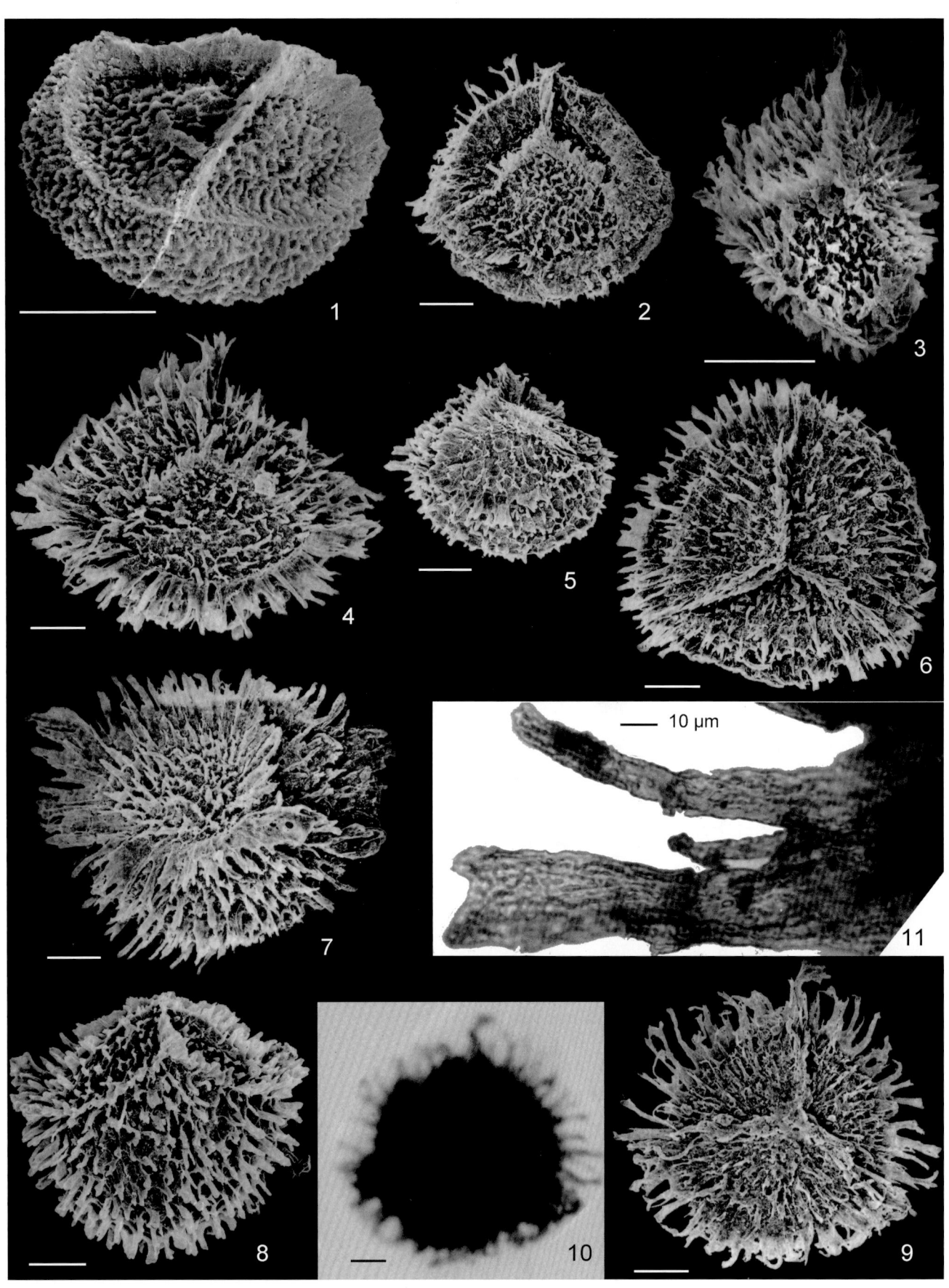

图版 49　Plate 49

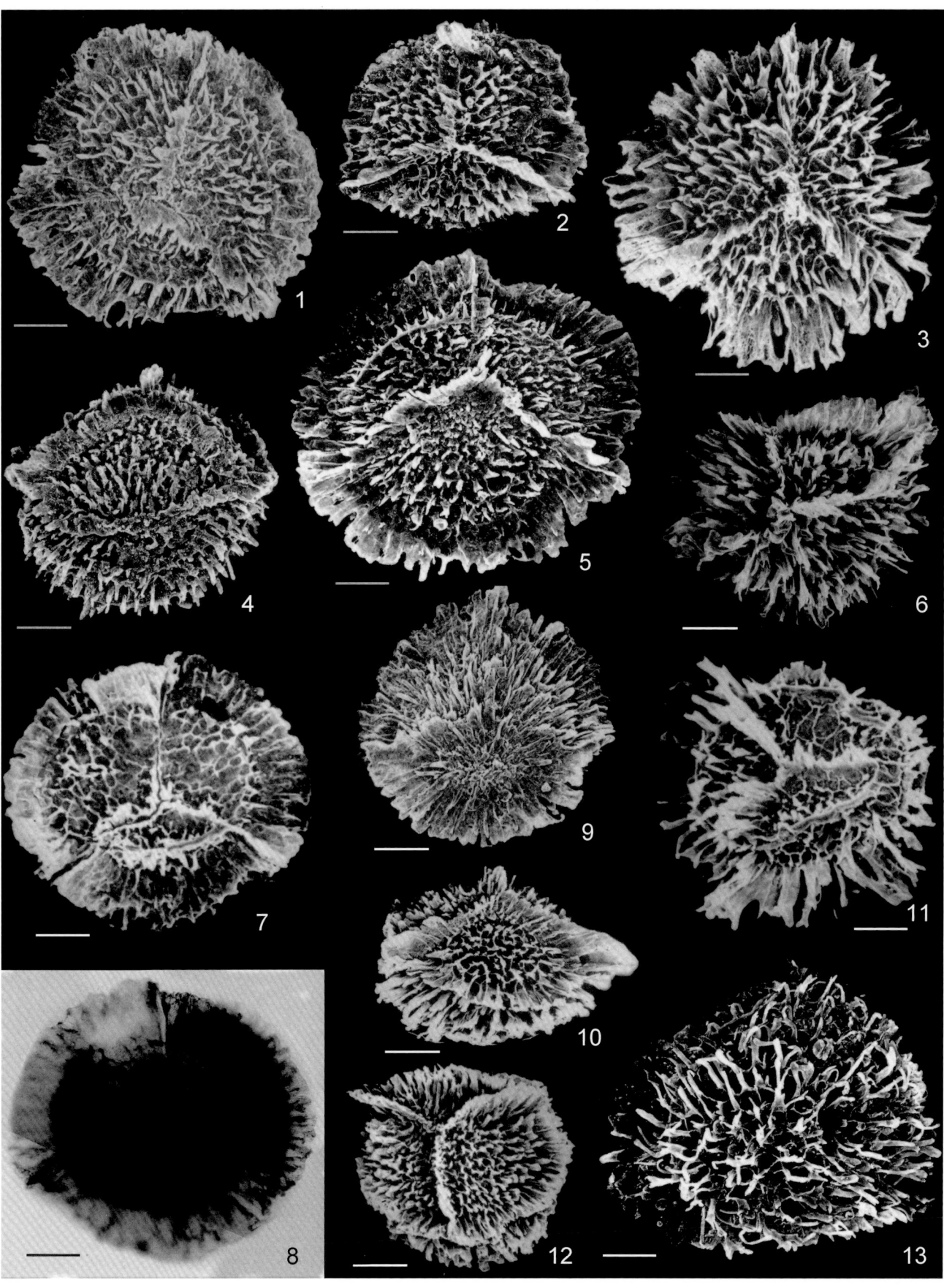

图版 50　Plate 50

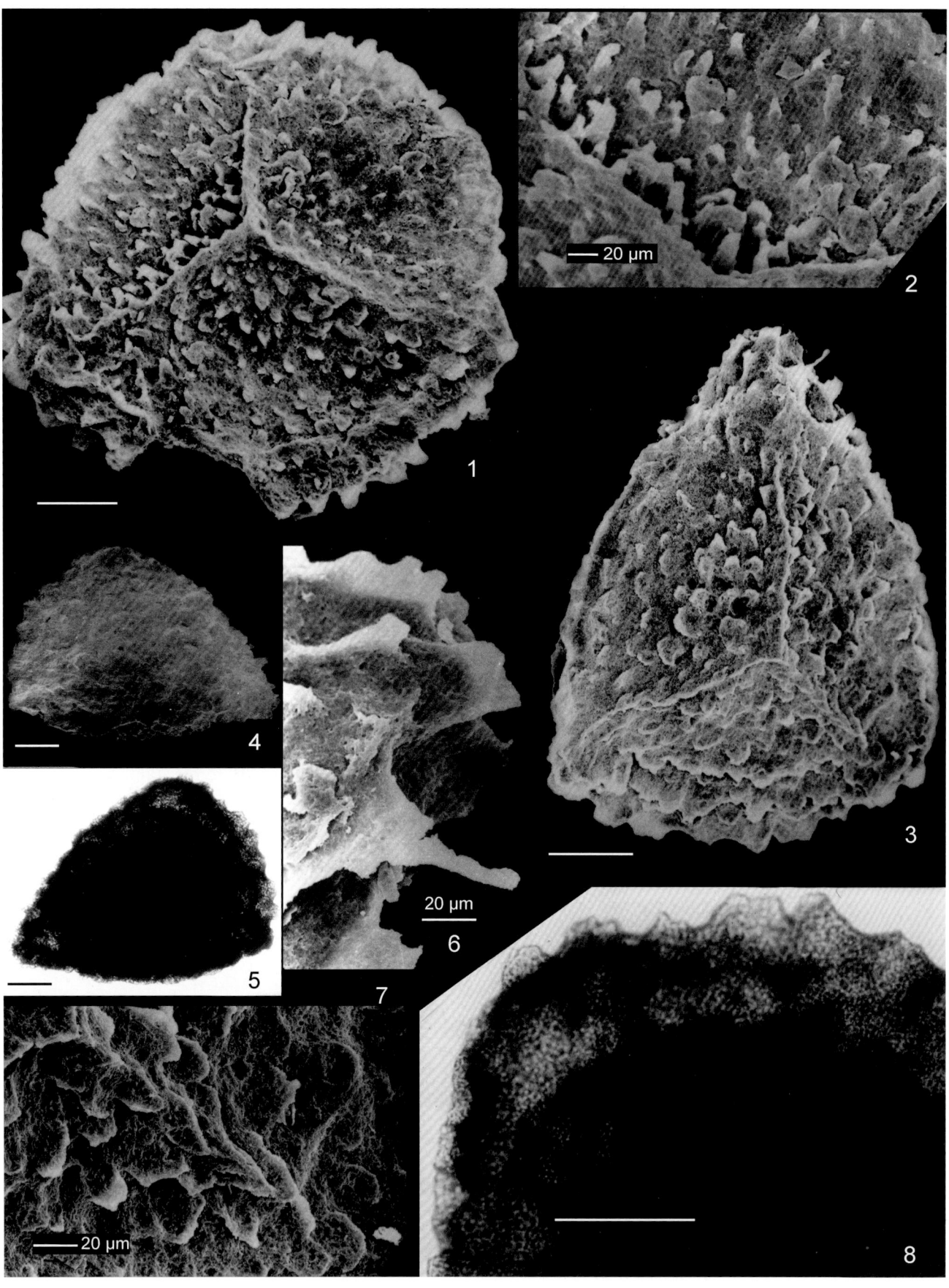

图版 51 Plate 51

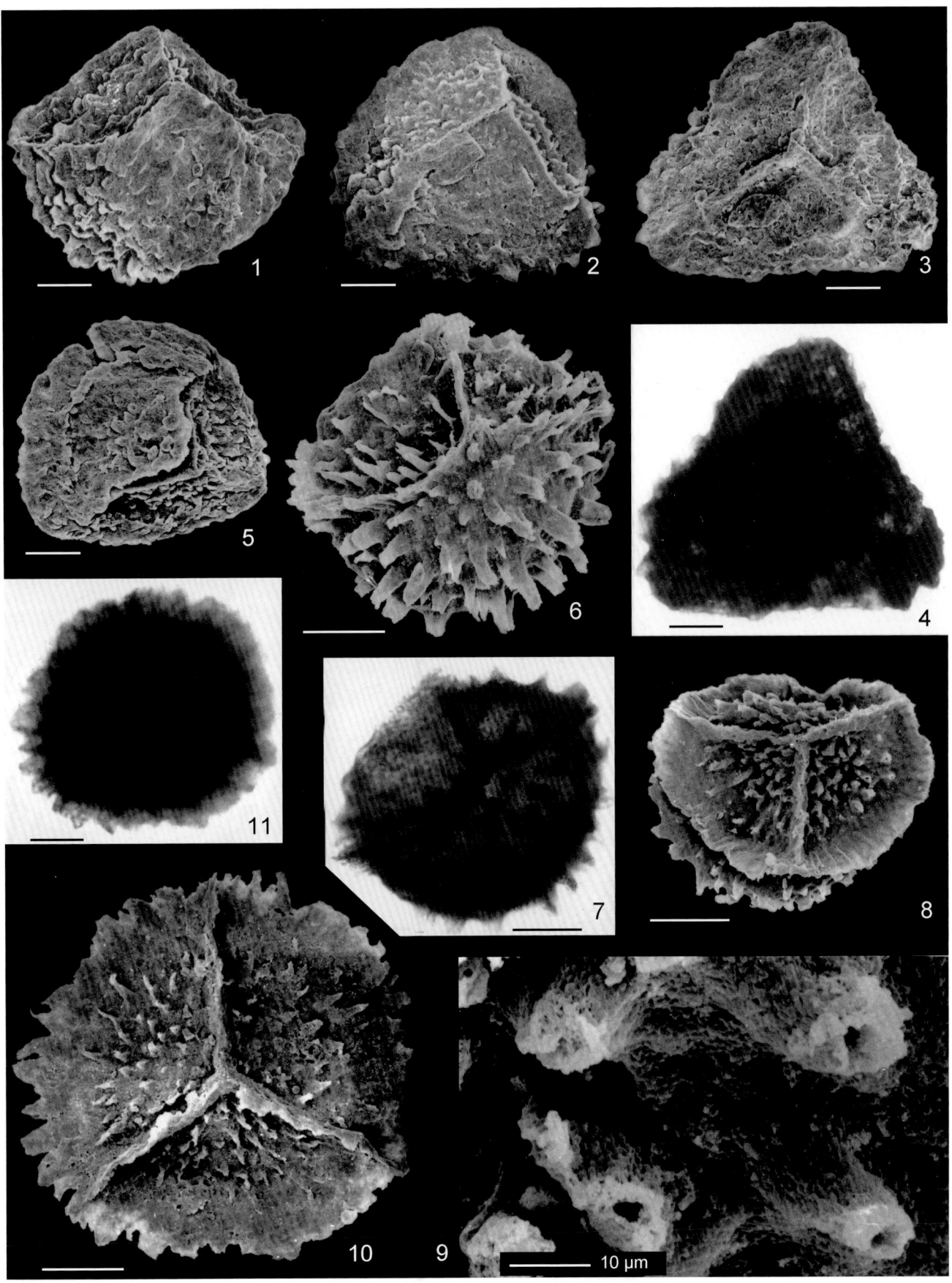

图版 52　Plate 52

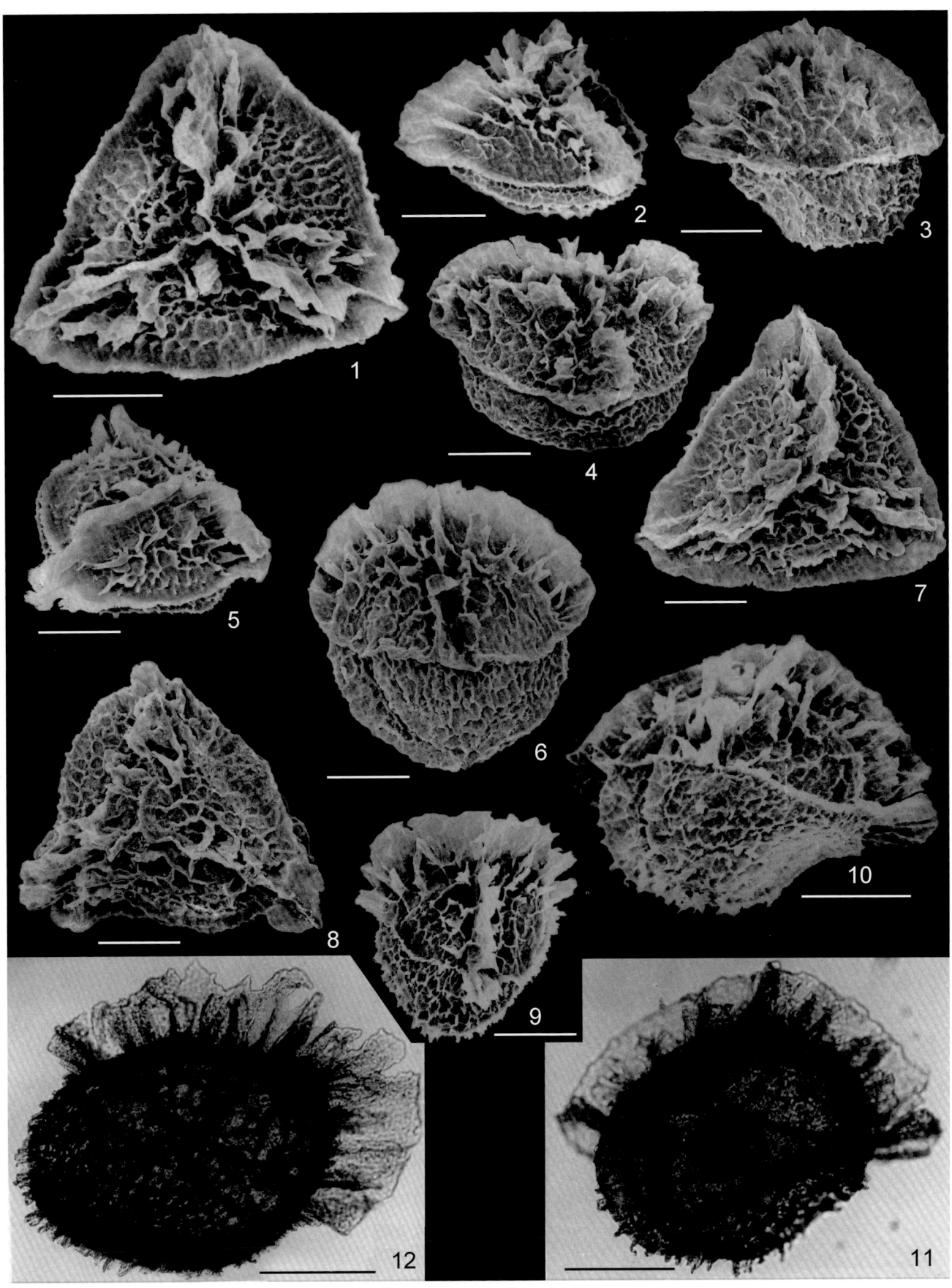

图版 54　Plate 54

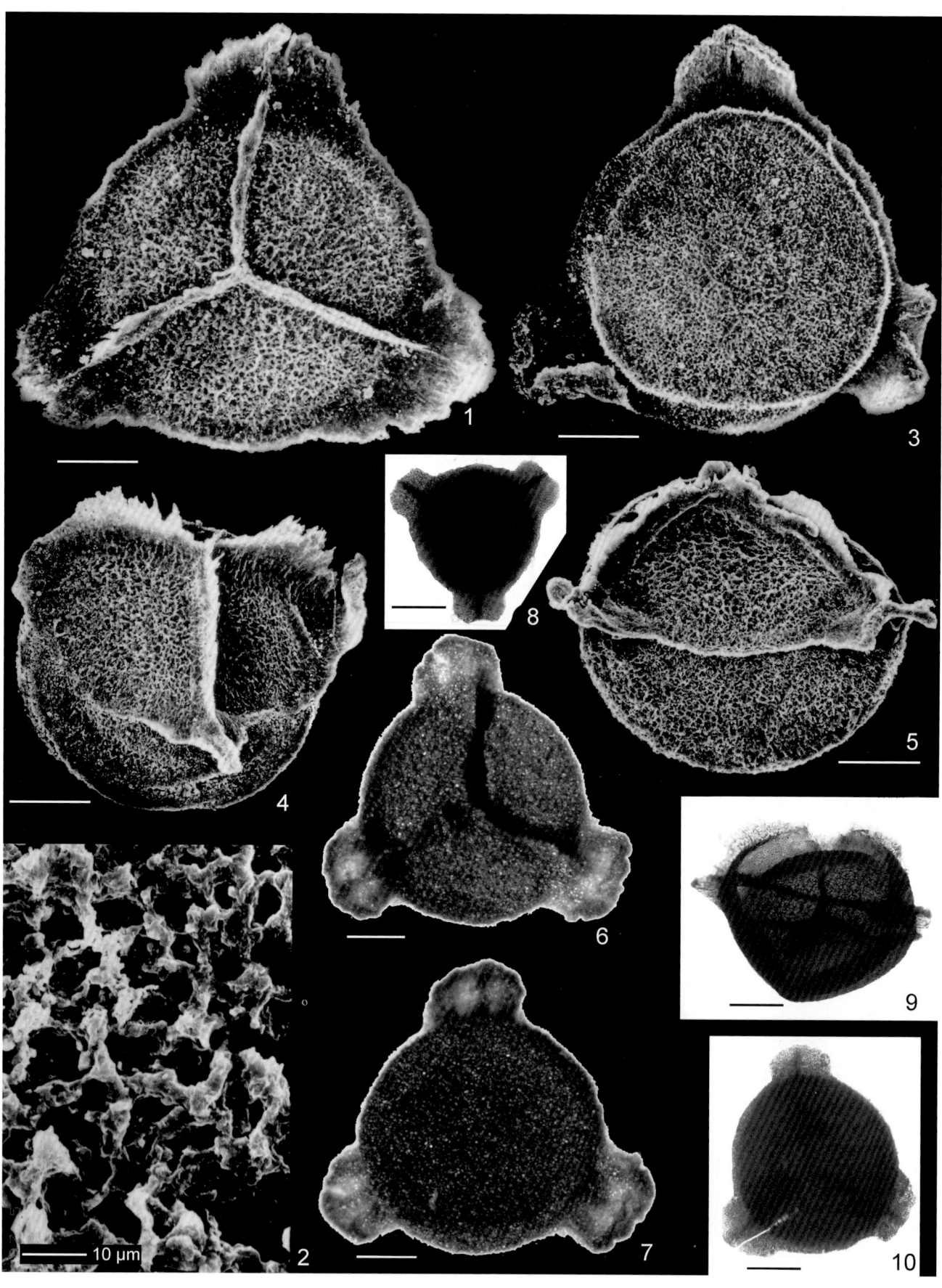

图版 55　Plate 55

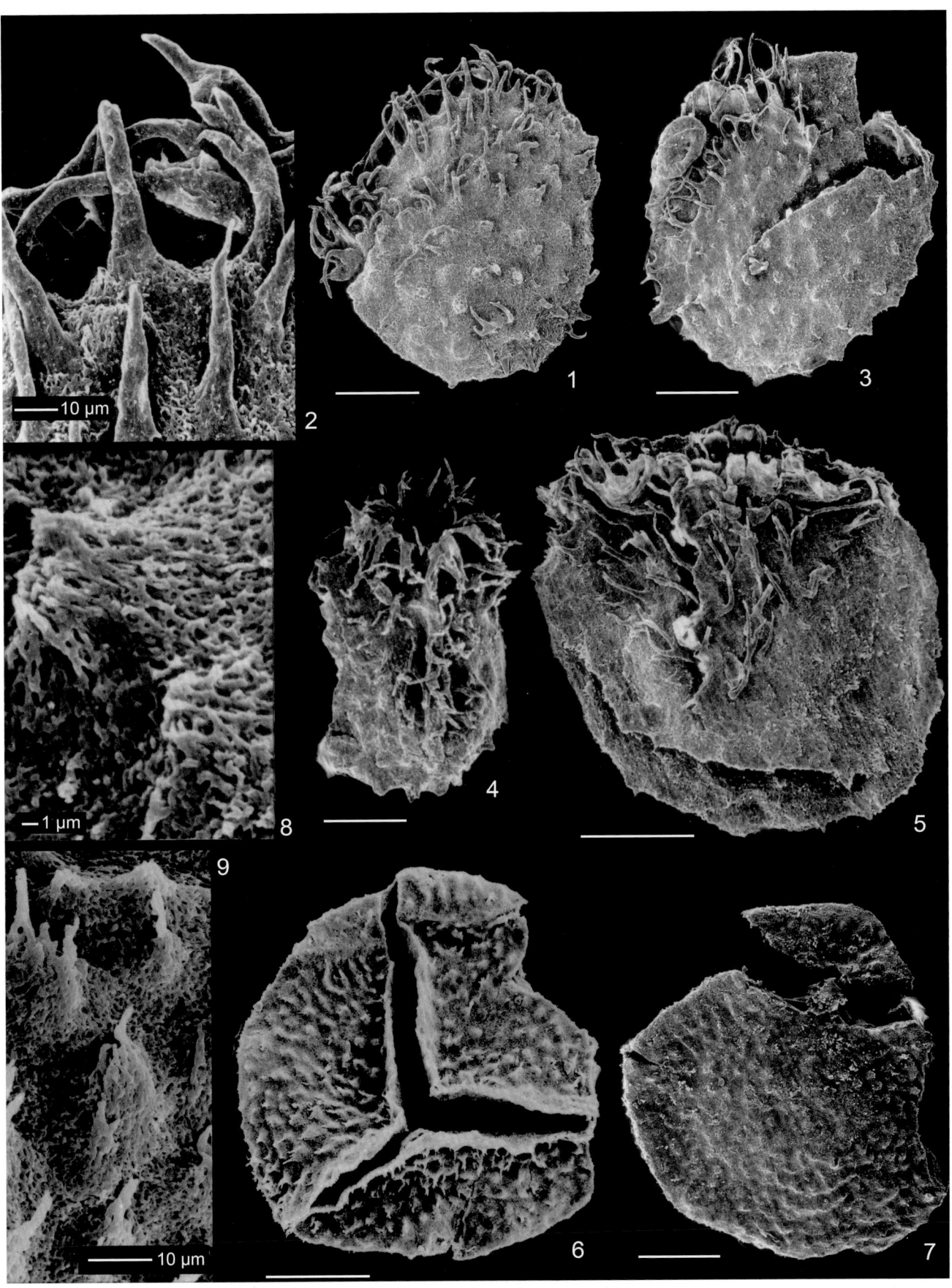

图版 56　Plate 56

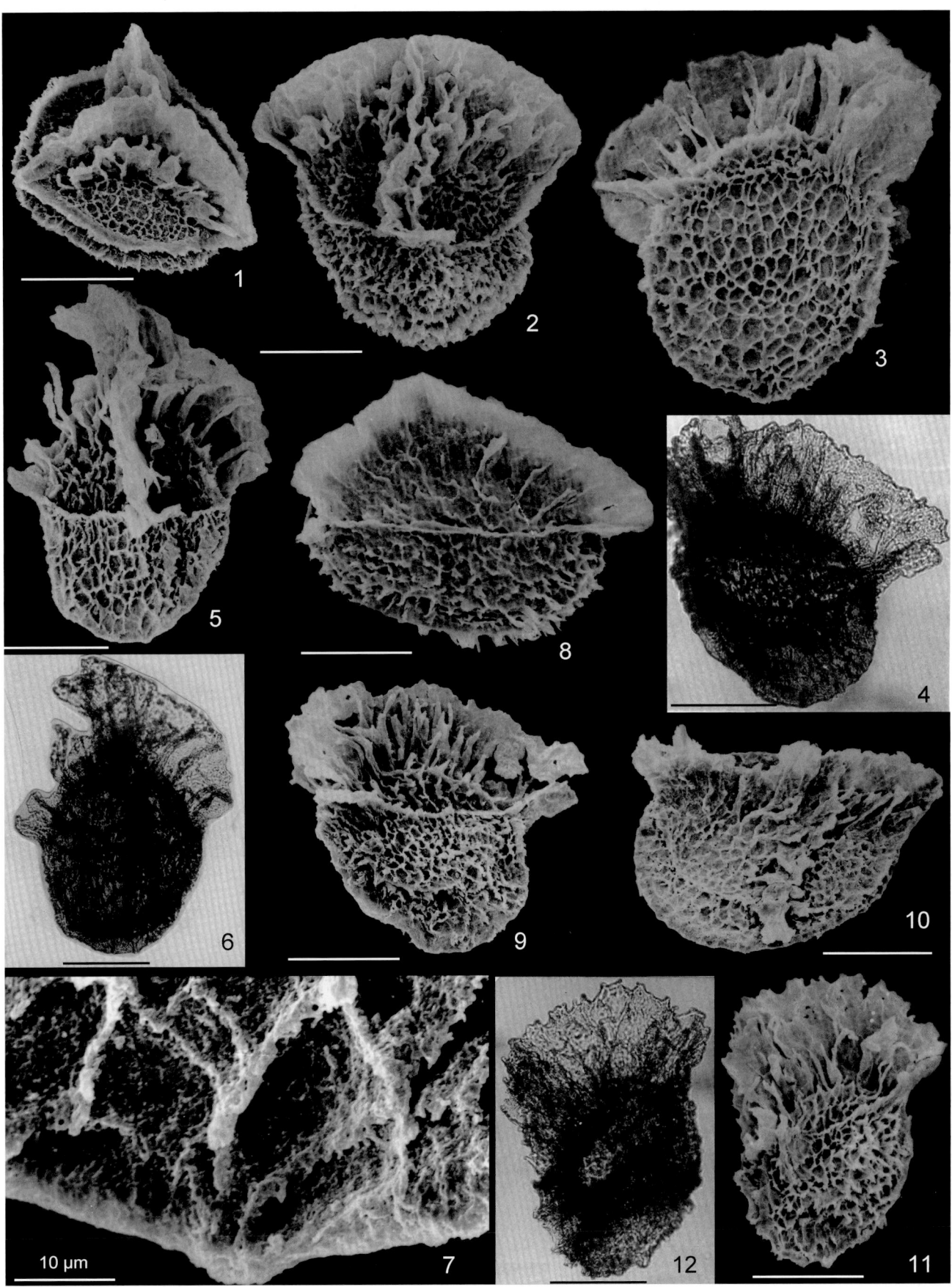

图版 58 Plate 58

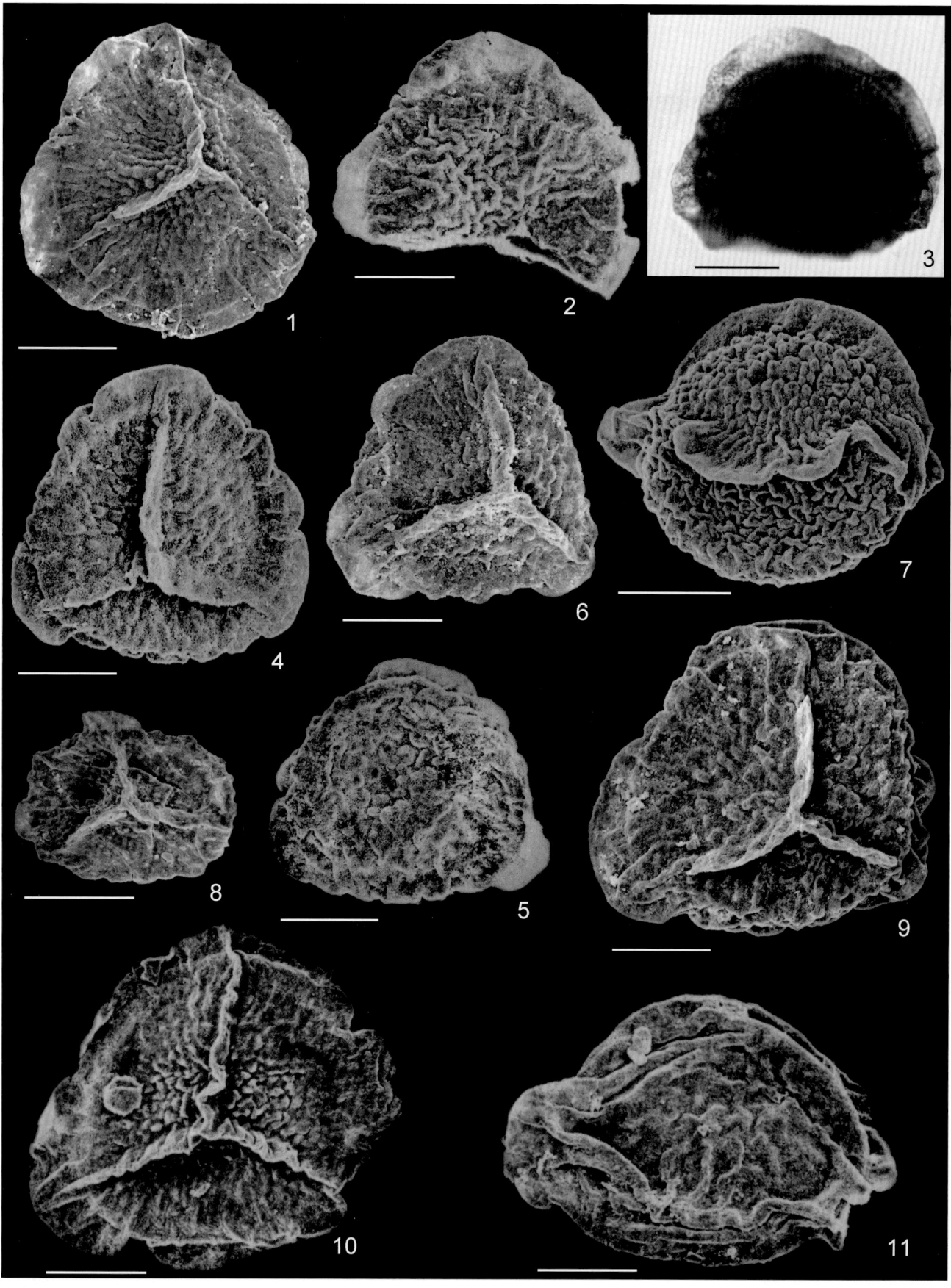

图版 59　Plate 59

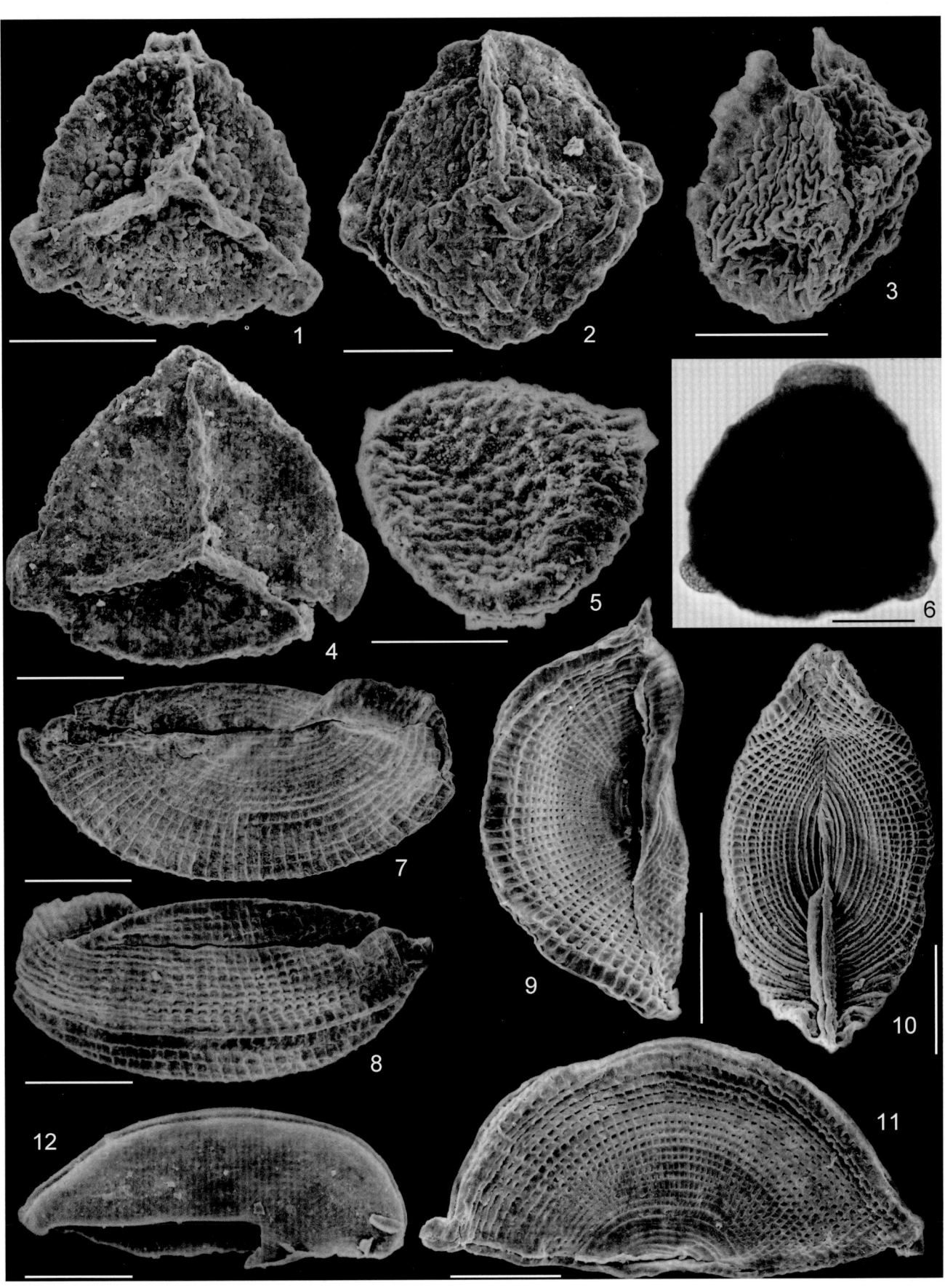

图版 60　Plate 60

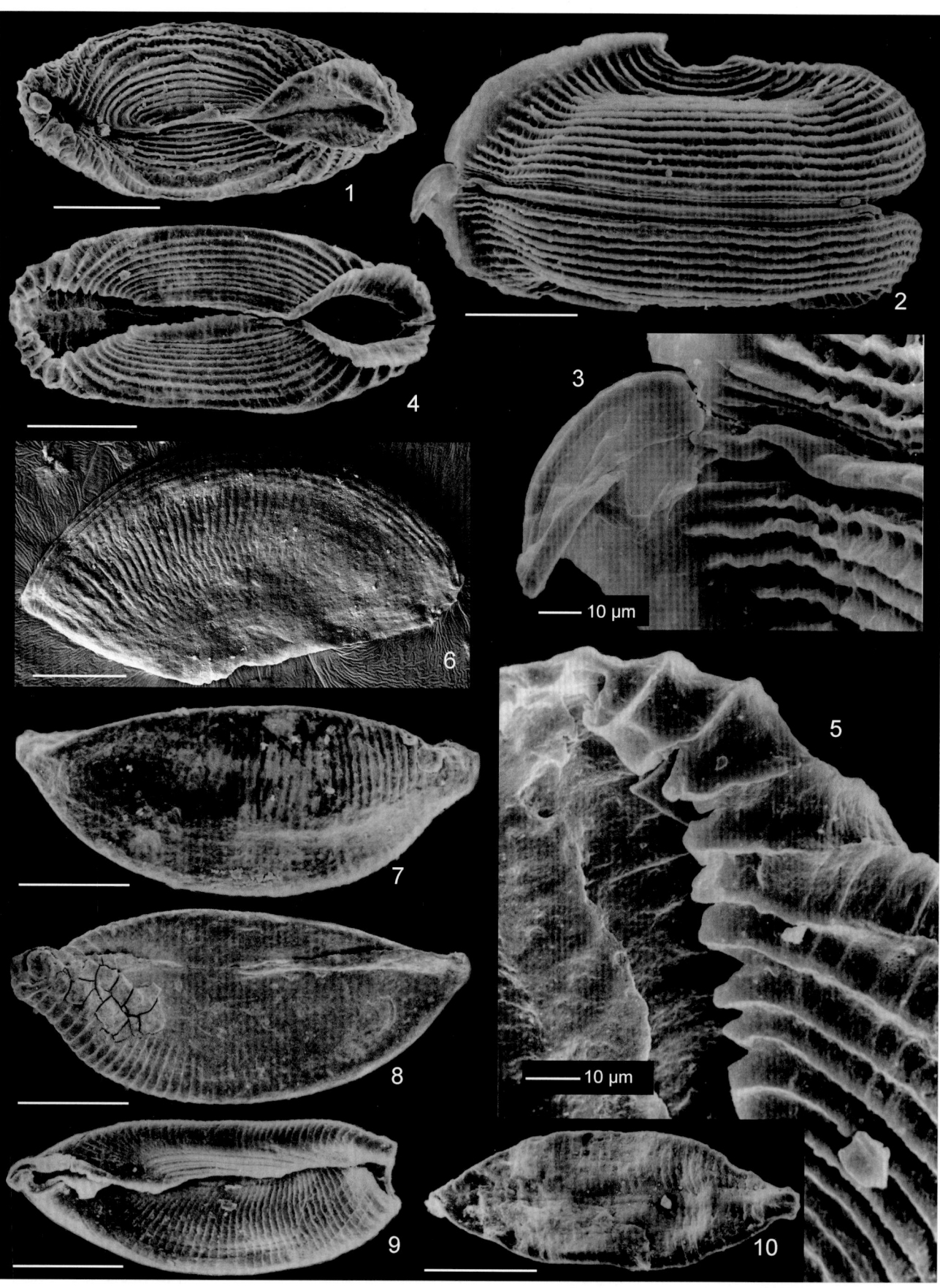